DP 3066

MERCEDES-BENZ SL

DIE BAUREIHE 107

Günter Engelen

Motor
buch
Verlag

Einbandgestaltung: Frank Zähringer

Bildnachweis: Archiv Mercedes-Benz, H.-D. Seufert, Klaus Kienle, Günter Engelen

ISBN: 978-3-613-03754-0

2. Auflage 2024

Sie finden uns im Internet unter www.motorbuch-verlag.de

Lektorat: Martin Gollnick
Innengestaltung: Anita Ament
Druck und Bindung: Florjancic tisk d.o.o., Maribor,
Slowenien

Ohne die Hilfe Vieler wäre dieses Buch nie entstanden. Bedanken möchte ich mich deshalb bei

Prof. Dr. Dr. Werner Niefer †, Prof. Dr. Werner Breitschwerdt, Prof. Dr. Dr. Hans Scherenberg †, Uwe Brodbeck, Prof. Guntram Huber, Dr. Kurt Obländer †, Prof. Joseph Gallitzendörfer †, Max Gerrit von Pein, Manfred Flaig †, Hans Jooß †, Erich Waxenberger, Hans Bittmann, Hanspeter Brömmer, Maria Feifel, Uschi Kettenmann-Pfaff, Herbert Heiker, Dr. Harry Niemann, M. P. Roland, Dr. Dieter Scherenberg, Martin Wünsche (jeweils Mercedes-Benz), Martin Gollnick, Albrecht Buhl, Uli Fuchs, Klaus Kienle und H.-D. Seufert.
Besondere Toleranz hatte meine Familie aufzubringen, indem sie über Monate den Partner und Vater ohne allzu großes Murren nur als essenden und schlafenden Gast geduldig akzeptierte.

Inhalt

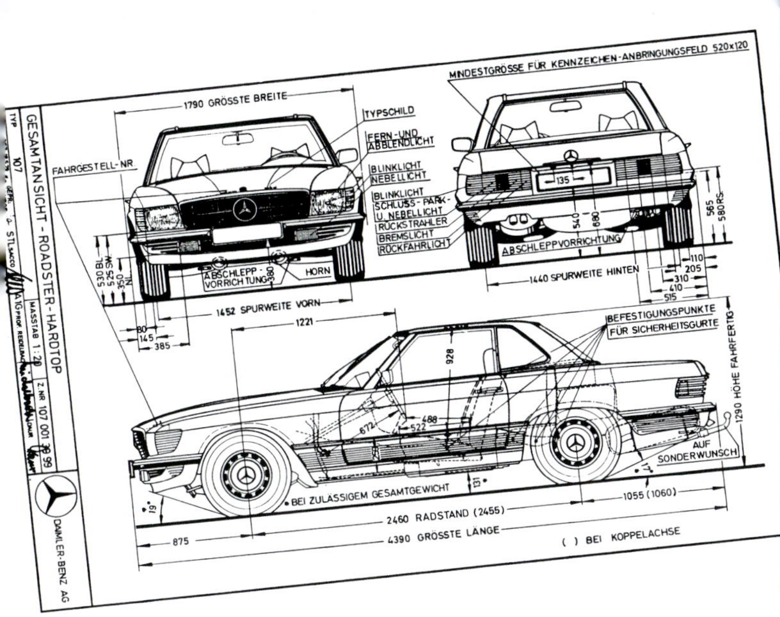
MINDESTGRÖSSE FÜR KENNZEICHEN-ANBRINGUNGSFELD 520x120
1790 GRÖSSTE BREITE
TYPSCHILD
FERN- UND ABBLENDLICHT
FAHRGESTELL-NR
BLINKLICHT NEBELLICHT
BLINKLICHT SCHLUSS- PARK- U. NEBELLICHT
RÜCKSTRAHLER
BREMSLICHT
RÜCKFAHRLICHT
ABSCHLEPP-VORRICHTUNG
HORN
ABSCHLEPPVORRICHTUNG
1440 SPURWEITE HINTEN
1452 SPURWEITE VORN
BEFESTIGUNGSPUNKTE FÜR SICHERHEITSGURTE
1290 HÖHE FAHRFERTIG
AUF SONDERWUNSCH
BEI ZULÄSSIGEM GESAMTGEWICHT
2460 RADSTAND (2455)
1055 (1060)
4390 GRÖSSTE LÄNGE
( ) BEI KOPPELACHSE
GESAMTANSICHT - ROADSTER - HARDTOP
TYP 107
MASSTAB 1:20
DAIMLER-BENZ AG

MA-CP 478

Vorwort

Er prägte die mehr als 60-jährige Geschichte des SL wie kaum ein anderer: 18 Jahre lang, von 1971 bis 1989, lief der SL der Baureihe 107 vom Band. Selbst für Mercedes-Benz mit traditionell langen Produktzyklen eine Ausnahmeerscheinung. Dabei tritt er als Nachfolger des legendären 300 SL »Gullwing« und der »Pagode« kein leichtes Erbe an.

Der R 107 (R steht für Roadster) interpretiert die SL-Philosophie neu. Vom einst kompromisslos harten Sportwagen 300 SL hin zum komfortablen und leistungsstarken offenen Zweisitzer. Gleichzeitig setzt der R 107 technische Maßstäbe: Das gepolsterte Cockpit mit Sicherheitslenkrad, die verschmutzungsarmen Seitenscheiben und Rückleuchten und der nun kollisionsgeschützt über der Hinterachse verbaute Kraftstofftank sorgen für eine neue Dimension der Sicherheit. Kultivierte und leistungsstarke V8 sowie später ein Reihensechszylinder garantieren hohen Fahrspaß. Bis zum Ende der Bauzeit fließen ständig Neuerungen in die Konstruktion ein.

Wie vom Urahn 300 SL gibt es vom 1971 präsentieren SL zwei Karosserievarianten. Neben dem R 107 mit Stoffverdeck präsentiert Mercedes-Benz im Herbst des gleichen Jahres den SLC (C 107). Das Coupé hat einen 360 Millimeter längeren Radstand und ist somit familientauglich. Anders als sein offener Bruder setzt der SLC später auch die Motorsporttradition fort. Höhepunkt des sportlichen Engagements: 1979 sichern sich die 450 SLC 5.0 bei der strapaziösen Bandama-Rallye die ersten vier Plätze.

Nach dem Produktionsende steht die Baureihe 107 bei Klassiker-Fans hoch im Kurs. Angesichts von 237.287 gebauten Exemplaren (C 107: 62.888) ist das Angebot groß, und mit etwas Geduld lässt sich noch ein preiswerter SL finden. Allerdings haben die Notierungen die Talsohle schon lange durchschritten. Wer mit dem Gedanken spielt, einen R 107 zu erwerben, sollte dies besser bald tun. Das gilt umso mehr für den SLC. Lange Zeit galt er als Geheimtipp, doch auch bei ihm steigen nun die Preise.

Unabhängig davon, ob Sie nun einen SL der Baureihe 107 besitzen, noch erwerben möchten oder Sie sich seiner Faszination einfach nicht entziehen können: Dieses Buch liefert Ihnen einen umfassenden Überblick über ein faszinierendes Kapitel SL-Geschichte.

Ich wünsche Ihnen viel Freude beim Lesen.

Ihr
Michael Bock

Warum dieses Buch geschrieben wurde

oder: Haben die 107er ein eigenes Buch überhaupt verdient?

Nachdem ich seinerzeit das Buch 190 SL bis 280 SL »Vom Barock zur Pagode« abgeschlossen hatte, fragte mich ein langjähriger Freund, was ich nun vorhätte. Die Antwort, dass nun konsequenterweise die Baureihe 107 bearbeitet würde, entlockte ihm nur ein müdes »Ach so«.
Der Präsident eines großen Mercedes-Clubs gestand mir seine fehlende Zuneigung zu dem mit Chrom garnierten, spätbarocken Design der 107er-Baureihe, dem er nie etwas abgewinnen konnte. Der im Jahr 1990 gegründete R/C 107 SL-Club wirbt damit, dass der Roadster inzwischen schon zum Klassiker geworden sei, und nennt seine Clubzeitschrift folgerichtig »107 Klassik«. Und um den Anspruch des Besonderen noch zu unterstreichen, versieht er die Headline eines Werbeblattes mit der Schlagzeile »Mercedes SL ... ein magischer Begriff, ... ein faszinierendes Automobil«. Recht hat der Werbetexter; aber trifft das auch für die 107er zu? Das jedenfalls fragen sich viele, oder zumindest fragten sie es sich damals.
Der Duden interpretiert das Wort klassisch unter anderem mit: »von/in herkömmlicher, traditioneller, nicht moderner Art«.
Bruno Sacco, Direktor und Leiter des Designs bei Mercedes-Benz, gestand mir einmal die Frustration seiner Mitarbeiter über die nicht abreißende Nachfrage nach dem 107. Verkäufer aus allen Teilen der Bundesrepublik und den USA können diese Aussage über den Nachfrage-Boom bis zur Produktionseinstellung nur untermauern.
Genau 237.287 Interessenten kauften zwischen 1971 und 1989 ein 107er-Modell aus dem SL-Pro gramm. Mit 18 Jahren Produktionszeit wurde es zu dem am längsten gebauten Personenwagen bei Mercedes-Benz. Nicht einmal der legendäre 170 V konnte ihm in dieser Hinsicht das Wasser reichen.
Den SLC fanden zwischen 1972 und 1981 62.888 Kunden so attraktiv, dass sie nicht wenig Geld ausgaben, um in den Besitz dieses Coupés zu gelangen.
Von einer Homogenität der Meinungen in der Beurteilung kann also keine Rede sein. Interessanterweise fehlen auch die verklärenden Spitznamen wie »Adenauer«, »Flügeltürer«, »Heckflosse« oder »Pagode«, wie sie anderen Baureihen des Mercedes-Benz Programms im Laufe der Jahre stets verliehen wurden. Hier fehlten bei den 107er-Typen wohl ausgeprägte Eigenschaften, aber das heißt eben nicht, dass er kein Charakter-Typ gewesen wäre.
In der Tat macht einem diese Baureihe den Einstieg nicht leicht. Wie soll man denn auch griffig den Fortschritt vermitteln, den der 107 verkörperte, oder die Ausstrahlung, die vom 107 ausging? Weder vom S noch vom L des ursprünglichen Uhlenhaut-SL ist etwas übrig geblieben. S für Sport und L für leicht treffen kaum

Chromglänzend-spätbarockes Design? Nicht vielleicht doch eher schlichte Eleganz in der Linienführung? So oder so: Längst ein Klassiker.

noch zu. Im Gegenteil, die Zweisitzer des R 107 näherten sich allmählich der 1,6-Tonnen-Grenze, um beim Nachfolger R 129 im Jahr 1989 schließlich sogar 1,9 Tonnen zu erreichen.
Wenn offenes Autofahren als Sport empfunden wird – ja, dann hätte Mercedes-Benz schon immer Sportwagen gebaut. Das S könnte für Sport und das L für Luft stehen.
Und die Typenzahlen? Nehmen wir den 280 SL: Ihn gab es sowohl in der Baureihe 113 (Pagode) als auch in der Baureihe 107. Auch die Typenzahlen bieten also keine griffigen Unterscheidungsmerkmale. Vielleicht sollte man die Mitglieder der 107er-Familie angesichts der opulenten Wölbungen im Frontbereich und des umfangreichen Chromgepränges mit dem Ehrentitel einer »neobarocken Kreation« behängen.
Dann wäre aber wohl der 190 SL beleidigt. Er hatte schon anderthalb Jahrzehnte früher das Barocke für sich gepachtet. Der Leser möge mir verzeihen, wenn ich mich da lieber auf die nüchterne Baureihenbezeichnung 107 zurückziehe.

Die extremen Positionen für sich genommen wären es schon wert, sich näher mit dem Hintergrund dieser Baureihe zu beschäftigen. Aber es gibt noch eine Fülle von Fakten, die einen, je länger man sich mit der Geschichte der 107er beschäftigt, in zunehmendem Maße fesseln.
Motorenentwicklung, Abgasgesetzgebung, das Wieder-Entdecken von aerodynamischen Binsenweisheiten sowie deren Anwendung, die Fahrwerksentwicklung – alles das sind Dinge, die während fast zwei Jahrzehnten den Inhalt des 107 entscheidend beeinflusst und oft unsichtbar verändert haben.
Der Einstieg in diese Historie war kein Abtauchen in die muffigen Kellergewölbe der Typengeschichte. Die Recherchen zu diesem Buch über die Geschichte dieser Baureihe entpuppten sich vielmehr als lebendiger und höchst interessanter Streifzug durch ein Vierteljahrhundert Automobilgeschichte bei Mercedes-Benz.

Zeitgeschichte

oder: das äußere Umfeld während der Entstehung der Baureihe 107

Früher war alles besser. Wer kennt ihn nicht – diesen Satz unserer Altvorderen. Und wer ehrlich vor sich selbst ist, ertappt sich gelegentlich auch dabei, die Vergangenheit mit Klarsichtfolie zu überziehen, um sie durch den Glanz der Erinnerung zu verfälschen.

In Wirklichkeit waren jene Jahre zwischen 1965 und 1971 nicht weniger aufregend und dramatisch als die Gegenwart. Es waren jene sechs Jahre, in denen die Stars dieses Buches entstanden, der SL und der SLC mit den wenig prosaischen Baureihenkürzeln »R 107« und »C 107«. Das R stand erstmals für Roadster, das C vor der Baureihenzahl dokumentierte das Coupé.

Politisch kündigte sich das Ende der Nachkriegszeit in der Bundesrepublik Deutschland an. Die konservativ-liberale Koalition unter Ludwig Erhard wurde von der Großen Koalition unter Kurt Georg Kiesinger und Willy Brandt abgelöst. Das sozial-liberale Bündnis mit der Regierung Willy Brandt / Walter Scheel suchte nach der erfolgreich abgeschlossenen Westintegration den Ausgleich mit Osteuropa. Auf gesellschaftspolitischem Gebiet deutete sich der Abschied von der Nachkriegszeit mit der Studentenrevolte von 1968 an.

Im selben Jahr wurde bei Daimler-Benz mit dem Erscheinen der neuen unteren Mittelklasse-Baureihe W 114/115 die längst überfällige Ablösung der schon fast zum Dogma erhobenen Pendelachse sichtbar.

Große Umwälzungen deuteten sich auf dem Automobilsektor an. Bis in die Mitte der sechziger Jahre dominierte Daimler-Benz unangefochten im Segment der gehobenen Mittelklasse. Die europäischen Wettbewerber hatten den lukrativen Braten der gehobenen Fahrzeugklasse gerochen. Nun rüsteten sich die Konkurrenten zum Sturm auf die Bastille mit dem leuchtenden Stern. Es ist recht hilfreich, sich bei diesen Betrachtungen wieder einmal die Neuheitenliste der Jahre zwischen 1965 und 1971 ins Gedächtnis zu rufen:

Opel präsentierte 1969 in Genf seine Oberklassen-Reihe mit Kapitän, Admiral und Diplomat mit einem aufwendigen Fahrwerk mit De-Dion Hinterachse. Schon 1966 hatte FIAT in Turin seinen Dino Spider mit von Pininfarina gezeichneter Karosserie vorgestellt und 1967 in Genf das Coupé mit Bertone-Karosserie nachgeschoben. Beide verfügten über einen von Ferrari entwickelten V6-Motor mit zwei Litern Hubraum; ab 1970 erfolgte eine Hubraumerhöhung auf 2,4 Liter. FIAT debütierte 1969 in Genf mit seinem Oberklasse-Modell 130, und Citroën schob ein Jahr später sein von einem Maserati-Motor befeuertes Coupé SM nach. Citroën-Automobile durften sich übrigens immer der ungeteilten Aufmerksamkeit Rudolf Uhlenhauts erfreuen. Waren die Letztgenannten rückblickend doch keine ernsthafte Gefahr für die Mercedes-Automobile, so war das bei ihrem Erscheinen nicht als gegeben vorauszusetzen. Gerade in Teilbereichen waren einzelne der Mitbewerber den Sternmobilen überlegen, und das schmerzlicherweise in Disziplinen, in denen man in Untertürkheim die Fahne des Fortschritts stets hochgehalten hatte, so wie beispielsweise beim Fahrwerk.

Überholt: Eingelenk-Pendelachse, wie sie schon 1954 im Mercedes-Benz Typ 220 a (W 180) verbaut wurde.

In einem Vergleichstest, den *auto motor und sport* im Jahr 1970 mit den Fahrzeugen BMW 2800, FIAT 130, Jaguar XJ6, Mercedes 280 SE und Diplomat E durchführte, deklassierten FIAT und Opel den Mercedes in der Disziplin »Fahrsicherheit« derart gnadenlos, dass es jedem ehrbaren »Sternsinger« die Jubeltöne im Halse verschlug. Die Fahrsicherheit litt mittlerweile doch sehr unter der antiquierten Eingelenk-Pendelachse. Aber auch auf dem Motorensektor war Stillstand zu vermelden. BMW blies 1968 mit seinem neuen Sechszylinder-Motor zum Halali auf die Sternbastion. Die jahrzehntealte, fruchtbare Rivalität zwischen den Münchnern und Stuttgartern erhielt durch diesen Schritt eine neue Qualität. Gerade der Wettstreit zwischen ihnen bewahrte die beiden bis heute vor selbstzufriedener Erstarrung. 1968 jedenfalls konnten die Weißblauen einen deutlichen Punktevorsprung bei den »sechs Richtigen in Reihe« verbuchen.

Geschichten aus dem Umfeld

oder: ein Typ entsteht nicht von allein

Das Jahr 1965 lässt sich fixieren als jenes, in welchem erste Überlegungen zu einem Nachfolger des 230 SL angestellt wurden. Zwei Jahre zuvor, im Jahr 1963, war »die Pagode« in Genf der Öffentlichkeit vorgestellt worden.

Wie sah es zu jener Zeit bei Daimler-Benz aus? Was und wer waren wichtig in jenen Jahren, als das Produkt, der neue SL, entstand?

Innerhalb von zehn Jahren, zwischen 1955 und 1965, hatte sich die Personenwagen-Produktion der Daimler-Benz AG fast verdreifacht. Sie war von 63.683 auf 174.007 Personenwagen gestiegen. Der Umsatz der AG stieg in derselben Zeit um 243,7 Prozent von 1,437 auf 4,939 Milliarden Mark. Die Zahl der Mitarbeiter verdoppelte sich in dem genannten Zeitraum von 48.497 auf 98.200.

Das im südpfälzischen Wörth auf die grüne Wiese gestellte neue Lastwagenmontagewerk nahm am 1. September 1965 seine Produktion auf. Finanziert wurde diese Investition durch den Verkauf der Auto Union an das Volkswagenwerk.

Joachim Zahn wurde am 1. Oktober zum Sprecher des Vorstandes bestellt.

Als Dr. Hans Scherenberg 1965 den Chefsessel im Vorstand von seinem Vorgänger Professor Dr. Nallinger übernahm, konnte er sich auf ein eingespieltes Team stützen. Als Beispiel hierfür seien Namen wie Rudolf Uhlenhaut, Karl Wilfert, Friedrich Geiger, Wolf-Dieter Bensinger, Adolf Wente und Karl-Heinz Göschel genannt.

Während einzelne Mercedes-Benz-Verkäufer in den noblen Showrooms noch mit unterkühlter Arroganz den Mitbewerber BMW mit lockeren Sprüchen zu deklassieren versuchten, war es der neue Technikvorstand Dr. Hans Scherenberg, der die aus München drohende Gefahr erkannte. Mit bemerkenswertem Weitblick sah er über den Tellerrand seines Technik-Biotops hinaus.

Journalisten wirft man oft vor, sie würden aus Gründen der besseren Vermarktung immer nach Köpfen suchen. In Wirklichkeit seien doch die Resultate immer das Ergebnis von Teams und deren Gemeinschaftsarbeit. Das stimmt natürlich zu großen Teilen. Tatsache ist jedoch, dass auch in großen Strukturen, wie sie eine Automobilfabrik nun einmal darstellt, wichtige Entwicklungen von Einzelnen entscheidend beeinflusst und geprägt werden. Auch bei dieser Entwicklungsgeschichte kommt man also um die Auseinandersetzung mit den damaligen »Machern« nicht herum, wenn man die Gründe für diese oder jene Entscheidung besser verstehen will.

Dr. Hans Scherenberg, den der bekannte Motorjournalist Dr. Paul Simsa einmal als die Inkarnation des noblen Mercedes-Technikers bezeichnete, brachte günstige Voraussetzungen für sein neues Vorstandsressort mit. Zum einen war ihm der Personenwagenbereich noch aus den fünfziger Jahren bekannt, als er Konstruktions-

Der Erfolg hat immer viele Väter. Das Begrüßungssextett in Hockenheim 1971 bestand aus (v. r. n. l.) Dr. Karl Wilfert, Prof. Dr. Hans Scherenberg, Dr. Rudolf Uhlenhaut sowie den Diplomingenieuren Karl-Heinz Göschel, Werner Breitschwerdt und Friedrich van Winsen. Noch ahnen die freundlich lächelnden Herren nicht, welcher Erfolg ihrem Premierenkind beschieden sein wird.

Chef Pkw war. Zum anderen war er als stellvertretendes Vorstandsmitglied, auch als Chef der Großmotorenentwicklung, immer in die Entscheidungen, die den Personenwagen-Bereich betrafen, mit eingebunden. Dr. Hans Scherenberg wirkte aufgrund seines ruhigen, leisen und freundlichen Wesens dort als Integrationsfaktor, wo andere Persönlichkeiten Widerstände aufgebaut hätten. Er hatte den unschätzbaren Vorteil, Automobile nicht nur aus der Scheuklappen-Perspektive des Motorenbauers zu sehen, sondern immer als »Gesamtkunstwerk«.
Als Leiter der Personenwagen-Entwicklung fungierte Rudolf Uhlenhaut. Sein Credo lässt sich in dem Satz zusammenfassen: »Das entscheidende Konstruieren liegt im Probieren.« Uhlenhaut ging Aufgabenstellungen erfolgreich über die Empirie an. Die theoretischen Voraussetzungen vernachlässigte er dabei nie. Sein Arbeitsstil war kooperativ und wird heute noch als vorbildlich empfunden. So ist beispielsweise das zähe gemeinsame Ringen zusammen mit seinen Mitarbeitern um ausgewogene Fahrwerksabstimmungen noch heute ein Beispiel für seinen Führungsstil. Seine Domäne war das Team, das er mit Kompetenz, gewürzt mit britischer Gelassenheit und einer Prise trockenen Humors, immer wieder zu motivieren verstand. Der in London geborene Uhlenhaut ist deshalb für viele noch heute ein Vorbild. Wenn ihn ein Problem interessierte, konnte er sich auch einmal von einem neben ihm stehenden Monteur einen Arbeitsmantel leihen und unter das Auto kriechen, um sich die Sache selbst anzusehen.

Rudolf Uhlenhaut war noch aus einem anderem Grund für Daimler-Benz unersetzbar. Er war derjenige, der für die Stuttgarter zu vielen englischsprachigen Journalisten Kontakt hielt. Diese Entwicklung begann vor dem Krieg während der Rennen, vertiefte sich in den fünfziger Jahren und setzte sich bis zu den Senatshearings in den sechziger Jahren fort. Uhlenhaut war deshalb auch derjenige, dem zu Recht der Titel eines »Mr. Mercedes« verliehen wurde.
Karl Wilfert, der Leiter der Karosserie-Konstruktion, war als ungekrönter »Kaiser von Sindelfingen« eher der Typ des geschickt taktierenden Einzelkämpfers. Er war mehr hervorragender, kreativer Entwicklungsingenieur als Designer. Trotzdem hatte er den Wert des Designs früh erkannt. Schon in den fünfziger Jahren gliederte er seinem Bereich eine Design-Abteilung an, die damals allerdings noch die Bezeichnung Stilistik trug.

Im Führungsstil war Karl Wilfert das Gegenstück zu Rudolf Uhlenhaut. So praktizierte er erfolgreich das Leerfegen von nicht aufgeräumten Schreibtischen seiner Mitarbeiter – ein Wisch mit dem Ellbogen, und Papier und Unterlagen fanden sich in nun wirklich heillosem Durcheinander auf dem Boden wieder. Sein autoritärer Führungsstil führt heute noch zu unzähligen, nicht immer freudigen Erinnerungen alter Mitarbeiter. Zwei seiner Maximen kennzeichnen Wilfert deutlich. Die eine lautete: »Nur keinen Streit vermeiden, wenn es um die Sache geht«, und die andere: »Man muss immer ein passendes Schlagwort haben.« Mit beiden erzielte er oft verblüffende Erfolge.
Seine Kompetenz im konstruktiven Bereich ist allerdings unbestritten. Der Sicherheitstechnik verhalf er, unterstützt von seinem genialen Landsmann Béla Barényi, oft gegen allgemeine Widerstände zum Durchbruch. Damit sicherte er Daimler-Benz einen bedeuten-

Friedrich Geiger bei seiner Lieblingsbeschäftigung am Zeichenbrett.

den Vorsprung auf diesem Sektor und weltweite Anerkennung. Auch seinen Geschmack bewundern manche seiner ehemaligen Weggefährten. Großes Geschick besaß der gebürtige Wiener im Durchsetzen eigener Vorstellungen – notfalls auch mal am eigenen Ressortchef vorbei.

Friedrich Geiger leitete unter Karl Wilfert die Stilistik. Er war ein sehr bescheidener, harter Arbeiter. Seine Bescheidenheit führte dazu, dass es heute kaum Fotos von ihm gibt und er der interessierten Öffentlichkeit auch aus diesem Grund kaum bekannt ist. »Ihr sollt die Autos fotografieren, die sind wichtig«, war sein Standardsatz, wenn ein Kameramann auch ihn einmal auf dem Bild haben wollte. Zu seinen kreativen Highlights zählen die zeitlosen Schöpfungen des Serien-300 SL einschließlich des Roadsters und das vom W 111 (Heckflosse) abgeleitete Coupé. Aber auch andere erfolgreiche Karosserien wie die des R/C 107 stammen aus der Zeit seiner Leitung und wurden maßgeblich von ihm mitgestaltet; auch wenn sie bei kritischen Betrachtern nicht immer denselben Beifall hervorriefen wie der 300 SL und das W-111-Coupé.

Professor Wolf-Dieter Bensinger war als Leiter der Motorenkonstruktion eine über die Grenzen des Hauses Daimler-Benz hinaus bekannte Koryphäe. Nicht nur den Studenten des Motorenbaus war er durch seine Standardwerke über die Steuerung der Gaswechselvorgänge bei Verbrennungsmotoren ein Begriff. Bereits zwischen 1940 und 1945 hatte er als Leiter des Wankel'schen Instituts in Lindau intensiven Kontakt mit den Ideen des Kreiskolben-Motors gehabt. Er war von ihnen so fasziniert, dass er in dieser Motorart den Verbrennungsmotor der Zukunft sah. Auch Professor Fritz Nallinger erblickte im Kreiskolben-Motor durchaus Chancen für ein notwendiges, neues Motorenprogramm, weshalb er Professor Bensingers Engagement anfangs mit Wohlwollen gegenüberstand.

Bensinger steckte in diese Entwicklung seine ganze Energie und sein emotionales Engagement. Damit band er aber auch fast das gesamte Entwicklungspotenzial im Motorenbau jener Jahre – für eine Entwicklung, die schließlich in einer Sackgasse endete.

Adolf Wente, sein Stellvertreter, sah die Zukunft realistischer. Er musste prompt mit dem Vorwurf Bensingers leben, im Teich der ewig Gestrigen gegen den Strom des Fortschritts zu schwimmen. Adolf Wente war der solide Konstrukteur mit großer Erfahrung. Wenn Wente auf eine Konstruktionszeichnung sah, konnte es passieren, dass er sagte: »Das kann aus diesem oder jenem Grunde nicht gehen.« Und er vergaß dabei nie, den jeweiligen Grund anzuführen.

Professor Wolf-Dieter Bensinger setzte sich als Chef der Motorenkonstruktion bei Daimler-Benz mit großem Engagement für den Kreiskolbenmotor ein.

Der schlechtere thermodynamische Wirkungsgrad des Kreiskolben-Motors war – neben den daraus resultierenden Verbrauchsproblemen und ungenügenden Standzeiten – ein unübersehbares Menetekel an der Wand der »Wankelmotoren-Euphorie«. Wente arbeitete deshalb, unterstützt von seinem Mitarbeiter Rolf Ohlendorf, unverdrossen an einer neuen kleinen V8-Motoren-Generation. Diese Idee wurde auch von dem neuen Entwicklungsvorstand Dr. Hans Scherenberg unterstützt. Aber jedermann weiß, dass es nicht gerade einfach ist, ein Projekt gegen den Willen eines unmittelbar Vorgesetzten zu bearbeiten, doch letztendlich erwies Wente durch seine Eigenwilligkeit dem Haus Daimler-Benz einen unschätzbaren Dienst. Ohne ihn, das lässt sich heute im Rückblick klar erkennen, hätte es für die Personenwagen von Daimler-Benz schlecht ausgesehen. Sämtliche V8-Motoren lassen

Adolf Wente: Als Motorenkonstrukteur von hohen Graden focht der bescheidene, sympathische Fachmann unbeirrt für die Position des fortschrittlichen Hubkolbenmotors. Hier gratuliert er 1965 dem Pkw-Konstruktionschef Josef Müller zu dessen 65. Geburtstag.

sich auf die von Wente konzipierten »Urväter« zurückführen. Mit 35 Millionen Mark Investitionsaufwand rechnete die EOP-Leitung (EOP steht für Entwicklung, Organisation, Planung) für Adolf Wentes Motorenreihe. Manchmal nützen einem Unternehmen eben auch unangepasste Mitarbeiter mit intaktem Rückgrat. Karl-Heinz Göschel gehörte als Einspritzmotorenspezialist und erfahrener Praktiker zu den frühen Weggefährten Dr. Hans Scherenbergs. Zusammen hatten sie in den vierziger Jahren an der Benzineinspritzung der Flugmotoren gearbeitet, entwickelt und geforscht. Später waren sie ein unersetzbares Team bei der Einführung der Benzineinspritzung im Automobil. Zuerst bei Gutbrod, dann ab 1952 bei Daimler-Benz verhalf Karl-Heinz Göschel der Benzineinspritzung mit zu ihrem Siegeszug. Er ergänzte sich als erfahrener »Macher« ideal mit dem Theoretiker und Manager Scherenberg, wobei es ihm, ähnlich wie Rudolf Uhlenhaut, nie an dem nötigen theoretischen Hintergrundwissen fehlte. Göschel und Scherenberg verband, was oft übersehen wurde, eine gewisse Zuneigung zum Rennsport. Das Sportengagement in den sechziger und siebziger Jahren wäre ohne die Unterstützung Göschels, der in jener Zeit Leiter des Pkw-Versuchs war, nie möglich gewesen.

Und ohne Dr. Kurt Obländer, den im Oktober 2008 verstorbenen einstigen Motorenchef von Mercedes-Benz, hätte der 107 auf dem Hauptmarkt USA nie die Stückzahlen erreicht, die letzten Endes für den außergewöhnlichen Erfolg sorgten. Er war der Umwelt-Papst unter den Motorenentwicklern bei Daimler-Benz, und das schon zu Zeiten, als der Begriff »Umwelt« noch bei weitem nicht die Bedeutung wie heute hatte. Oft gegen Widerstände im eigenen Hause, die auf Unkenntnis und Ignoranz beruhten, baute Dr. Obländer in jenen Jahren die Abgastechnik auf.

Kontinuierlich auf dem neuesten Stand gehalten, ermöglichten seine Bemühungen um die Abgastechnik bei Daimler-Benz die Fortschritte, die das Überleben des R 107 in USA und Japan sicherten.

Die Personenwagen-Baureihen jener Jahre, sieht man einmal von dem Sonderfahrzeug 600 ab, entstammten einer Monokultur, obwohl man bei Daimler-Benz ab 1965 gerne von einem »Zwei-Typen-Programm« sprach. Als Basis diente die Bodengruppe der Baureihe W 110/111 (Heckflosse), denn auch die 1965 vorgestellte S-Klasse der Baureihe W 108/109 war im Grunde nichts anderes als ein umfangreiches Facelift der noch produzierten Vorgänger-Baureihe. Auch die Bodengruppen des weitergebauten Coupés und des 230 SL stammten von der Bodengruppe des W 111 ab. Schon vor dem Auslaufen des 300 SL hatte Fritz Nallinger immer wieder nach einer adäquaten Motorisierung für einen großen SL gesucht, aber alle Überlegungen, die den Motor des 600 zur Grundlage hatten, waren ins Leere gelaufen. Zwischen dem mächtigen 6,3-Liter-V8-Motor M 100 und dem antiquierten Dreiliter-Motor M 198 klaffte eine gähnende Lücke.

Stilistisch empfand man bei Daimler-Benz den 230 SL als zu feminin. Der Nachfolger sollte auf jeden Fall neben einer stärkeren Motorisierung auch ein »kraftvolleres Erscheinungsbild« bieten. Die Frage eines Coupés war damals, außer in Karl Wilferts Vorstellungen, nicht mit dem SL verknüpft.

In der Frage des Fahrwerks gab es bei den alten Autofahrern, wie sie durch Uhlenhaut und Scherenberg verkörpert wurden, keine Diskussion. Wollte man nicht den Anschluss an den allgemeinen Standard verpassen, musste die mittlerweile archaische Eingelenk-Pendelachse ersetzt werden.

Rudolf Uhlenhaut meinte mir gegenüber einmal in einem Gespräch zum Thema Pendelachse: »Damit konnte man, wenn sie richtig eingestellt war, immer noch sauschnell um die Ecken fahren, aber der Geradeauslauf war nicht mehr zeitgemäß, und beim Bremsen aus hohen Geschwindigkeiten musste man schon aufpassen.« Eine Begründung, warum man bei Daimler-Benz so lange an diesem Relikt festgehalten hatte, lieferte Professor Dr. Hans Scherenberg: »Um die Fertigungsstraßen der neuen Schräglenker-Hinterachsen musste ich mit meinem Vorstandskollegen Künkele richtig kämpfen. Er ging mit mir durch die Hallen und meinte, dass es doch um die Fertigung der Pendelachsen schade sei. Aber ich war mir mit Uhlenhaut einig, dass jetzt Schluss sein müsse mit der Eingelenk-Pendelachse.«

Dr. Kurt Obländer, der stets freundliche und hilfsbereite Fachmann für Fragen der Verbrennung und Thermodynamik, machte als Vater der Abgastechnik bei Daimler-Benz den jahrzehntelangen Erfolg des 107 erst möglich.

Konzeptgeschichte zum W 107

oder: die Rettung des Roadsters

Es ist kein Schreibfehler, dass im Moment noch vom W und nicht vom R oder C 107 die Rede ist. Wir drehen die Zeit zurück ins Jahr 1965, und zu diesem frühen Zeitpunkt dachte man noch an Karosserie-Konfigurationen, wie sie auch bei der Baureihe W 113 üblich waren. Von einem Coupé in der späteren Ausführung ist um die Jahreswende 1965/66 aber noch nicht die Rede.

Es lassen sich aber die Überlegungen zum neuen SL konkret nachweisen. Damals wurde als Motorisierung, noch ganz auf der Linie Bensingers liegend, ausschließlich an einen Kreiskolbenmotor gedacht: Vorgesehen war der Dreischeibenmotor KM50/3 mit 3,4 Litern Brennraumvolumen und 180 PS (132,5 kW) Leistung. Bei der Bodengruppe dachte man daran, sich der Basis des W 114 (später auch als /8 bekannt geworden) zu bedienen. Eine Überlegung, die indes schon bald fallen gelassen wurde. Schon am 27. September 1966 legte die EOP-Leitung fest, dass »aufgrund der Erfahrungen W 110/111/113 eine Anlehnung an eine vorhandene Bodengruppe nicht möglich ist«.

Die Hinterachse sollte eine Schräglenkerachse mit Fahrschemel werden. Bei dieser Gelegenheit erlaube ich mir, auch eine Legende, welche die Motorisierung betrifft, auszuräumen. Das Erscheinen des 280 SL/SLC im Jahre 1974 wurde allgemein als Reaktion auf die damals einsetzende Energiekrise interpretiert. In Wirklichkeit taucht die 2,8-Liter-Variante aber schon im Entwicklungsprogramm vom März 1968 auf, hier allerdings noch mit dem alten Sechszylindermotor M 130. Am 2. April 1968 teilte Vorstandsmitglied Dr. Scherenberg seinen Kollegen mit, dass »dieser Typ sowohl mit den 2,8-Liter-Motoren (Anm. des Autors: hier war auch noch an eine Vergaserversion gedacht) als auch mit den V-Motoren 3,5 und 4,5 Liter ausgelegt werden soll, und es ist möglich, eventuell hier erstmals in einem Serienfahrzeug den Wankelmotor einzubauen, wenn dieser Motor seine Serienreife bis Ende 1969 erreicht hat«. Der später verzögerte Einbau des modernisierten Sechszylinder-Motors M 110 im R/C 107 hing mit Kapazitätsproblemen der Fertigung zusammen. Vorrang hatten damals der kompakte W 114 und die neue S-Klasse W 116.

Als Antriebs-Alternative zu den Hubkolben-Motoren waren die Kreiskolben-Motoren M 950/3 und -/4 mit drei beziehungsweise vier Scheiben eingeplant. Die Skepsis Dr. Scherenbergs gegenüber dieser Entwicklung wurde dadurch dokumentiert, dass von »eventuellem wahlweisen Einbau« die Rede war.

Bei den seinerzeit angeführten Coupé-Varianten handelte es sich noch um Coupé-Ausführungen auf der Basis des Roadsters, also um ein Coupé mit kurzem Radstand.

Schon in diesem frühen Entwicklungsstadium lässt sich deutlich erkennen, dass auch der damals neue SL den »Weg allen Fortschritts« gehen würde: Er würde schwerer werden. Ein um siebzig Kilogramm höheres Leergewicht sollte bei gleichem Motorbaumuster der Preis des Fortschritts für bessere Straßenlage und größere Sicherheit sein.

Den Sommer des Jahres 1966 über beschäftigte der W 107 vor allem die drei technischen Vorstandsmitglieder Dr. Hans Scherenberg (Entwicklung Pkw), Dr. Wilhelm Langheck (Produktion Sindelfingen) und Wilhelm Künkele (Produktion Untertürkheim).
Am 18. Juli 1966 wurden die gewünschten Anlaufziele definiert. Fertig sein sollte demnach der Entwurf der Bodenanlage für das 1:1-Modell vom Untertürkheimer Konstruktionsbüro bis zum 1. Oktober 1966, das gesamte 1:1-Modell bis zum 1. Juni 1967, und die letzte Formen-Entscheidung sollte bis zum 1. August 1967 gefallen sein.
Auch die nach außen wenig spektakuläre, für den Werdegang eines neuen Automobils aber unverzichtbare Herstellung der Versuchswagen wurde in den angegebenen Zeitrahmen eingebaut.
Als Termin für die Zeichnungen der Klopfmodelle wurde der 15. Dezember 1967 festgelegt. Klopfmodelle sind Holzmodelle von Einzelstücken oder Miniauflagen wie zum Beispiel beim 300 SL von 1952. Über diese Modelle klopfen hochqualifizierte Karosseriespengler dann einzelne Karosserieteile. Eine Herstellung über Gesenke und Pressen wäre in diesem Entwicklungsstadium zu wenig flexibel, zu langsam und schließlich auch viel zu teuer.
Der erste Versuchswagen hatte seinen Fertigstellungstermin am 15. Mai 1968. Die restlichen sieben der dann insgesamt acht Versuchsfahrzeuge sollten bis November 1968 fertiggestellt sein.
Der Umfang der Versuchswagen-Planung war somit festgelegt. Konsequenterweise wurde in die Überlegungen gleich die Planung des Serienanlaufs mit einbezogen.
Linienriss- und Pressteilzeichnungen für die Hauptgruppen des Bodens und des Aufbaus waren zwischen November 1967 und Oktober 1968 terminiert worden. Im März 1969 sollten die Zusammenbauzeichnungen abgeliefert sein.
Vorausgesetzt, diese Vorstellungen waren keine Utopien, dann hätten der Rohbau-Serienanlauf im August 1969, der Vorserien-Beginn im Oktober 1969 und die Hauptserien-Premiere im Januar/Februar 1970 gelegen.
Die Doktoren Scherenberg und Langheck sowie Kollege Wilhelm Künkele (die, ohne es zu wissen, hausintern die »Heiligen Drei Könige« genannt wurden) entschieden auf Drängen Dr. Scherenbergs, auf jeden Fall den Einbau der V8-Motoren vorzusehen. Man glaubte, dass durch sie die Frontpartie festgelegt würde. In Wirklichkeit baute jedoch der Reihen-Sechszylinder viel höher als die Achtzylindermotoren. Der Entwicklungschef drängte auch auf einen Besprechungstermin mit Wilhelm Künkele, um den Produktionsanlauf der Achtzylinder-Motoren zu fixieren.

Am 27. September 1966 wurde als neuer Serienanlauf der September 1970 ins Auge gefasst. Dass 1970 dann tatsächlich drei R 107 gebaut wurden, lässt die Arbeit der Abteilung EOP (Entwicklung, Organisation, Planung) in positivem Licht erscheinen. Hausinterne Spötter hatten aus dem Kürzel EOP die Verballhornung »Entwicklung ohne Planung« gemacht – zu Unrecht, wie sich zeigte.
Im April 1967 liebäugelte Dr. Scherenberg in einer Vorstandssitzung noch mit der Motorenvariante des mächtigen 6,3-Liter-Motors M 100 aus dem 600. Eine Variante, die damals aber als zu üppig erschien und dann auch nicht weiter verfolgt wurde. Immerhin hatte der Versuch einen solchen Motor auch einmal einem R 113 implantiert. Die in der Mitte der achtziger Jahre für die USA gebaute hubraumstärkste Version mit 5,6 Litern war dann allerdings gar nicht mehr so weit von diesem frühen Gedankenspiel entfernt. Bei der Ablehnung des riesigen und teuren M 100 für den R 107 spielten allerdings auch Einbau- und Kostenüberlegungen eine gewichtige Rolle.
Das Jahr 1967 brachte keine wesentlichen Entscheidungen für den zweisitzigen SL.
Im März 1968 konnten die Vorstellungen zum zukünftigen SL auch in Teilbereichen präzisiert werden. Die Bezeichnung R für Roadster vor der Baureihenbezeichnung 107 wurde anstelle des sonst gebräuchlichen W eingeführt.
Zunächst war von einem Roadster und einem Coupé die Rede. Bei beiden waren im Fond zwei Notsitze in Fahrtrichtung vorgesehen. Um Verwechslungen vorzubeugen: Hierbei handelte es sich nicht um das um dieselbe Zeit dem Vorstand vorgeschlagene lange Coupé, wie es im SLC realisiert wurde, sondern um ein kleines Coupé auf der Basis des Roadsters. Gedacht war an einen SL mit festem Dach.
Das Entwicklungsprogramm 68/1 lässt interessante Einblicke in die Vorstellungen der Modellplaner vom neuen SL zu: Auf dem Motorensektor standen vier Hubkolben- und eventuell zwei Kreiskolben-Motoren zur Debatte. Bei den Hubkolben-Motoren waren das neben den V8-Motoren mit 3,5 Litern (200 PS / 147 kW) und 4,5 Litern (235 PS / 173 kW) zwei 2,8-Liter-Motoren. Aus Kostengründen war neben dem bekannten M-130-Einspritzmotor mit 170 PS / 125 kW noch die Vergaservariante mit 140 PS / 103 kW vorgesehen, wie sie im 280 S eingebaut wurde.
Die Kreiskolben-Variante bestand im Dreischeiben-Motor M 950/3 und dem Vierscheiben-Motor M 950/4.
Aber auch der zweifelhafte Fortschritt, der sich in höheren Leergewichten zu manifestieren pflegt, wurde schon im damali-

gen Planungsstadium sichtbar. Als die Karten des Fortschritts auf den Tisch gelegt wurden, zeigte die Waage bei gleicher Motorisierung für den R 107 70 kg – oder 5,14 Prozent – mehr an als für den W 113.
Mehr Unfallsicherheit, mehr Komfort und die aufwendigere Hinterachs-Konstruktion waren die Gründe für den »Gewichts-Sündenfall«. Die Koppelachse war schon ab dem 3,5-Liter-Motor vorgesehen.
Der 30. April 1968 war der große Tag des Dr. Hans Scherenberg im Vorstand der Daimler-Benz AG. Mit Verve und Weitblick focht der Techniker für den Anlauf der neuen V8-Motoren, geradeso, als sei er der Ressortchef des Verkaufs. »Wir müssen unter dem Gesichtspunkt der Konkurrenz gegenüber den neuen BMW-Typen alles daran setzen, mit den V-Motoren bereits in der zweiten Jahreshälfte 1969 auf den Markt zu kommen.« Was dann auch tatsächlich erreicht wurde.
Dr. Wilhelm Langheck war sich mit seinem Kollegen darin einig, BMW den Eintritt in die Klasse der großen Personenwagen so weit wie möglich zu erschweren. Er wollte alles daran setzen, die Fertigung mit dem geringsten Aufwand an Betriebsmitteln zu erreichen. Aber für eine völlige Neueinrichtung der V-Motoren-Produktion für zweieinhalbtausend Motoren pro Monat musste Langheck ein Investitionsvolumen von 70,7 Millionen Mark ansetzen. Dafür war aber noch kein Investitionsantrag gestellt.
Dr. Hans Scherenberg war zwar von vornehmer, leiser Art, aber keiner, der sich so schnell die Butter vom Brot nehmen ließ. Der von seinem Kollegen Langheck genannte Investitionsbetrag erschien zunächst einmal sehr hoch. Dann waren die Motoren vom Entwicklungsbereich freigegeben worden, aber der Investitionsantrag der Fertigung war nicht gestellt worden. Hartnäckig und vermittelnd zugleich machte Dr. Scherenberg den Vorschlag für einen möglichst kleinen Investitionsaufwand. Man solle mit tausend Motoren pro Monat beginnen, bei der Preisgestaltung aber von vornherein von einer endgültigen Stückzahl von zweieinhalbtausend Einheiten pro Monat ausgehen.
Der endgültige Kompromiss wurde dann in einem Produktionsanlauf von fünfhundert Motoren ab Juli 1969 getroffen. Die Motoren liefen zuerst im Coupé (280 SE 3,5, W 111) und in der langen luftgefederten Limousine (300 SEL 3,5, W 109) an. Durch die Vorstellung des C 111 mit dem Dreischeiben-Kreiskolben-Motor auf der IAA 1969 standen die kleinen V8-Motoren M 116 etwas im Schatten der allgemeinen C-111-Euphorie, galt dieser doch vielen als der potenzielle und würdige Nachfolger des 300 SL. Der Frankfurter Auftritt der V8-Motoren war als Überlebenshilfe für das schon betagte Coupé (W 111) und die nicht minder antiquierte S-Klasse (W 108/109) gedacht. Aber auch der stufenweise Produktionsanlauf der neuen Fertigungslinie war den Untertürkheimern willkommen. Böse war man deshalb über das relative Schattendasein der neuen Motoren nicht. Entwickelt waren sie in erster Linie für den in den Startlöchern kauernden neuen SL (R/C 107) und die darauf folgende S-Klasse (W 116).
Doch zurück zu unserem R 107. Der 18. Juni 1968 war ein denkwürdiger Tag für den neuen SL und seinen Ziehvater Dr. Hans Scherenberg. Die Vorstandsentscheidung an jenem Sommertag in Sindelfingen hat bis heute ihre Auswirkung für die SL-Sparte. Das von Hunderttausenden geschätzte Offenfahren stand nämlich auf der Kippe.
Ein Formen-Entscheid, wie der Beschluss über ein neues Modell in der Mercedes-Terminologie genannt wird, ist immer ein wichtiges Ereignis von großer Tragweite für das ganze Unternehmen; das war damals nicht anders als heute. Aus diesem Grund war auch der gesamte Vorstand mit Ausnahme des Export-Chefs Arnold Wychodil nach Sindelfingen gekommen.
Zur Abrundung der Entscheidung hatte Dr. Scherenberg eine illustre Gesellschaft hochkarätiger Automobile auffahren lassen. Sie nahmen sich aus wie eine Auswahl aus dem Gotha des automobilen Hochadels jener Zeit: Mercedes-Benz 300 SL, Porsche 911, Jaguar E-Type, Corvette Sting Ray, Ford Mustang, Iso Grifo, FIAT Coupé, FIAT Dino Coupé und Lancia Coupé verzeichnet das Vorstandsprotokoll als stumme Gäste.
Von grundsätzlicher Bedeutung war in dieser Sitzung das Thema Roadster/Coupé. Mit dem Begriff des Coupés verband sich in dieser Sitzung nicht das später im SLC verwirklichte Auto, sondern die Alternative eines festen Daches auf dem SL-Unterbau.
Die Klippe der höheren Herstellungskosten des 107 gegenüber dem W 113 (plus 1000 Mark) konnte von Dr. Scherenberg noch elegant umschifft werden. Er nahm dieses heiße Eisen taktisch geschickt aus der Schusslinie, indem er vorschlug, es separat zu behandeln. Am Thema des offenen oder geschlossenen Zweisitzers entzweiten sich dann aber die Geister des ehrbaren Gremiums.
Dr. Wilhelm Langheck sah das Thema aus seiner Sicht als Produktionsvorstand. Er plädierte eloquent aus Gründen der billigeren Herstellung, der Sicherheit und der Typenvereinfachung für ein Coupé mit einem fest verschweißten Dach. Als Alternative zum Offenfahren sah er ein Schiebedach vor. Langheck untermauerte seine Auffassung durch seine Beobachtung, dass der W 113 nur ganz selten offen gefahren werde. Auch Inland-Verkaufschef

Dr. Rolf Staelin, offensichtlich von mitteleuropäischen Sommern bitter enttäuscht, votierte für Langhecks Vorstellungen. Für Frischlufthungrige mit der Ledermütze auf dem Scheitel und Windsbräute mit flatterndem Schal wären diese Vorstellungen ein herber Schlag gewesen.
Dr. Hans Scherenberg warnte davor, ausschließlich ein Coupé in die Entscheidung einzubeziehen. Beim W 113 betrug der reinrassige Coupé-Anteil dreizehn Prozent und der für reinrassige Roadster gar nur vier Prozent. Der Vorteil läge eben eindeutig in der zweifachen Verwendung. Dieser Umstand habe den Erfolg der SL-Reihen seit dem 190 SL ausgemacht. Auch die Beliebtheit des gerade produzierten W 113 (230 bis 280 SL) bei der Kundschaft beruhe – trotz seiner veralteten Technik – auf dieser Tatsache.
Ulrich Raue, im Vorstand für die Produktion der Nutzfahrzeuge zuständig, sprang Dr. Scherenberg ebenso zur Seite wie Dr. Hanns-Martin Schleyer. Öffentlichkeitsvorstand Heinz Schmidt gestand, dass er bei seinem 113 selten das Dach abnehme. Er wollte aber auf keinen Fall auf die Kombinationsmöglichkeit verzichten. Vorstandskollege Otto Jacob war in seiner Eigenschaft als Einkaufschef nicht unmittelbar von Marketing- und Produktproblemen tangiert. Trotzdem bewies er beachtliches Einfühlungsvermögen, denn er konnte sich unter keinen Umständen ein Coupé mit Schiebedach als Ersatz für einen Roadster vorstellen.
Dr. Joachim Zahn schlug vor, prüfen zu lassen, ob der Roadster eventuell von einer Fremdfirma gefertigt werden könnte. Karl Wilfert entkräftete das Argument eines möglichen Gewichts- und Kostenvorteils eines Coupés gegenüber dem Roadster. Wilfert verwies auf die zu erwartenden US-Sicherheitsvorschriften, die größeren Schutz bei Seitenkollisionen verlangten. Die dann auch bei einem Coupé notwendigen Verstärkungen der Seitenschweller würden alle Einsparungen gegenüber dem Roadster zunichtemachen.
Dr. Hans Scherenberg plädierte zusammenfassend noch einmal engagiert und kompetent für »seinen« Roadster mit Hardtop. Er verwies auf eine Marktanalyse, aus der hervorging, dass Kunden sich gerade wegen der Verwandelbarkeit des SL-Konzeptes für einen W 113 entschieden hatten.
Die Entscheidung, ob der 107 nun als Roadster mit Hardtop oder als Coupé gebaut werden sollte, wurde an die nachgeordnete Pkw-Kommission verwiesen. Im Grunde waren die Würfel aber schon für den Roadster gefallen. Scherenbergs großes Engagement, sein Einfühlungsvermögen in die Erfordernisse des Marktes, verbunden mit der für einen reinen Techniker nicht vermuteten Weitsicht, haben den SL-Erfolg gerettet. Scherenberg hatte die Botschaft Max Hoffmans nicht vergessen. Der damals nicht abzusehende Erfolg des R 107 bis 1989 hat Hans Scherenbergs Engagement dann eindrucksvoll bestätigt.
Nachdem die Entscheidung für das bis heute erfolgreiche, klassische SL-Erfolgsrezept gefallen war, muss Scherenberg mit einem unüberhörbaren Plumps der berühmte Stein vom Herzen gefallen sein. In seiner feinen Art umschrieb er das später so: »Der SL (Anm. des Autors: gemeint ist der 107) hat mir viel Freude, aber auch viel Mühe gemacht. Das haben wir uns damals nicht leicht gemacht.«
Nach der Karosserie-Festlegung beschäftigte sich der Vorstand in der Folge primär mit den diversen Motorenkonzepten. Im September 1968 wies das Entwicklungsprogramm die klassische Hubraum-Konfiguration mit 2,8, 3,5 und 4,5 Litern auf. Beim 2,8-Liter-Motor war noch der Uralt-Motor M 130 präsent. Die billigere Vergaserversion dieses Sechszylinder-Motors wurde noch als Merkposten für alle Preisnotfälle geführt.
Die Koppelachse sah man nun schon ab dem 3,5-Liter-Motor vor. Als bemerkenswerte Besonderheit ist zum ersten Mal ABS aufgeführt. Kaufen konnte der Kunde diesen Lebensretter im 107 allerdings erst ab März 1980 für 2384,30 Mark Aufpreis. Beim SLC war für die Achtzylinder-Versionen als SA eine hydropneumatische Federung angedacht.
Intensiv beschäftigte sich der Vorstand mit den Produktionsanläufen der Acht- und Sechszylinder.
In der Vorstandssitzung vom 4. März 1969 informierte Dr. Scherenberg seine Kollegen über die Mehrkosten von 214 Mark, die sich beim R 107 gegenüber dem W 113 ergaben.
Im Dezember 1969 nahm sich der Vorstand der Vorschläge Heinz C. Hoppes, seinerzeit Chef von MBNA (Mercedes-Benz of North America), an. Der US-Markt, das hatte schon die Entwicklung beim 190 SL und W 113 gezeigt, war zum wichtigsten Abnehmermarkt für die wandelbaren Zweisitzer avanciert. Hoppe forderte analog zu den amerikanischen Gepflogenheiten einen von innen verstellbaren Außenspiegel. 142.000 Mark einschließlich der Werkzeugkostenumlage auf 134.000 Fahrzeuge fielen für diese Änderung an.
Für die in den USA dominierenden Automatikversionen forderte der MBNA-Chef dringend ein in den Staaten schon lange gebräuchliches breiteres Bremspedal. Die Selbstkosten betrugen für diese Änderung: 59 Pfennig pro Fahrzeug nur für USA, 44 Pfennig pro Fahrzeug bei genereller Ausrüstung. Die Ertragsminderung betrug 16.000 Mark pro Jahr bei Beschränkung auf den USA-Einsatz, bei generellem Einsatz wurde das Budget um 76.000

Mark erleichtert. Rudolf Uhlenhaut wies in diesem Zusammenhang auf die allgemeine Verwendung breiter Bremspedale bei Automatikautos hin.
Obwohl Produktionschef Langheck Bedenken wegen der Teilevielfalt äußerte und Kundendienstchef Körber keine Kundenreklamationen meldete, wurde beschlossen, generell mit Anlauf des R/C 107 das breite Bremspedal vorzusehen.
Der interessanteste Punkt war Hoppes Forderung nach einem

automatischen Verdeck für den R 107 ab dem Produktionsbeginn für USA. Die Selbstkosten sollten um 1140 Mark höher liegen als bei der bisherigen, mechanischen Ausführung. Dr. Scherenberg erhob Einspruch wegen zu befürchtender technischer Reklamationen und Dr. Langheck wegen des Produktionsaufwandes.
Im August 1970 warf dann der Sechszylinder-Motor M 110 seine Schatten voraus, als er zum ersten Mal im Entwicklungsprogramm erschien.

Tatsächlich hatte es im Vorstand Stimmen gegeben, die ein Coupé mit Schiebedach als ausreichenden Ersatz für die Roadster-Version ansahen.

Die heiße Schlacht um das »kalte Coupé«

oder: das Veschper-Coupé

Zu einer spannenden Geschichte entwickelte sich in den Jahren 1966 bis 1968 die Entscheidungsfindung für das neue Coupé, da es zu jener Zeit bei Daimler-Benz zwei Denkschulen für die Gestaltung dieses Wagens gab. Die Ursache für die Bipolarität lag in der Mercedes-Benz-Modellpolitik jener Jahre. Das damals gebaute Coupé ging noch auf die Limousinen-Baureihe W 111 (heute als »Heckflosse« populär) zurück. Mit dem Erscheinen der Heckflossen-Nachfolger W 108/109 hatte man dieses Coupé beibehalten. Die Bodengruppe war dieselbe geblieben, und stilistisch lag das Coupé sowieso näher am W 108/109 als am W 111.

Ein neues Coupé, sollte es wie die Vorgänger auf Limousinenbasis gebaut werden, hätte man dann aus der S-Klasse W 116 ableiten müssen. Der Produktionsbeginn dieser Neuheit lag noch in unerreichbar weiter Ferne – so weit, dass er letzten Endes später erfolgte als der geplante Anlauf des SL 107. Ein Coupé, das wusste man aus Erfahrung, konnte allerfrühestens ein Jahr nach dem Produktionsbeginn der entsprechenden Limousine in Serie gehen. Das hätte nach der damaligen Zeitplanung frühestens 1973 für das neue Coupé bedeutet. So lange wollte und konnte man eigentlich nicht warten.

Zur Lösung dieses Problems hatten sich in der Vorphase der Entscheidung zwei Möglichkeiten herauskristallisiert. Die eine Denkschule favorisierte ein Coupé auf der Basis des W 116. Vertreter dieser Lösung waren Dr. Hans Scherenberg, Werner Breitschwerdt, der Vertreter Karl Wilferts und Friedrich Geiger als der zuständige Stilist. Dieses Coupé (intern lief es unter dem Begriff »Imagecoupé«) sollte als Zweitürer ein Reisewagen mit großem Innen- und Kofferraum sein und großzügiges Reisen auch für vier Personen ermöglichen, ohne dabei jedoch die Abmessungen der großen Limousine zu erreichen. Im Grunde also so, wie es das W-111-Coupé erfolgreich vorgemacht hatte. Im Design sollte sich dieses Auto – wie vorher beim W 111 und später beim W 126 sowie beim W 140 – von der Limousine unterscheiden, aber nicht völlig abheben.

Den anderen Lösungsweg vertrat vehement Karl Wilfert. Er war von der Idee eines sportlichen Coupés begeistert. 1965 hatte BMW den 2000 CS kreiert. Dieses Auto diente auch Karl Wilfert als Vorbild. (Da sage noch einmal jemand, der Wettbewerb zwischen Stuttgart und München beflügele nicht die Phantasie.) So etwas wie das BMW-Coupé wollte »Charly«, wie er intern und heute noch von seinem damaligen Stellvertreter Professor Werner Breitschwerdt genannt wurde, auch für Mercedes machen. Und was »Charly« haben wollte, das bekam er meistens, auch wenn er dafür unkonventionelle Wege gehen musste. Als guter »Hürdenläufer« wusste er schließlich, wie Hindernisse zu überspringen waren.

Denken und Tun waren bei Karl Wilfert oft fast dieselben Dinge. Alte Sindelfinger Mitarbeiter wissen in diesem Zusammenhang eine amüsante Geschichte zum Entstehen des C 107 zu erzählen,

eine Geschichte, die eine typische Wilfert-Story ist: Eines Tages soll Dr. Hans Scherenberg anlässlich einer routinemäßigen Montags-Besprechung gefragt haben, was denn da unter einer bestimmten Plane stehe. Karl Wilfert zeigte ihm seine Form gewordene Vorstellung eines C 107. Scherenberg war jedoch offensichtlich von dieser handfesten Vision nicht besonders angetan und entschied, dieses Projekt nicht weiter zu verfolgen. Doch Charly Wilfert war beileibe nicht der Typ, der klein bei- oder aufgab.
Das Projekt avancierte von Stund an zum Veschper-Coupé (für die nicht der schwäbischen Mundart mächtigen Leser: Mit Veschper werden die Frühstücks- und die nachmittägliche Kaffeepause bezeichnet). Ein Veschper-Auto ist aber nicht, wie man vielleicht irrtümlich meinen könnte, ein Auto zum Veschper holen. Es ist ein Auto, an dem nur während des Veschpers gearbeitet wurde, wie die Fama alter Sindelfinger »Blechbatscher« berichtet. Blechbatscher wiederum sind nicht nur Karosserieblechner, sondern aus der Sicht der Untertürkheimer Automobilingenieure alle Sindelfinger Kollegen. Das sind eben die kleinen Unterschiede, beruhend auf etwa zwanzig Kilometern Differenz zwischen Untertürkheim und Sindelfingen.
Lange, sehr lange Veschper müssen jedenfalls damals in Sindelfingen stattgefunden haben. Das Coupé gedieh prächtig, aber »hälinge«. Hälinge ist der urschwäbische Ausdruck für heimlich und wird mittlerweile von jedem Mercedes-Benz Mitarbeiter verstanden – wo auch immer seine Wiege stand.
Professor Werner Breitschwerdt stand später voll hinter Wilferts Entscheidung. Auch Professor Scherenberg sah die Entscheidung für den C 107 als richtig an. Fast unisono sagten später beide, dass sie im Grunde damals keine andere Wahl hatten, als den C 107 zu bauen. »Wir hatten keine Zeit, keine freien Konstrukteursstunden und (Anm. des Autors: dies klingt bei Daimler-Benz immer etwas nach Koketterie) nicht das Geld, um etwas anderes zu machen«, berichteten die Professoren Scherenberg und Breitschwerdt später unabhängig voneinander mit fast denselben Worten.
Immerhin fallen fünfzig Prozent der Konstruktionsstunden bei einem neuen Fahrzeug für die Konstruktion des Vorbaus an. Und bis zur A-Säule konnte praktischerweise der Vorbau des SL für den SLC übernommen werden.
Karl Wilfert soll sich dann für seine Vorstellungen eines Coupés als geschickter Mehrheitsbeschaffer im Vorstand erwiesen haben, berichteten »alte Sindelfinger« glaubhaft, und die sind erfahrungsgemäß weit davon entfernt, in die Kategorie orientalischer Märchenerzähler eingereiht werden zu müssen. Denn auch in der nüchternen Sprache offizieller Dokumente lässt sich, gedämpft und gefiltert natürlich, die Spannung jener Entscheidung nachvollziehen.
Am 3. Juni 1966 teilte Sindelfingen den Vorständen Dr. Scherenberg, Dr. Langheck und Künkele als Stellungnahme zum Entwicklungsprogramm Nr. 52 vom 16. Mai 1966 mit, dass die beiden Modelle für das Coupé W 116/117 und den Sportwagen W 107 zusammen vorgestellt würden, da ab diesen Modellen die Bodenanlage kombiniert würde. Die bisherige Konzeption, für das Coupé die Bodenanlage von der Limousine zu verwenden, wurde verlassen.
Etwa ein Jahr später, um den 20. Juli 1967 herum, unterrichtete Dr. Scherenberg seine Vorstandskollegen, dass ein völlig neues Coupé nun erst nach dem W 116, also frühestens 1972 kommen könne, weil es mit der gleichen Bodenanlage eingerichtet sein müsse wie dieser Wagen. In der diesem Schreiben beigelegten Entwicklungsgrafik ist dann auch von einem Coupé W 116 (Image) und einem W 107 (Sportwagen) die Rede.
Wiederum fast ein Jahr danach, am 2. April 1968, deutete Scherenberg den Herren des Vorstands die Existenz des SLC an, indem er schrieb: »Wir werden in der Stilistikabteilung außerdem untersuchen, ob aus dem Typ R 107 bezüglich der Fond-Sitzanordnung ein bequemes Sport-Coupé mit verlängertem Radstand zweckmäßig ist, da wir der Meinung sind, dass mit einem bequemeren viersitzigen Sport-Coupé zusätzliche Kundschaft gewonnen werden kann.«
Offensichtlich waren seine Vorstandskollegen durch die Diskussion um das Coupé etwas irritiert, oder aber der Meinungsbildungs-Prozess war noch nicht abgeschlossen. In der schon erwähnten Diskussion bei der R-107-Modellbesichtigung am 18. Juni 1968 regte Dr. Langheck nämlich aus Kostengründen an, den R 107 nur als Coupé zu bauen. Inlandverkaufsvorstand Rolf Staelin war der Ansicht, dass das Coupé auf SL-Basis kein Ersatz für das Image-Coupé sein könnte.
Am 14. November 1968 war der gordische Knoten der Unklarheiten dann aber endlich durchschlagen. Die Leitung der Entwicklung Pkw-Aufbauten, die Herren Karl Wilfert und Werner Breitschwerdt, hatte mit ihrem Vorstandsmitglied Dr. Scherenberg festgelegt, den Formen-Entscheid für das Coupé 107 (also den SLC) für den März 1969 anzukündigen. Abgesegnet wurde dieser Vorschlag vom Gesamtvorstand in seiner Sitzung am 17. Dezember 1968, sodass Dr. Scherenberg den Herren des Vorstands am 3. Februar 1969 mitteilte, dass das Coupé C 107 eine sportliche Variante des Image-Coupés darstelle. Das Coupé C 116 war hingegen sang- und klanglos in der Versenkung verschwunden.

Die heiße Schlacht um das »kalte Coupé«

oder: das Veschper-Coupé

Der Anlauf der Produktion wurde für Mitte 1971 terminiert. Tatsächlich präsentierte Daimler-Benz im Oktober 1971 fast pünktlich den 350 SLC als erstes Glied in der Kette der SLC-Erfolge. Dieser Präzision beim Anlauf neuer Modelle trauert heute noch mancher Mercedes-Benz-Mitarbeiter nach.

Am 30. April 1969 genehmigte der Vorstand die Form des C 107. Das Protokoll vermerkt rückblickend: »Der erste ausführliche Hinweis auf die zweckmäßige Entwicklung des Coupés C 107 war

von Herrn Dr. Scherenberg mit dem Begleitschreiben vom 2. April 1968 zum Pkw-Entwicklungsprogramm 68/I an die Herren des Vorstands gegeben worden.«
Ende gut – alles gut, möchte man heute sagen. Es wurde nicht bekannt, dass einer der Herren den Beschluss jemals bedauern musste, und er hätte auch keinen Grund dazu gehabt.

Die Konstruktion der 107er-Karosserie

oder: ein feste Burg ist …

Die Anfangszeile eines Kirchenliedes aus der Reformationszeit lässt die jahrhundertealte Sehnsucht des Menschen nach Geborgenheit und Sicherheit deutlich werden.
Schon sehr früh, früher als andere, versuchten Béla Barényi und sein Förderer Karl Wilfert, dieser menschlichen Sehnsucht auch im Automobilbau nachzukommen. Lange vor allen Diskussionen und Vorschriften über aktive und passive Sicherheit setzten sie mit den Mercedes-Karosserien Maßstäbe.
Rückblickend muss man anerkennend feststellen, dass ohne die Forschungsarbeit der beiden unter Umständen das Cabriolet schon um 1970 herum den von den USA ausgehenden Sicherheitsdiskussionen zum Opfer gefallen wäre. Schutz und Geborgenheit bei einem offenen Automobil – war das überhaupt machbar? Porsche hatte 1965 seinen Targa vorgestellt. Mit Stolz bezeichneten die Zuffenhausener ihre Kreation als das erste Sicherheits-Cabriolet der Welt. Hatten die Sindelfinger Sicherheits-Apostel da überhaupt eine Chance?
Zum besseren Verständnis der seinerzeitigen Mercedes-Benz-Fahrzeugkonstruktionen ist es unerlässlich, sich Karl Wilferts Definitionsschema anzusehen. Dem Fahrzeug ordnete er neben dem Mensch und der Straße einen wichtigen Part zu. Im Bereich des Fahrzeugs schuf er die Untergliederung in die beiden Blöcke aktive Sicherheit und passive Sicherheit. Den Block der aktiven Sicherheit unterteilte er dann in die Subpositionen Fahr-Sicherheit, Konditions-Sicherheit, Wahrnehmungs-Sicherheit und Bedien-Sicherheit. Den Block passive Sicherheit unterteilte er in äußere und innere Sicherheit. Der letzte Block schließlich hat die Unterpositionen Masse, äußere Deformation, Steifigkeit der Fahrgastzelle, Haltesysteme und innere Deformation.
Professor Guntram Huber, Leiter des Direktionsbereichs Karosserieentwicklung, erinnerte sich später noch gut der damaligen Vorgaben bei der Konstruktion der 107er-Karosserien. Sie nehmen sich in Umfang und detaillierter Präzision auch heute noch nicht antiquiert aus. »Im Vordergrund unserer damaligen Bemühungen stand der Frontalaufprall und die Sicherheit beim Heck-Crash«, berichtete Huber aus der damaligen Zeit.
Zunächst musste der Vorbaubereich für den Frontalaufprall mit drei verschiedenen Motortypen ausgelegt werden: Sechszylinder-Reihenmotor, zwei V8-Motoren und schließlich der von Anfang an vorgesehene Kreiskolben-Motor. Theoretisch waren die beiden letztgenannten Motortypen günstiger: Sie ließen aufgrund ihrer geringeren Baulänge einen größeren Verformungsweg zu. Dabei sind die Intrusionen geringer. Aber auch das Problem des außerordentlich langen Reihen-Sechszylinders, der bei einem Aufprall zu einer Art Speerspitze für die Insassen werden konnte, bekamen die Sindelfinger Sicherheitsdenker in den Griff.
Der Verschiebungsweg der Motor-Getriebe-Einheit wurde konstruktiv so angelegt, dass sich diese bei extremer Vorbauverkürzung generell nach hinten/unten verschiebt. Somit blieb der Innenraum

Ein stabiles Auto, so sicher wie eine Burg. Das ist es, was bis heute viele Kunden von einem Mercedes erwarten.

Erteilt auf Grund des Ersten Überleitungsgesetzes vom 8. Juli 1949
(WiGBl. S. 175)

BUNDESREPUBLIK DEUTSCHLAND

AUSGEGEBEN AM
30. OKTOBER 1952

DEUTSCHES PATENTAMT

PATENTSCHRIFT

Nr. 854 157

KLASSE 63c GRUPPE 43 01

D 7823 II / 63c

Béla Barényi, Stuttgart-Rohr
ist als Erfinder genannt worden

Daimler-Benz Aktiengesellschaft, Stuttgart-Untertürkheim

Kraftfahrzeug, insbesondere zur Beförderung von Personen

Patentiert im Gebiet der Bundesrepublik Deutschland vom 23. Januar 1951 an
Patentanmeldung bekanntgemacht am 28. Februar 1952
Patenterteilung bekanntgemacht am 28. August 1952

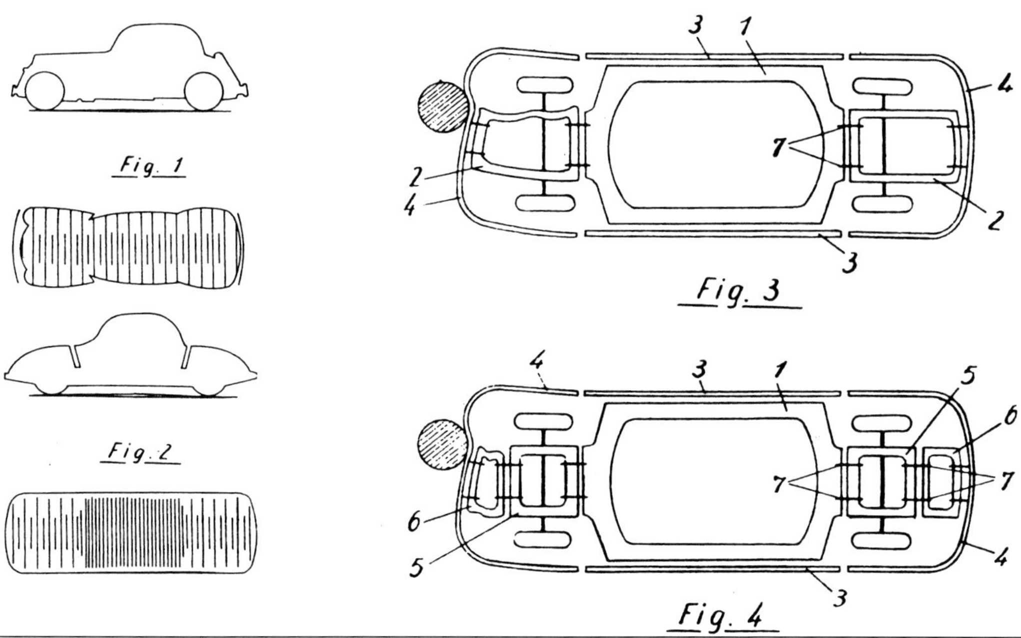

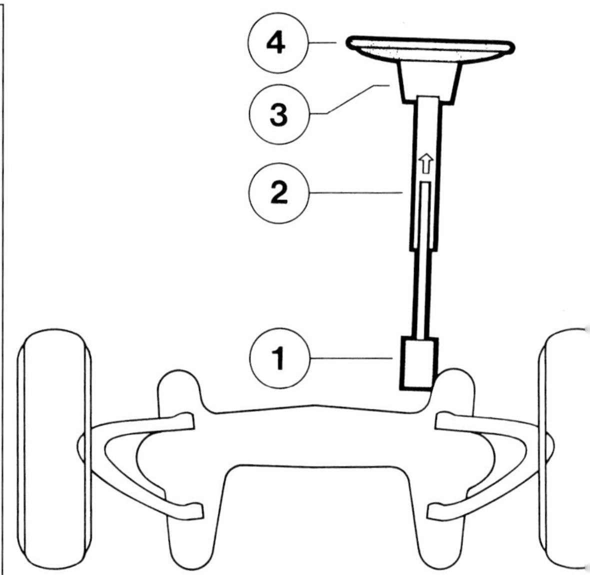

Die logische Konsequenz aus Barényis Überlegungen war die Anordnung von Lenkgetriebe, Lenksäule und Lenkrad am 107.

Urzelle der Sicherheit im Automobil: Béla Barényis Patent von 1949. Der heute so aktuelle Offset-Crash war für den Mercedes-Vordenker schon vor 65 Jahren aktuell.

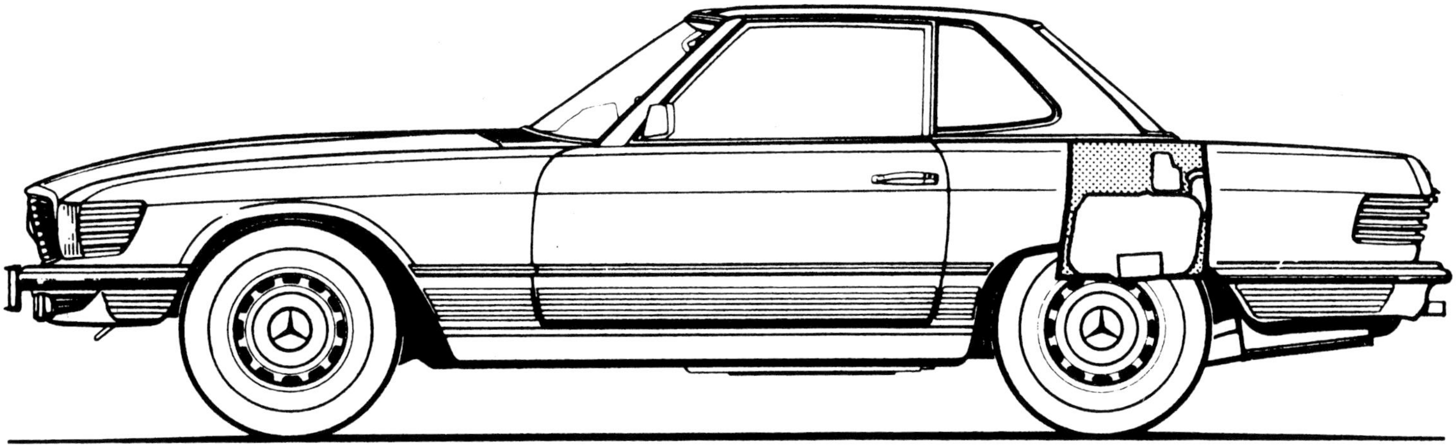

Platzierung des Kraftstofftanks über der Hinterachse beim Roadster …

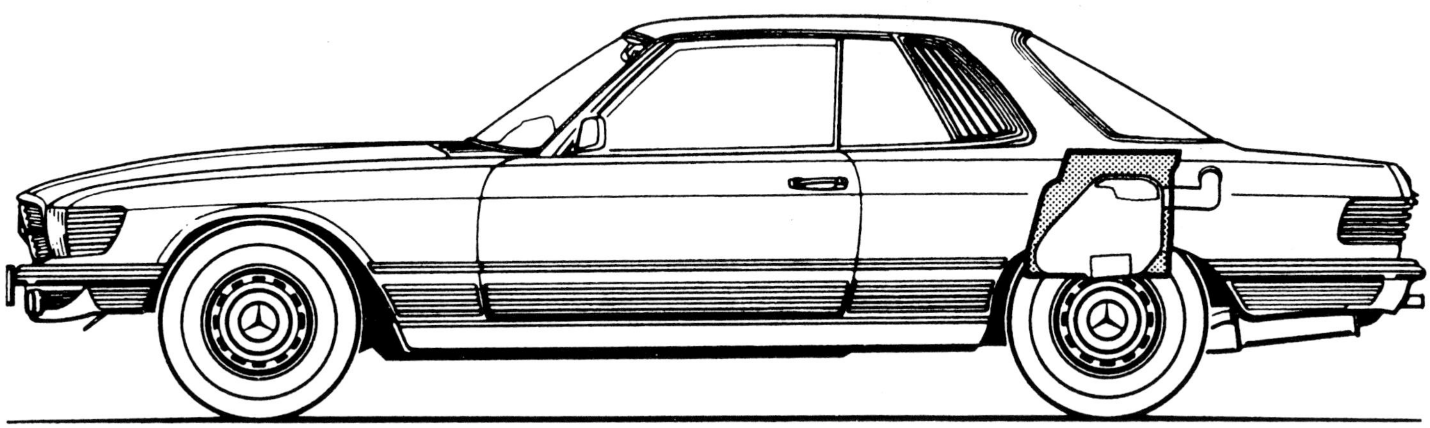

… und beim Coupé.

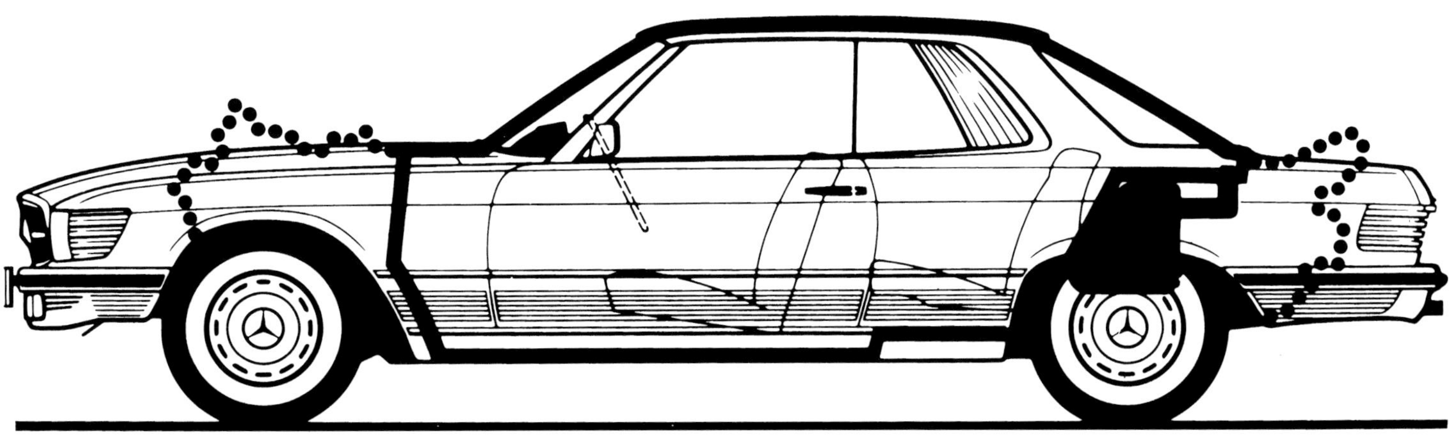

Definierter Verformungsweg am Vorbau und im Heckbereich, hier an einem Coupé dargestellt.

Die Konstruktion der 107er-Karosserie

oder: ein feste Burg ist ...

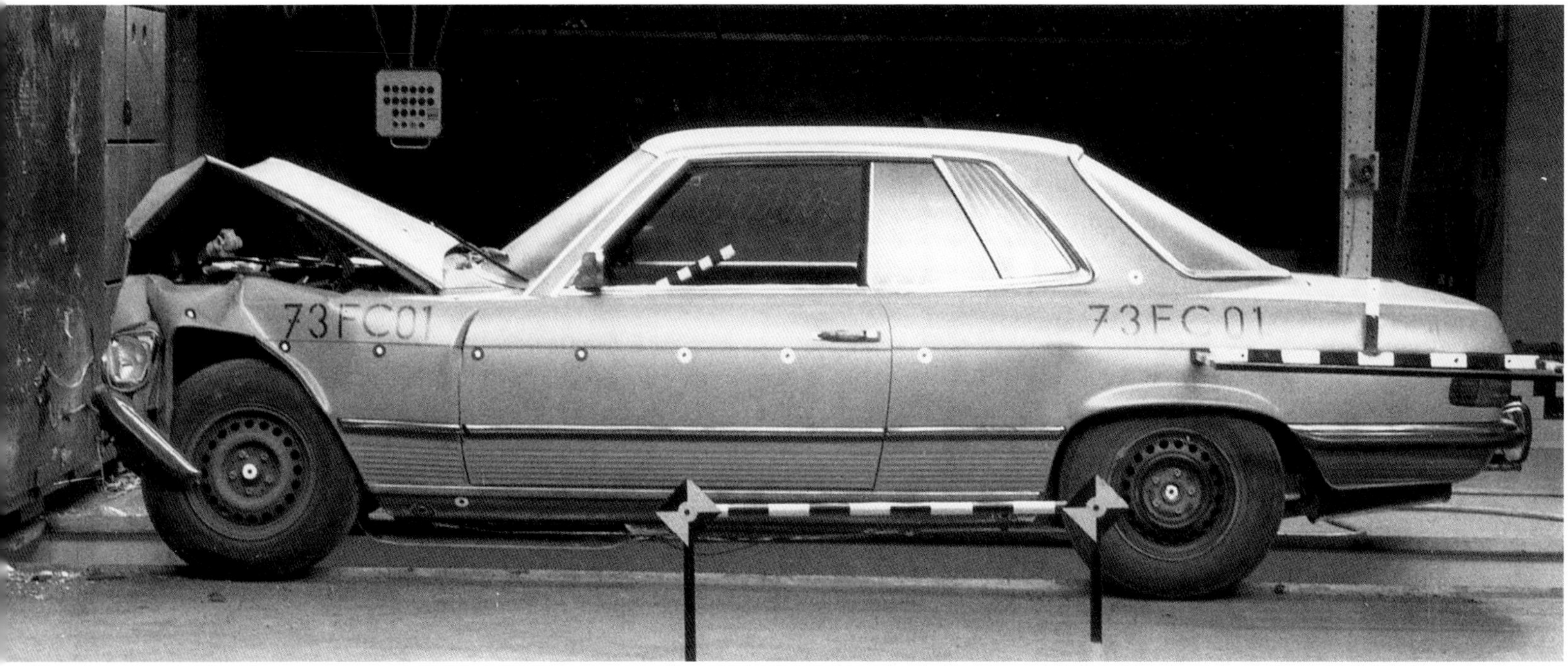

Frontalaufprall mit 50 km/h und 100 % Überdeckung in der Crashanlage des Sindelfinger Karosserieversuchs. Die Tür musste sich nach dem Aufprall noch öffnen lassen. Leichte Verformungen vor dem hinteren Radausschnitt.

Heckaufprallversuche am R 107. Der Roadster hat bereits den Tank über der Hinterachse. Im Jahre 1970 wurde in Sindelfingen noch im Freien »gecrasht«.

von dem unerwünschten lebensbedrohenden Spießgesellen verschont.
Professor Werner Breitschwerdt wies darauf hin, dass auch die Hinterachse in den Abstützeffekt beim Crash mit einbezogen wurde. Die Aufprallkräfte wurden über die Kardanwelle in den Hinterachsbereich eingeleitet und dort abgebaut.
Im Heckbereich geht das größte Gefahrenpotential von dem hinten liegenden Tank aus. Die seinerzeit gefundene Lösung, die beim SL Premiere feierte, bestand in der Verlegung des Tanks über die Hinterachse und zwischen die beiden Radkästen. Dadurch liegt der Tank außerhalb der Verformungszone.
Diese Lösung kam erst relativ spät zustande, denn am 3. Februar 1969 wurden die Herren des Vorstandes informiert, dass auf Grund neuer Sicherheitsbestimmungen die Heckpartie neu konzipiert werden musste und der Tank über die Hinterachse gelegt wurde. In diesem Zusammenhang erhielten die Versionen mit den beiden V8-Motoren vergrößerte Hinterachs-Mittelstücke. Nicht nur der Kofferraum bot den nötigen Verformungsweg, das Reserverad wirkte zusätzlich aufpralldämpfend.
Das an den 107er-Karosserien verwirklichte Sicherheitskonzept war zukunftsweisend. Selbst mehr als zwanzig Jahre später war es noch so aktuell, dass es modifiziert noch immer zum Mercedes-Sicherheitsrepertoire gehörte. Trotz aller Fortschritte jedoch war die Insassen-Sicherheit zu jener Zeit noch ein Problem. In einem Punkt ließen die Daimler-Benz-Oberen jener Jahre jedoch nicht mit sich handeln: ein SL musste offen sein. Für was schließlich hatte Friedrich Geiger beim Vorgänger die Verdeckkonstruktion so perfektioniert, dass sie den Titel als schnellstes Verdeck der Welt einheimste? Und das funktionierte ohne anfällige Automation wie Elektrik oder Hydraulik. Nein, hier kannten und duldeten Karl Wilfert und sein Stellvertreter Werner Breitschwerdt keinen Kompromiss. Allerdings konnten sie sich auch keine Halbheiten in Fragen der Sicherheit leisten.
Bei der neuen Baureihe wurde im Gegensatz zum 190 SL und der Baureihe 113 (230 SL bis 280 SL) nicht auf die Bodengruppe einer bereits bestehenden Limousinen-Baureihe zurückgegriffen. Bei den Ahnen waren dies immer verstärkte und im Radstand verkürzte Bodengruppen gewesen.
Prinzipiell war das Konzept der 107er-Bodengruppe mit dem des 113 identisch. Es bestand aus einer Rahmenboden-Anlage mit geschlossenem Mittelträger, kastenförmigen Längs- und Querträgern sowie angeschweißten Stahlblech-Böden.
In Sachen definierter Verformbarkeit beim Aufprall flossen die neuesten Erkenntnisse der damaligen Sicherheitsforschung mit ein. Dazu gehörten sowohl die Form als auch variable Blechstärken der Längsträger. Sie mussten sich beim Crash in definiertem Ablauf falten, um Aufprallenergien zu absorbieren.
Einen wichtigen Part im Orchester der Crash-Sicherheit spielte der Kardantunnel. Er wurde steifer, im vorderen Bereich viel breiter und höher als beim Vorgängermodell. Breiter und höher nicht zuletzt wegen des vorgesehenen Einbaus der Kreiskolbenmotoren, die wegen des höher liegenden Mittenabtriebs ohnehin einen höheren Kardantunnel benötigten.
Professor Huber erinnerte sich auch Jahre später noch lebhaft an die damalige Aufgabenstellung: »Auch von der Blechstärke her war kein Vergleich mit dem Vorgänger (113) oder einer Limousine

So sehen die meisten Besitzer ihren SL fast nie, die Pflastersteine aber immer. Die Bodengruppe des SL von unten mit eingebauten Aggregaten.

A-Säule mit Hohlquerschnitt und MAG-geschweißten Blechen. Diese Konstruktion brachte 50 % mehr Festigkeit. Dies war mit ein wesentlicher Grund für den Verzicht auf den Targabügel.

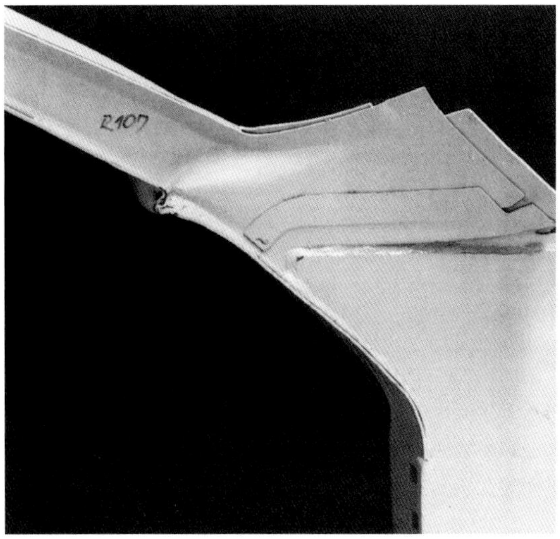

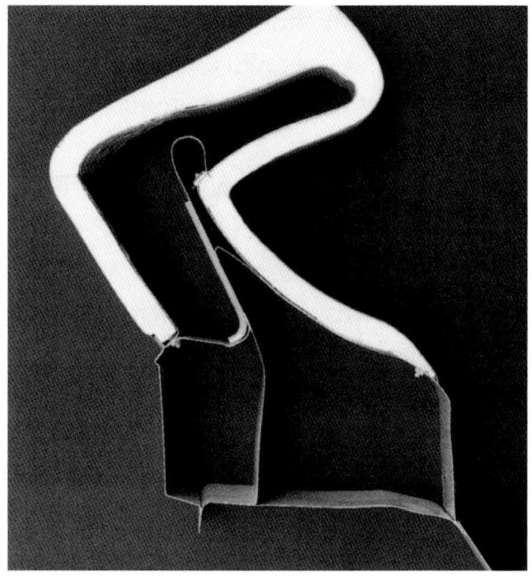

Hier wird Aufprallenergie durch die Konstruktion der Knautschzone am Armaturenbrett vernichtet. Auch in diesem Punkt war der 107 Trendsetter im Mercedes-Benz-Fahrzeugprogramm.

Versuchskarosserie mit Targabügel und Längs-abstützung zur Windschutzscheibe (T-Roof).

mehr möglich. Die Blechstärke des Kardantunnels und der Seitenschwellen waren beim Roadster viel größer als beim Coupé. Deshalb ist es auch aus unserer Sicht nicht zu vertreten, aus Coupés Cabriolets zu machen. Bei zusätzlich und nachträglich eingeschweißten Verstärkungen bekommt man nie die homogene Bodenstruktur, welche dann im Falle eines Unfalls das nötige Sicherheitspotenzial gewährleistet. Insgesamt führte der Aufwand bei der Bodengruppe des Roadsters dazu, dass das Leergewicht des doch viel größeren Coupés nur um zirka fünfzig Kilogramm schwerer war als der im Vergleich dazu viel zierlichere Roadster. Wir hatten damals auch den Ehrgeiz, einem offenen Fahrzeug die Stabilität einer Limousine zu geben. Wir litten da noch etwas unter dem 190 SL. Der war offen doch ein arger Querschüttler. Wir haben das beim 190er nie ganz in den Griff bekommen, und das entsprach einfach nicht unserem Qualitätsanspruch.«

Wie gut den Sindelfinger Tüftlern ihre Arbeit gelang, zeigt ein Bericht aus dem Jahr 1982. Dort attestierte Klaus Westrup dem 500 SL in der *Motor Revue* anlässlich eines Cabriolet-Vergleichstests »... die hohe Steifigkeit der Karosserie, die saubere Verarbeitung und den recht guten Federungskomfort.«

Beinahe wäre sogar das legendäre SL-Radstandsmaß von 2,40 Meter eingehalten worden. Bis dahin gehörte es seit Uhlenhauts legendärem 300 SL von 1952 genauso dazu wie die beiden Buchstaben hinter der jeweiligen Zahlenkombination. Jetzt forderten aber die notwendige Crashlänge und andere als unverzichtbar eingestufte technische Zutaten ihren Tribut. Es mussten sechs Zentimeter zusätzlich untergebracht werden, und so wuchs der Radstand auf 2460 mm. (Für akribische Leser sei angemerkt, dass sich der Radstand bei Einbau der Koppelachse auf 2455 mm reduzierte.)

Eine große Herausforderung stellte die Erfüllung neuer Vorgaben in der Überschlagssicherheit dar. Dass nur ein Voll-Cabriolet in Frage kam – was die Roadster bei aller mercedesinternen Bezeichnung ja inzwischen zweifelsohne waren und heute noch sind –, stand unverrückbar im Raum.

»Der einzige konstruktive Spielraum, den wir hatten, war die A-Säule«, erinnert sich Professor Huber an die betreffende Position des damaligen Lastenhefts. Die Alternative Targa brachte außer der Einschränkung beim Offenfahren noch zu wenig Torsionssteifigkeit gegenüber dem Voll-Cabriolet.

Die Vorschriften beim Droptest (Falltest mit offenem Dach) konnten bei der Verwendung von Überrollbügeln nur teilweise erfüllt werden, sodass auch hier nach dem damaligen Kenntnisstand durch den Targabügel kein Vorteil gegeben war. Lediglich ein Konzept mit »T-Roof«, wie es von Chevrolet bei der Corvette oder von Nissan beim 300 ZX angewandt wurde, hätte eine Verbesserung gebracht. Aber auch hier wurde wie vorher schon beim Targa die Einschränkung des offenen Fahrens nicht akzeptiert.

Der Dreh- und Angelpunkt aller Überlegungen war somit die A-Säule. Die Sindelfinger Karosserie-Konstrukteure entwickelten sie neu. Von der Tragfähigkeit her erwies sich der Hohlquerschnitt als am geeignetsten. Eine weitere Verbesserung der Stabilität brachten MAG-geschweißte Bleche: Durch die strichweisen Schweißungen erhöhte sich die Belastungsfähigkeit gegenüber punktgeschweißten Verbindungen. Die A-Säulen-Konstruktion besaß durch die Anwendung dieser Technologie eine gegenüber dem W 113 mehr als 50 Prozent höhere Festigkeit.

Als ein weiterer Stabilitätsfaktor erwies sich die bei Daimler-Benz zum ersten Mal eingeklebte Windschutzscheibe. Sie verlieh dem Gesamtverbund von A-Säulen und Scheibenrahmen eine erhöhte Stabilität. Auch die Heckscheibe im Hardtop wurde beim 107 eingeklebt.

Im Sinne von Karl Wilferts Definition der inneren Sicherheit übersahen die Sindelfinger Konstrukteure nicht die Gefahren, die sowohl vom Lenkrad als auch vom Armaturenbrett ausgehen. Das Lenkrad wurde nach den Erkenntnissen der Unfallforscher völlig neu entwickelt und vom Vorgängermodell lediglich der Pralltopf beibehalten. Darauf saß ein Vierspeichen-Lenkrad, dessen Nabe, Polsterplatte, Speichen und Kranz eine mit Polyurethan umschäumte Einheit bildeten. Ein ähnliches Lenkrad mit kleinerem Durchmesser und einem mit Lederriemen umflochtenen Kranz war zwei Jahre vorher im C 111 eingebaut worden.

Dem Sicherheitsdenken von Béla Barényi entsprechend sitzt das Lenkgetriebe hinter der Vorderachse. Die Lenkspindel und das Mantelrohr sind teleskopartig ineinander verschiebbar. Auf Grund der feststehenden Position des Lenkgetriebes einerseits und des Sitzmittelpunktes andererseits ergab sich eine leicht desaxiale Führung der Lenkspindel, die zu einem in der Querrichtung leicht schräg stehenden Lenkrad führte. Die wenigsten Kunden werden es bemerkt haben, ja, es wurde nicht einmal in den Testberichten erwähnt.

Das Armaturenbrett war im brettharten Wortsinn längst im Requisitenkeller der Sindelfinger Sicherheitsforscher gelandet. Zu viele Dummys hatten die schädelspaltende Wirkung edelholzgetäfelter Abdeckungen an ihrem elektronikgefüllten Kunststoff-Kopf erfahren müssen. Für den 107 – er war auch in diesem Bereich Trendsetter im Daimler-Benz-Programm jener Jahre – wurden die

Dieser Armaturenbrettvorschlag von 1968 übernimmt die Armaturenanordnung und die Platzierung der Handbremse vom 280 SL (W 113). Die Belüftungsgitter und die Mittelkonsole weisen in die Zukunft, das Lenkrad mit seiner Prallfläche hat schon große Ähnlichkeit mit der späteren Serienausführung.

Im Modell 11 wurden 1968 die Rundinstrumente in einzelnen Höhlen versenkt, für die Seitenscheibenbelüftung sind zum ersten Mal Rosetten vorgesehen. Die Belüftung in der Mitte sollte durch ein Gitter erfolgen, auf der Mittelkonsole sitzt außerhalb des Sichtbereiches die Zeituhr.

Aus demselben Jahr stammt ein überarbeiteter Vorschlag aus dem Modell I mit drei Rundinstrumenten und größeren Belüftungsgittern.

Der schon beim W 100 verworfene Lupentachometer im Drehzahlmesser wurde wieder aus der Versenkung geholt. Zusatzinformationen sollten zum Teil durch Zahlenleisten vermittelt werden. Am Lenkrad wagte der Hupenring ein erfolgloses Comeback.

Hier glaubt man, ein Serienarmaturenbrett vor sich zu haben. Nur die Zifferblätter und die Scheibenwischeranordnung weisen auf ein Versuchsmodell hin.

Frühes Serienarmaturenbrett. Die Hupenbetätigung erfolgte durch je eine Griffleiste rechts und links auf der Prallplatte des Lenkrads. Die Zeituhr wurde zwischen den beiden Lüftungsrosetten in der Mitte angeordnet.

Schmutzabweisende Verkleidung der A-Säule und des Außenspiegels.

neuesten Erkenntnisse der Unfallauswerter in die Praxis umgesetzt. Die Basis der Armaturentafel besteht aus Stahlblech. Darauf folgt eine Schicht aus energieabsorbierendem PVC-Schaum. Abgedeckt wird das Ganze von einem Überzug aus PVC-Folie. Auch der Kniebereich von Fahrer und Beifahrer wurde mit aufpralldämpfenden Polstern versehen.

Der Außenspiegel hatte eine schmutzabweisende Verkleidung erhalten und war von innen verstellbar.

Ein weiterer Premierenpunkt des 107 waren die Türen. Sie waren an die Heizungs- und Lüftungsanlage angeschlossen. Ein Teil der Luft wird so permanent ins Türinnere geleitet. Das Wohlbefinden des Fahrers entsprach Karl Wilferts Forderungen nach Konditionssicherheit als Unterposition der aktiven Sicherheit. Die Heizungsregulierung erfolgt durch Luftmischung mittels Klappen. Diese Regulierung hat den Vorteil, auf Einstellungsänderungen unmittelbarer anzusprechen.

Eine sicherheitstechnische Premiere am 107 waren die äußeren Türgriffe ohne Türknopf – die Türen werden durch den Griff auf Zug geöffnet. Das bietet den Vorteil, im Rettungsfall doppelt so hohe Bergekräfte zum Öffnen der Tür aufbringen zu können. Die Unfallsicherheit wird auch dadurch erhöht, dass beim Aufprall auf den Türgriff kein unbeabsichtigtes Öffnen der Tür erfolgen kann. Dieses Türgriff-Prinzip wird bei Mercedes-Benz bis heute angewandt.

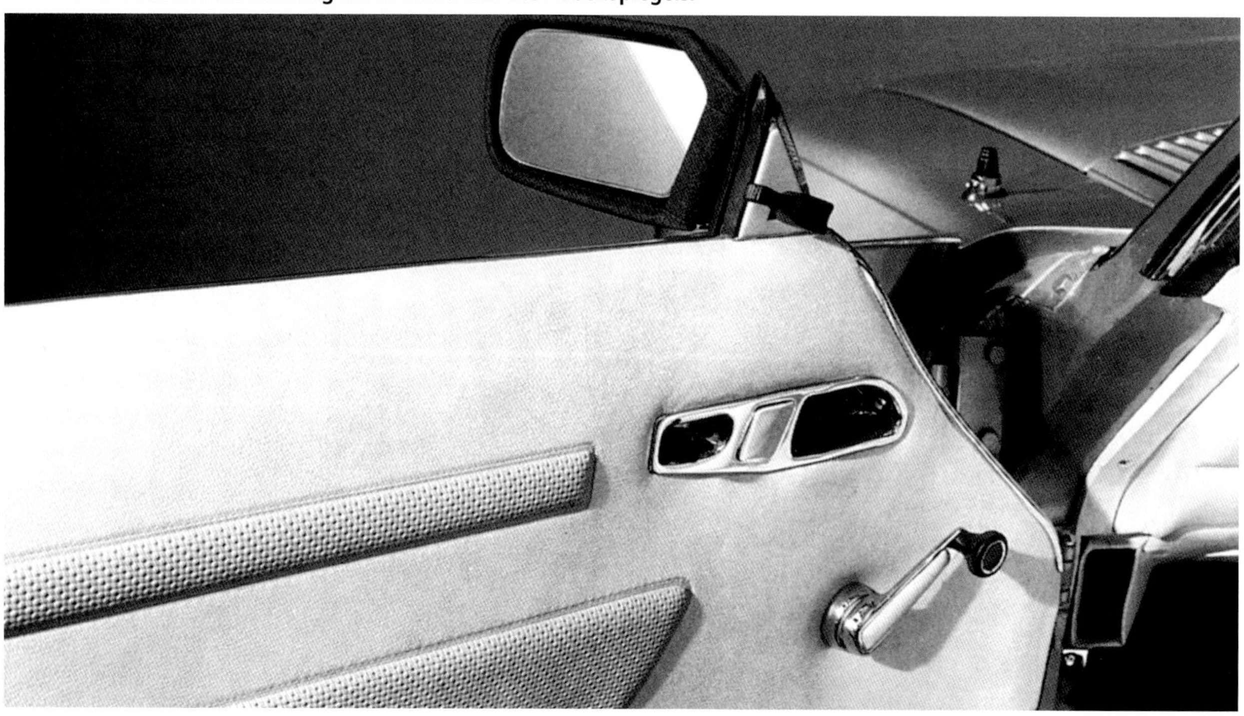

Im unteren Bereich des Armaturenbretts liegt der Luftkanal für die Klimatisierung der Tür. Auf der Türinnenseite sieht man den Verstellgriff des Außenspiegels.

Prototyp eines Türgriffs am R 107. Der Griff klappt mit der Fahrtrichtung auf und wurde verworfen.

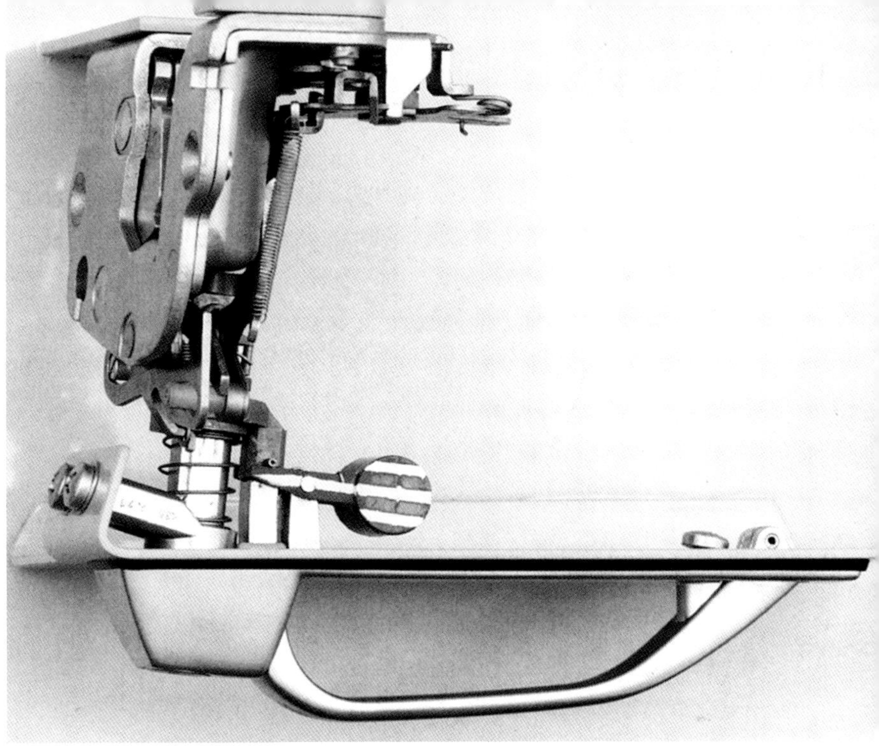

Premiere am R 107. Der Türgriff wirkt auf Zug und verhindert beim Seitenaufprall das Öffnen der Tür.

Der Griff klappt gegen die Fahrtrichtung auf.

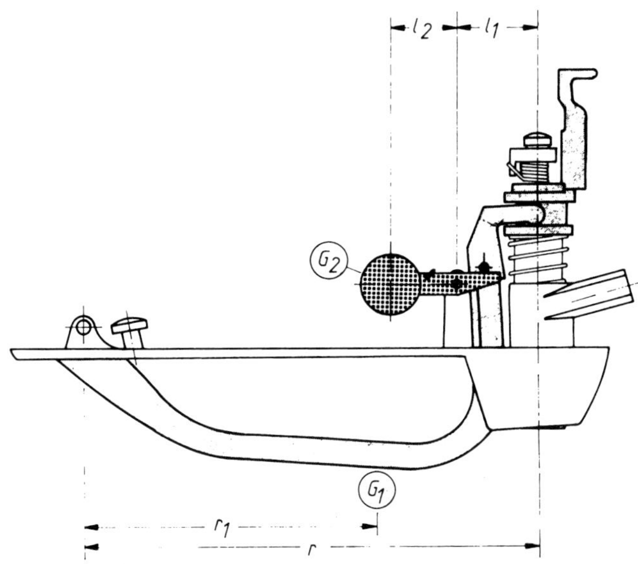

Der Massenausgleich wirkt der in Auslöserichtung beschleunigten Türgriffmasse entgegen. Sein erforderliches Mindestgewicht ergibt sich, bei Vernachlässigung der Federkräfte, aus der Beziehung:

$$G_2 = \frac{G_1 \times l_1 \times r_1}{l_2 \times r}$$

MASSENAUSGLEICH AM GRIFF ZUGGRIFF	EA 1 *VS 715 792*

Der Massenausgleich optimiert den Krafteinsatz beim Öffnen der Tür.

Die Konstruktion der 107er-Karosserie

oder: ein feste Burg ist ...

Auch beim Flaggschiff des Mercedes-Programms jener Jahre, dem 600, hatten sich die Klimatechniker Anregungen geholt. Der Luftdurchsatz wurde weitgehend vom Staudruck und somit von der gefahrenen Geschwindigkeit unabhängig gemacht. Aus diesem Grund wurden die Lufteinlässe links und rechts vor der Windschutzscheibe in Zonen niederen Staudrucks angeordnet. Die Scheibenwischer des 107 arbeiten im Gegensatz zum Vorgänger W 113 parallel. Durch die in der Mitte dicht beieinander liegenden Drehpunkte wurde erreicht, dass die Wischerblätter jeweils von der Senkrechten bis nach außen genau in der Rich-

Platzierung der Lufteinlassgitter in Zonen niederen Staudrucks.

Schema der Luftverteilung im 350 SL.

Anordnung der Scheibenwischer-Drehpunkte am 107.

tung des Luftstroms liegen. Somit war das Anliegen der Wischerblätter auch bei hohen Geschwindigkeiten gewährleistet. Die Wischfläche betrug stolze 70 Prozent.
Das Thema Lichttechnik, das gerade beim 107 wichtige konstruktive Sicherheitsaspekte berührt, wird im Kapitel Stilistik behandelt. Ein konstruktives und fertigungstechnisches Meisterstück stellt der Kofferraum-Deckel des Roadsters dar. Er ist ganz leicht nach innen gebogen. Dagegen liefen die Sindelfinger Fertigungstechniker unter ihrem Chef Dr. Langheck zunächst Sturm. Sie hielten es für unmöglich, ein derartig geformtes Teil zu pressen. Die Schwierigkeit lag dabei in der geringen konkaven Wölbung.
Professor Breitschwerdt muss heute noch schmunzeln, wenn er sich daran erinnert, wie die Konstrukteure den Kollegen von der Produktion bewiesen, dass es trotzdem funktionierte: »In einem gleichzeitigen Streck- und Ziehvorgang haben wir denen damals einen Deckel gebaut und somit bewiesen, dass es geht. Die haben es dann noch anders gemacht. Das Wichtigste damals war aber, aus dem ›Unmöglich‹ ein ›Möglich‹ zu machen.«

Der Sicherheitsgurt war von Anfange an integraler Bestandteil für die Sindelfinger Konstrukteure. Auf diesem Bild sind andeutungsweise die als SA lieferbaren hinteren Sitze zu sehen.

Die Form

oder: die Stilisten, die Aerodynamik und der Zeitgeist

Drei Fragen zu Beginn dieses Kapitels: Erste Frage: Was haben Stilisten und Aerodynamiker gemeinsam? Die Antwort: Beide spielen – Erstere mit Formen und Farben, die Zweitgenannten mit dem Wind. Ernsthafte Leute, die demzufolge auch keine Autobücher schreiben, sprechen in diesem Zusammenhang natürlich nie vom Spielen, sondern vom Arbeiten. Man mag sich darüber streiten, denn Spielen im Sinne von kreativem Gestalten kann ganz schön in Arbeit ausarten.
Zur zweiten Frage: Was unterscheidet beide? Mögliche Antwort: Die Ersten sehen sich als Künstler, die Zweiten als Techniker. Und die dritte Frage: Was hält beide am gemeinsamen Tisch? Die Antwort kann lauten: Die Lastenhefte des jeweiligen Objekts. In unserem Fall war es der 107, und zwar sowohl das Coupé als auch der Roadster. Und bei beiden hatten die Aerodynamiker noch relativ schlechte Karten.
Die Zusammenarbeit zwischen beiden Bereichen war damals noch relativ unproblematisch. Es gab wenig Berührungs- und somit auch kaum Reibungspunkte. Die Aerodynamiker hatten einfach nicht viel zu sagen. Dass man sie in Teilbereichen brauchte, werden wir später sehen.
Das Hand-in-Hand-Arbeiten beider Bereiche erscheint dem Leser heute eigentlich normal, ja fast zwingend notwendig. Dass dies aber in Sindelfingen nicht immer so war, demonstrierte der »Pagoden-SL« (W 113) mit erschreckender Deutlichkeit. Die Aerodynamik war ein fast lästiges Anhängsel der Konstruktion, mehr jedoch nicht.

Tonstudie vom November 1964, bei der quadratische Scheinwerfer den Grill nach rechts und links abgrenzen.

Die Stilisten hatten mit dem Pagodendach damals ein Markenzeichen geschaffen, das so einprägsam war, dass selbst der jüngste Nachfolger in Italien spontan als »il Pagoda« bezeichnet wurde, wie Bruno Sacco mir verwundert berichtete.
Nur von der fahrdynamischen Seite war die Form eine Katastrophe. Mit dem c_w-Wert von 0.515 einschließlich Hardtop erreichte die klassische »il Pagoda« den Traumwert eines Mercedes-Geländewagens, und der liegt schließlich bei c_w 0.52.
Zu diesem Wert erinnert sich heute Professor Dr. Hans Scherenberg: »Beim 107 mussten wir davon runter. Dieser Wert war schon damals nicht mehr tragbar, obwohl der c_w-Wert längst nicht diese Rolle spielte wie heute. Aber an dem Pagodendach wollten vor allem Wilfert und die Amerikaner von MBNA festhalten. Da bin ich überstimmt worden. Beim Coupé haben wir es dann ja anders gemacht. Das zahlte sich dann auch sofort im c_w-Wert aus«.
Die von Spöttern kolportierte Meinung, unter Karl Wilfert hätten Namen wie von Fachsenfeld, Jaray, Kamm und Schlör auf dem Index gestanden, ist jedoch ein bisschen zu pessimistisch.

Gezeichnete SL-Vorschläge des Designers Gerard Cardiet vom Juli 1967 ...

... und von Paul Bracq aus dem Jahr 1966.

Schwerpunkte der Stilistik

Der Roadster oder: Diskussions-Grundlage

Zwei interessante Vorschläge Giorgio Battistellas aus dem Jahr 1967.

Bei Tage sind die Scheinwerfer unsichtbar eingeklappt oder eingedreht.

Der Roadster oder: Diskussions-Grundlage

Seit Jahren favorisierte Friedrich Geiger ein betont flaches Gesicht mit horizontalen Scheinwerfern. Anfang der fünfziger Jahre hatte Geiger mit dem 300-SL-Gesicht ein neues Erscheinungsbild für Mercedes-Benz-Sportwagen geschaffen. Sachlich unterstützt wurde seine Vorliebe durch die viel bessere Fahrbahn-Ausleuchtung der größeren horizontalen Scheinwerfer.

Der W 113 wurde in seinem Erscheinungsbild von den maßgebenden Mercedes-Oberen in jenen Tagen als zu feminin empfunden. Der 107 sollte ein kraftvolleres, männlicheres Erscheinungsbild bieten. Dass dem 107 dabei die gewisse Erotik des W 113 mit seiner breiten Spur und den leicht ausgestellten Radausschnitten oder die grazile Leichtigkeit des Hardtops abhandenkam, schien damals niemanden zu stören.

Die kraftvolle Erscheinung des 107 sollte die Motorenpalette mit höherer Motorleistung optisch unterstreichen. Aber die größeren Einbauvolumina der V8-Motoren mussten unter die Haube passen. Das führte – zumal in der Konzeptphase noch mit einem Vergaser-V8-Motor geliebäugelt wurde – zu einer stark nach oben gewölbten Motorhaube. Trotzdem war Geiger mit seinen Gestaltern ein Gesicht mit starker markentypischer Identität gelungen.

Auch der Gesetzgeber mischte einige Karten unter das Gestalterspiel der Sindelfinger Stilisten: Die Richtungsblinker mussten sowohl von vorne als auch von der Seite sichtbar sein.

Stark gefragt war Chrom. Der gerne malträtierte Zeitgeist soll auch hier seine Hände mit im Spiel gehabt haben. Unübersehbar glänzend und martialisch funkelnd hatte er sich schon am 600 präsentiert. Das schlichte, perfekte Design des zeitlosen Coupés vom Typ W 111 war passé. Das Trio Scherenberg, Geiger und Wilfert bekannte sich zu Chrom. Professor Dr. Hans Scherenberg verleugnete auch Jahre später nicht seine damalige Ansicht, indem er den Kernsatz seines Vorgängers Professor Fritz Nallinger zitierte: »Auch ein schmutziges Auto muss noch etwas haben, was glänzt.« Also bekam der 107 »Glanz«.

Zur Vorstandsentscheidung am 18. Juni 1968 im Sindelfinger Kuppelsaal hatten die Stilisten nicht nur drei Modelle zur Auswahl aufgefahren, jedes dieser Modelle konnten sie darüber hinaus mit drei unterschiedlichen Grills bestücken.

Vorschlag 1 sah eine Lackierung des Grillrahmens in Wagenfarbe mit einer schmalen Chromleiste als Übergang zum Grill vor. In ihrer zurückhaltenden Optik erinnert sie ein wenig an die Grilleinfassung des W 140.

Dieser Vorschlag Giorgio Battistellas mit dem Lichtband gefiel Stilistenchef Friedrich Geiger besonders gut. Noch heute ziert er seine Erinnerungsmappe.

Vorschlag 2 bestand aus einem breiten Chromrahmen, wie er dann auch in Serie ging.
Vorschlag 3 bestand ebenfalls aus einem breiten Chromrahmen, der aber nach vorne mit einer umlaufenden Gummileiste abschloss. Dadurch wurde die optische Schwere und Dominanz der Chromeinfassung gemildert.
Die dem Vorstand untergeordnete Pkw-Kommission votierte mehrheitlich für den Vorschlag 3, zwei Stimmen erhielt der Vorschlag eins.
Der Vorstand entschied sich für den Vorschlag zwei.
Unterschiedliche Voten gab es auch bei der Lösung der Seitengestaltung. Während sich die Pkw-Kommission für die glatte Lösung entschied, gab der Vorstand der »Waschbrett-Lösung« den Vorzug.

Der Targaentwurf von 1967 lässt Assoziationen an den Ford Mustang aufkommen.

Gestalt gewordene Stilistenfantasie im Maßstab 1:5.

Es blieb 1966 bei Ton in Ton. Traurig muss man darüber nicht sein. Formen und Geschmack lassen sich eben nicht anordnen.

Die Fantasie Giorgio Battistellas nahm als Silbervogel einen 600 SL 26 Jahre vor seinem Erscheinen vorweg.

Hier wurden im Oktober 1966 die Ideen der Stilisten in Kunststoffmodelle des Maßstabs 1:1 umgesetzt. Im Hintergrund steht auf dem Stahlschrank eines der bekannten Modelle im Maßstab 1:5.

Ein wesentlicher Gestaltungspunkt betraf den Heckbereich. Weil das Heck höher werden musste, wirkte es optisch gedrungener und schwerer. Für die maßlichen Vorgaben sorgten Tank und Kofferraum.

Die Gestaltung des Hardtops war wie schon beim W 113 ein wesentlicher Punkt für das 107er-Erscheinungsbild. Stilistisch war die konkave Dachführung, die sich ja auch in der Linienführung des vorderen oberen Windschutzscheiben-Rahmens niederschlägt, ein Problem. Sie war vor allem inkonsequent. Beim Benutzen des Stoffdachs fielen die Argumente für die Pagode in sich zusammen. Von vorne betrachtet besteht ein Spannungsverhältnis zwischen der aufgeblähten Kotflügel-Motorhauben-Linie und der eingefallenen Dachlinie des Hardtops. Aber Karl Wilfert waren optische Unverwechselbarkeiten lieber als ausgewogenes Design, wie es durch den 300 SL, das 220 SE Coupé oder auch die nachfolgende SL-Reihe R 129 verkörpert wird.

Darstellung von zwei unterschiedlichen Heckgestaltungen an einem 1:1-Modell. Die international nicht genormten Nummernschildgrößen zwingen auch die Stilisten zu vorausschauendem Gestalten. Die Konturen des hinteren Seitenfensters sind aufgemalt.

Ein fertiges 1:1-Modell mit den Radkappen des W 113 und dem Stilisten Ferdinand Hellhage als Größenvergleich.

Eine stilistische Besonderheit war und ist der Kofferraumdeckel des R 107. Was wenige wissen und kaum jemand richtig bemerkt, eröffnet sich dem interessierten Betrachter beim genauen Hinsehen: Der Kofferraumdeckel ist nämlich, um eine formale Harmonie mit dem nach innen gewölbten Dachverlauf herzustellen, ebenfalls leicht nach innen gewölbt. Friedrich Geiger wollte wenigstens von hinten den Fehler vermeiden, der seiner Ansicht nach am W 113 gemacht worden war.
Das kleine Seitenfenster des Hardtops wurde in seinem unteren Verlauf bewusst nach oben gezogen, um die Dachsäule stabiler zu gestalten und um den leicht nach oben ragenden Blechdeckel des Verdecks aus der Seitensicht zu verdecken.
Viele Designer halten den R 107 für das stärkere Auto als den C 107.
Der Beifall für das neue Produkt war, unabhängig von der gefallenen Vorstandsentscheidung, innerhalb und später auch außerhalb des Hauses zwiespältig. Kritik machte sich breit. Bereits im Februar 1970 beanstandeten die Herren Uhlenhaut und Scherenberg als Fazit einer Reise in den »Eisschrank Europas« – also nach Finnland und Nordschweden – die Sicht nach vorne, die wie bei allen R 107 schlecht sei. Im nächsten Satz erteilten die beiden den Sindelfingern eine weitere Rüge mit dem Vermerk: »Der wohnliche Fahrgastraum vom W 113 mit guter Rundumsicht ist nicht vorhanden.«

Frank Knothe, später als Nachfolger des legendären »langen Werner« Fachbereichsleiter im Pkw-Versuch, mäkelte im September 1970 als Sachbearbeiter beim Aufbau des 16. Prototyps: »Der Innenraum macht optisch einen kleineren Eindruck als der des W 113. Man fühlt sich subjektiv eingeengt. Die Sichtverhältnisse zum Kotflügel vorn rechts sind auch in der hohen Sitzposition schlecht, ebenso der Überblick auf das Kontrollleuchtenband im Kombiinstrument. Bei heruntergeklappter Sonnenblende ist das Blickfeld nach vorn fast völlig abgedeckt.«

Aggregatemodell mit zwei unterschiedlichen Kühlerattrappen für einen späteren Fahrwagen. Interessant ist der Kontrast zwischen provisorischen Aggregatedummys und Befestigungsträgern sowie der funktionierenden Lenkung.

An dieses »verschmerzbare« Modell wurde ein neuer Ensemblevorschlag für einen Kühlergrill mit Motorhaube angebaut, …

… um anschließend einem W-113-Modell angepasst zu werden.

Fotografenpose. Die Designer Ferdinand Hellhage, Thomas Hilpert und Joseph Gallitzendörfer, letzterer damals noch ohne Professorentitel, sollen die Luftströmung zur geringeren Verschmutzung an den Heckleuchten diskutiert haben. Auf dem Zeichenbrett ist am oberen Beispiel schon die spätere Serienlösung mit geriffelten Leuchtengläsern zu sehen.

Doch ein dreiviertel Jahr vor Serienanlauf waren keine grundlegenden Änderungen mehr möglich. Warum, so frage ich mich, erkannte man die Probleme damals nicht früher? Die Betriebsblindheit scheint eben doch eine der unheilbarsten Sehstörungen zu sein. Es konnte nicht ausbleiben, dass auch die Öffentlichkeit, zunächst in Form internationaler Motorjournalisten, entsprechend reagierte, als der Novize 1971 vor ihnen stand.

Paul Frére schrieb dem R 107 Nachdenkliches in die Eröffnungsbilanz, als er 1971 in der *Motor Revue* schrieb: »Nachdem Daimler-Benz mit dem C 111 gezeigt hat, was es zu bieten imstande ist, hätte ich auf vielen Gebieten mehr erwartet. Schon rein optisch lässt der neue Wagen seinen Vorgänger nicht vergessen.«

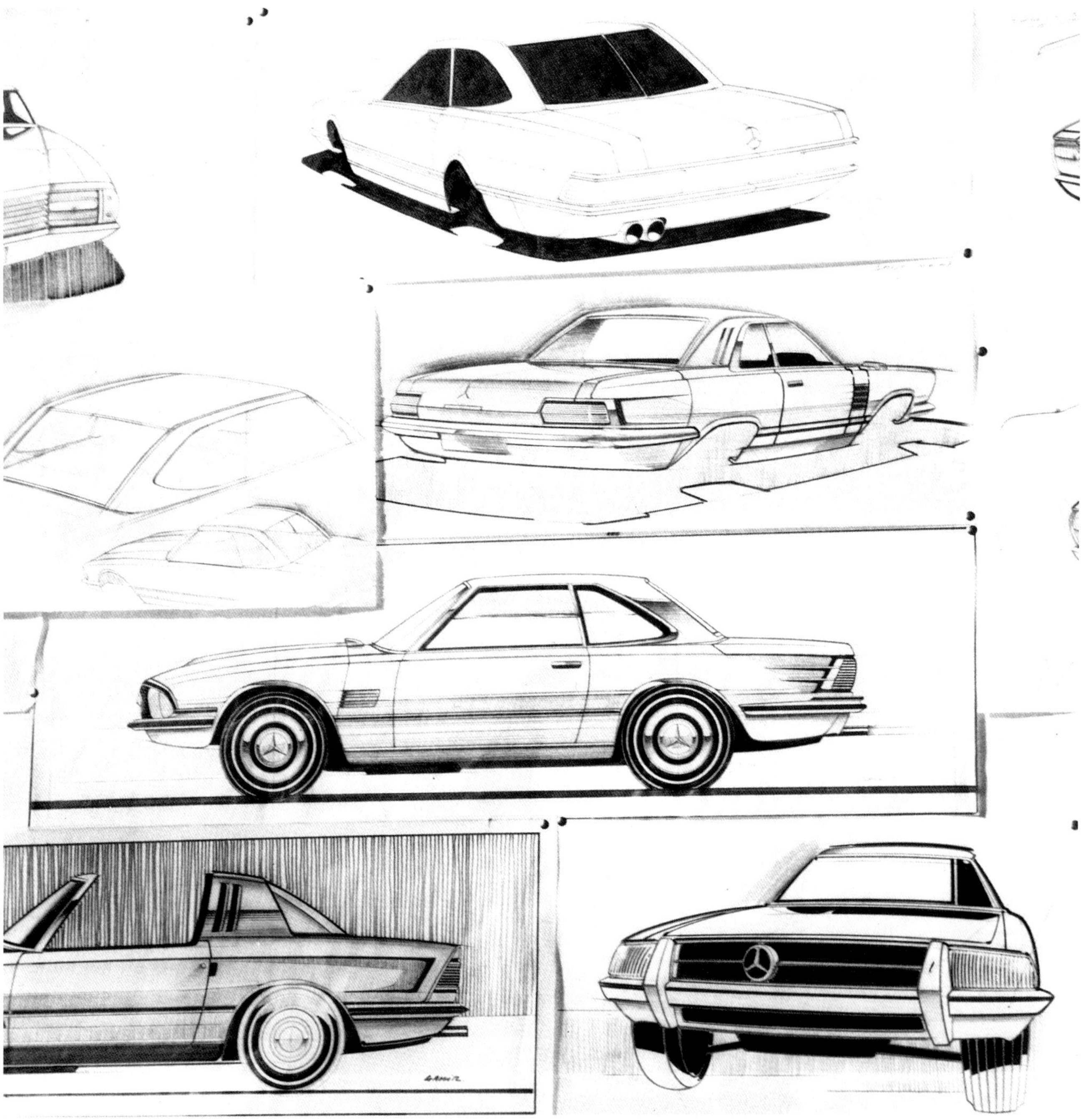

Gezeichnete Designvorschläge (in der Fachsprache Renderings genannt) Joseph Gallitzendörfers zum Thema 107.

Kollege Reinhard Seiffert wetterte in *auto motor und sport*, Heft 20/1971: »Von einem Fortschritt der Karosserie-Stilistik kann in diesem Fall nicht die Rede sein.« Und da offensichtlich Chefredakteur Seiffert auch marktforscherische Talente hatte, berichtete er über seine Umfrageergebnisse: »Die meisten, die man nach der Form fragt, sind der Meinung, dass ihnen der alte Typ besser gefällt«, was ihn zu dem Schluss verleitete: »Den 350 SL kann man wohl kaum als schöner bezeichnen als den ruhiger und klarer gestalteten 280 SL. Die stark gewölbte Haube stört auch von innen. Da die Gürtellinie sehr hoch liegt und nach hinten ansteigt, ergeben sich ziemlich kleine Fenster mit Sichtverhältnissen, die man höchstens als genügend bezeichnen kann. Der Innenraum wirkt enger und dunkler, als man es von modernen Sportwagen gewöhnt ist.«

Fest gemauert auf der Erde wächst Kunststoff hier aus Künstlerhand, an einem 1:5-Modell nach den Entwürfen Joseph Gallitzendörfers.

Dieses Modell kommt dem späteren Modellvorschlag I sehr nahe. Der Grill wird von Gummileisten eingerahmt. An der Wand hängen Renderings von Joseph Gallitzendörfer.

Das Modell I in der Endphase.

Zur entscheidenden Vorstandssitzung in Sindelfingen wurde das Modell I im Frontbereich noch einmal völlig überarbeitet.

Glattflächige Seitenteile mit breiter Anströmsicke zu den Rückleuchten prägten die Seitenansicht. Die Luftansaugung der Heizung liegt in der Mitte vor der Windschutzscheibe. Der untere Fensterverlauf der Fahrertüre bildet beim Übergang zum Seitenfenster des Hardtops eine kleine Stufe.

Schlichte Heckansicht mit flach verlaufender Kofferraumkante. Die relativ hoch sitzenden Heckleuchten weisen im oberen Drittel eine kleine Schräge auf.

Türverkleidung
am Modell I.

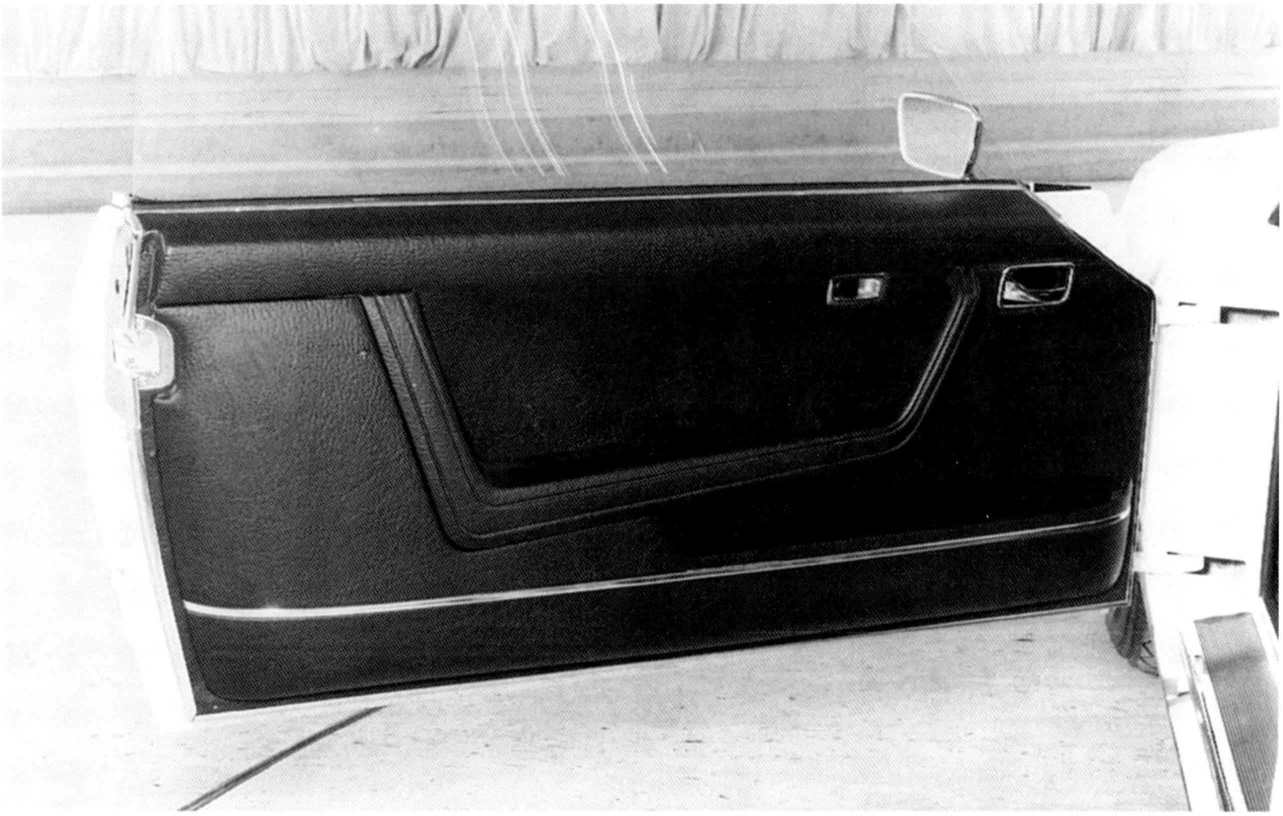

Werdegang des Modell II im Sindelfinger Modellbau.

Noch steht das Modell II schwerfällig auf Böcken und glotzt den Fotografen einäugig an. Der Lufteinlass für Heizung und Belüftung lag unter einem Gitter.

Fast vier Monate vor dem Vorstandsentscheid wirkte das Modell II fast wie ein richtiges Auto. Nur die Böcke wiesen auf die immobile Funktion hin. Der Lufteinlass für Heizung und Belüftung wurde wie beim W 113 unter eine Hutze gelegt.

Die Heckansicht zeigt an der Lichtkante noch einen waagrechten Verlauf des Kofferraumdeckels. Die Heckleuchten sind mit einer breiten Gummileiste umrahmt. Wie man an der Mulde unten rechts sieht, sollte das Reserverad stehend untergebracht werden.

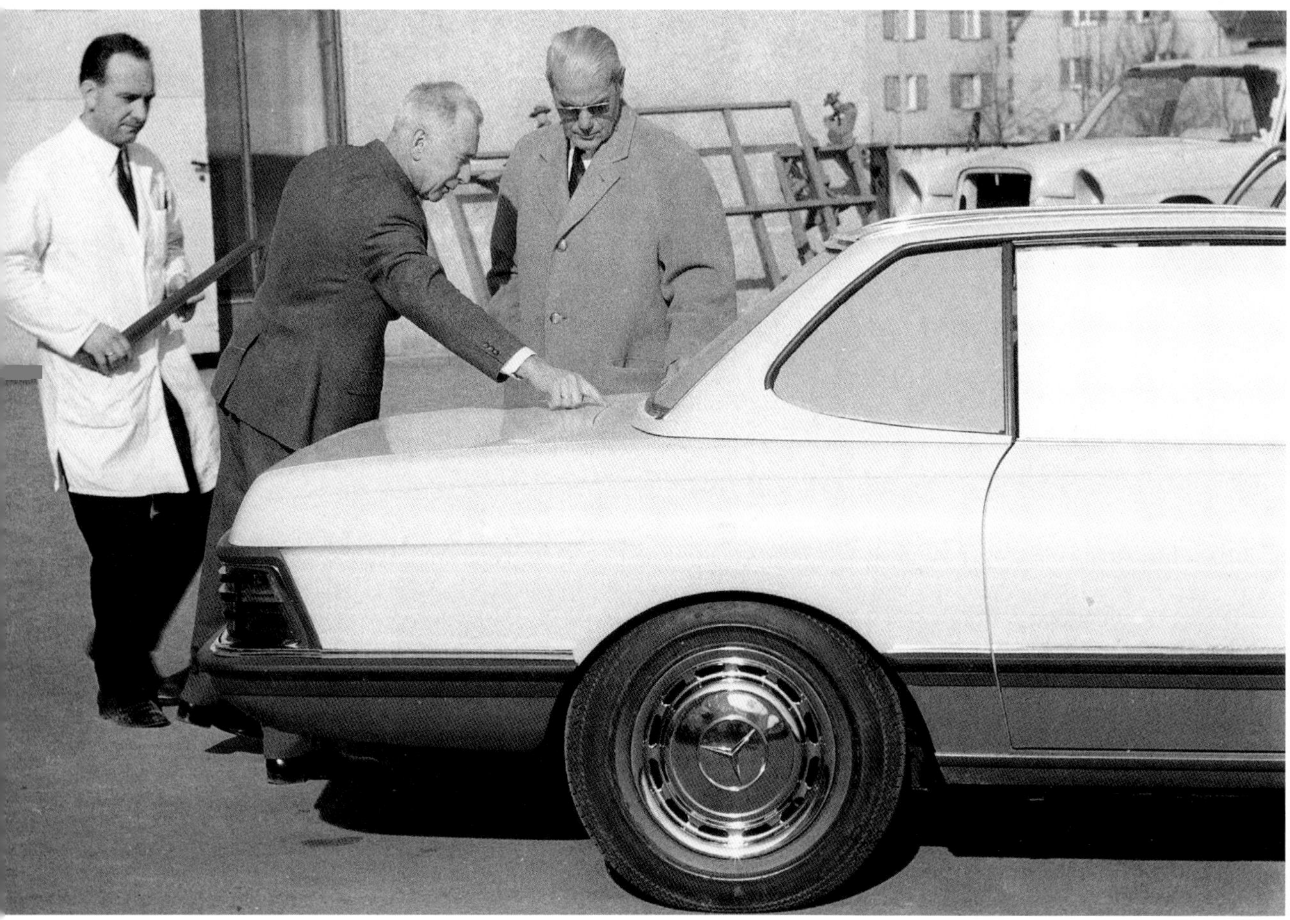

Dieses Foto ging damals durch die Presse. Genannt wurde nur Karl Wilfert. Mit ihm diskutiert am Modell II Stilistenchef Friedrich Geiger. Links Hans Jooß, der spätere Leiter der Modellabteilung in Sindelfingen.

Auffallend am Gesicht des Modells II sind die aufgeblähten Wölbungen der Motorhaube, die Gummiumrahmung des Grills und die Weiterführung des Lufteinlassgitters unter der Stoßstange mit starker vertikaler Betonung.

Innenansichten. Die Türinnenansicht lässt noch den von innen verstellbaren Außenspiegel vermissen. Der Blick auf die Notsitze lässt die Not der potenziellen Fahrgäste erahnen.

Aus diesem Blickwinkel meint man fast, ein Serienauto vor sich zu haben. Der Kofferraumdeckel weist jetzt bereits die leicht konkave Wölbung auf. Die Wucht der Heckleuchten wird durch die Gummiumrandung unterstrichen. Das »Waschbrett« unter der oberen Gummileiste entspricht dem späteren Serienstand. Während auf der linken Seite die untere Fensterlinie am hinteren Türende eine kleine Stufe macht, wurde auf der rechten Seite die durchgehende Alternative gezeigt.

Dieses Foto zeigt das Modell III mit den drei Grillalternativen. Am Modell ist der Vorschlag 3 mit der vorderen Gummileiste montiert. Unten rechts liegt der Vorschlag 1 mit dem lackierten Rahmen und einer dünnen Chromabschlussleiste. Links daneben liegt der Vorschlag 2 mit dem breiten Chromrahmen, wie er in Serie ging. Interessant sind weiter die hubgesteuerten Scheinwerferwischer, die nicht in Serie gingen, sowie die Scheinwerferalternative mit Sealed-beam-Doppelscheinwerfern für den US-Markt. Die Scheibenwischeranordnung entspricht auch noch nicht der Serienausführung.

Das Modell III mit dem lackierten Kühlergrill (Vorschlag 1).

Zweimal dasselbe Auto, angeblich am gleichen Tag aufgenommen. An dem als Modell III bezeichneten Auto ist der lackierte Grill montiert. Der hintere Kotflügel weist im Auslauf zu den Heckleuchten eine Vertiefung auf. Bis auf den Kühlergrill mit dem Gummirahmen und die Scheiben- sowie die Scheinwerferwischer entspricht das als R 107 bezeichnete Modell dem späteren Serienstand.

Aluminiumfelgen-attrappe mit auffallend großem Radnabendeckel.

Konkave Harmonie von Hardtop und Kofferraumdeckel.

Die Spiegelung macht die konvex gewölbte Motorhaube und den konkav gewölbten Kofferraumdeckel deutlich. Die nach oben gezogene Unterkante des Hardtop-Seitenfensters verdeckt den leicht erhöhten Verdeckkastendeckel.

Stilistisch nicht überzeugend, als Wetterschutz für Frischluftfans unerlässlich: Friedrich Geigers »schnellstes Verdeck der Welt« in aufgeklapptem Zustand.

Gesichtervergleich zwischen Roadster und Coupé.

Das Coupé oder: der Eindringling

Das Eindringen eines viersitzigen Coupés in den SL-Bereich war eine Neuerung im Mercedes-Benz-Programm. Beim Coupé war der Vorbau bis zur Stirnwand baugleich mit dem Roadster. Ab der Windschutzscheibe unterscheidet sich der SLC jedoch vom SL. Die Windschutzscheibe schließt mit dem oberen Rahmen zum nach oben gewölbten Dach ab und bildet somit eine harmonische Einheit mit der stark nach oben gewölbten Motorhaube.

Von der Seite wirkt der SLC nicht nur durch seinen längeren Radstand (2820 mm gegenüber 2460 mm) gestreckter. Rein optisch wirkt auch der hintere Überhang länger als beim SL. Hier unterliegt man als Betrachter jedoch einer optischen Täuschung. Sie wird beim SLC durch die nach hinten auslaufende, stark gebogene Heckscheibe hervorgerufen. Bei beiden ist der hintere Überhang mit 1060 mm gleich lang.

Ein typischer »Wilfert« ist die hintere Sichtblende in den Seitenfenstern des SLC. Mit seinem Faible für verblüffende Schlagworte pflegte er, wenn gefragt, was die Lamellen zu bedeuten hätten, zu antworten: »Damit man als Fahrer besser rausschauen kann.« Der Fragende staunte und war oft im ersten Moment still. Das war natürlich eine pfiffige, im ersten Moment mundtot machende Antwort. Sie war aber, wenn überhaupt, nur die halbe Wahrheit. Der Grund für die Lamellen war technischer und nicht gestalterischer Natur. Bei Mercedes-Benz galt das Credo, dass Seitenscheiben total versenkbar sein müssen. Das wäre aber bei den hinteren Seitenfenstern des SLC nur mit einem fürchterlich komplizierten Dreh-Kipp-Versenkmechanismus möglich gewesen, da zwischen den hinteren Radkästen und den Türen nicht genügend Platz für das versenkte Fenster war. Diese aufwendige und unter Umständen störanfällige Anlage wollte man vermeiden.

So kam Karl Wilfert auf die Idee der feststehenden Doppelscheibe mit den eingebauten Lamellen. Die Professoren Breitschwerdt, Huber und Gallitzendörfer erinnern sich noch lebhaft an den »Hick-Hack« mit diesem Fenster. »So etwas vergisst man sein Leben lang nicht«, meinte später einer der Herren. Erstens mussten die Lamellen oben gebogen-konisch zusammenlaufen, was fertigungstechnisch äußerst kompliziert war. Zweitens musste die Doppelscheiben-Einheit innen belüftet werden, da es sich nicht um eine Vakuumeinheit handelte. Auch das war produktionstechnisch nicht einfach zu bewerkstelligen. Zum Dritten und Letzten war Friedrich Geiger mit der Lösung nicht einverstanden. Die Proportionen zwischen dem langen Karosserieunterbau und dem verglasten Dachaufbau stimmten nicht mehr. Recht hatte Friedrich Geiger, denn durch das Lamellenteil wurde die Glasfläche künstlich verkleinert. Werner Breitschwerdt, der Stellvertreter Karl Wilferts , musste wieder einmal zwischen seinem Chef und dem Stilistenchef Geiger vermitteln. Für Friedrich Geiger tat es Breitschwerdt gerne, da er ihn bis heute sehr schätzt. Professor Breitschwerdt rückblickend: »In der Firma habe ich mich nur mit zwei Menschen geduzt. Das sind mein alter Freund Ernst Fiala und Friedrich Geiger.«

Das Design des SLC fand dann auch prompt kritische Stimmen in der Öffentlichkeit. Götz Leyrer schrieb 1975 in *auto motor und sport*: »Die nutzlosen Blenden in den hinteren Seitenfenstern und die hochgewölbte Motorhaube, die ganz im Gegensatz zum eher kantigen Heck steht, erscheinen kaum als Produkte guten Geschmacks.« Schon vier Jahre vorher bemerkte Reinhard Seiffert anlässlich des 350 SLC-Tests in der *ams*: »Der SLC sieht in den Proportionen harmonischer aus, die Stilistik wirkt weniger aufdringlich und gewollt. Das schlicht geformte Dach mildert die formalen Ungereimtheiten des Zweisitzers, besonders dessen negative Dachwölbung und der starken Wölbung der Motorhaube. Während sich die Sindelfinger Karosseriebauer hinsichtlich ihrer stilistischen Intentionen immer wieder Zweifel gefallen lassen müssen, verdienen ihre technischen Leistungen ungeteilten Beifall.«

Rundungen, nichts als Rundungen, oder: wie Werbefotos entstehen.

Die nicht minder renommierte *Automobil Revue* aus Bern urteilte über das Coupé: »Die äußere Erscheinung stößt nicht auf ungeteilte Zustimmung. Manche Kritiker empfinden das Coupé als allzu wuchtig gezeichnet und möchten den germanischen Einschlag mit etwas schlankeren lateinischen Zügen aufgelockert sehen.« Geschmäcker sind bekanntlich verschieden, und Formbilder ändern sich oft und schnell. SL und SLC jedenfalls führten schon zu Produktionszeiten zu kontroversen Beurteilungs-Standpunkten.
Ein weiterer Punkt herber Kritik war die Sitzposition im SLC. Schon Professor Fritz Nallinger bemängelte in internen Schreiben an seinen Nachfolger Dr. Scherenberg im Juli 1971 – also vier Monate vor der Vorstellung – neben der Innenraum-Aufheizung durch die Strahlungswärme vom Kardantunnel, dass er nicht gut aus dem Wagen hinaussehen konnte. Alle, die Fritz Nallinger kannten, werden jetzt sagen, na ja, der Nallinger war eben ein »kleiner Mensch«. Aber er sah es richtig, denn auch die *ams*-Tester vermerkten den Mangel, so beispielsweise Reinhard Seiffert 1971: »Die stark gewölbte Haube stört auch von innen.« Götz Leyrer 1975: »Zudem schränkt die voluminöse Haube die Über-

Der Innenraum mit Ablage hinter den Sitzen ...

... oder mit Sitzen für »notdürftiges Sitzen« lieferbar.

Alte Kunst der Versuchsabteilung: das Tarnen von Versuchsfahrzeugen.

Für Außenstehende unverständlich: obwohl »der Neue« seit Monaten durch die Fachpresse bereits enttarnt und bekannt wurde, übt man sich noch Tage vor der Präsentation in Geheimhaltung mit albernen Lätzchen, wie hier in Hockenheim.

Anlässlich der Pressevorstellung 1971 in Hockenheim ließ es Karl Kling so richtig fliegen. Es soll Fahrgäste gegeben haben, die anschließend eine veränderte Gesichtsfarbe hatten.

Skimontage beim R 107.

Details am neuen SL: Die herausnehmbare Taschenlampe wurde über das Fahrzeug-Stromnetz nachgeladen, ...

... die Scheinwerfer-Waschanlage und ...

... der obligatorische Koffersatz fürs große Fernweh.

Die drei Möglichkeiten, mit einem SL unterwegs zu sein.

sichtlichkeit erheblich ein. Der auf einem tief montierten Sitz kauernde Fahrer kommt sich hinter dem dicken Armaturenbrett eingemauert vor.« Dirk-Michael Conradt 1981: »Der Firma Daimler-Benz muss man den Vorwurf machen, dass die stark gewölbte Motorhaube die Sicht nach vorne behindert. Außerdem sind die Sitze so tief montiert, dass Piloten von zierlicher Statur Schwierigkeiten haben, über das Lenkrad und den Instrumententräger hinwegzusehen.« Diese Kritik wurde trotz der vorhandenen Sitzhöhenverstellung angebracht. Ungeteiltes Lob hingegen fanden die gute Ablesbarkeit der Armaturen und die tadellose Sindelfinger Verarbeitungsqualität.

Der Kofferraumdeckel am SLC war analog zur konvexen Dachwölbung fast unmerklich nach oben gewölbt. Hinter der großflächigen Glaskuppel des Coupé-Heckfensters wurde auf der Ablage der Verbandskasten untergebracht. Auch dieses Detail fand bei Mercedes-Benz noch Jahre später Anwendung.

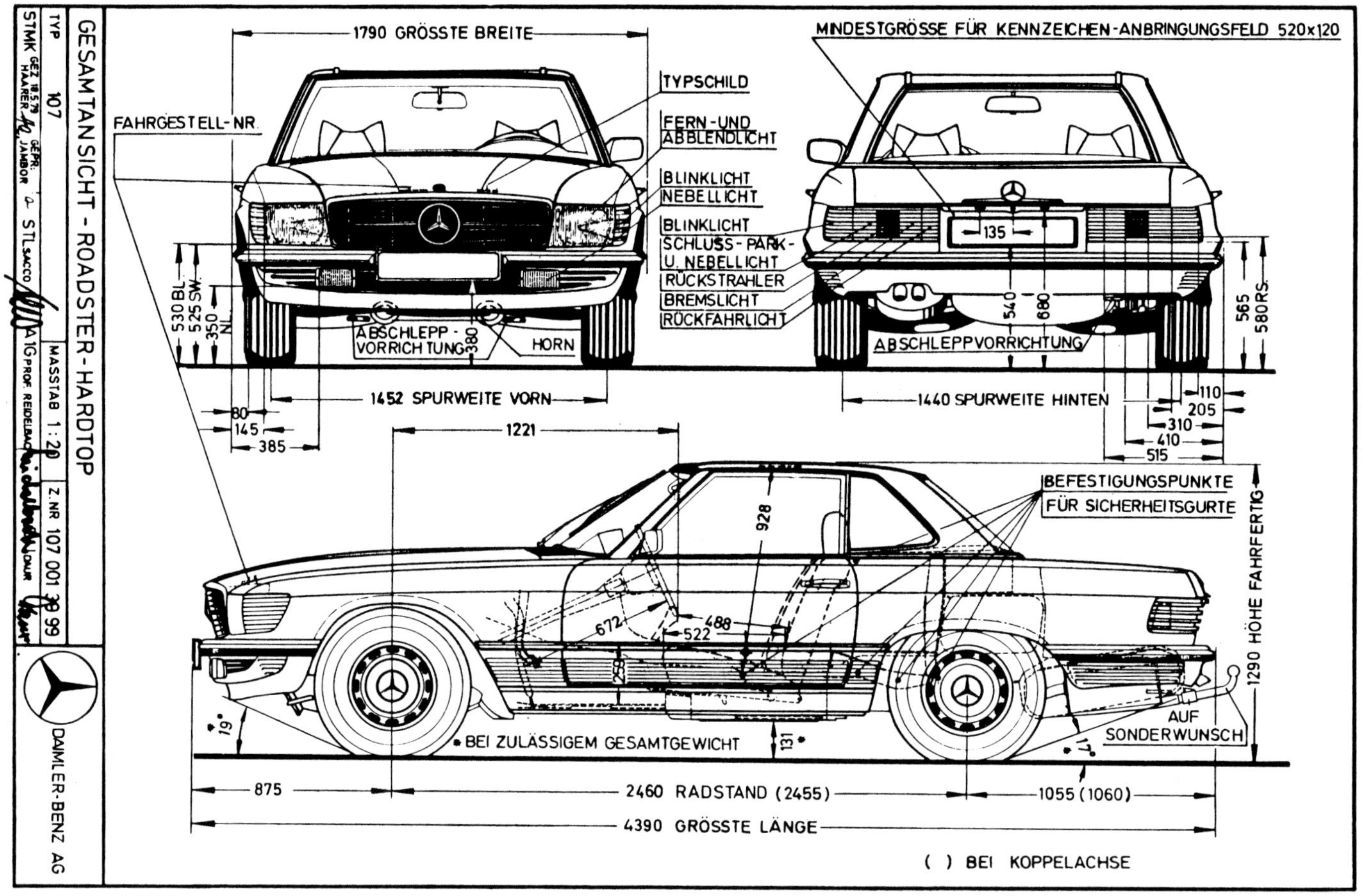
GESAMTANSICHT - ROADSTER - HARDTOP
TYP 107
MASSTAB 1:20
Z. NR 107 001 39 99
DAIMLER-BENZ AG
1790 GRÖSSTE BREITE
MINDESTGRÖSSE FÜR KENNZEICHEN-ANBRINGUNGSFELD 520x120
TYPSCHILD
FAHRGESTELL-NR.
FERN-UND ABBLENDLICHT
BLINKLICHT
NEBELLICHT
BLINKLICHT
SCHLUSS-PARK-U. NEBELLICHT
RÜCKSTRAHLER
BREMSLICHT
RÜCKFAHRLICHT
ABSCHLEPP-VORRICHTUNG
HORN
ABSCHLEPPVORRICHTUNG
1452 SPURWEITE VORN
1440 SPURWEITE HINTEN
BEFESTIGUNGSPUNKTE FÜR SICHERHEITSGURTE
1290 HÖHE FAHRFERTIG
AUF SONDERWUNSCH
• BEI ZULÄSSIGEM GESAMTGEWICHT
875
2460 RADSTAND (2455)
1055 (1060)
4390 GRÖSSTE LÄNGE
( ) BEI KOPPELACHSE

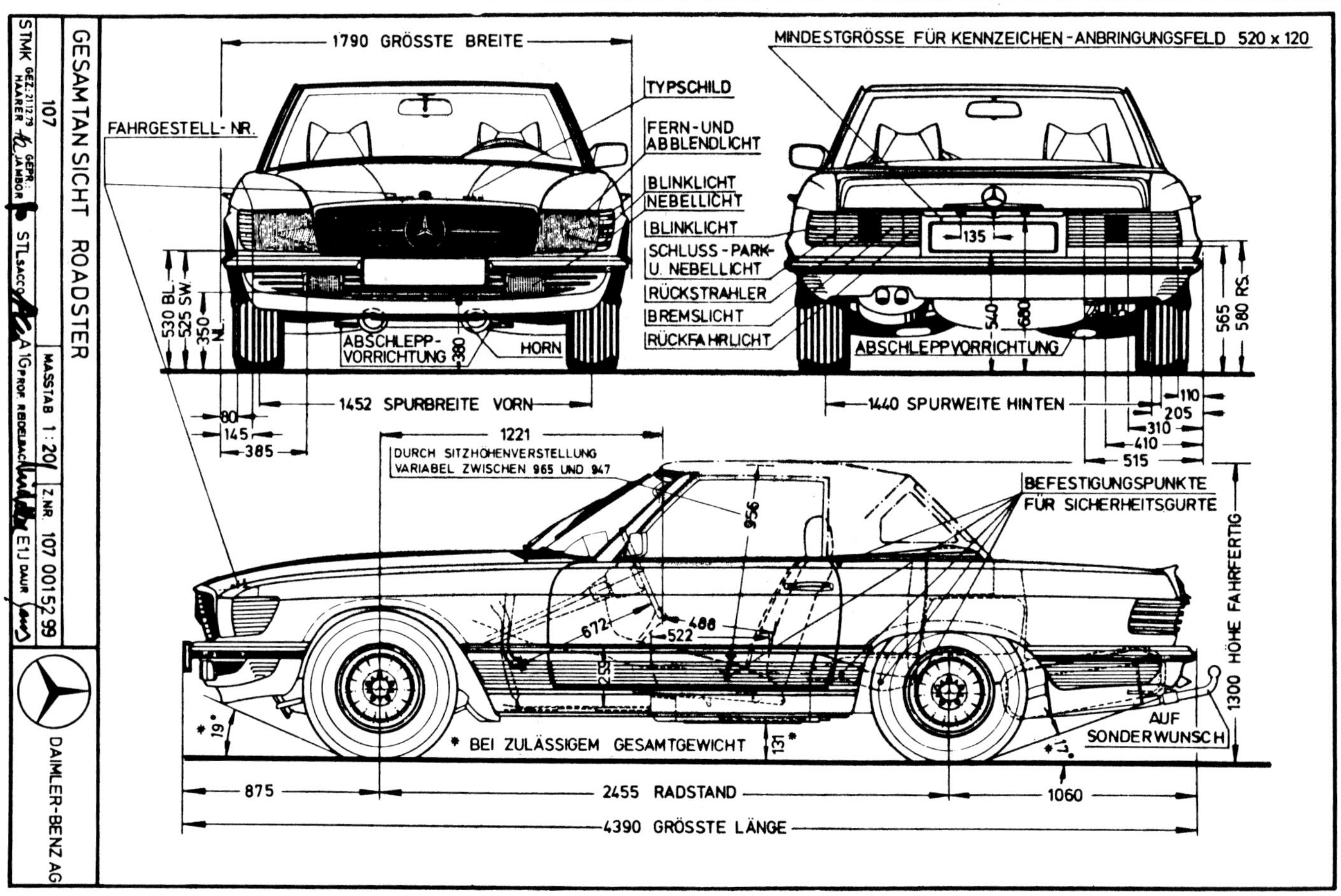
GESAMTANSICHT ROADSTER
TYP 107
MASSTAB 1:20
Z. NR 107 0015 99
DAIMLER-BENZ AG
1790 GRÖSSTE BREITE
MINDESTGRÖSSE FÜR KENNZEICHEN-ANBRINGUNGSFELD 520 x 120
TYPSCHILD
FAHRGESTELL-NR.
FERN-UND ABBLENDLICHT
BLINKLICHT
NEBELLICHT
BLINKLICHT
SCHLUSS-PARK-U. NEBELLICHT
RÜCKSTRAHLER
BREMSLICHT
RÜCKFAHRLICHT
ABSCHLEPP-VORRICHTUNG
HORN
ABSCHLEPPVORRICHTUNG
1452 SPURBREITE VORN
1440 SPURWEITE HINTEN
DURCH SITZHÖHENVERSTELLUNG VARIABEL ZWISCHEN 965 UND 947
BEFESTIGUNGSPUNKTE FÜR SICHERHEITSGURTE
1300 HÖHE FAHRFERTIG
AUF SONDERWUNSCH
* BEI ZULÄSSIGEM GESAMTGEWICHT
875
2455 RADSTAND
1060
4390 GRÖSSTE LÄNGE

Coupévorschlag mit Limousinengesicht, der W 116 (S-Klasse ab 1972) ließ grüßen.

Ausgefallener Coupévorschlag von Gerard Cardiet.

Das 1:5-Modell aus dem Jahr 1968 zeigt schon deutliche Stilelemente des späteren SLC. Auffallend die hinten hochgezogene Seitenscheibenkontur und die Andeutung von Karl Wilferts Sichtblenden.

Zur Begutachtung durch den Vorstand bereit: das 1:1-Modell des SLC. Der Kühlergrill besaß den Chromrahmen mit der Gummileiste.

Die rechte Modellseite erhielt zur Auswahl ein normales hinteres Seitenfenster und Stahlräder mit Radzierblenden.

Auf der linken Seite wurden Karl Wilferts Sichtblenden »zum besseren Hinaussehen« demonstriert. Außerdem werden auf dieser Seite die als SA lieferbaren Alufelgen gezeigt. Der Außenspiegel ist noch eine provisorische Ausführung.

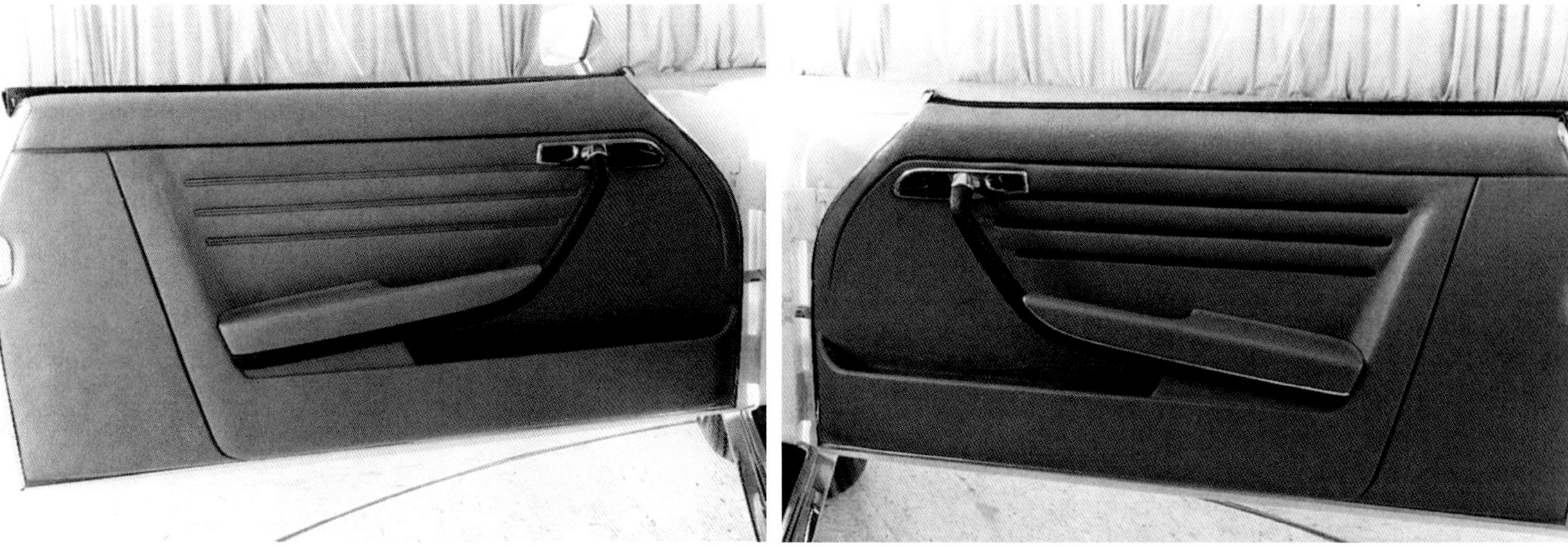

Türinnenverkleidungen mit kleinen Unterschieden, aber elegantem Design.

Dieser Armaturenbrettvorschlag ähnelt dem bereits im Roadster verworfenen Muster.

Für 107er-Fans eine Ringeltaube: Dieser SLC hat hinten keine Sichtblenden und einen verlängerten Kofferraum.

Der Kofferraum, der beim SL nie Anlass zur Kritik bot, wurde von den Kunden des SLC, die das Vorgängercoupé W 111 oft als Reisewagen benutzten, als zu klein empfunden. Auch Fritz Nallinger bemerkte in seinem Bericht: »Der Kofferraum ist zu klein, was beim SL noch angängig sein könnte. Damit ist dieses Coupé natürlich kein Ersatz für das bisherige Coupé teurer Prägung, denn wenn man mit vier Personen fahren will und dann also nur den hinteren Kofferraum benutzen kann, ist dieser einfach ganz ungenügend. Es ist dieses Coupé im Grunde genommen auch nur ein Zweisitzer«.
Die Sindelfinger Karosseriekonstrukteure entwickelten deshalb auf einem 350 SLC eine Version mit einem größeren hinteren Überhang. Der so gewonnene Platz kam ausschließlich dem Kofferraumvolumen zugute. Da die hinteren Sichtlamellen auch im Hause nicht unumstritten waren, ließ man sie an diesem Versuchsträger weg, um die Gesamtproportionen mit dem verlängerten Kofferraum und somit größeren Überhang harmonischer erscheinen zu lassen. Zum Serienanlaufkonnte man sich jedoch nicht entschließen, es blieb bei diesem Unikat. Immerhin lief »der Lange« noch jahrelang als Dienstwagen eines Sindelfinger Hauptabteilungsleiters.
Dr. Scherenberg hatte zunächst noch die Devise ausgegeben, die Karosserie streng nach dem »Funktionalprinzip« auszulegen. Aber ganz offensichtlich war im Laufe der Entwicklungszeit einiges davon unter die Räder der verschiedenen Interessen im Hause gekommen.

Gegenüberstellung des SLC mit verlängertem Heck (siehe Pfeil) und Heckfenster ohne Sichtblenden und des normalen SLC.

Türinnenverkleidung und die noch lange Jahre beibehaltene Unterbringung des Verbandskastens in Mercedes-Benz-Personenwagen.

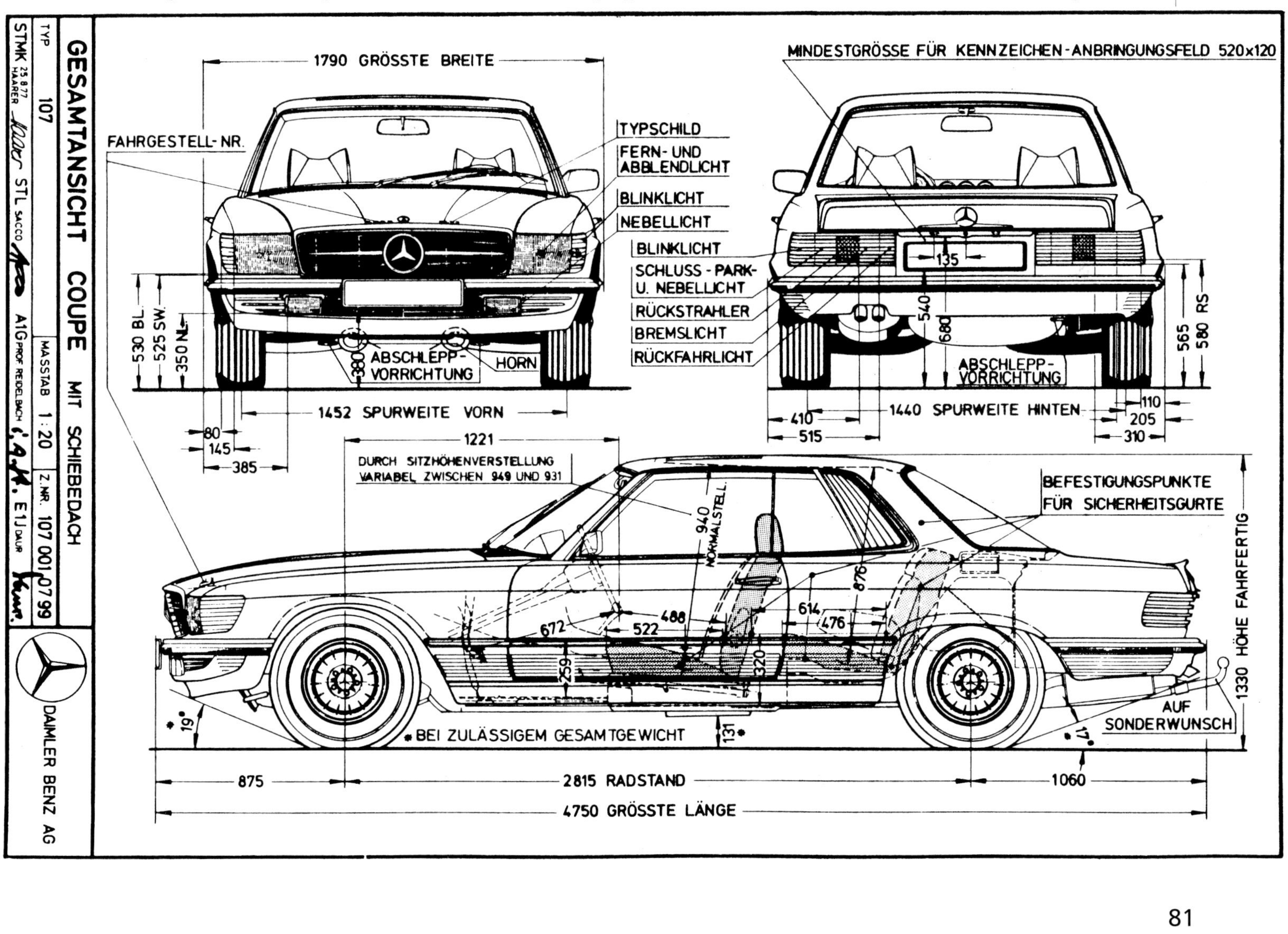

Die Aerodynamik

oder: Der Wind hat mir sein Leid erzählt

R 107

Mit den 107ern hatten es die Aerodynamiker noch schwer. »Sicher hing der 107 auch mal im Windkanal«, meinte Jahre später ein altgedienter Sindelfinger »Luftikus«, »für den Wilfert waren wir nur die Wasserträger für seine Detailprobleme der Sicherheit. Da ging es eben nicht ohne uns. Als es dann am 4,5-Liter Kühlungsprobleme gab oder vorne der Auftrieb zu groß wurde, fiel manchem ein, dass es da noch jemanden gab ...«

Richtig an diesem Rückblick ist, dass eine Fülle der kleinen, aber wichtigen Sicherheitsdetails nur mit profunden Kenntnissen über Strömungsverläufe sowie Über- und Unterdruckzonen gelöst werden konnten. Dazu gehören beispielsweise die Gestaltung der A-Säule und der Außenspiegel, um die Seitenscheiben von Schmutzwasser frei und damit durchsichtig zu halten. Ein nicht weniger wichtiges Detail war die Gestaltung des Heckscheibenrahmens im Dachbereich. Er musste so profiliert werden, dass schmutziges Wasser um die Scheibe herumgeführt und abgeleitet werden konnte.

Eine typische Wilfert-Legende rankt sich um eine andere Neuheit am 107, die später zum Mercedes-Benz-Standard gehörte: Gemeint sind die geriffelten Sicherheitsgläser der Blinker und Rücklichter.

Karl Wilfert war auf der Autobahn in einen Auffahrunfall verwickelt. Es war eine jener tückischen Wetter-Situationen, in denen Salz- und Schmelzwasser auf den Gläsern der Scheinwerfer und Leuchten zu einer undurchsichtigen Schicht verbacken. Karl Wilfert hatte schlicht die Rücklichter seines Vordermanns nicht sehen können.

Das ließ den tüftelnden – nein, nicht schwäbischen, sondern Wiener – Ingenieur nicht ruhen, nach einer Lösung für dieses Problem zu suchen und suchen zu lassen. Professor Joseph Gallitzendörfer erinnerte sich später, wie er, damals von Ford gekommen, mit den Aerodynamikern intensive Überlegungen anstellte, wie durch geeignete Luftführung um die Rücklichter herum die Verschmutzung verhindert werden konnte. Die heute so einfach und naheliegend erscheinende Lösung bestand schließlich in der ausgeprägten Querriffelung der Leuchtengläser.

Da es aber genauso wichtig ist zu sehen wie gesehen zu werden, wurden für die vorderen Scheinwerfer Wischer mit Waschdüsen entwickelt, deren Standard beibehalten werden konnte. Die großflächigen Rechteck-Scheinwerfer kamen dabei einem großen Wischbild entgegen.

Je nach Motorisierung hatten die 107er gegenüber dem W 113 eine um bis zu 30 km/h höhere Höchstgeschwindigkeit. Dieser Umstand und der größere Kühlluftbedarf des 4,5 Liter großen M 117 entwickelten sich zu einem »Fall für viele«, in diesem Fall auch für die Aerodynamiker. Das Stichwort hieß Auftrieb. Dieser ist in der Luftfahrt eine der meistgesuchten Komponenten, der Automobilkonstrukteur hasst diesen Wert hingegen wie der Teufel das Weihwasser.

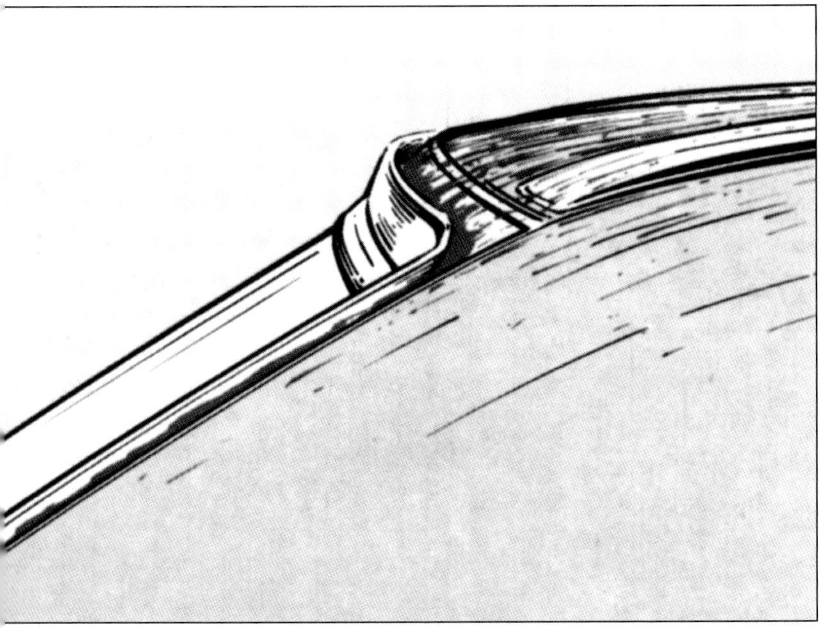

Beim 3,5-Liter-Motor M 116 kamen die Temperatur-Spezialisten auf Grund des halbachsialen Lüfters gerade noch zu Rande. (Ein halbachsialer Lüfter verteilt hinter dem Lüfter die angesaugte Luft zur Hälfte in Längsrichtung – deshalb achsial – und zur Hälfte radial.) Beim M 117 bestand jedoch größerer Kühlluft-Bedarf. Der Platz für Kühler und Lüfter bot aber keine weiteren Ausbaumöglichkeiten.

Hier war nun der Rat der Aerodynamiker gefragt. Den Fahrzeugen für Europa (also jenen mit dem 4,5-Liter-Motor) verpassten sie unter dem Kühler einen kleinen, halbrunden »Latz«, um den Druckgradienten am Kühler zu erhöhen. Dadurch ließ sich der Luftdurchsatz ohne großen Änderungsaufwand steigern. Dieser kleine Spoiler wurde Mercedes-intern schamhaft Staublende genannt. Nach offizieller Lesart hatte in jenen Jahren ein Mercedes-Benz einen Spoiler nicht nötig! An dieser Blende unterscheiden Kenner sofort einen 350 SL/SLC von einem 450 SL/SLC.

Der c_w-Wert hatte sich beim R 107 mit Hardtop gegenüber seinem Vorgänger W 113 mit Hardtop von »traumhaften« 0.515 auf 0.489 verbessert. Die Urpagode erreichte damit knapp den 0.52 betragenden c_w-Wert des Mercedes-Benz-Geländewagens.

Die Auftriebswerte an der Vorderachse gingen von CA_v 0.438 auf CA_v 0.420, und an der Hinterachse von CA_h 0.084 auf CA_h 0.050 zurück. Mit der Staublende an den 4,5-Liter-Typen sahen die Vergleichswerte wie folgt aus: c_w 0.465, CA_v 0.402, CA_h 0.048.

Mit dem Bugspoiler, wie ihn der 450 SLC 5.0 bekam, verbesserten sich die Werte auf: c_w 0.428, CA_v 0.290, CA_h 0.074.

Schmutzwasserführung am SL beziehungsweise am SLC.

Das Modell II im Windkanal. Interessant ist der deutlich ungünstigere Strömungsverlauf am seitlichen Übergang vom Grill zum vorderen Kotflügel gegenüber dem Serienmodell.

Das Serienmodell des R 107 im Vergleich zum Modell II.

Hier wird der Strömungsabriss im vorderen Bereich des Pagoden-Hardtops durch Wollfäden sichtbar gemacht.

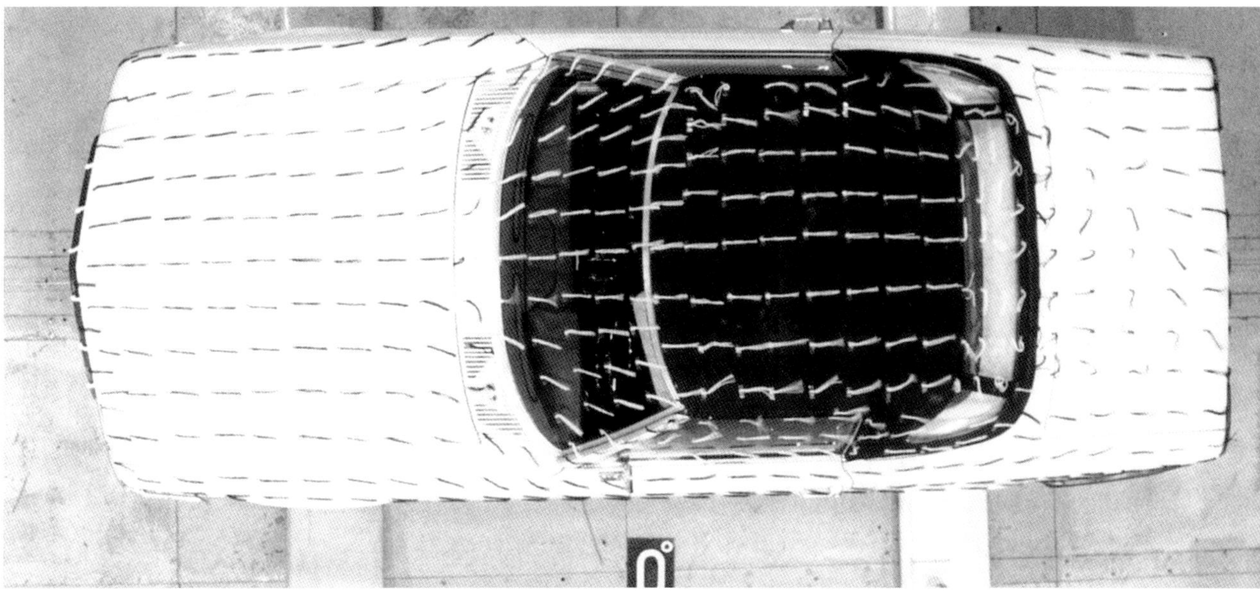

Der bessere c_w-Wert bei Verwendung des Stoffdachs gegenüber dem Pagoden-Hardtop wird am günstigeren Strömungsverlauf im vorderen Dachbereich erkennbar.

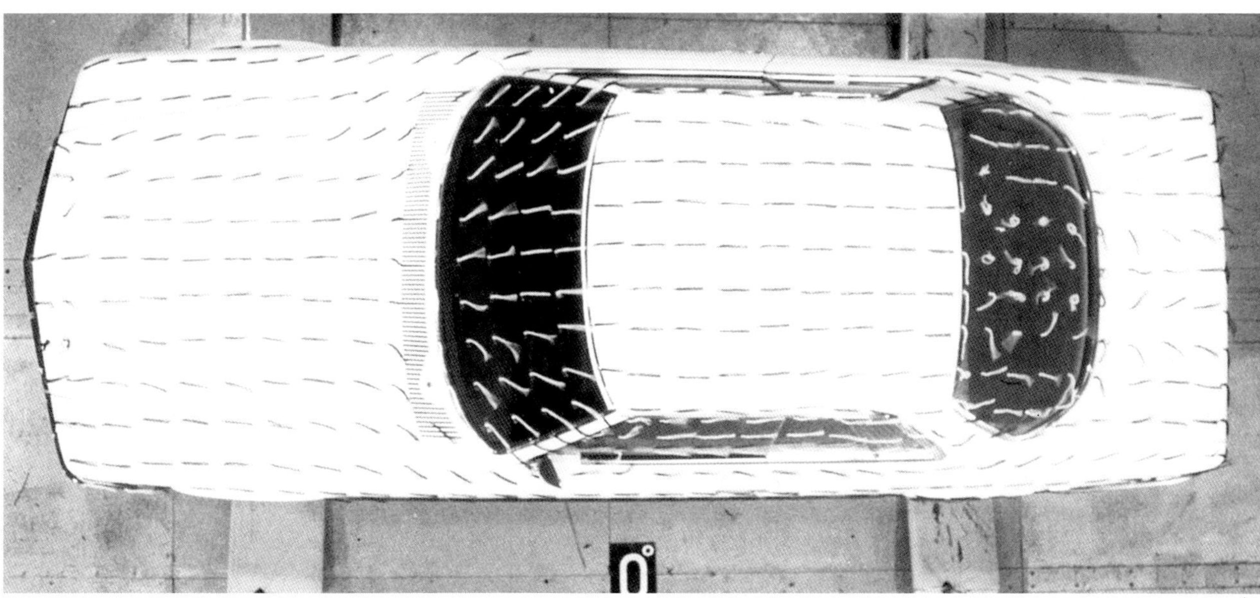

Im Vergleich zum SL ist der SLC fast ein Musterknabe. Die Strömung liegt im gesamten Dachbereich, auch an den Übergängen zu den Seitenfenstern, sauber an. Auch im Bereich des Kofferraumdeckels liegt die Strömung beim SLC sichtbar besser an als beim SL.

Während man beim 280/350 SL/SLC unterhalb der Stoßstange mehr oder weniger dekorativ platzierte Technik betrachten konnte, versperrte bei den 450 SL/SLC ein Spoiler (siehe Pfeil), bei Daimler-Benz offiziell Staublende genannt, den Blick in die Eingeweide. Er verbesserte die Kühlleistung und den c_w-Wert.

Die von vielen als Macho-Gag belächelte Gummilippe auf dem Heckdeckel brachte noch einmal eine Verbesserung sämtlicher Werte. An der Hinterachse wurde sogar ein im Sinne der Fahrstabilität erwünschter Abtrieb erzielt. Mit Werten von: c_w 0.414, CA_v 0.288, CA_h -0.009 wurde gegenüber dem Ausgangsprodukt ein deutlicher Fortschritt erzielt. Der Vollständigkeit halber sind auch die Werte des R 107 zwischen Modelljahr 1986 und 1989 angegeben. Hierbei ist zu berücksichtigen, dass diese Werte immer mit dem zweiten Außenspiegel gemessen wurden. Auch durch den Übergang von 14- auf 15-Zoll-Bereifung sowie durch die geänderte Vorderachse mit der größeren Spurweite bestehen nur bedingte Vergleichsmöglichkeiten.

300 SL mit Hardtop	c_w 0.438	CA_v 0.263	CA_h 0.071
300 SL mit Stoffdach	c_w 0.405	CA_v 0.254	CA_h 0.081
300 SL offen, Seitenscheiben zu	c_w 0.530	CA_v 0.230	CA_h 0.100
300 SL offen, Seitenscheiben auf	c_w 0.540	CA_v 0.250	CA_h 0.080

Gemessen an heutigen nehmen sich diese Werte fast rührend aus. Unter den damaligen Voraussetzungen hingegen nötigen einem die Erfolge der Aerodynamiker hohen Respekt ab. Eine Verbesserung des c_w-Wertes um 15,3 Prozent ist auch aus heutiger Sicht ein beachtlicher Erfolg »windiger Bemühungen«.

C 107

Besser waren die Voraussetzungen beim SLC, dem Coupé. Das »Länge läuft«, wissen schon seit altersher die Schiffbauer, die sich schon weitaus früher als die Autobauer mit physikalischen Gesetzmäßigkeiten auseinandersetzen mussten. Beim Vergleich zwischen SL und SLC ist es jedoch nicht die Länge, die zu den Unterschieden im Luftwiderstandsbeiwert führte. Die Dachform und der Übergang von der Heckscheibe zum Kofferraum-Deckel führen beim SLC zu deutlichen Verbesserungen. Während beim SL, wie schon beim W 113, die Strömung beim Übergang von der Oberkante der Windschutzscheibe zum Hardtop abreißt, liegt sie sowohl beim Stoffdach als auch beim Coupédach an. Auch die Übergänge Dach-Heckscheibe-Kofferraumdeckel boten optimale Voraussetzungen. Der Wollfadentest im Windkanal demonstrierte dies deutlich.

Da sich die Physik auch nicht rhetorisch außer Kraft setzen lässt, zeigte der Windkanal für das Coupé folgende Werte:

SLC mit Staublende 1973	c_w 0.423	CA_v 0.351	CA_h 0.064
SLC mit Bugspoiler des 5.0	c_w 0.398	CA_v 0.243	CA_h 0.090
SLC mit Bugspoiler des 5.0 und Heckspoiler nur 5.0	c_w 0.386	CA_v 0.244	CA_h -0.010

Im Jahre 1979 wurde die neue S-Klasse W 126 mit einem c_w-Wert von 0.360 weltweit als aerodynamischer Trendsetter bejubelt. Gemessen daran ist es erstaunlich, wie gut im Laufe der Jahre das ehemalige »aerodynamische Aschenputtel« geworden war. Nachdem die für die Aerodynamik zuständigen Ingenieure in Sindelfingen jahrelang im Verborgenen blühten, konnten sie jetzt zeigen, dass die Lehren des Windkanals auch bei Mercedes-Benz erfolgreich in die Tat umgesetzt werden konnten.

Mit dem 450 SLC 5.0 bekannte sich auch Daimler-Benz zum Spoiler. Ab März 1980 gehörte er zum festen Bestandteil aller 107er.

Die vierte Gesichtsvariante und dritte Spoilerausführung wurde mit den Überarbeitungen im September 1985 auf der IAA präsentiert. Der Serienanlauf erfolgte mit der Vorserie ab Juni 1985.

Der Heckspoiler auf dem Kofferraumdeckel war sowohl beim SL als auch beim SLC ausschließlich den Fünflitern vorbehalten.

Motor-, Antriebsstrang- und Achsenanordnung, dargestellt am 350 SL.

Das Fahrwerk

oder: kommt Zeit, kommt Rat

Mercedes-Benz- Produkte, in den 30er, 40er und 50er Jahren Trendsetter im Fahrwerksbereich, waren Mitte der 60er Jahre ins Hintertreffen geraten. Im Herbst 1967 tönte die hauseigene Motivationspostille dem Verkaufspersonal zwar noch Schalmeiengesänge ins Ohr: »Das Fahrwerk soll schneller sein als der Motor – das bleibt unsere Devise. Wir haben nichts gegen starke Motoren, aber die Voraussetzung sollte ein adäquates Fahrwerk sein. Das gibt es, wenn auch leider ziemlich selten.« Dabei wussten die Techniker, dass auch im »Sternenhimmel« das Optimum bei weitem nicht erreicht war. Sie wussten zwar, wie man es eigentlich machen sollte. Aber wie so oft spielten nicht unbedingt kompetente, dafür aber hierarchisch wichtige Bereiche in die Entscheidungen hinein.
Erich Waxenberger, der »Obergeiger« unter den »Bläsern« des damaligen Versuchsorchesters, hielt das im Oktober 1970 fest, als er schrieb: »Der Versuch hatte seinerzeit aufgrund eines Einspruchs der Fertigung beziehungsweise Verkaufs aus Kapazitäts- und Kostengründen auf die ursprünglich geforderte Bremsabstützung am W 113 serienmäßig verzichtet. Ein großer Teil der Kunden ist zwar mit diesem Typ zufrieden, eine Anzahl von Kunden jedoch und auch einige Journalisten haben das Fahrzeug bezüglich schlechter Straßenlage, hauptsächlich wegen des Bremsdreheffektes beanstandet.«
Die Probleme des Vorgängers waren nicht nur bekannt, sondern man wusste auch, dass die Öffentlichkeit diese Probleme kannte. Die letzte Stunde archaischer Achskonstruktionen hatte in Stuttgart nun endlich geschlagen.
Aus Kostengründen lehnte man sich mit den Achskonstruktionen für den 107 an die der 1968 vorgestellten Mittelklasse W 114/115

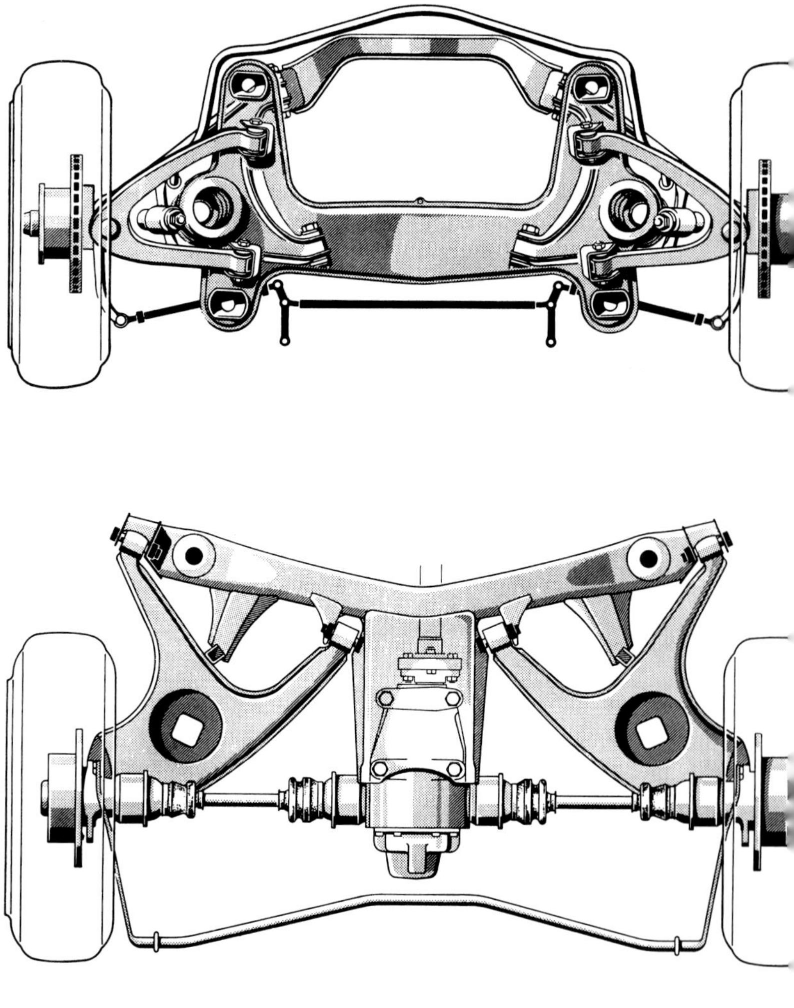

Vorder- und Hinterachsschemel.

an. Bereits im März 1966 war von der Technik eine Fahrschemel-Vorderachse und eine Schräglenkerachse mit Fahrschemel vorgesehen.
Zwei Jahre später wurde bereits differenziert. Für die Sechszylinderversion mit Vergaser- und Einspritzmotor wurde die Schräglenkerhinterachse vorgesehen. Dagegen sollten die Powerversionen mit den 3,5- und 4,5-Liter-Motoren die Koppelachse erhalten.
Zum besseren Verständnis der technischen Unterschiede ist hier wohl eine kurze Erklärung angebracht.
Ein Dorn im Auge der fahraktiven Versuchs-Techniker waren die dynamischen Achslastverschiebungen beim Beschleunigen und Bremsen. Beim Bremsen erfolgt ein Tauchen des Vorderwagens, das zum Entlasten der Hinterachse führt. Beim Beschleunigen ist es umgekehrt. Die Vorderachse wird entlastet, die Hinterachse dagegen belastet, was beim Beschleunigen ein durchaus erwünschter Effekt sein kann. Die Blendgefahr des Gegenverkehrs, die Einschränkung der Federwege der Hinterachse und eine durch die Entlastung der Vorderachse reduzierte Seitenführungskraft der Vorderräder sind unerwünschte Nebeneffekte der Hinterachsbelastung beim Beschleunigen.
Die Fahrwerksingenieure unter Rudolf Uhlenhaut sannen auf Abhilfe und entwickelten die Schräglenkerachse, die schon 1955 im FIAT 600 zum allgemeinen Automobilstandard wurde, zur Koppelachse. Der untere Lenker (Schräglenker) wurde aus Gewichtsgründen aus Leichtmetall gefertigt. Er hatte dieselben Anlenkpunkte zum Achsträger wie bei der Schräglenkerachse. Der obere Lenker war nach hinten gerichtet und diente als Hebelarm des hinter der Achse angeordneten Drehstabstabilisators. Da beide Lenker durch den Radträger untereinander gekoppelt sind, betätigten sich die Untertürkheimer Ingenieure wieder einmal als kreative Wortschöpfer und kreierten den Begriff der Koppelachse.
Der Festsattel der Scheibenbremse ist an einem getrennten Bremsträger befestigt. Er ist konzentrisch zur Hinterradlagerung auf dem Radträger drehbar angeordnet. Das Bremsmoment wird über eine Zuglasche abgestützt, die den Bremsträger mit einer Verlängerung der Schräglenker verbindet.
Beim Beschleunigen sollte bei optimaler Abstimmung und Zuordnung keine Bewegung des Hecks stattfinden. Beim Bremsen war ein leichtes Herunterziehen des Hecks vorgesehen.
Diese aufwendige Hinterachskonstruktion erhielten ab Januar 1969 allerdings nur Fahrzeuge, die mit dem drehmomentstarken 4,5-Liter-Motor ausgerüstet waren. Die Schallgrenze für die fahrstabile Hinterachsauslegung blieb bis zum Produktionsende 1989 bei 3,5 Litern Hubraum. 380 SL, 420 SL, 450 SL sowie der 500 SL und die SLC-Typen erhielten die Koppelachse, die in der Terminologie der Werbetexter auch umständlich als »Diagonal-Pendelachse mit Bremsnick-Abstützung und Anfahrmomentausgleich« bezeichnet wurde.
Die in die USA gelieferten Fahrzeuge waren mit Ausnahme des 560 SL mit der normalen Schräglenkerachse ausgerüstet. Die Geschwindigkeitsbegrenzungen in den USA und der höhere Federungskomfort der Schräglenkerachse waren der Grund, in den Staaten auf dieses Fahrsicherheits-Attribut zu verzichten.
Die Niveauregulierung an der Hinterachse war nur für die SLC-Typen lieferbar, aber auch da nicht von Anfang an. Ab September 1972 konnten die Lastenträger unter den noblen Coupé-Kunden dieses nützliche Extra als Sonderausstattung erwerben. Ab Juni 1980 wurde es in den Serienumfang aufgenommen.
Im Oktober 1970 unterzog Erich Waxenberger Fahrzeuge mit Schräglenker- und Koppelachsen einem Fahrvergleich. Er stellte fest, dass das Fahrzeug mit Koppelachse einen Anfahrausgleich von 84 Prozent gegenüber minus 25 Prozent bei einem Wagen mit Schräglenkerachse hatte. Beim Bremsausgleich schlugen die Werte mit 115 gegen 70 Prozent um 45 Punkte zugunsten der Koppelachse aus.
In der Praxis sah das so aus, dass beim Umbau eines R 107 von der Koppelache auf die Schräglenkerachse »auch auf der Landstraße bei Gaswegnahme ein plötzliches Reindrehen festzustellen ist, das nur durch sofortiges Regulieren korrigiert werden kann. Der C 107 ist wegen des langen Radstandes wesentlich besser im Reindrehen als der R 107, und mit Koppelachse auch unter schärfsten Bedingungen bezüglich Straßenlage hervorragend. Die Erscheinung des Reindrehens tritt bei extremer Fahrweise verstärkt auf, wodurch bei zirka 80 % Fahrweise das Reindrehen und der Bremsdreheffekt nicht sehr zur Geltung kommen«.
In den Griff bekamen die Mercedes-Techniker die Lastwechselreaktionen des Roadsters bis zum Serienanlauf nicht.
Die Tester besangen diese Strophe des Fahrwerksliedes mit einem deutlich melancholischen Timbre in der Stimme. Am moderatesten beurteilte noch Altroutinier Paul Frére den Debütanten: »Beim 350 SL ist die Reaktion auf Lastwechsel zwar nicht mehr so abrupt wie beim 280 SL, ist aber meinem Gefühl nach immer noch etwas übertrieben. Ich glaube, es wäre besser, wenn der Wagen unter Last etwas weniger untersteuerte, dafür aber auf Lastwechsel weniger empfindlich reagierte.«
Reinhard Seiffert schrieb 1971 in *auto motor und sport*: »Es ist auch nicht sehr angenehm, den SL im Kurvengrenzbereich zu

fahren, denn er untersteuert zunächst ziemlich ausgeprägt, kann aber dann plötzlich mit dem Heck herumkommen, besonders beim Gaswegnehmen in der Kurve.« Einige Monate später erinnerte sich Chefredakteur Seiffert anlässlich des SLC-Tests noch deutlich an die unangenehmen Fahreigenschaften des SL und formulierte: »Während der SL in sehr schnell gefahrenen Kurven und auf glatter Fahrbahn ziemlich unvermittelt mit dem Heck ausbrechen kann, verhält sich der SLC stets gutmütig. Beim Gaswegnehmen tritt eine gegenüber dem SL stark gemilderte Übersteuerungstendenz auf.«
Und noch zehn Jahre später kam Kollege Klaus Westrup anlässlich eines Cabriolet-Vergleichstests zu dem Urteil: »Sehr gut sind die Fahreigenschaften für ein Auto dieser Art – mit Ausnahme der Lastwechselreaktionen.«
Kalt gelassen hat dieses Thema am SL die ehrgeizigen Fahrwerks-Ingenieure nie. Im Dezember 1974 spulte der Fahrversuch ein umfangreiches Fahr- und Messprogramm ab. Gemessen und aufgezeichnet wurden die folgenden Parameter: Quer- und Längsbeschleunigung, Gierwinkeländerung, Federbewegungen, Wankwinkel und Radeinschlag.
Folgende Ergebnisse wurden erreicht:

Maßnahme	Ergebnis
1. Sperrdifferenzial	deutliche Verbesserung
2. Vorspuränderung Vorderachse	ohne positives Ergebnis
3. Sturz Hinterachse	nur geringe Verbesserung
4. Schwenken der Schräglenkerdrehachse mit Sturzkorrektur	deutliche Verbesserung
5. verschiedene Drehstabkombinationen	bei geeigneter Kombination deutliche Verbesserung
6. Reifendruckvariationen	ohne Auswirkung
7. Spurverbreiterung vorne und hinten	nur im Anfangsstadium des Reindrehens kleine Verbesserung

Die Stahlfelgen hatten innen einen Kranz mit kleinen Schaufeln, welche die Bremsenkühlung unterstützten. Gebrauchtwagenkäufer sollten darauf achten, dass sie die richtigen Felgen haben.

Im Januar 1976 berichteten die Fahrwerksspezialisten erneut über das leidige Thema und kamen dabei zu folgender Feststellung: Verbunddrehstäbe, nichtlineare Drehstabkennung, verlängerter Radstand, Kinematik der Schräglenkerachse, Sperrdifferenzial und Koppelachse brachten die besten Ergebnisse.

Flaig-Werk

Bezüglich der Festlegung der Vorderachse bestanden von Anfang an nie Meinungs- und Konzeptunterschiede. Es wurde die Vorderachskonstruktion vorgesehen, welche auch für den W 114 (/8-Serie) vorgesehen war. Wie so oft im Leben ist die Vorderachsenentwicklung am R 107 mit einer Person verbunden.
Diplom-Ingenieur Manfred Flaig blieb als junger Hochschulabsolvent im Versuch »hängen«. Über den Großmotoren-Versuch kam er in den Fahrzeugversuch und klebte seither am SL. Die 107er, aber auch die neue Baureihe 129 kannte er wohl besser als seine Hosentaschen. Wer dem ruhigen und immer freundlichen Techniker seinerzeit gegenübersaß, vermutete in ihm nicht unbedingt den »Abteilungsleiter sportliche Fahrzeuge«, wie der offizielle Titel im Gesamtversuch Pkw für die SL-Typen lautet.
Manfred Flaig machte so schnell keiner etwas vor, weshalb es für ihn auch keine Überraschung war, dass die Bremsen am 107 verbesserungswürdig waren. Auch in den Tests erfuhren sie nicht nur Lob.

Reinhard Seiffert war in seinem Test 1971 in *auto motor und sport* von den Bremsen des 350 SL noch sehr angetan, als er schrieb: »... gut dosierbare, geringen Kraftaufwand erfordernde Bremsen mit guter, nicht nachlassender und gleichmäßiger Wirkung.« Und einige Monate später schrieb er über die Bremsen des 350 SLC: »Eindrucksvoll abgerundet wird der Fahreindruck durch die Bremsanlage, deren Wirkung und Dosierbarkeit höchstes Lob verdient.«

Kollege Götz Leyrer sah 1975 im *auto motor und sport*-Vergleichstest beim 280 SLC die Bremsen kritischer, als er vermerkte: »Beim Mercedes war bei den Bremsprüfungen leichtes Nachlassen der Wirkung zu beobachten.« Und Dirk-Michael Conradt musste 1980 ebenfalls bei einem Vergleichstest in *ams* konstatieren: »Beim Mercedes vereiteln bei Passabfahrten ansteigende Bremspedalkräfte und aus den Radkästen aufsteigender Qualm Maximalpunktzahlen.« Last not least mäkelte die Schweizer *Automobil Revue* aus Bern 1973 am 450 SLC herum: »Bei kalten Bremsen war bei den Bremsprüfungen ein vorzeitiges Blockieren nur mit Mühe zu verhindern, doch wich das Fahrzeug auch dann nicht vom Kurs ab.« Hier ließ bei hoher Beanspruchung zwar die Bremswirkung nicht nach, aber ein penetranter Geruch drang in das Wageninnere.

Gesundbeten und Darüberhinwegsehen sind nicht die Sachen des Manfred Flaig. Seine Loyalität zum Hause sieht er im Handeln. Während der obligatorischen Wintererprobung im Januar/Februar 1983 notierte er zum wiederholten Mal die Tendenz zum Abziehen beim Anbremsen, die infolge des großen, positiven Lenkrollradius von 70,5 Millimetern immer vorhanden war. Dieser Nachteil am 107 wurde auf schnee- und eisglatter Fahrbahn besonders deutlich. Dem Versuchsingenieur Flaig waren auch Klagen aus dem Kundenkreis über schief ziehende Bremsen zu Ohren gekommen, welche die Reibwertunterschiede bei kalten Bremsen und somit auch das einseitige Blockieren betrafen.

»Der wack're Schwabe forcht sich net«, heißt es bei den »Sieben Schwaben«, und der Urschwabe Flaig machte sich im Juni 1983 kurzentschlossen ans Werk, und zwar erst mit dem Kopf, um unmittelbar darauf die Tat folgen zu lassen. Als alter Versuchsingenieur ohne Scheuklappen war er auch über das informiert, was rechts und links von ihm vorging. Dabei kam ihm die Vorderachs-Konstruktion des gerade sich in den Endzügen der Entwicklung befindenden W 124 zupass.

Am 20. Juni 1983 zeichnete er auf einer Vorderachszeichnung eine Variante mit einem auf acht Millimeter verringerten Lenkrollradius unter Verwendung des Achsschenkels der W-124-Vorderachse ein.

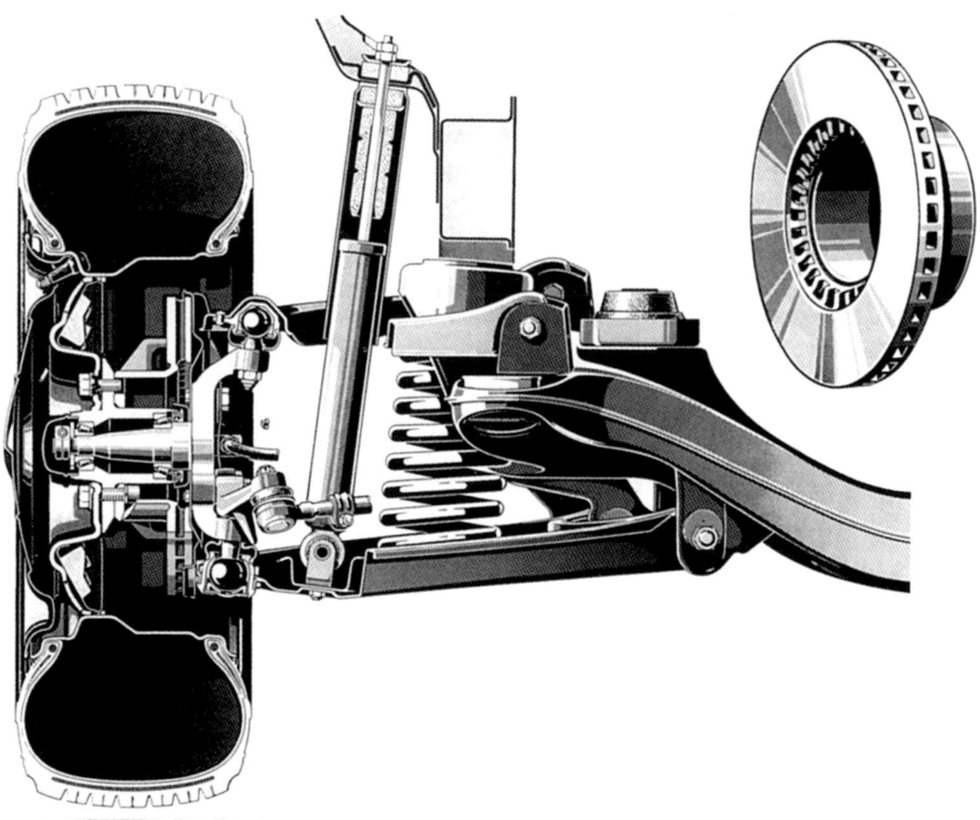

Vorderachse vor der Überarbeitung durch Manfred Flaig.

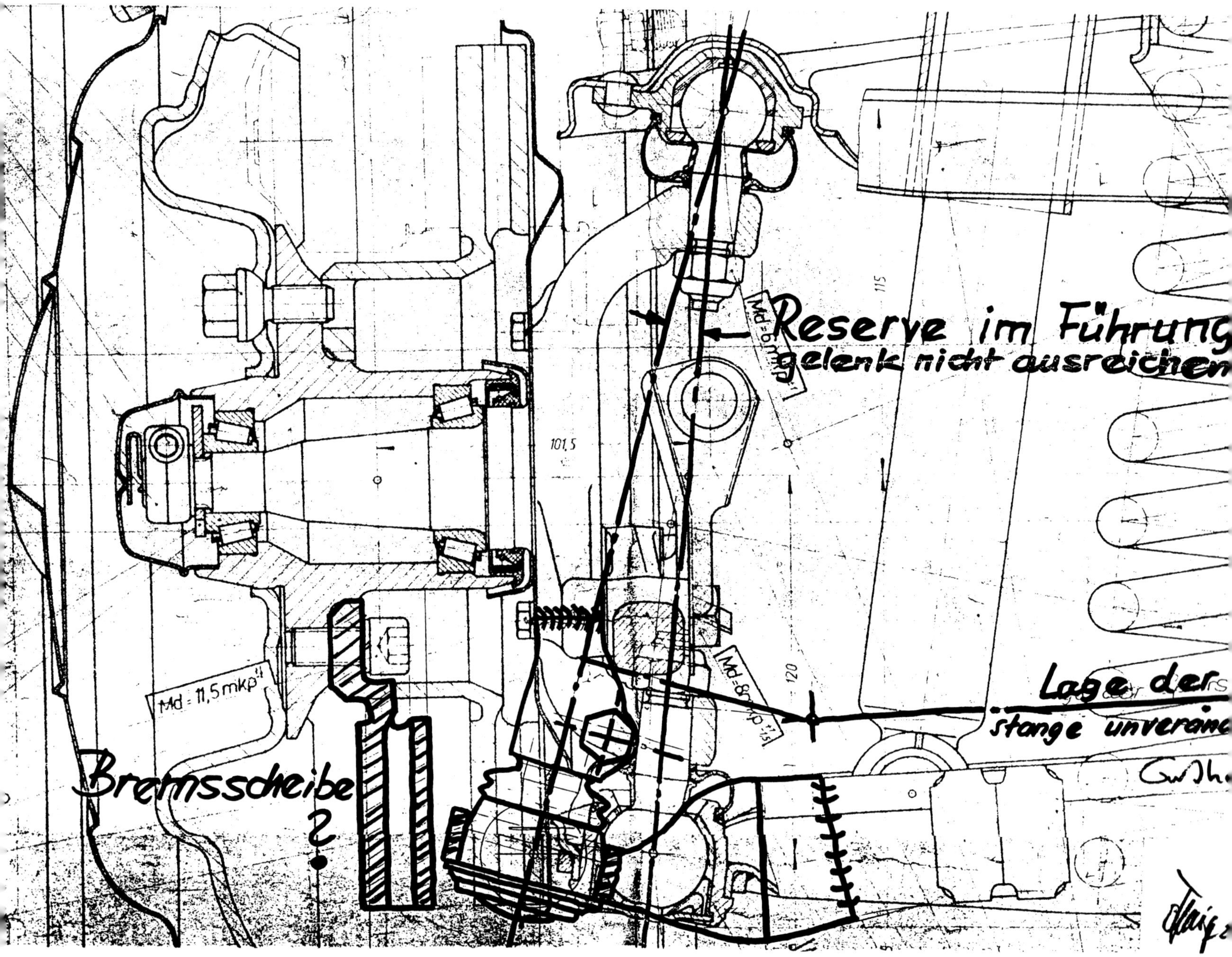

Der Überarbeitungsvorschlag Manfred Flaigs, aufgetragen auf eine Konstruktionszeichnung der bis dahin gültigen Vorderachse.

Der obere Querlenker wurde aus Stahl gefertigt, der untere Querlenker wurde länger und erhielt das Traggelenk vom W 124. Gleichzeitig sah er die größeren 15-Zoll-Räder vor. Sie ermöglichten größere Bremsscheiben und Vierkolben-Bremssättel und führten außerdem zu einer um 10 von 1452 mm auf 1462 mm vergrößerten vorderen Spurweite.
Versuchsmann Flaig konnte auf diese Weise sowohl der Beanstandung schief ziehender Bremsen begegnen als auch die Bremsenkapazität als Ganzes erhöhen.
Das Denken und Handeln hat im Mercedes Versuch seit Rudolf Uhlenhauts Zeiten Tradition. Das war bei Manfred Flaig nicht anders. Er stellte dem damaligen Entwicklungschef Pkw, Friedrich van Winsen, seine neueste Konstruktion dann auch gleich in der Praxis vor.

Am 12. August 1983 vermerkte dieser begeistert: »Ansonsten ist zu sagen, dass hier auf Anhieb ein erstaunlich guter Entwicklungsstand erreicht wurde. Ich bitte alle beteiligten Herren, mit Nachdruck die Serienverwirklichung zu betreiben.«
Van Winsens Bitte verhallte nicht ungehört.
Schon am 26. August 1983 wurde Flaigs überarbeitete Vorderachse in das 107er-Änderungspaket für das Jahr 1985 aufgenommen. Van Winsen versah es mit der Bemerkung »Einführung mit hoher Priorität!« und reichte es an die Konzernplanung weiter. Manfred Flaig schmunzelte noch Jahre später, wenn er zurückblickte: »Selten ist mir etwas Sinnvolles so schnell gelungen wie die Vorderachs-Änderung am 107.«
Jeder, der mit großen Organisationsstrukturen vertraut ist, versteht das stille Strahlen in Flaigs Gesicht. Zu Recht kann er heute noch stolz auf seinen damaligen Coup sein.
Da Flaig aber nicht nur in Vorderachsen dachte, sondern immer das ganze Fahrzeug sah, waren ihm auch gelegentliche Beanstandungen über Geräusche der Hinterachse nicht entgangen. Deshalb sah er für das Änderungspaket 1985 gleich noch eine elastische Dreipunkt-Aufhängung des HinterachsMittelstücks vor, wie es auch bei der S-Klasse W 126 verwendet wurde.

Die Beurteilungen dieser Änderungen fielen anlässlich der Spanien-Erprobung vom 13. bis 22. September bis auf Kleinigkeiten positiv aus. Dass das Flaig-Werk kein Flickwerk geworden war, bestätigte 1986 Klaus Westrup, als einer der dienstältesten Redakteure bei *auto motor und sport* fast ebenso ein Oldie wie sein vierrädriger Proband. Die Kritik an Lastwechselreaktionen und einer gewissen gutmütigen Kurvenunwilligkeit gehörte mittlerweile schon zum Standardritual eines 107-Tests. Klaus Westrup muss den SL fast nicht wiedererkannt haben. Verwundert, fast euphorisch bescheinigte er ihm: »Auch in den Kurven zeigte der modifizierte SL ein Verhalten, das so gar nicht zu dem passt, wie man ihn gemeinhin einzuschätzen pflegt. Mit seiner exakten Servolenkung, sehr hohen möglichen Querbeschleunigungen und minimalen, nur geringen Lastwechselreaktionen bietet der betulich wirkende Langschnauzer ziemlich genau das, was man von einem reinrassigen Grand Tourismo erwartet.«
Da lässt sich zum Ende der 107er-Fahrwerksentwicklung nur sagen: Flaig gut, alles gut, denn der lebenslange Betreuer der R-107-Entwicklung hatte es schließlich doch noch geschafft, diesem SL die ewig angekreideten Lastwechselreaktionen auszutreiben.

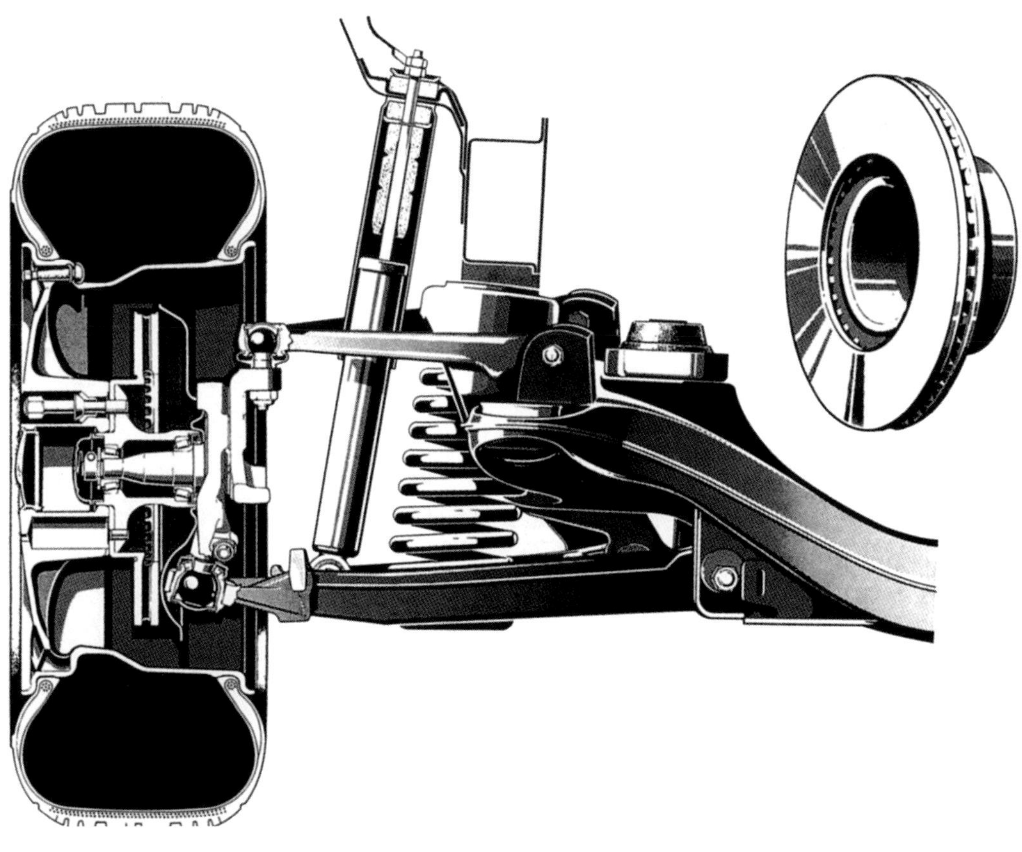

»Das Flaig-Werk« nach der Überarbeitung.

280 SL/SLC, Baumuster 107.042/107.022

oder: die verkannte Braut

Nur am Typenzeichen und den schmaleren Rädern waren die » Kleinsten« zu erkennen.

Im Juni 1974 war es endlich so weit, drei Jahre nach der 350-SL-Ouvertüre war das Kleeblatt aus SL und SLC (107) komplett, der legitime Nachfolger des »Pagoden-SL« (W 113) wurde präsentiert.
Kein Tusch, keine Ovationen, keine besondere Pressekonferenz. Er kam leise, fast verschämt durch die Hintertür, auf seinen dünnen Beinchen (185 x 14) eher eine längst erwartete Selbstverständlichkeit als eine Sensation. Dabei hatte er die Bescheidenheit gar nicht nötig. Unter der Motorhaube glänzte als Augenweide ein Prachtstück des Motorenbaus. Schöner hätte dieser dohc-Motor mit seinen 185 PS (136 kW) in keinem Alfa Romeo, Aston Martin, Jaguar oder Maserati thronen können.
Dass dieser SL nicht wie vorgesehen die adäquate Premierenhülle für den schönen Motor abgeben durfte, lag in der Motorennot jener Jahre bei Daimler-Benz. Dringender wurde dieses Kraftwerk in der Mittelklasse (W 114) und der S-Klasse (W 116) benötigt. Das hieß jedoch nicht, dass sich 280 SL und 280 SLC deshalb verstecken mussten. Im Gegenteil, der fast 3400 Mark billigere 280 SL lief dem kleinen Achtzylinder bald den Rang in der Käufergunst ab.
Die Fahrleistungen waren so gut, dass sie sogar ein Jahrzehnt später von dem legitimen Nachfolger mit sechs Zylindern nicht übertroffen wurden, ja selbst der Urenkel 300 SL (R 129) hat in der Beschleunigung das Nachsehen. Und auch ein achtzylindriger 350 SL war bis 160 km/h nur mal schlappe zwei Sekunden schneller.
Außerdem lief und lief und lief er unermüdlich und machte das dauerlaufende Haltbarkeitssyndrom des VW Käfers fast zu seinem eigenen.
Was 1974 wie das schnelle Reagieren des Daimler-Benz-Managements auf die Energiekrise aussah, war in Wirklichkeit das Ende einer unendlichen Motorenentwicklung, die tief im Schoße Daimlerscher Konstruktionsquerelen schlummerte. Die Geschichte dieses 280 SL ist nämlich über weite Strecken eher eine Motoren- als eine Fahrzeuggeschichte. Es ist die Geschichte fehlender, moderner Hubkolbenmotoren-Konzepte bei Daimler-Benz in der Mitte der sechziger Jahre.
Als Dr. Hans Scherenberg 1965 seinen Vorgänger Professor Fritz Nallinger ablöste, fand er eine von Professor Wolf-Dieter Bensinger weit vorangetriebene Kreiskolbenmotor-Entwicklung vor. Sein Vize Adolf Wente hatte zwar, nicht selten unter dem Spott des allgewaltigen Bensinger, damit begonnen, eine neue V8-Motorenreihe zu konstruieren, aber im Bereich der vier- und sechszylindrigen Reihenmotoren musste man mit Vorhandenem auskommen. Man konnte damals trotz aller Warnungen schlecht abschätzen, wie die Kreiskolbenentwicklung weiterlaufen würde. Deshalb lief diese Entwicklung mit hoher Priorität weiter. Da die Entwicklungskapazitäten begrenzt waren, konnte nicht auf allen Neuigkeitshochzeiten getanzt werden.
Im Bereich der Sechszylindermotoren versuchten die Planer, mit einem Griff in die Motorenkiste der bestehenden 2,8-Liter-

Ein Blick, der unter die Haut beziehungsweise unter das Blech geht.

Motorenreihe M 130 die Antriebsprobleme zu lösen. Für den neuen SL (107) wurde an den Vergasermotor mit 140 PS / 103 kW und den Einspritzmotor mit 170 PS / 125 kW, wie er im 280 SL (W 113) eingebaut war, gedacht. Zum Glück wurde dieser Griff kein Missgriff, da man sich rechtzeitig der Probleme erinnerte, die der M 130 mit sich brachte. Hoher Verbrauch und mangelhafte Standzeiten bei hoher Beanspruchung waren die Schattenseiten einer ausgequetschten Uraltkonstruktion. Sie ging schließlich noch auf den 2,2-Liter M 180 von Ende der 40er Jahre zurück.

Aus damaliger Sicht war es logisch, dass im Dezember 1968 der erste R 107 E 28-1, nach der hausinternen Bezeichnung der erste SL mit 2,8-Liter-Einspritzmotor, als Erprobungsträger fertig und sofort gewogen wurde. Mit 1413 kg wurde er noch nicht für zu schwer befunden. Dafür gingen die Untertürkheimer im März 1968 mit dieser »Number one« auf die Hydropulsanlage und fanden schwingungstechnisch einige Haare in der Suppe dieses Versuchsträgers.

Während im Versuch der 2,8-Liter-SL mit dem alten Motor schon seinen festen Platz hatte, waren die Würfel zu aktuellerer Motorisierung noch nicht gefallen. Im September 1968 und Januar 1969 verzeichnete das Entwicklungsprogramm noch den M 130 E als Motorisierung für den 280 SL, und im November 1968 hatte Sindelfingen sogar noch den Vergasermotor im Entwicklungs-Programm.

Das hinderte die Motorenkonstrukteure jedoch nicht daran, endlich auf Abhilfe zu sinnen. Die Motorenkonstrukteure Erich Ableitner und Ernst Gobien erhielten 1969 den Auftrag, aus dem M 130 etwas »Vernünftiges« zu machen. Aus Kostengründen waren sie gehalten, so weit wie möglich die bestehenden Produktionseinrichtungen zu verwenden. Dieser konstruktive Hemmschuh hatte schon einmal – Ende der 40er Jahre – bei der Entwicklung des 300er-Motors M 186 zu unschönen Kompromissen geführt.

Aus dieser Not heraus entschlossen sich Erich Ableitner und Ernst Gobien, es bei dem Motorblock zu belassen. Glücklich waren die beiden nicht darüber, denn sie kannten die Probleme der außen liegenden Gegengewichte und wussten um das Problem der hinteren Kurbelgehäuse-Abdichtung durch den Burgmannring. Ein weiter nach unten reichendes Kurbelgehäuse wäre den Konstrukteuren ebenfalls lieber gewesen, denn es hätte größere Steifigkeit mit sich gebracht, aber aus Kosten- und Termingründen hatten die beiden hier keinen Spielraum. Die Zylinderbohrung nahmen sie zurück, um bei dem ausgelutschten Block wenigstens etwas mehr Material zwischen den Zylindern zu haben.

Zum besseren Schwingungsausgleich bekam die Kurbelwelle zwölf Gegengewichte. Sie war so filigran, dass sie auf Pressen geschmiedet wurde. Beim Zylinderkopf waren Ableitner und Gobien zu keinen Halbheiten bereit und gingen daher keinen Kompromiss ein. Die wichtigste Voraussetzung war die Abkehr von dem alten Brennraum-Prinzip des M 130 mit seinem asymmetrischen Brennraum. Dieser führte zu Temperaturunrunden und starkem Zylinderverzug mit entsprechendem Verschleiß. Sie konstruierten einen bestechenden Querstromkopf mit V-förmig hängenden Ventilen, zwei obenliegenden Nockenwellen und einem kreisrunden Brennraum, der dauerhafte Leistung bei moderaten Trinksitten ermöglichte. Auch für den Nockenwellenantrieb schlug man sich auf die sichere Seite und bevorzugte die klassische Doppelrollenkette als Antrieb.

Man merkte dem Berliner Ernst Gobien, der ursprünglich in Berlin-Marienfelde große Dieselmotoren konstruiert hatte, noch

Ästhetische Technik muss keine Domäne bayerischer Motorenkonstrukteure sein.

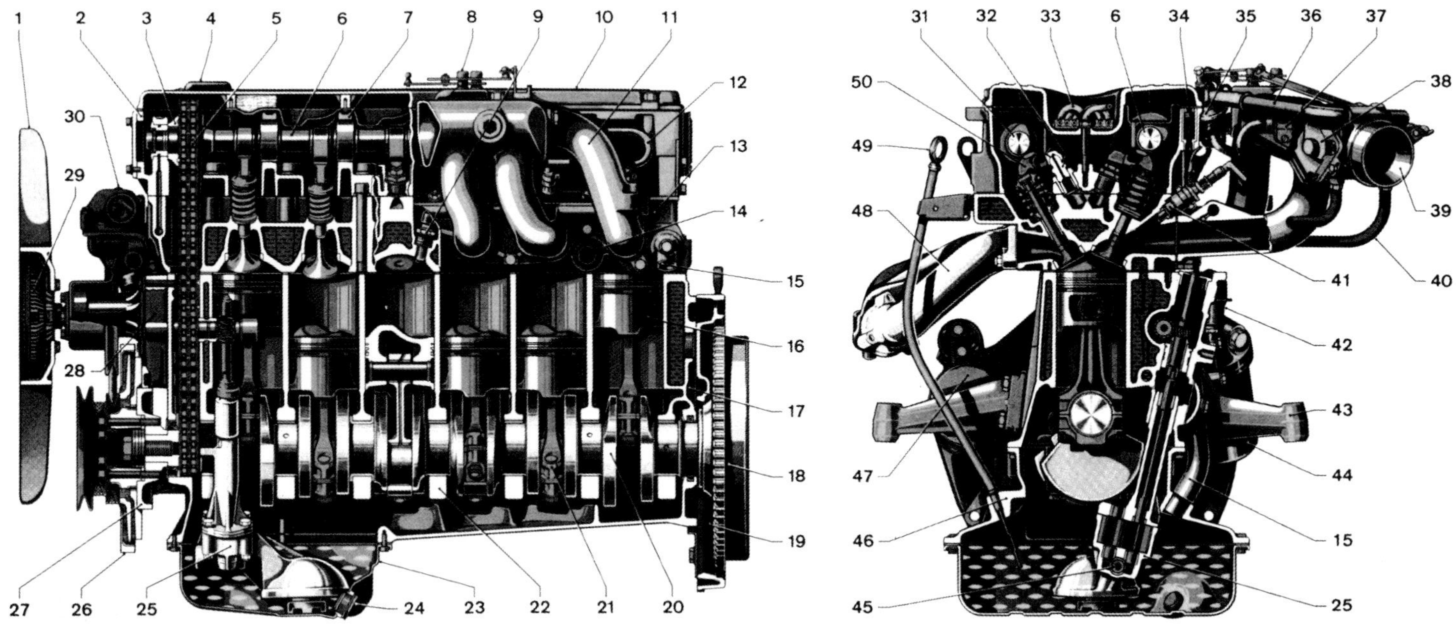

Technische Daten:

Arbeitsverfahren	Viertakt-Benzin-Einspritzung
Motorhöchstleistung	
nach DIN	185 PS/136 kW
nach SAE	180 net bhp
Max. Drehmoment	
nach DIN	24,3 mkp/238 Nm
nach SAE	170 net lb-ft
Zylinderzahl	6
Bohrung / Hub	86 / 78,8 mm
Gesamthubraum eff.	2746 cm^3

1 Lüfter
2 Nockenwellengehäuse
3 Nockenwellenrad
4 Öleinfüllverschluß
5 Zweifachrollenkette
6 Nockenwelle (Einlaßventile)
7 Nockenwellenlager
8 Reguliergestänge
9 Zündkerze
10 Zylinderkopfhaube
11 Saugrohr
12 Kraftstoff-Verteilerleitung
13 Zylinderkopf
14 Heizungsanschluß
15 Ölrücklaufleitung
16 Kolben
17 Zylinderkurbelgehäuse
18 Schwungrad
19 Zwischenflansch
20 Kurbelwelle
21 Pleuelstange
22 Kurbelwellenlager
23 Ölwanne Unterteil
24 Ölablaßschraube
25 Ölpumpe
26 Schwingungsdämpfer
27 Auswuchtscheibe
28 Wasserpumpe
29 Visco-Lüfterkupplung
30 Kühlwasser-Thermostat
31 Nockenwelle (Auslaßventile)
32 Kugelbolzen
33 Zündleitungen
34 Entlüftungsventil
35 Kraftstoff-Druckregler
36 Entlüftungsleitung
37 Startventil
38 Drosselklappenschalter
39 Klappenstutzen
40 Heizleitung (Klappenstutzen)
41 Einspritzventil
42 Membrandämpfer
43 Motorträger
44 Ölfilter
45 Ölüberdruckventil
46 Ölwanne Oberteil
47 Anlasser
48 Auspuffkrümmer
49 Ölmeßstab
50 Schwinghebel

Motor M110 mit elektronisch gesteuerter Benzineinspritzung; Längs- und Querschnitt
Typ 280 SL

Daimler-Benz AG
Stuttgart-Untertürkheim
TG 14 231

Blick in einen aufwendig konstruierten, für seine Zeit modernen, leistungsfähigen und robusten Motor.

Jahre später seine Begeisterung an, wenn er über seine damaligen »Sternstunden« berichtete. Zusammen mit Ableitner hatte er ganze Arbeit geleistet. Es war ein Hochleistungsmotor wie aus dem Bilderbuch entstanden. Mit einem Gewicht von 240 Kilogramm war er allerdings alles andere als ein Fliegengewicht geworden und in der Herstellung nicht gerade ein Musterbeispiel für niedrige Herstellungskosten.
Der Zeitdruck führte dennoch nicht zu Halbheiten. 1972 bekam die Daimler-Benz AG für die Zylinderkopf-Konstruktion des M 110 den ersten Preis in der »International Aluminium Pressure Die Casting Competition« verliehen.
Doch zurück in die Endsechziger: Im Juni 1969 tagte das Triumvirat der Vorstände Dr. Hans Scherenberg (Pkw Entwicklung), Dr. Wilhelm Langheck (Pkw Produktion) und Dr. Rolf Staelin (Inlandsverkauf) über Programmfragen, um sich für die nächste Zeit abzustimmen.

In dieser Sitzung erläuterte Dr. Scherenberg seinen Kollegen den neuen Zylinderkopf mit zwei Nockenwellen für den Sechszylindermotor. Gleichzeitig äußerte er den Wunsch, diesen modifizierten Motor schon im R 107 zu bringen.
Fertigungspapst Langheck wies auf die langen Lieferzeiten für Werkzeugmaschinen hin, er prophezeite Liefermöglichkeiten nicht vor Frühjahr 1971. Den Herren wurde eines klar: Sie mussten aus ihrer damaligen Sicht den SL noch mit dem alten Motor M 130 anlaufen lassen.
In der Vorstandssitzung am 16. Juni 1969 präsentierte Entwicklungschef Dr. Scherenberg den neuen »V-Zylinderkopf«. Sein Statement: »Entwicklungsmäßig ist der M 130 fertig. (Anm. des Autors: Hier war der überarbeitete M 130 gemeint, der später die Bezeichnung M 110 erhielt.) Der neue V-Zylinderkopf mit zwei Nockenwellen bewirkt vor allem eine wesentliche Verbesserung der thermischen Verhältnisse. Das Aggregat ist zunächst für den

Einbau in den R 107 vorgesehen. Es ist aber gegenüber den Kunden unvertretbar, den neuen Wagen auch nur für ein halbes Jahr mit dem alten Reihenmotor zu verkaufen. Es ist veranlasst, dass entwicklungs- und fertigungsmäßig alle Vorbereitungen für den Produktionsanlauf des neuen Motors vordringlich weitergeführt werden.«

Zwei Wochen später, am 1. Juli 1969, herrschte noch Optimismus vor, den R 107 in allen Motorvarianten im Oktober 1970 in Paris vorstellen zu können.

Am 18. Juli 1969 berichtete der spätere Leiter des Gesamtversuchs Pkw, Frank Knothe, über den Aufbau des R 107 E 28-24. Dieses Versuchsauto wog mit 1523 kg schon 61 kg mehr als der zum Vergleich herangezogene W 113. Die Nummer 24 hatte immer noch den alten M 130; hier kam er auf eine Leistung von 173,5 PS (127,5 kW). Nach ersten Fahreindrücken kam der professionelle Vielfahrer Knothe zu der Erkenntnis, dass das Fahren mit 6½-Zoll-Felgen präziser war als mit den noch vom W 113 stammenden 6-Zoll-Felgen. Ein im September von Knothe durchgeführter Rohbaugewichtsvergleich zwischen W 113 und R 107 ergab beim Rohbau 43,02 kg Mehrgewicht und bei den Achsen ein Plus von 8,1 kg. Wie dringend die Entwicklung des »neuen« 2,8-Liter-Motors M 110 war, sieht man heute noch an der Blitzartigkeit, mit der die Konstrukteure und Versuchsleute das Kraftpaket »auf die Beine stellten«. Im Oktober 1969 wurde der erste M 110 in einen W 114 (/8) eingebaut und mit einem ebenfalls in einen W 114 eingebauten BMW-Sechszylindermotor verglichen. Da für den Einbau des M 110 noch keine bindenden Einbauzeichnungen vorlagen, baute der Versuch den Motor eben nach eigenen Vorstellungen ein. Die Torturen eines Versuchsmotors schildert anschaulich ein Versuchsbericht vom 23. Februar 1970. Demnach wurde zwischen dem 28. Oktober 1969 und dem 26. November 1969 ein M 110 über 200 Stunden im Wechsel neun Minuten Volllast und eine Minute im Leerlauf bei 98° Wassertemperatur und 120° Öltemperatur gefahren.

Mit 195,2 PS (143,6 kW) leistete dieser Kraftprotz 25 PS mehr als der M 130 und kam dicht an die Leistungen des 3,5-Liter-V8 M 116 heran. Zwischen dem 5. Dezember 1969 und 14. Januar 1970 wurde ein anderer M 110, diesmal für 150 Stunden, derselben Tortur unterzogen. Dieser Motor leistete im Mittel sogar 200 PS / 147 kW. Bereits am 3. Februar 1970 berichtete der Versuch über Kühlermessungen am 107 mit dem M 110. In den bereits erwähnten R 107 E 28-24 war der alte M 130 durch einen neuen M 110 ersetzt worden. Vom 13. bis 24. Februar 1970 brach im Untertürkheimer Versuch die saisonale Eiszeit an: Die Wintererprobung in Nordschweden und Nordfinnland war angesagt. Zum ersten Mal war das SL-Kleeblatt komplett, denn R 107 E 28-24, der Roadster mit dem neuen Herz, stand zum ersten Mal zur Verfügung und musste sich mit seinen hubraumstärkeren Brüdern messen. Wie erfolgreich die Verjüngungskur war, zeigen die Messwerte deutlich. Mit 191 PS (140,5 kW) gab der Benjamin unter den Erprobungsträgern eine hervorragende Figur ab. Der ebenfalls teilnehmende 350 SL kam auf 201 PS (148 kW). Und dass die Leistungswerte nicht »herbeigebetet« worden waren, zeigten die Höchstgeschwindigkeits-Messungen. Den 206 km/h des 280 SL standen 208 km/h des 350 SL gegenüber, wobei der größere Bruder allerdings über ein Automatikgetriebe verfügte. Interessantes war auch von der Zwölf-Pässe-Fahrt zu berichten, die zwischen dem 1. und 4. Juli 1970 stattfand. Den Versuchstechnikern war das hohe Gewicht – trotz aller guten Argumente dafür, warum es so hoch war – ein Dorn im Auge.

Die Einbauverhältnisse des Reihensechszylinder-Motors zeigen deutlich die Notwendigkeit der stark gewölbten Motorhaube.

Getreu dem alten Uhlenhautschen Leitsatz, nach dem »das entscheidende Konstruieren im Probieren liegt«, bauten die

Versuchsingenieure einen Leichtbau-SL auf. Das 280-SL-Fliegengewicht hörte auf den nüchternen Namen R 107 E 28-34. Maßnahmen, die später bei den Leichtbau-SLCs eine Rolle spielen sollten, wurden hier zum ersten Mal erprobt. Eine leichtgewichtige Rolle spielten Leichtmetall-Räder, Leichtmetall-Motorhaube und Kofferraumdeckel, ein Schalensitz rechts, eine 55-Ah-Batterie, ein kleines Hinterachsmittelstück sowie das fehlende Stoffverdeck. 77 kg weniger als das vier Jahre später gewogene Testauto von *auto motor und sport* und 44 kg weniger als der von den *ams*lern gewogene 230 SL von 1963 waren das erleichternde Ergebnis. Besonders zufrieden konnten die Motorenleute mit dem Ergebnis der sommerlichen Gipfelstürmerei sein. Dass der gleichschwere mitfahrende BMW 2800 im Benzin- und Ölverbrauch nicht wie in früheren Jahren besser abschnitt, zeigte, dass der Abstand, den die Blauweißen aus München zwischenzeitlich erarbeitet hatten, wieder aufgeholt worden war.

Bislang fehlende Gewissheit über thermisches Wohlbefinden brachten die Kühlermessungen bei Höchstgeschwindigkeiten in der Sahara, wo der Versuchstross für vier Tage zwischen dem 24. und 27. September 1970 weilte. Der Bleifuß durfte zwischen Ouargla und Shardeia (Kilometer 30 bis 80) nicht gehoben werden. Auch diese Tortur überstand der M 110 klaglos. Dabei fiel die wesentlich geringere Kühlwasserwärme des M 110 gegenüber dem M 130 auf. Der Beweis für den besseren thermodynamischen Wirkungsgrad des M 110 gegenüber seinem Vorgänger war hier überzeugend erbracht worden.

Nachdem die Motorenbauer bewiesen hatten, dass eine Keimzelle des Unternehmens nicht zu Unrecht Daimler-Motoren-Gesellschaft (DMG) geheißen hatte, löste der M 110 nunmehr auch in den offiziellen Programmübersichten den Methusalem M 130 ab.

Die selbstverständliche Problemlosigkeit der Entwicklungsfortschritte zeigt das Protokoll der technischen Vorstandssitzung vom 22. März 1971 auf. Dr. Hans Scherenberg berichtete lapidar, dass die Entwicklungsarbeiten und Erprobungsergebnisse gute Fortschritte aufzeigten. Dieses Thema wurde deshalb nicht weiter verfolgt und von der Tagesordnung gestrichen.

Von der technischen Seite stand der Einführung des M 110 nichts mehr im Wege. Kleinere Probleme auf dem Geräuschesektor waren lästig, aber zu beheben. Wie gut der M 110 war, zeigte ein abschließender Dauerlaufbericht aus dem Jahr 1983. Zwischen dem 27. August 1981 und dem 1. Dezember 1982 wurden dabei mit einem 280 SL 180.985 km zurückgelegt. Die einzigen Beanstandungen betrafen die vordere Kurbelwellenabdichtung, die Spannrolle des Kältekompressor-Riemens und das undichte Saugrohr am Flansch zwischen dem dritten und vierten Zylinder. Der Ölverbrauch lag zwischen 0,26 und 0,48 1/1000 km. Der Benzinverbrauch betrug über die Laufstrecke 15,5 1/100 km. Die Motorleistung – gemessen bei 33.600 km – betrug 153,3 PS / 112,8 kW am Hinterrad. Bei 150.600 km betrug sie immer noch 152,7 PS / 112,3 kW. Das Motoröl samt Filter wurde nur alle 15.000 km gewechselt. Die Motorenentwickler hatten für den SL einen Satz Sportnockenwellen mit den Endnummern 650/651 vorgesehen und munkelten von einer Mehrleistung von 12 bis 15 PS. Die Leistungsspender hatten jedoch einen gravierenden Nachteil: Auf Grund der steilen Nockenerhebungs-Kurven musste das Ventilspiel alle 5000 km überprüft werden. Da die Kunden im allgemeinen nicht über Leistungsmangel klagten, verzichtete man auf die serviceunfreundlichen Leistungsspender. Dicht darüber gab es ja immer noch den 350 SL/SLC.

Das spätere Ende des M 110 und somit des 280 SL lag denn auch keineswegs in mangelnder Leistung begründet. Die hohen Herstellungskosten des aufwendigen dohc-Kopfes und das damit verbundene hohe Motorengewicht von zirka 240 kg waren neben der mangelnden Kompatibilität in der Fertigung mit anderen Motorenbaureihen die Hauptgründe. Der Einbau der Motoren M 110 in den SL/SLC glich dem Verlauf der »Echternacher Springprozession«, nämlich drei Schritte vor und deren zwei zurück.

Am 26. Januar 1972 focht Helmut Schmidt vom Inlandsverkauf in einer technischen Vorstandssitzung energisch für die Einhaltung des Plans, den 280 SL/SLC im Juni 1972 anlaufen zu lassen. Er war eindeutig gegen den Vorschlag der Entwicklung, den Anlauftermin hinauszuschieben.

Am 24. Juli 1972 stimmte die Pkw-Kommission dem neuen Anlauftermin Juni/Juli 1973 zu. Dieselbe Kommission beschloss am 30. Januar 1973 eine weitere Verschiebung zum März/April 1974, nur um dann am 3. April 1973 den Anlauf auf den Januar 1974 vorzuziehen. In derselben Sitzung wurde beschlossen, die Entwicklungsarbeiten am Ansaugrohr so abzuschließen, dass unter Berücksichtigung der achtmonatigen Beschaffungszeit für die erforderlichen Gießerei-Einrichtungen für das Ansaugrohr der Serienanlauf gewährleistet war. Für den Genfer Autosalon sollte eine SL-Neuheit präsentiert werden.

Am 16. April 1973 wurden in einer technischen Vorstandssitzung die beiden wichtigsten Verzögerungsgründe für den Anlauf des 280 SL/SLC offenkundig. Der erste Grund lag in der Priorität des M 110 sowohl für die Mittelklasse W 114 (Konkurrenzsituation BMW und Opel Commodore) als auch für die S-Klasse W 116. Der zweite Grund lag in der sich am Horizont der Modellplanung

Der Flugplatz in Malmsheim in der Nähe Leonbergs dient seit Jahren nicht nur *auto motor und sport* als Bildkulisse.

abzeichnenden neuen Mittelklasse W 123. Für Letztere konnte nämlich das bisher eingebaute Ansaugrohr nicht mehr verwendet werden. Um die Mehrkosten von zehn Mark pro Motor zu vermeiden, wurde beschlossen, ein Ansaugrohr zu entwickeln, das in allen Modellen eingesetzt werden konnte.

Am 20. Juni 1973 beschloss der Vorstand grundsätzlich den Bau von 280 SL/SLC.

Am 4. September 1973 bat Inlandverkaufschef Dr. Rolf Staelin seinen Kollegen Dr. Scherenberg anlässlich einer technischen Vorstandssitzung schriftlich um die kleinen Motoren im SL/SLC. Er hatte zwar Verständnis für die Wünsche der Produktion nach möglichst wenig Typen, wies aber gleichzeitig auf die größeren Probleme für die Fertigung hin, wenn die Produktion bei den Sondertypen, als die SL/SLC galten, reduziert werden müsste.

Helmut Schmidt, der Dr. Staelin in dieser Sitzung vertrat, wies den Vorstand auf die drastisch zurückgegangenen Auftragseingänge im SL-Bereich hin. Lagen die Aufträge zwischen 1971 und 1973 bei monatlich 400 bis 500 Einheiten, so waren sie seit August 1973 auf unter 200 gesunken.

Dass Helmut Schmidt nicht geflunkert hatte, zeigen die Inlands-Zulassungszahlen für 1973. Während BMW bei seinen Coupés (CS und CSi) ein Zulassungsplus von 20,26 Prozent einheimsen konnte, brach bei Daimler-Benz mit einem Minus von 19,2 Prozent in der SL-Klasse der Absatz ein. Am 5. September 1973 bestätigte deshalb die technische Vorstandssitzung noch einmal die Entscheidung der Ordentlichen Vorstandssitzung vom 20. Juni 1973, den 280 SL/SLC anlaufen zu lassen. Die Sindelfinger Produktionsleitung erstellte dann am 26. November 1973 den Terminplan für den Anlauf der Vorserie für Juni/Juli 1974 und der Hauptserie für August 1974, der nach dem langwierigen Hick-Hack dann auch planmäßig erfolgte.

Das einzige äußere Unterscheidungsmerkmal des »kleinen« SL/SLC zu seinen größeren Brüdern bestand in den dünnen Beinen seiner kleineren Bereifung 185 HR-14 (beziehungsweise 195/70 HR-14 ab 12. September 1979) anstelle der Reifengröße 205/70 VR-14, die den größeren Achtzylinder-Modellen vorbehalten blieb.

M-110-Evolution oder: Stillstand ist Rückstand

Der Lauf der Jahre brachte auf dem Motorensektor naturgemäß einige Änderungen mit sich. Bis Februar 1977 wurde der M 110 mit seiner elektronischen D-Jetronic-Benzineinspritzung mit 185 PS (136 kW) ausgeliefert.

Ein später 280 SL, erkennbar an dem Frontspoiler. Von seinen größeren Brüdern unterscheidet sich der 2,8-Liter deutlich durch die schmalere Bereifung 195/70 HR-14.

Ab Februar 1977 wurde die Leistung auf 177 PS / 130 kW zurückgenommen. In der Verdichtungsreduzierung von $\varepsilon = 9$ auf $\varepsilon = 8{,}7$ und der Umstellung auf die mechanisch gesteuerte Benzineinspritzung mit Luftmengenmessung (KA-Einspritzung) blieben acht PS »hängen«. Die Verdichtungsreduzierung war eine prophylaktische Maßnahme, die mit dem reduzierten Bleigehalt im Kraftstoff begründet wurde.
Die Motorenleute schmerzte der Verlust der acht Pferde so sehr, dass sie sich auf die Suche machten und schnell auch fündig wurden. Zunächst erwies sich die präventive Rücknahme der Verdichtung als unbegründet. Sie wurde wieder auf den alten Wert von $\varepsilon = 9$ angehoben, der Ansaugtrakt bekam hingegen ein neues Schwingsaugrohr. Nach der alten Regel, nach der dort, wo mehr hineinkommt, auch mehr hinaus muss, wurden die Auslassventile von 37,2 mm um 1,7 mm auf 38,9 mm vergrößert. Sie entsprachen jetzt in ihrem Durchmesser den Auslassventilen des damals neuen Vierzylindermotors M 102. Die Auslasskanäle wurden dem größeren Ventildurchmesser angepasst und ebenfalls erweitert. Dieses Maßnahmenpaket führte wieder zu dem alten Leistungsniveau von 185 PS / 136 kW.

Die Kunden mussten den verlorenen acht Pferdestärken nur ein Jahr und zwei Monate nachtrauern. Ab 18. April 1978 wurden wieder Motoren mit 185 PS / 136 kW eingebaut.
Als Daimler-Benz im September 1981 bei den Achtzylindermodellen ein tiefgreifendes Energiekonzept einführte, wollte man auch die Sechszylinder-Kunden nicht im Regen stehen lassen. Deshalb bekam der M 110 Nockenwellen mit geänderten Steuerzeiten, die kleinere Überschneidungen aufwiesen.
Die Leerlaufdrehzahl wurde um 50/min auf 700/min gesenkt. Außerdem erhielten die Motoren Schubabschaltung, Abgasrückführung und eine Leerlaufstabilisierung für Fahrzeuge mit Klimaanlagen.

Das Getriebeangebot im 280 SL oder: die Qual der Wahl

Beim Getriebe gab es von Anfang an die Standardwahl zwischen dem mechanischen Viergang-Getriebe (G 76/183 bis September 1976, G 76/18D ab September 1976 bis Februar 1980 und G 76/18E ab März 1980 bis August 1981) und dem aufpreispflichtigen Automatikgetriebe (W 4 B 025, ab 1. März 1976 W 4 A 040). Ab dem Schaltgetriebe G 76/18E erfolgte der Tachometerantrieb übrigens elektronisch.
Eine Besonderheit war das von Anfang an angebotene Fünfgang-Getriebe (G 76/27-5) mit einem 0,875 übersetzten fünften Schongang. Bis Juni 1976 wurde diese Schaltbox gegen einen Aufpreis von anfangs 727,05 Mark angeboten. Doch bereits in der Preisliste Nr. 16 vom 26. Januar 1976 fehlte dieses Rührwerk. Insider sagen ihm heute noch eine für Mercedes-Verhältnisse unzureichende Standzeit des fünften Ganges nach, sodass das Kundeninteresse schnell erlahmte.
Im September 1981 feierte jedoch im Zuge des Energiekonzeptes das Fünfgang-Getriebe seine Auferstehung. Allerdings war es nicht mehr die Schaltbox von 1976. Sie hörte jetzt auf den Namen GL 275 C/717.042 und war überarbeitet worden. Dieses Getriebe gehörte jetzt zur Standardausrüstung – ohne Mehrpreis, versteht sich. Der fünfte Gang war wieder als Schongang ausgelegt und mit 0,813 sogar noch eine Idee länger ausgelegt als der unrühmliche Vorfahre von 1976.
Ab 1. März 1980 wurde die Hinterachsübersetzung von $i = 3{,}69$ auf $i = 3{,}58$ verlängert.

Schnittbild des ab September 1981 im 280 SL gelieferten Fünfgang-Schaltgetriebes GL 275 C/717.042.

Marktplatz

Die 2,8-Liter-Modelle, also die mit dem kleinsten Hubraum, spielten bis zu ihrer Ablösung im Herbst 1985 alles andere als eine Außenseiterrolle.

Zwölf Jahre lang, von Mai 1974 bis August 1985, wurde der 280 SL in Sindelfingen gebaut. Damit liegt der 280 SL innerhalb der zweisitzigen 107er-Reihe unangefochten an der Spitze bei den Produktionszeiten. Der SLC liegt mit acht Jahren Produktionszeit, von Juni 1974 bis August 1981, an der dritten Stelle innerhalb der SLC-Gruppe.

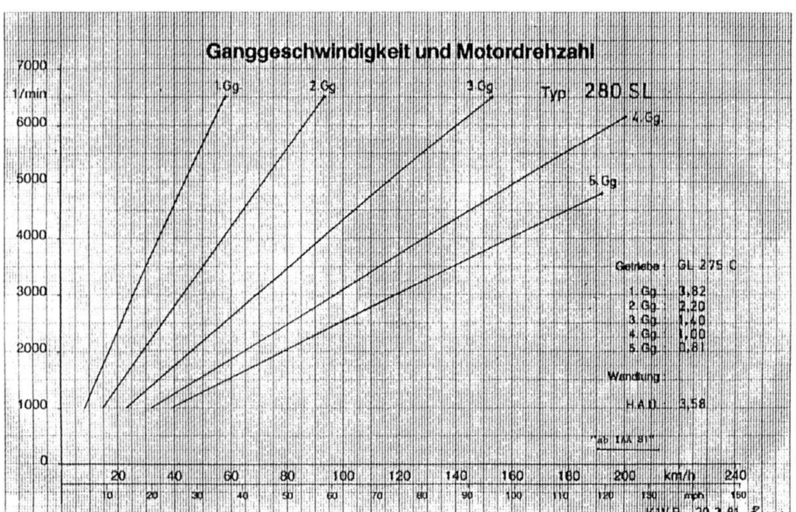

Drehzahl-/Geschwindigkeitsdiagramm für das Fünfganggetriebe.

Im Februar 1980 erhielten 280 SL und SLC nun auch den Frontspoiler, der bisher dem 450 SLC 5.0 vorbehalten war, und die »erwachsenere« Reifengröße 195/70 HR-14. Sie löste die bisherige Bereifung 185 HR-14 ab.

Ab 1. März erhielten auch 280 SL/SLC die Aluminium-Motorhaube.

Ein Mitglied der Kleinstfamilie allerdings schied im Herbst 1981 wieder aus, der 280 SLC. Das Coupé hatte mit Einführung der SEC-Coupés keinen Nachfolger gefunden, sodass wie auch bei den hubraumstärkeren Familienmitgliedern nur der zweisitzige SL übrigblieb.

Beim Marktanteil im eigenen Produktsegment war das Coupé erfolgreicher als der Roadster. Mit 17 % Anteil und dem dritten Platz bei den SLC war der geschlossene 2,8-Liter erfolgreicher als der zweisitzige Bruder, der es mit 10,7 Prozent Anteil bei den SLs nur zum vierten Platz innerhalb der Hitliste brachte.

Die große Domäne der 2,8-Liter-Typen war der deutsche Markt. Bei den SLC-Typen lag der deutsche Marktanteil während der sechs Produktionsjahre bei 63,43 Prozent von 25.436 gebauten 280 SLC. Die Spitze wurde im Jahr 1978 mit einem Anteil von 71,67 Prozent erzielt. Nur im letzten Produktionsjahr sank er auf 44,6 Prozent.

Beim SL sah es ähnlich aus: Der deutsche Markt nahm während der zwölfjährigen Produktionszeit des 280 SL 69,55 Prozent der Produktion auf. Mit 25.436 gebauten 280 SL erreichte er einen Anteil von 10,7 Prozent aller gebauten 107er-SLs. Der Jahresmittelwert betrug 2312 Fahrzeuge. Damit lag der 280 SL an fünfter Stelle von allen acht gebauten SL-Typen der Baureihe 107.

300 SL, Baumuster 107.041

oder: Ich trage einen berühmten Namen

Der Herbst 1985 brachte die Wiedergeburt einer traditionsbeladenen und geschichtsträchtigen Modellbezeichnung. Es gab »ihn« wieder, und doch hatte er mit seinem Urahn desselben Namens nur noch die Typenbezeichnung gemeinsam. Es war aber auch mehr als nur die Hubraumerhöhung eines bestehenden Motors, denn dieser hatte für größere Kolben »kein Fleisch« mehr.

In erster Linie ist auch diese Typengeschichte eine Motorengeschichte, sieht man einmal von den Fahrwerksänderungen ab, die im Kapitel »Flaig Werk« aufgeführt sind.

Aus der Sicht der Fahrleistungen wäre es nicht nötig gewesen, den M 110 mit 2,8 Litern Hubraum abzulösen. Aber die Herstellungskosten mit dem aufwendigen Zweinockenwellen-Kopf, das daraus resultierende hohe Motorgewicht von zirka 240 kg und vor allem die Abgaswerte entsprachen nicht mehr den zu erwartenden Anforderungen.

Die neue Sechszylinder-Motorenreihe M 103 wurde als Universalmotor mit 2,6 und 3 Litern für eine breite Einsatzpalette vorgesehen. Vom Geländewagen über die Pkw-Baureihen W 201, W 124 und W 126 bis zum R 107 reichte das Fahrzeugspektrum, das vom M 103 angetrieben wurde.

Es waren wieder die schon vom M 110 her bekannten Motorenkonstrukteure Erich Ableitner und Ernst Gobien, die sich auf die Suche nach neuen Lösungen machten. Beim Zylinderkopfkonzept orientierten sich die Konstrukteure an den bestehenden Vierzylinder-Motoren M 102 mit ihren V-förmig hängenden Ventilen und einer obenliegenden Nockenwelle. Von vorneherein war klar, dass nur wartungsfreie Hydrostößel in Frage kamen.

Beim Zylinderblocklayout sahen die Konstrukteure einen Zylinderabstand von 97 mm vor, um die Blöcke auf derselben Fertigungseinrichtung wie die Dieselmotorenreihe OM 601-603 fertigen zu können. Diese wiesen ebenfalls diesen Zylinderabstand auf.

Der M 103 erwies sich von Anfang an als Volltreffer. Nicht nur sein 40 Kilogramm niedrigeres Gewicht gegenüber dem M 110 verhalf ihm zu viel Sympathie bei den Kaufleuten, der turbinenartige Lauf erfreute die Versuchsleute nicht minder. Deshalb fiel es Motorenchef Dr. Kurt Obländer auch nicht schwer, im Vorfeld der Motorenpräsentation im W 124 dem Chefredakteur der Fachzeitschrift *mot*, Engelbert Männer, den Mund wässrig zu machen. Er stellte sein jüngstes Kind im Hinblick auf seine Eigenschaften mit den bis dahin als weltweit beste Sechszylinder-Motoren geltenden BMW-Triebwerken auf eine Stufe. »Die werden staunen in München«, war damals seine Aussage, die von manchen als vollmundig empfunden wurde. Aber sie stimmte. »Ich wusste schließlich, wovon ich sprach«, schmunzelte Dr. Obländer noch Jahre später lausbübisch über seine damalige Äußerung.

300 SL, Baumuster 107.041

oder: Ich trage einen berühmten Namen

300 SL ab Herbst 1985. Das biedere Äußere schaffte Vertrauen analog zu dem alten Schlagertitel: »Ich hab mich so an dich gewöhnt« ... Und die Kunden kauften.

Der M 103 erwies sich als reines Musterkind. Wie der Autor aus eigener Erfahrung weiß, sind 200.000 Kilometer Laufleistung und ein Ölverbrauch, der dann noch bei zirka zwei Liter auf 10.000 km liegt, keine Seltenheit.

Keine Überraschung war es, dass die Maschine im 300 SL höchstes Lob fand. Als Klaus Westrup, ein in *auto motor und sport*-Diensten ergrauter Cabrioletfan, 1986 den 300 SL testete, konnte er Parallelen zum 280 SL ziehen. Ihn hatte er zwölf Jahre zuvor im Jahr 1974 getestet.

Westrup fand dann auch unter der Motorhaube guten, alten Maschinenbau vor, der aber von einem Motor verkörpert wurde, der praktisch vibrationslos lief. Dieser Umstand lies beim *ams*-Tester Freude und den subjektiven Eindruck großzügiger Motorisierung aufkommen, zumal er ihm schon unterhalb 4000/min gute Durchzugskraft bescheinigte. Die Fahrleistungen empfand er als auch nicht besser als im 280 SL zwölf Jahre zuvor, dafür wurden sie auf Grund des seidenweich laufenden Motors müheloser erbracht. Eine gewisse Begeisterung konnte der Tester sogar dem Motorengeräusch ab 4000/min abgewinnen.

Für die Motorisierung des 300 SL standen drei Varianten des Motorbaumusters M 103.982 zur Verfügung. Die RÜF-Ausführung kam auf 188 PS (138 kW) bei einem maximalen Drehmoment von

Unter der Motorhaube verbarg sich mit dem neuen M 103 modernste Motorentechnik.

260 Nm. Die KAT-Ausführung musste sich mit 179 PS (132 kW) und einem maximalen Drehmoment von 255 Nm begnügen, während ihr es bei der mit $\varepsilon = 8$ niederverdichteten Ausführung für Schweden nur zu 177 PS (130 kW) bei einem maximalen Drehmoment von 250 Nm langte.

Eine Ausnahme in der Zuverlässigkeit bildete die Nockenwelle. Im Zuge der Änderung der Öladditive zur Vermeidung der Schwarzschlammbildung kam es zu Nockenwellen-Schäden. Aber mit diesem Problem mussten sich auch andere renommierte Motorenbauer herumschlagen. Betroffen davon waren Fahrzeuge bis zur Fahrgestellendnummer 83558. Mercedes-Benz war bemüht, mit großzügigen Kulanzregelungen den Schaden für die Kunden in Grenzen zu halten.

Abhilfe brachten dann ab März 1989 Nockenwellen aus Schalenhartguss. Erkennen kann man die Motoren mit dieser Nockenwelle an dem Schlagbuchstaben G (geprüft) oder S (Schalenhartguss Nockenwelle) am Zylinderkopf. Ab 19. März wurde schließlich auch im 300 SL die weiterentwickelte Einspritzanlage KE III eingebaut.

Bei der Getriebebestückung hatte der Käufer die Wahl zwischen dem mechanischen Fünfganggetriebe (GL 76/27 B5/717.431) oder dem Automatikgetriebe (W 4 A 040/765.707). Die Hinterachsübersetzung betrug während der gesamten Laufzeit und bei beiden Getrieben i = 3,46.

Der 300 SL hatte sich zum zweisitzigen Renommierautomobil für bürgerliche Frischluftfans gewandelt. Sie empfanden ihr Traumauto nicht unbedingt als kleinbürgerlich wie einen röhrenden Hirsch in Öl, wie Tester Klaus Westrup den SL einmal in einem Vergleichstest charakterisierte. Die Solidität der Karosserie, die Alltagstauglichkeit der ausgereiften Mechanik und die Routine der jahrzehntelangen Produktion überwogen bei den Kaufüberlegungen zugunsten des 300 SL (107).

Der Autor muss gestehen, dass auch er sich des Charmes der fast 25-jährigen Konstruktion anlässlich der Foto-Termine für dieses Buch nicht ganz entziehen konnte.

Der Markterfolg des zweitkleinsten SL war beachtlich. In der Bundesrepublik erfreute sich der 300 SL großer Beliebtheit, die sich in einem Zulassungsanteil von 59,83 Prozent an der Produktion des 300 SL niederschlug. In den nur dreieinhalb Jahren seiner von September 1985 bis Juli 1989 währenden Produktionszeit kam er auf einen R-107-Anteil von 5,7 Prozent, was einer Gesamtproduktionszahl von 13.443 Fahrzeugen entsprach und ihm den sechsten Platz unter den acht Typen einbrachte. Beim Jahresproduktions-Mittel von 3840 Fahrzeugen lag er mit dem vierten Platz eine Position vor seinem Vorläufer, dem 280 SL.

300 SL TD

oder: wer nagelt hier durch Sturm und Wind ...

Ein solches Auto ist in keiner Typenliste zu finden. Seine Typenbezeichnung in der Überschrift zu diesem Kapitel ist demnach auch eine Kombination des Autors, allerdings nach Art des Hauses. Innerbetrieblich hörte der SL mit Turbodiesel-Motor hingegen auf den Namen R 107 mit OM 603 A. Für das Modelljahr 1986 hatte man sich in Untertürkheim überlegt, ob man aus Gründen des Flottenverbrauchs nicht auch einen SL mit einem Dieselmotor auf dem US-Markt anbieten sollte, da dort der Anteil der SL-Typen traditionell sehr hoch ist. Also baute man in einen SL einen Sechszylinder OM 603 A mit damals 130,56 PS / 96,02 kW bei 4000 bis 4300/min und einem maximalen Drehmoment von 275 Nm ein. Dieser Motor erlebte seine Premiere später im W 124 mit 143 PS (105 kW). Das Viergang-Automatikgetriebe war für eine USA-Erprobung selbstverständlich, die Hinterachsübersetzung betrug i = 3,07. 1982 fuhren die Versuchsleute mit diesem Einzelstück im kalifornischen Death Valley Temperaturversuche. Nach den Erkenntnissen der Versuchsingenieure verfügte der SL Diesel für US-Verhältnisse über eine passende Leistungs- und Drehmoment-Charakteristik. Allerdings widersprach der Geräuschkomfort der Erwartungshaltung des potenziellen Käuferkreises. SL-Versuchsingenieur Manfred Flaig forderte daraufhin folgerichtig die Kapselung des Triebwerks zur Geräuschdämmung.

Die Temperaturen der verwendeten Bauteile waren nach den ersten Versuchen beherrschbar. Eine weitere Erprobung erfolgte zwischen dem 19. und 21. Juni 1982 im Death Valley. Idletest, »Stop and Go«-Test sowie die Steigungstests wurden mit zwei Lüfterdurchmessern (430 mm und 460 mm) gefahren.

Das Ergebnis war enttäuschend, denn die Messungen ergaben nun, dass die Motorkühlung bei hoher Drehzahl mit den gegebenen Einbaumöglichkeiten und verfügbaren Kühlsystemen nicht beherrscht werden konnte. Da eine Hubraumerhöhung auf 3,3 Liter sowie eine Motorraumkapselung zu weiteren Temperaturerhöhungen führen würde, bedeutete dies das Aus für einen SL mit Dieselmotor.

Der gebaute Testwagen blieb demzufolge ein Einzelstück.

MA CP 478

MA CP 478
S DP 3066

MERCEDES
BENZ

300 SL
MA CP 478

MA-CP 478

S DP 3066

S DP 3066

300 SL
MA-CP 478

350 SL/SLC, Baumuster 107.043/107.023

oder: das Zugpferd

Die Geschichte dieser Zwillingsbaureihe ist wie die der anderen Baureihen in erster Linie eine Motorengeschichte. Die besondere Bedeutung dieser beiden liegt in der Premierenfunktion, mit der sie in der 107-Geschichte ihren besonderen Platz fanden.

Als der 350 SL im Frühjahr 1971 präsentiert wurde, war ihm auch die Aufgabe zugefallen, als Marktbrecher für die weiteren Modellausführungen zu wirken. Von einer richtigen Modellpalette wussten damals nur Insider, in der Öffentlichkeit rechnete hingegen niemand damit.

Der neue V8-Motor mit 90° V-Winkel – eigentlich müsste man von zwei Motoren sprechen, denn der 4,5-Liter-Motor war ja parallel konstruiert und entwickelt worden – wurde schon zu lange gebaut, als dass er noch als Neuheit hätte großes Erstaunen hervorrufen können. Seine Premierenrolle im neuen SL/SLC-Programm war der Samariterrolle für die damalige S-Klasse zum Opfer gefallen. Bereits seit eineinhalb Jahren tat er in der schon betagten S-Klasse (W 108/109) »Nachschubdienste«.

Die Idee eines kleinen V8-Motors war im Untertürkheim jener Jahre nicht neu. Man hatte damals nur den mächtigen 6,3-Liter M 100 des 600. Ausgehend von der Beobachtung des US-amerikanischen Marktes sah man die Zukunft des Hubkolbenmotors, wenn überhaupt, im V8-Motor. Der routinierte Konstrukteur und Profi Adolf Wente galt nicht nur als Fels in der Brandung der damaligen Motorenkonstruktion bei Daimler-Benz. Wente machte sich auch ungeachtet aller Widerstände im eigenen Hause und seines dem Kreiskolbenmotor verfallenen Chefs Wolf-Dieter Bensinger in der Mitte der sechziger Jahre ans Werk.

Von vorneherein hatte Adolf Wente zwei identische Motorreihen vorgesehen. Es waren der 3,5-Liter M 116 und der 4,5-Liter M 117. Der einheitliche Zylinderblock kam erst ein Vierteljahrhundert später mit dem M 119 E 42 und E 50, die beide auf den M 116 zurückgehen.

Mit einem Bohrungs-Hub-Maß von 92 x 65,8 mm für den 3,5-Liter hatte Wente ein extrem kurzhubiges und drehfreudiges Triebwerk konzipiert.

Am 18. Juni 1966, gerade ein Jahr und anderthalb Monate nach seinem Amtsantritt als Vorstand für den gesamten Entwicklungsbereich, vereinbarte Dr. Hans Scherenberg mit dem Vorstandskollegen Wilhelm Künkele und dem Produktionsfachmann Stoehr einen Termin für den Produktionsanlauf der kleinen V8-Motoren M 116/117. Für eine preisgünstige Fertigung hatte Fachmann Stoehr sehr optimistisch Investitionen in Höhe von 35 Millionen vorgesehen.

Die Gespräche verliefen erfolgreich, denn die kleinen V8-Motoren erhielten ihren festen Platz in der Zukunftsplanung bei Daimler-Benz. Dass Daimler-Benz mit dieser Entscheidung einmal zu einem der bedeutendsten Hersteller von V8-Pkw Motoren werden sollte, ahnte damals angesichts der fast erdrückenden Dominanz amerikanischer Großserienhersteller niemand.

Der 350 SL eröffnete den Reigen des 18-jährigen Erfolgs.

Im März 1968 jedenfalls waren beide Motoren im Entwicklungsprogramm fest verankert, der 3,5-Liter M 116 mit 200 PS / 147 kW eingeplant. Von dem parallel zum Einspritzmotor entwickelten Vergasermotor war nicht die Rede. Am 30. April 1968 trug Dr. Langheck die Investitionen für die Produktionseinrichtung mit 70,7 Millionen vor. Das war immerhin das Doppelte der zwei Jahre zuvor gemachten Aussage. Kein Wunder, dass die Höhe dieser Investition zunächst bezweifelt wurde.
Verkaufsvorstand Rolf Staelin verfügte sogar über Informationen darüber, dass der V8 in der Herstellung nicht mehr kosten würde als der Reihensechszylinder-Motor, allerdings unter der Voraussetzung von monatlich 2500 produzierten Motoren.
Einigkeit bestand darin, alles daran zu setzten, einen möglichst schnellen Produktionsanlauf des V8-Motors zu erreichen, um BMW damit den Einstieg in die große Pkw-Klasse zu erschweren. Produktionsvorstand Langheck schlug deshalb für den Anfang eine integrierte Fertigung mit dem 6,3-Liter-Motor M 100 vor. Im Juli 1968 musste Fertigungs-Spezialist Stoehr die Investitionshöhe für den Produktionsanlauf erneut nach oben korrigieren. Dieses Mal standen 100 Millionen im Raum, also bereits dreimal so viel wie noch zwei Jahre zuvor.

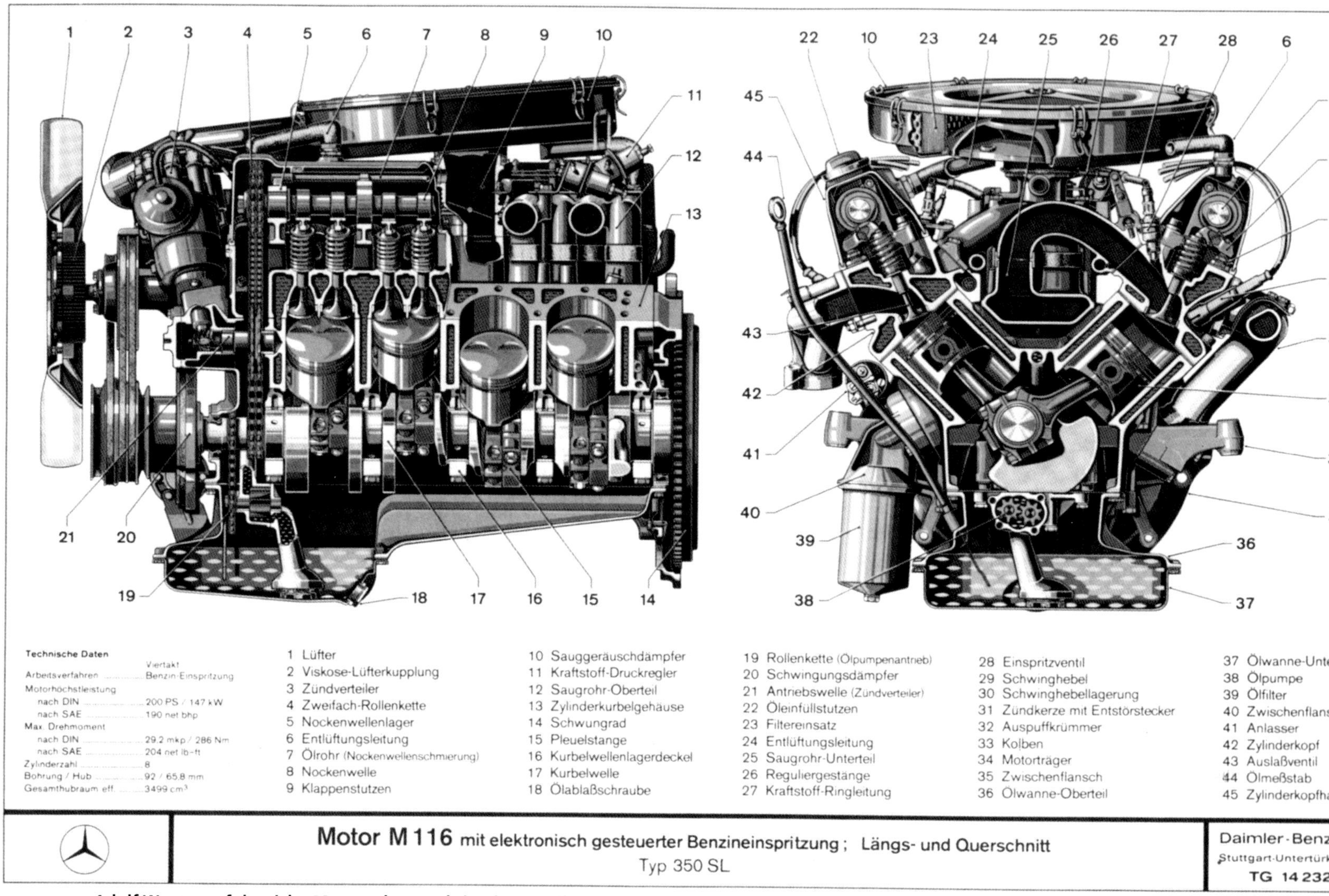

Adolf Wentes erfolgreiche Motorenkonstruktion im Detail.

Der Achtzylinder-Vergasermotor M 116 V 35 oder: das Intermezzo

Auch einen 3,5-Liter-Motor mit Vergaser gab es bei Daimler-Benz. Im Januar 1968 wurde mit den Leistungs- und Verbrauchsmessungen am M 116 V begonnen. Dieser Motor war mit einem Quadrajet-Vergaser 4 MV des General-Motors-Tochterunternehmens Rochester ausgerüstet. Der Versuchsingenieur Georg Berkmann war seinerzeit zu Rochester abgestellt worden, um sich dort mit dem Vierfachvergaser vertraut zu machen.

Als Solex später den Rochester-Vergaser mit seinem 4A1-Vergaser kopierte, aber nie erreichte, trübten sich die Kontakte zu General Motors und seiner Vergasertochter erheblich.

Bei Daimler-Benz wurden zehn Vergasermotoren aufgebaut. Die Leistung lag mit 190 PS (140 kW) nur 10 PS unter der des mit der elektronischen Einspritzung D-Jetronic von Bosch ausgerüsteten Einspritzmotors. Auch der Wert des Drehmoments erreichte mit 28 kpm fast den des Einspritzmotors mit 29,2 kpm, was für den hohen Reifegrad des Ouadrajet-Vergasers sprach.

Der in einem Prototyp eingebaute Versuchsmotor AB 9 brachte den Wagen auf eine Höchstgeschwindigkeit von 209,3 km/h; das waren 0,7 km/h weniger als bei einem vergleichbaren Fahrzeug mit dem Einspritzmotor M 116 E 35.

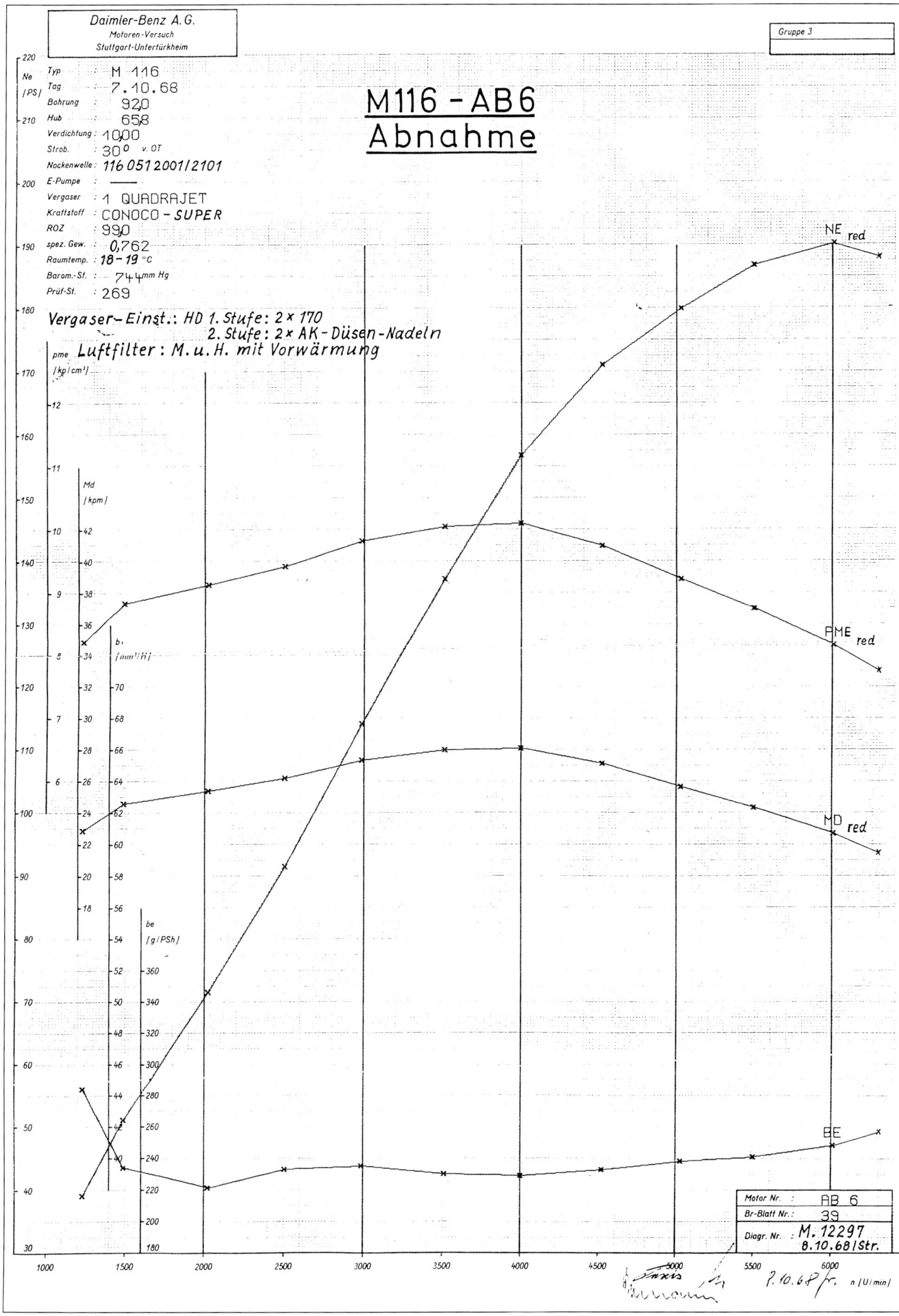

Die Leistungskurve der Vergaserversion wies schon am 8. Oktober 1968 eine nur 5 % geringere Leistung auf als der spätere Serienmotor mit elektronischer Einspritzung.

Am 2. Juli 1968 führte Dr. Scherenberg in der Technischen Vorstandssitzung aus, dass aus Kostengründen auch eine Vergaserversion des kleinen Achtzylindermotors vorgesehen werden müsse. Noch im Januar 1972 berichtete Rudolf Uhlenhaut in einer Pkw Komissionssitzung über den Entwicklungsstand des Vergasermotors. Die Leistungsdifferenz sei gering, aber der Kostenvorteil von 650 Mark zugunsten des Vergasermotors erheblich.
Am 25. Februar 1972 diskutierte die Pkw-Kommission noch einmal ausführlich das Für und Wider des Vergasermotors. Uhlenhaut führte noch einmal die erhebliche Kosteneinsparung und die größere Servicefreundlichkeit ins Feld, da es zu jenem Zeitpunkt immer wieder Ärger mit der elektronischen Einspritzung D-Jetronic gegeben hatte. Trotzdem entschied die Kommission, keine Vergaservariante des M 116 zu bauen.

Der M 116 E 35 oder: Ein Gespritzter, bitte!

Die höchste Priorität genoss die Entwicklung des Einspritzmotors. Schon zwischen dem 15. August und dem 18. Oktober 1967 absolvierte ein M 116 einen Dauerlauf von 39.756 Kilometern, bevor ein Kolbenfresser am vierten Zylinder zur Aufgabe zwang. Ein weiterer M 116 brachte es in demselben Zeitraum auf 61.314 km. Hier fraß der dritte Zylinder und bereitete weiterer Kilometersammlung ein vorzeitiges Ende.
Im August 1968 wurde im Untertürkheimer Versuch der erste 107 mit der Vorderachse des W 114/115, einer Koppelachse sowie einem M 116 aufgebaut. Von außen war das Auto auch für Spezialisten nicht als Besonderheit zu erkennen. Die Bodengruppe entsprach im Großen und Ganzen der des R 107. Dagegen entsprachen der Radstand beziehungsweise die Karosserie dem W 113.
Im November wurde am Versuchsmotor M 116 A 31 ein Crashprogramm abgeschlossen. Innerhalb eines halben Jahres hatte dieser Motor 142.530 Kilometer zurückgelegt. Der Ölverbrauch lag im Durchschnitt bei 0,7 Litern pro 1000 km über die gesamte Laufstrecke. Im Februar 1969 erstellte der Versuch eine Übersicht über M-116-Versuchsmotoren, die Laufleistungen über 181.000, 208.000, 192.000 und 96.000 Kilometer aufwiesen.
Im Juni 1969 war der Aufbau des zweiten R 107 mit dem M 116, intern nur E 35 genannt, abgeschlossen. Beanstandet wurde an diesem Prototyp das Querschütteln im Vorbau, vor allem ohne Dach. Dieses Symptom ist bei allen offenen Fahrzeugen ein entscheidendes Kriterium und hatte schon bei den Vorgängertypen W 121 und W 113 zu manch heißer Diskussion geführt. Eine gewisse Verbesserung wurde durch den Einbau von Diagonalstreben im Motorraum erreicht. Beim Aufsetzen des Coupédachs war das Querschütteln verschwunden. Der Motor wurde leiser als in den Limousinen empfunden.
Im September war dann der dritte Versuchsroadster mit dem M 116 einsatzbereit.
Im Februar 1970 nahte bei der Wintervergleichsfahrt für den 350 SL die Stunde der Wahrheit. Unmittelbar zu vergleichende Teilnehmer waren ein 280 SL mit mechanischem und ein 350 SL mit Automatikgetriebe, beide verfügten über identische Hinterachsübersetzung von i = 3,69. Obwohl der 350 SL zehn PS mehr auswies (201 statt 191 PS / 148 statt 140,5 kW) als der 280 SL, mit einem Automatikgetriebe bestückt und mit einem Gewicht von 1708 kg glatte 134 kg schwerer war, lag der Durchschnittsverbrauch mit 16,2 l / 100 km nur 0,4 Liter über dem des 280 SL. Die Höchstgeschwindigkeit von 208 km/h signalisierte schon spätere Serienwerte. Bei Temperaturen von minus 31 °C betrug die Startzeit maximal drei Sekunden.
Versuchsfahrten im März 1970 brachten die Erkenntnis, dass der 350 SL mit Breitreifen (205/70-14) auszurüsten sei, »da der Wagen hierdurch präziser wird und vor allem beim Anreißen hinten nicht ausbricht«.
Im Juni 1970 wog Versuchsingenieur Frank Knothe den zehnten Versuchs-350-SL. Das Leergewicht von 1672 kg mit Hardtop (47 kg) und vollem Tank riss niemanden zu Begeisterungsstürmen hin. Der schon als schwer empfundene 230 SL wog damals »nur« 1463 kg.
Im Juli 1970 wog der neu installierte 12. Prototyp 1657 kg. Kurz vor dem Countdown der Präsentation führte der Versuch im November 1970 eine Versuchsfahrt mit dem SL und dem SLC in Frankreich durch. Die Gewichtsdifferenz zwischen dem Roadster und dem Coupé betrug gerade einmal 35 kg zu Lasten des wesentlich größeren Coupés. Dem SL schrieben die Versuchs-Routiniers einen zu kurzen dritten Gang und Drehmomentschwäche im unteren Drehzahlbereich ins Stammbuch. Der SLC wurde als gutes Auto bezeichnet. Die Durchschnittsverbräuche lagen beim SL bei 19,5 und beim SLC bei 20,1 Liter pro 100 Kilometer. Beide Fahrzeuge waren mit der Serienübersetzung i = 3,46 und Automatikgetriebe ausgerüstet.
Im April 1971 war dann die Presse am Zug. Paul Frére bescheinigte dem M 116 einen äußerst lebendigen und munteren Eindruck. *auto motor und sport*-Chef Reinhard Seiffert urteilte erstaunt:

Zum Fototermin ein herausgeputzter Vorserienwagen.

»Zivile Achtzylinder, die so gerne drehen, sind nicht gerade dicht gesät. Der Motor läuft sehr leise, sodass man von seiner Tätigkeit erst dann etwas merkt, wenn man höhere Drehzahlen in Anspruch nimmt. Die offiziellen 6600/min sind nicht alles, die besten Werte ergaben sich, wenn man bis 6700/min ging.« Mit einer Höchstgeschwindigkeit von 215,6 km/h war der Schaltgetriebewagen um 3,8 km/h schneller als der automatikgetriebene Bruder. Dafür erregten schon damals die Verbräuche unliebsames Aufsehen, die beim Wagen mit Schaltgetriebe zwischen 15 und 20 Litern auf 100 km lagen bei einem Testverbrauch von 17,1 l/100 km und beim SL mit Automatik zwischen 16,5 und 23 Litern auf 100 km bei einem Testverbrauch von 18,2 Litern auf 100 km. Mit 1625 kg stellte sich der bei *ams* gewogene Roadster mit Automatikgetriebe fast als Leichtgewicht heraus.

Der SLC setzte da mit seinen 105 kg Mehrgewicht gegenüber dem Roadster schon andere Akzente. Reinhard Seiffert fand, dass die Fahrleistungen trotz hoher Motorleistung im Verhältnis zur Preisklasse nur durchschnittliche Beschleunigung ermöglichten. Dem leise laufenden V8-Motor bescheinigte der Tester hohes Drehvermögen bei weichem, elastischen Lauf in allen Drehzahlbereichen. Tatsächlich ist der M 116 E 35 aufgrund seines kurzen Hubs von 65,8 mm ein Ausbund an sanfter Laufkultur. Die fehlende Kraft aus dem Drehzahlkeller entschuldigte Seiffert mit dem exorbitant hohen Wagengewicht. Die Verbrauchswerte erschienen ihm angesichts des hohen Gewichts als günstig. Sie lagen zwischen 16 und 22 Litern/100 km und führten zu einem Testverbrauch von 19,5 1/100 km. Immer wieder wurden in diesem Zusammenhang Rufe nach dem 4,5-Liter M 117 laut. Zu verheimlichen war er nicht mehr, da er inzwischen in den USA zwischen dem 4. und 7. Juli 1971 als 350 SL/SLC 4,5 vorgestellt worden war.

Sowohl der SLC als auch der SL wurden im Laufe ihrer Bauzeit mit zwei Motorenprogrammen unterschiedlicher Leistung geliefert. Jedes dieser Programme konnte noch mit einer niederverdichteten Ausführung (NV) geliefert werden.

Der in SL/SLC ursprünglich eingebaute M 116.982 mit D-Jetronic hatte bei einer Verdichtung von $\varepsilon = 9{,}5$ eine Leistung von 200 PS / 147 kW bei einem maximalen Drehmoment von 286 Nm. Die mit $\varepsilon = 7{,}5$ niederverdichtete Version M 116.993 kam nur auf 180 PS / 132,5 kW bei einem maximalen Drehmoment von 260 Nm.

Ab 12. Februar 1976 wurde die Einspritzanlage auf die mechanisch gesteuerte KA-Einspritzung (K-Jetronic) umgestellt. Zusammen mit der wegen des reduzierten Bleigehalts im Benzin auf $\varepsilon = 9{,}0$ zurückgenommenen Verdichtung sank die Leistung beim Motorbaumuster M 116.984 auf 195 PS / 143,5 kW mit einem maximalen Drehmoment von 275 Nm. Die mit $\varepsilon = 7{,}5$ niederverdichtete Version, die jetzt unter derselben Baumusternummer lief, hatte gegenüber ihrem D-Jetronic-Vorläufer keine Leistungs- und Drehmomenteinbußen hinzunehmen.

Zur Wartungserleichterung bekamen die Motoren eine kontaktlose Zündanlage und den hydraulischen Ventilspielausgleich (Hydrostößel).

Die ab 1978 leistungsgesteigerte Ausführung mit KA-Anlage, welche in den Leistungsdaten die ursprüngliche Version mit der elektronischen D-Jetronic-Einspritzung übertraf, war nur in der S-Klasse W 116 lieferbar. Der Irrtum, dass diese Version auch im R/C 107 geliefert wurde, ist weit verbreitet und auch in renommierten Nachschlagewerken zu finden.

Alte Kundendienst-Hasen können sich an keine gravierenden Probleme mit dem kleinen Achtzylinder erinnern, weshalb er auch heute noch einen guten Ruf genießt, wenn man von kleinen Anfangsproblemen mit der elektronischen D-Jetronic-Einspritzung einmal absieht.

Als Schaltgetriebe stand für Roadster und Coupé das Viergangge-triebe G 76/27 A/716100 von Anfang an zur Verfügung. Als die von den meisten genutzte Alternative wurde gegen Aufpreis das Viergang-Automatikgetriebe K 4 A 040, später W 3 A 040/722002, eingebaut. Die Hinterachsübersetzung blieb mit $i = 3{,}46$ über die gesamte Bauzeit unverändert.

Wie beim 280 SL/SLC hatten auch die 3,5-Liter nur die Schräglenkerhinterachse, wobei beim SLC gegen Aufpreis eine Niveauregulierung lieferbar war. Von Anfang an lebten die 3,5-Liter-107er auf für die damalige Zeit großem Fuß, denn sie waren mit der Reifengröße 205/70 VR-14 angemessen bestückt worden.

Marktplatz

Mit zehn Jahren Bauzeit von Januar 1972 bis Februar 1980 für den SLC ist der 350 SLC das am längsten produzierte Coupé aus der SLC-Baureihe.

Der SL wurde von Dezember 1970 bis Februar 1980 gebaut und damit nur vom 280 SL übertroffen.

Absolut gesehen war der 350 SL mit 15.304 gebauten Autos erfolgreicher als der geschlossene Bruder SLC, der es nur auf 13.924 Coupés brachte.

Mit 22,1 Prozent Produktionsanteil und dem dritten Platz innerhalb der SLC-Gruppe schlug der 350 SLC jedoch den 350 SL, der es innerhalb der SL-Gruppe mit dem fünften Platz nur auf 6,4 Prozent Produktionsanteil brachte.

In der Jahresproduktionszahl kam der 350 SL mit einem Jahresmittel von 1530 Einheiten lediglich auf den sechsten Platz.

380 SL/SLC, Baumuster 107.045/107.025

oder: Alu statt Grauguss

Der Genfer Automobilsalon vom 6. März bis 16. März 1980 war wieder einmal zum Premierenplatz für SL und SLC auserkoren worden. Beide kleinen Achtzylinder hatten auch im SL/SLC den Anschluss an die schon auf der IAA in der neuen S-Klasse W 126 vorgestellten Alu-Motoren gefunden. Seit dem Herbst 1979 mussten die Kunden bei den SL/SLC-Modellen nämlich noch mit den alten Graugussmotoren vorliebnehmen.

Begonnen hatte die Entwicklung der V8-Motoren mit Kurbelgehäusen aus einer übereutektischen Aluminiumlegierung in den frühen siebziger Jahren. Erste Erfahrungen im Kundeneinsatz wurden seit 1978 am 5-Liter M 117 im 450 SLC 5,0 gesammelt. Aus diesem Grund wird von mir dieses Thema auch ausführlicher bei diesem Typ behandelt.

Vom M 116 E 38, so das interne Suffix für den 3,8-Liter-Motor, waren im August 1977 32 Versuchs- und 57 Großversuchsmotoren gebaut worden. Auf den Versuchsprüfständen legten sie 5200 Stunden zurück, und als Dauerläufer brachten sie es auf 485.000 km. Davon wurden 45.000 km mit einem Motor zurückgelegt, in den erprobungshalber Graugussbüchsen eingebaut waren.

Die Hubraumerhöhung von 3,5 auf 3,8 Liter wurde durch eine Kurbelwelle erreicht, deren Hub von 65,8 mm auf 71,8 mm verlängert wurde. Der Massenausgleich der Kurbelwelle wurde verbessert, ein neuer Schwingungsdämpfer verwendet.

Die bedeutendste Änderung stellte das Kurbelgehäuse aus der übereutektischen Aluminiumlegierung Reynolds 390 dar.

Die zwischen dem 11. und 14. Mai 1979 in Nardó durchgeführten Kühlleistungs-Messungen ergaben die Notwendigkeit, den Frontspoiler des 450 SLC 5.0 zu verwenden. Die Kühlmitteltemperatur sank bei den Vollgasfahrten im süditalienischen Nudeltopf um vier Grad, wobei sich als willkommener Nebeneffekt die Höchstgeschwindigkeit um 3,5 bis 5 km/h erhöhte.

Interessante Ergebnisse brachten Vergleichsfahrten, die zwischen dem 6. und 15. September 1979 in Nardó durchgeführt wurden. Um möglichst genaue Vergleichswerte zu erhalten, fuhr man mit ein und demselben Motor sowohl in der W-126- als auch in der R-107-Karosserie. Aufgrund des besseren c_w x F-Wertes der Limousinen-Karosserie lag die Höchstgeschwindigkeit im W 126 um bis zu 4,5 km/h höher als beim R 107.

Die Genfer Sonne brachte sie an den Tag: M 116.960 nannte sich die neue Motorbaureihe mit dem 8,57 Prozent höheren Hubvolumen. Die Leistung stieg gegenüber dem 3,5-Liter-Motor um 23 PS (11,8 Prozent) auf 218 PS (160,5 kW), das maximale Drehmoment um 30 Nm (10,9 Prozent) auf 305 Nm. Bei den mit $\varepsilon = 7{,}5$ niederverdichteten Motoren sahen die Werte wie folgt aus: plus 17 PS auf 197 PS (145 kW), plus 30 Nm auf 290 Nm.

Das Dreigang-Wandlerautomatikgetriebe W 3 A 040 wurde durch die Viergang-Ausführung W 4 A 040 ersetzt. Dieses Getriebe wies außer dem Vorteil der besseren Getriebeabstufung fünf Kilogramm weniger Gewicht auf. Ein mechanisches Getriebe war im Gegensatz zum 350 SL nicht mehr lieferbar.

Aufgrund der höheren Leistung und der besseren Getriebeabstufung wurde die Hinterachsübersetzung von i = 3,46 auf i = 3,27 verlängert.

Von hinten gesehen wies nur das Typenschild auf die Hubraumerweiterung hin.

Zum ersten Mal gab es im Fahrwerks-Layout einen Unterschied zwischen dem SL und dem SLC. Während der SLC noch mit der Schräglenkerachse auskommen musste – wohl auch als Ergebnis der gutmütigeren Fahreigenschaften – kam der SL für Europa in den Genuss der aufwendigeren Koppelachse.
Für die Vereinigten Staaten wurde der M 116 von Anfang an mit dem Bohrungs-Hub-Verhältnis von 88/78,9 mm geliefert, mit einer Verdichtung von $\varepsilon = 8{,}3$ auf bleifreies Benzin mit 91 ROZ ausgelegt und hatte nur die bescheidene Leistung von zirka 155 net bhp. Obwohl bei einem solchen »power package« die Wurst gelangweilt auf dem Teller liegen blieb, wanderten 1980 noch 550 Exemplare des 380 SLC und 2225 des 380 SL über den großen Teich ins Land der unbegrenzten Möglichkeiten.
Für den Herbst 1981 hatten sich die Untertürkheimer Modellpfleger ein umfangreiches Programm vorgenommen. Am augenfälligsten war der Ersatz des SLC durch das Coupé der Baureihe 126. Aber auch der Roadster blieb vor deutlichen Einschnitten in die Mechanik nicht verschont. In Erwartung drastischer Verbrauchslimits und angesichts der sich verschärfenden Umweltdiskussion wollte man einer schwindenden Akzeptanz der Achtzylindermotoren zuvorkommen.
Jürgen Frey, Abteilungsleiter Verbrennung Achtzylindermotoren im Versuch, hatte für seine Schützlinge ein neues Konzept erarbeitet. Die tiefgreifendsten Änderungen musste sich dabei der 3,8-Liter-Motor gefallen lassen. Als FE (für fuel economy) oder EK (für Energie-Konzept) wurde das umfangreiche Überarbeitungsprogramm intern bezeichnet; die Motorenbaureihe hieß von Stund an M 116.962.
Um ein günstigeres Volumen-Oberflächen-Verhältnis und somit einen geringeren Wärmeverlust der Verbrennungsräume zu erhalten, wurde die Bohrung von 92 mm auf 88 mm reduziert. Zum Ausgleich dafür wurde der Hub von 71,8 mm auf 78,9 mm erhöht. In diesem Zusammenhang erhielten die Pleuelzapfen zur Reduzierung der Reibleistung kleinere Lagerzapfen (48 statt 52 mm). Aus dem 3,8-Liter-Motor war nun ein 3,9-Liter geworden, was nach außen nicht dokumentiert wurde. Die Verdichtung wurde von $\varepsilon = 9$ auf $\varepsilon = 9{,}4$ angehoben.
Durch eine andere Nockenwellenabstimmung sank die Leistung

Der 380 SL mit Röntgenaugen gesehen.

Die für die USA bestimmten Versionen unterschieden sich durch Stoßstangen, die Beschädigungen am Fahrzeug beim Aufprall aus geringen Geschwindigkeiten ausschließen, die Sealed-beam-Scheinwerfer und die Richtungsblinker deutlich von den übrigen Typen. In den USA lag der 380 SL an der dritten Stelle aller verkauften R 107.

von 218 PS / 160,5 kW bei 5500/min auf 204 PS / 150 kW bei 5250/min, bei einem allerdings von 305 Nm bei 4000/min auf 315 Nm bei 3250/min gestiegenen Drehmomentbestwert. Der mit ε = 7,5 niederverdichtete Motor bot folgende Leistungswerte: 184 PS (135,5 kW) bei 5500/min, maximales Drehmoment 295 Nm bei 3250/min. Die Höchstdrehzahl wurde von 6600 auf 5950/min reduziert, wodurch auch der Ölkühler entfallen konnte. Die Werte für die USA-Motoren änderten sich nicht.
Aus dem einst drehfreudigen Motor war nun eher ein zugstarker »Bullenmotor« geworden. Aufgrund dieser neuen Charakteristik reduzierten die Sparkommissare unter Jürgen Frey das Drehzahlniveau drastisch. Die Hinterachsübersetzung wurde von i = 3,27 auf i = 2,47 verlängert. Fast überflüssig zu erwähnen ist die Tatsache, dass auch die Schaltphilosophie des Automatikgetriebes auf die neuen Übersetzungsverhältnisse abgestimmt wurde.
Um den Schadstoffausstoß zu reduzieren, wurden der Kühlmittel-Kreislauf geändert, die Einspritzdüsen im Leerlauf zur besseren Verbrennung mit Luft umspült, der Leerlauf elektronisch konstant auf 500/min geregelt, die Steuerung des Viskolüfters durch einen zusätzlichen Bimetallstreifen verfeinert und zur NO_x-Verringerung eine Abgasrückführung installiert.

Leistung, Markt und Werkstatt

Die Fahrleistungen waren moderat und entsprachen den Werten, die auch schon vom 350 SL erreicht worden waren. In den USA waren zu der damaligen Zeit Verbrauchsvorteile gefragter als herausragende Beschleunigungszeiten. Deshalb wurde ab Ende 1980 mit dem Modelljahr 1981 ausschließlich der 380 SL in den USA verkauft. Die Höchstgeschwindigkeit spielte angesichts der bundesweiten US-Geschwindigkeitsbegrenzungen sowieso nur eine untergeordnete Rolle.

Die V_{max} eines 380 SL (USA) wurde vom amerikanischen Fachmagazin *Road & Track* 1984 mit 176 km/h ermittelt, die Beschleunigungszeit von Null auf 160 km/h lag bei bedächtigen 29,5 Sekunden. Das war andererseits auf die Zehntelsekunde derselbe Wert, den *Road & Track* 14 Jahre zuvor mit dem Vorgänger 350 SL 4,5 gemessen hatte, und 0,5 Sekunden besser als 1980, als dasselbe Fachmagazin einen 450 SL maß.

In der Bundesrepublik wussten die 380-SL/SLC-Kunden offensichtlich, worauf sie sich einließen. Im Servicebereich von Daimler-Benz gehörten und zählen die 3,8 Liter nach wie vor zu den Exoten. Laufleistungen von 190.000 km ohne besondere Vorkommnisse waren im Versuch eher die Regel als die Ausnahme und lassen die 380er mit einer legendär gewordenen Tierart aus Wolfsburg vergleichbar werden: Er läuft und läuft und läuft ...

Ein Verkaufshit wurde der von Februar 1980 bis August 1985 gebaute 380 SL vor allem in den USA. Er ersetzte 1980 den 450 SL aus Gründen des Flottenverbrauchs (Durchschnitts-Verbrauch aller auf dem amerikanischen Markt angebotenen Typen einer Automarke) und war dort das einzige angebotene SL-Modell bis 1985. Mit 44.333 nach USA exportierten 380 SL betrug der USA-Anteil 83,33 Prozent von 53.200 produzierten Fahrzeugen. Sie führten in der Gesamtproduktions-Statistik zum zweiten Platz in der Hitliste des R 107, wobei der 380 SL in der Jahresproduktionszahl mit 9673 Fahrzeugen sogar die Pole-Position einnahm.

Die 2238 in der Bundesrepublik zugelassenen 380 SL führten mit 4,2 Prozent Anteil an der SL-Produktion ein Leben als Mauerblümchen.

Ein kurzes Dasein war dem 380 SLC zwischen Februar 1980 und August 1981 beschieden. Von diesen 3789 gebauten Wagen wurden 1501 (39,61 Prozent) in die USA exportiert, 684 (18,05 Prozent) wurden in der Bundesrepublik zugelassen.

420 SL, Baumuster 107.047

oder: das Hitparaden-Schlusslicht

Offensichtlich hatte das Leistungsangebot des 380 SL doch nicht ganz zufriedengestellt, denn anlässlich der letzten großen Modellpflege am R 107 im Jahr 1985 wurde wieder ein neues Modell geboren, der 420 SL. Im Grunde genommen bedurfte es nur eines Griffs in die Motorenteilekiste, um den 4,2-Liter-Motor M 116.964 aus der Taufe zu heben, in dem das alte Bohrungsmaß der ersten 3,8-Liter-Variante mit 92 mm wieder zu Ehren kam. Der Motor erhielt aber größere Ein- und Auslassventile. Anstelle der KA-Einspritzung wurde die neue mechanisch-elektronische KE-III-Einspritzung eingebaut. Mit Ausnahme der Leerlaufdrehzahl regelte ein Mikroprozessor die gemischrelevanten Funktionen.

Mit 204 PS (150 kW) bei 5200/min in der Kat-Ausführung wurde dieselbe Leistung erreicht wie beim vorherigen 380 SL ohne Kat. Der maximale Drehmomentwert lag bei 310 Nm bei 3600/min. Die RÜF-Ausführung ohne Katalysator konnte mit 218 PS (160,5 kW) und einem Drehmoment von 330 Nm bei 3750/min aufwarten. Die niederverdichtete Version wies bei einer Verdichtung von $\varepsilon = 8$ identische Werte wie die KAT-Ausführung auf. Mit 2148 gebauten Fahrzeugen von November 1985 bis Juli 1989 bildete der 420 SL das Schlusslicht in der Hitparade der 107. Mit 820 in der Bundesrepublik zugelassenen Wagen erreichte er auf dem Heimatmarkt einen Anteil von 38,17 Prozent aller gebauten 420 SL.

450 SL/SLC, Baumuster 107.044/107.024

oder: die Erweiterung des Angebots nach oben

Auf dem Genfer Salon 1973 stellte Daimler-Benz die Modelle mit 4,5-Liter-Motoren vor »und erweiterte damit sein Angebot nach oben in der erwarteten Form«, meldete *auto motor und sport* lakonisch in einem Fahrbericht über die neuen Großkolbenmotoren. Ein Geheimnis war der M 117 nicht mehr, denn er wurde seit 1971 in die USA geliefert. Zwischen dem 7. und 9. Juli 1971 hatte Rudolf Uhlenhaut als perfekt englisch sprechender Entwicklungschef der Personenwagen den 350 SL 4,5 in Indianapolis der amerikanischen Öffentlichkeit vorgestellt.

Ab dem 2. November 1972 erhielten die USA-Wagen die richtige Bezeichnung 450 SL/SLC. Holte ein amerikanischer Kunde sein Fahrzeug in Sindelfingen ab, blieb jedoch die alte, irreführende Bezeichnung 350 SL/SLC erhalten. Nach der Ankunft in den USA musste dann das Typenschild umgetauscht werden.

Die Bevorzugung der Kundschaft in den USA mit dem M 117 hatte einen Grund in dem günstigeren thermodynamischen Wirkungsgrad der größeren Zylindereinheiten und somit besseren Abgaswerten. Der andere Grund lag in den besseren Fahrleistungen der ohnehin schon drastisch leistungsreduzierten US-Version, die auf Benzin mit reduziertem Bleigehalt und nur 91 ROZ ausgelegt war. Ein weiterer Grund lag in den noch nicht ausreichenden Fertigungskapazitäten der Untertürkheimer Motorenproduktion.

Begonnen hatte die Entwicklung zu diesem Motor wie schon beim kleineren Bruder M 116 mit 3,5 Litern Hubraum Mitte der 60er. Adolf Wente begann seinerzeit, zwei neue V8-Motoren mit 90 Grad Gabelwinkel zu konstruieren. Der Motor mit dem höheren Kurbelgehäuse, aber sonst gleichen technischen Voraussetzungen wie der M 116, bekam das Kürzel M 117. Er war für die damalige Zeit mit einem Gewicht von 250 kg für einen Motor mit Graugussblock ein recht leichtes Triebwerk geworden.

Die Vorgeschichte des M 117 ist mit der des M 116 identisch und kann folglich beim 350 SL nachgelesen werden.

Im zweiten Halbjahr 1968 wurde der erste R 107 mit dem M 117 als Versuchsfahrzeug aufgebaut und bekam die Versuchsnummer R 107 E 4522. Von außen war dem Versuchsträger nichts Außergewöhnliches anzumerken. Er besaß die perfekteste Tarnkarosserie, die man sich denken kann, es war die Serienkarosserie des W 113 (Pagoden-SL). Der Motor hatte noch getrennte, abgesenkte Saugrohre und geänderte Auspuffkrümmer. Auch sonst wiesen noch viele Details den Zustand eines Provisoriums auf. Die Achsübersetzung mit i = 3,23 war kürzer als die spätere Serienübersetzung mit i = 3,07, die Bereifung 185 HR-14 war schmaler als die spätere Serienbereifung mit 205 VR-14 und von der Geschwindigkeits-Zulassung her unterdimensioniert. Das Automatikgetriebe war ein abgeändertes aus dem 600.

Bei der Premierentour durch die österreichischen Alpen und die Dolomiten verbrauchte der Neuling 19,8 Liter, verursacht teilweise durch hohen Kraftstoffverlust durch die Tankentlüftung. Die Schwedenfahrt im Februar 1969 erbrachte für die beiden M 117

Die beiden »Großen« waren von Anfang an geplant. Aus Kapazitätsgründen setzte der Verkauf in Europa zwei Jahre später ein.

unterschiedliche Ergebnisse. Der im R 107 E 4522 eingebaute Motor blieb nach den ersten Zündungen immer wieder stehen, da er noch über die engeren Leitungen des M 116 verfügte. In heftigem Schneetreiben blieb der E 4522 wegen nasser Zündspule liegen. Beanstandet wurde auch die Missweisung des eingebauten Thermometers für die Außenluft.

Dass die Nummer 22 das einzige SL-Versuchsfahrzeug bei der Versuchsfahrt nach Frankreich war, die zwischen dem 11. und 15. Juni 1991 stattfand und auch durch die Seealpen führte, zeigt, wie sparsam in jenen Jahren mit Erprobungsträgern auch im Versuch umgegangen wurde. Im Schnitt 19,3 Liter auf 100 Kilometer genehmigte sich der Proband zwangsläufig, weil ein Tank mit einer funktionierenden Entlüftung noch nicht fertig war. Der Ölverbrauch von einem Liter pro tausend Kilometer wurde nicht beanstandet.

Im April 1969 wurden auf einem Prüfstand der Firma Behr die Kühlergrößen festgelegt. Für diese Messungen wurde provisorisch eine Klimaanlage eingebaut. Durch die Festlegung der Motorhauben-Kontur wurden die Lüfterenden abgeschrägt.

Anlässlich der Versuchsfahrt ins Steinerne Meer am 10. und 11. Juli 1969 wurde die Motorleistung des M 117 offenbar. Über satte 235 PS (173 kW) verfügte das Versuchsmuster – die Serie musste

dann mit 225 PS / 165,5 kW auskommen. In der Zwischenzeit war die Hinterachsübersetzung auf i = 2,82 verlängert worden.
In der Zwischenzeit gab es weitere R 107 E 45 mit dem 4,5-Liter M 117. Im Oktober 1969 wog Versuchsingenieur Frank Knothe den Prototyp mit der Nummer 26, der es auf 1675 kg brachte.
Der Versuchswagen mit der Endnummer 27 wog 1665 kg, hatte 229 PS (168,5 kW) und kam mit einer Achsübersetzung von i = 3,23 auf 220,8 km/h. Dieser Wagen wurde von Dr. Hans Scherenberg und Rudolf Uhlenhaut auf der Frankreich-Fahrt vom 9. bis 12. März gefahren und gut beurteilt. Mittlerweile war er auf die spätere Serienachsübersetzung von i = 3,07 umgebaut worden.
Auf Grund der auf dieser Fahrt gemachten guten Erfahrungen plädierten beide dafür, »fünf Mark nicht zu scheuen« und den Wagen in der Serie mit Reifen der Größe 205 VR-14 zu bestücken.
Im Mai 1970 berichtete der spätere Entwicklungsvorstand Pkw, Dr. Wolfgang Peter, über die Entwicklung des halbaxialen Lüfters mit acht Schaufeln, die wegen der Begrenzung des Lüfterdurchmessers auf 430 mm zwingend notwendig geworden war.
An der Alpenfahrt über zwölf Pässe, die zwischen dem 1. und 4. Juli 1970 stattfand, nahm ein Fahrzeug teil, das wegen eines Karosserieversuchs interessant war. An dem R 107 E 4535 waren die vorderen Längsträger in der Materialstärke von 2,75 mm auf

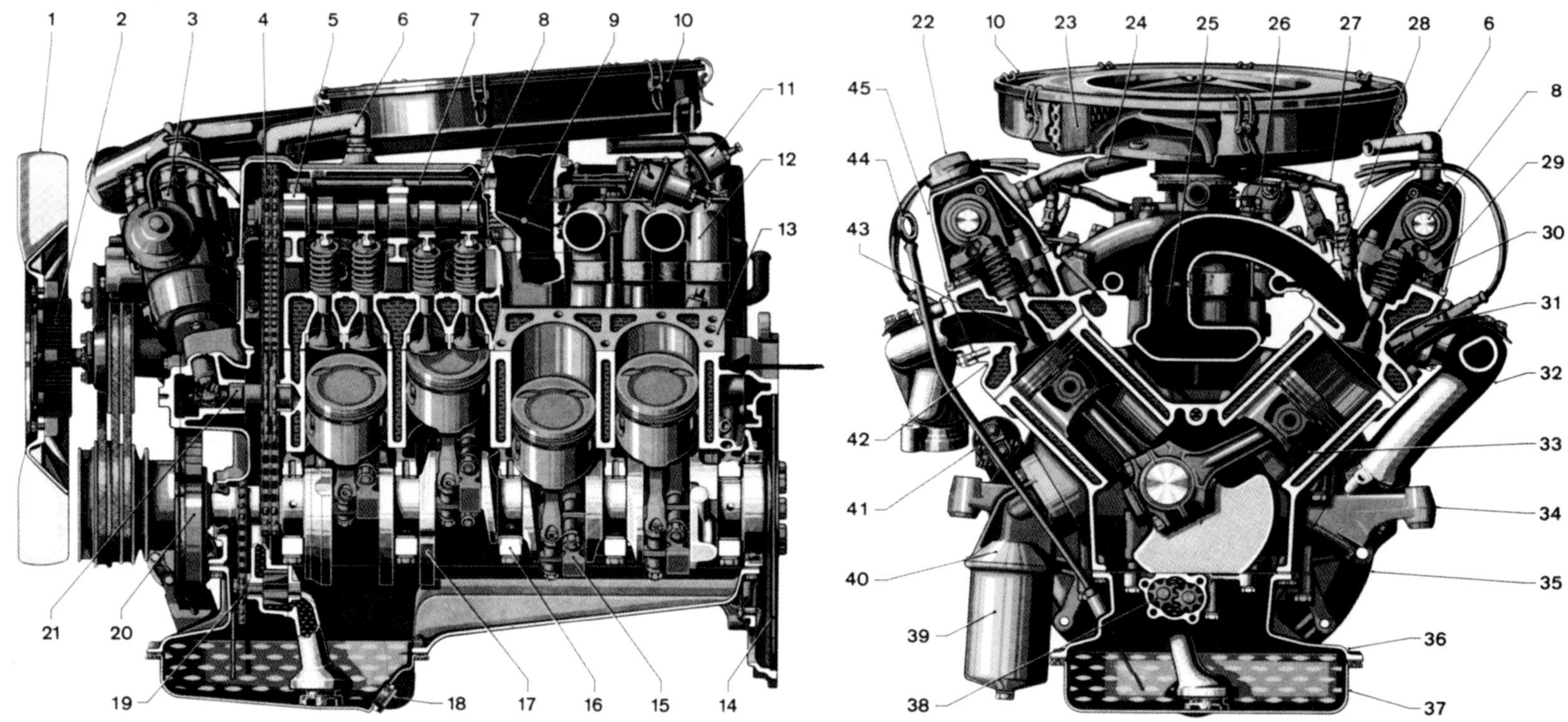

Um die Hubraumerweiterung von einem Liter durchzuführen, hatte Adolf Wente dem 4,5-Liter-Motor – bei sonst gleichem technischen Grundkonzept wie beim 3,5-Liter-Motor – einen höheren Block verordnet (siehe Pfeil).

1,75 mm herabgesetzt worden. Die Gewichtsersparnis betrug erstaunliche 14,4 kg. Beanstandet wurde dann jedoch prompt das stärkere Stuckern auf Waschbrettstraßen. Anlass zur Kritik bot auch die ungenügende Abstufung des Dreigang-Wandlergetriebes, besonders in den Kehren des Stilfser Jochs.

Zwischen dem 16. Juni 1970 und dem 7. Mai 1971 legte ein M 117 im Dauerlaufprogramm 120.379 Kilometer zurück und wurde danach demontiert. Gravierende Mängel waren nicht zu verzeichnen gewesen. Den einzigen Schwachpunkt bildeten undichte Auspuffkrümmer.

Eine zwischen dem 7. und 8. September 1971 in Frankreich durchgeführte Versuchsfahrt sah den Versuchs-450-SL bei sehr scharfer Fahrweise durch Rudolf Uhlenhaut mit einem Verbrauch von 20,21 an der Spitze des Feldes. Dafür wurde unter der Rubrik Ölverbrauch vermerkt: »Nicht messbar«.

Ein vier Wochen später nach Avallon mitgenommener 450 SLC wurde nur wegen des »Stuckerns« der Koppelachse und der Veith-Pirelli- Reifen kritisiert. Der Motor glänzte durch Unauffälligkeit und war deshalb nicht besonders erwähnenswert.

Die mit dem M 117 ausgerüsteten Fahrzeuge erhielten übrigens die Hinterachsübersetzung i = 3,07.

Die Höchstgeschwindigkeiten von SL und SLC unterschieden sich nicht gravierend. *auto motor und sport* stoppte einen 450 SLC mit 216,9 km/h. Die Beschleunigung von 0–160 km/h lag bei 22,6

Europapremiere der 4,5-Liter auf dem Salzburgring. Neben dem 450 SLC, erkennbar am Spoiler (Staublende) unter der Stoßstange, postierten sich für den Fotografen von rechts nach links: Vorstandsmitglied Heinz Schmidt, Dr. Rudolf Uhlenhaut als strahlender Pensionär, Dr. Karl Wilfert, Prof. Dr. Hans Scherenberg, Karl-Heinz Göschel, Werner Breitschwerdt, Joachim Sorsche, Friedrich van Winsen und Dr. Kurt Obländer.

Sekunden. Die Schweizer *Automobil Revue* ermittelte die Höchstgeschwindigkeit mit 221,5 km/h und die Beschleunigungszeit von 0–160 km/h mit 22,7 Sekunden.
Die Leergewichte lagen mit 1701 kg beziehungsweise 1725 kg auf dem bei Daimler-Benz üblichen und beachtlich hohen Niveau. Ein 450 SL der Versuchsabteilung wurde mit 218,2 km/h gestoppt, über eine Strecke von 90.810 Kilometer betrug der Durchschnittsverbrauch 21,5 1/100 km.
Am 21. November 1975 wurde beim 450 SL und ab 25. November 1975 beim 450 SLC die Einspritzanlage von der elektronischen D-Jetronic auf die mechanische K-Jetronic umgestellt.
Die Motorleistung von 225 PS / 165,5 kW (Motorbaumuster M 117.982) und das maximale Drehmoment von 378 Nm verringerten sich auf 217 PS / 159,5 kW (Motorbaumuster M 117.985) und ein maximales Drehmoment von 360 Nm mit der Normalverdichtung $\varepsilon = 8{,}8$. Bei den mit $\varepsilon = 7{,}5$ niederverdichteten Motoren veränderten sich die Leistung von 210 PS / 154,5 kW (Motorbaumuster 117.992) und das Drehmoment von 353 Nm auf 200 PS / 147 kW (Motorbaumuster 117.985) und 345 Nm. Wie schon beim M 116 erfolgte auch hier die Umstellung auf die kontaktlose Zündanlage und die Hydrostößel. Eine Verdichtungsreduzierung der normalverdichteten Motoren erfolgte beim M 117 nicht.

Zwei Klassiker: der 450 SLC vor Schloss Neuschwanstein.

Alpines Urgestein im Schnee und eine schöne Frau bilden seit jeher klassische Kulissen für besondere Autos wie hier für den 450 SL.

Die US-Motoren

oder: die Abgasfrage

Die Vorgeschichte

Die Betrachtung der US-Sonderausführungen wäre ohne einen kurzen Blick auf die Problematik der Entwicklung von Motoren mit reduziertem Schadstoffausstoß unvollständig.
Die seinerzeit bereits seit Jahren führende Stellung von Daimler-Benz bei den schadstoffreduzierten Motoren erschien späteren Betrachtern oftmals als selbstverständlich. Tatsächlich aber hing sie mehr als einmal an dem berühmten seidenen Faden.
Dr. Kurt Obländer, bis zum 30. Juni 1991 Chef der Motorenentwicklung bei Mercedes-Benz, kämpfte jahrelang wie einst Don Quichotte gegen die Windmühlen gegen das Unverständnis seiner Umgebung.
Am Anfang verfügte Dr. Obländer nur über drei Ultrarot-Absorptionspektrographen (URAS). Schmunzelnd fügte er später rückblickend die Legende an: »Weil ich einer der wenigen war, der dieses Wort ohne Stottern sagen konnte, kam ich zu meinem Abgasjob.«
Als in Los Angeles das erste Hearing zu Abgasfragen stattfand, war auch Daimler-Benz geladen. Rudolf Uhlenhaut, der Entwicklungschef Pkw, rief seinen Abgasspezialisten Kurt Obländer zu sich und schickte ihn mit folgenden Worten an den Pazifik: »Kümmern Sie sich mal darum – mich interessiert das nicht.«
Frohgemut reiste Obländer nach Los Angeles. Als er dann jedoch das Schild auf seinem Platz herumdrehte, um nachzusehen, was darauf stand, lief es ihm kalt den Rücken herunter: Er war als Zeuge geladen.
Auch ein paar Jahre später hatte Rudolf Uhlenhaut noch keine große Zuneigung zum Abgasthema entdeckt. Als er für Daimler-Benz zu einem Senatshearing geladen war, ließ er sich erst im Flugzeug von seinen beiden Spezialisten Dr. Obländer und Dr. Berg detailliert in die Materie einweisen. Es sprach für alle drei, dass nach der Anhörung Uhlenhauts die Senatoren ihn mit »Standing Ovations« verabschiedeten.
Dass Obländer dabei seinerzeit auch mal von dem Sindelfinger Produktionsleiter Kopp an der Krawatte gepackt wurde, als er einen Abgasprüfstand zur Abnahme von Serienfahrzeugen einrichten musste, ist nur eine kleine Episode. Den beharrlich-pfiffigen Obländer beeindruckte der martialische Auftritt herzlich wenig. Trotz erheblicher Widerstände wurde der Prüfstand gebaut.
Darüber hinaus bedurfte es dann immer noch besonderer Aufforderungen, bis der Entwicklung die ersten Testblätter von Sindelfingen zugeschickt wurden.
Geradezu rührend nehmen sich die Bemühungen um einen oder zwei zusätzliche Mitarbeiter aus, um die zusätzlichen Gesetzesanforderungen überhaupt erfüllen zu können, die in zunehmendem Maße auch von Japan, Schweden und anderen Ländern ausgingen.
Da wurde dann um für Daimler-Benz so vergleichsweise lächerliche Summen wie 200.000 Mark gerungen, als ginge es um Millionen. Auch die Bereitstellung von Arbeitsräumen und Platz für zunächst einen(!) Prüfstand schien die Organisationsstruktur eines Hauses wie Daimler-Benz aus den Angeln zu heben. Da konnte es nicht ausbleiben, dass bei Abnahmeläufen auch mal gemogelt wurde.
Der Versuch kämpfte damals jedoch nicht nur um zusätzliches Personal, sondern auch dringend um die interne Erlaubnis, an Wochenenden zu arbeiten.
Vorstand Prof. Dr. Scherenberg wurde im Januar 1973 darauf

Um die US-Abgasnormen zu bestehen, wurden extra Abgasprüfstände gebaut. Im Bild ein für die USA bestimmter 450 SL auf einem Shed-Prüfstand (sealed housing for evaporative emission determination) der ersten Generation.

hingewiesen, dass »der Motorenbereich versuchen wird, trotz der sich steigernden Anforderungen aus den verschiedenen Ländern der Abgassituation auch in Zukunft gerecht zu werden. Eine Unterstützung vor allem auf dem Sektor der Investitionen (Katalysator-Prüfstände, Messgeräte und so weiter) und auch auf dem Personalsektor wäre jedoch dringendst erforderlich. Mitteilungen, die lapidar besagen, dass Monteure leider nicht zur Verfügung stehen, helfen im allgemeinen nicht weiter«.

Die US-Motoren

Für den US-amerikanischen Markt kam das Motorbaumuster M 117.982 mit der Verdichtung $\varepsilon = 8$ zum Einsatz. Die sehr niedrige Verdichtung war wegen des sehr geringen Bleigehalts und des geringen 91-ROZ- und 81-MOZ-Wertes nötig. Die Motorleistung wurde damals von Mercedes-Benz nicht angegeben.
Als Kraftstoff-Verdunstungsanlage wurde ein Ausgleichsbehälter mit Ventilsystem und Anschluss am Kurbelgehäuse eingebaut.
Das US-Magazin *Road & Track* testete im Oktober 1971 einen 350 SL 4,5. Die Höchstgeschwindigkeit betrug 198,4 km/h, die Beschleunigung von 0–160 km/h betrug 29,5 Sekunden. Ein im Oktober gemessener 350 SLC 4,5 kam auf ähnliche Werte. Die Höchstgeschwindigkeit war dieselbe wie beim SL, die Beschleunigung von 0–160 km/h betrug 30,8 Sekunden. Die Hinterachsübersetzungen blieben dabei gegenüber den Europa-Ausführungen noch unverändert.
Ab dem Modelljahr 1974 wurden zwei Ausführungen in die USA geliefert. Auf Grund der verschärften Abgasgesetze in Kalifornien

1971 wurde der 450 SL im US-Katalog noch als 350 SL bezeichnet. Er wurde zum meistverkauften SL in den USA. Außer den Sealed-Beam-Scheinwerfern mit den geänderten Blinkern und den kleinen Stoßstangenhörnern unterschied sich die US-Version noch kaum von ihren übrigen Artgenossen.

erhielt die Kalifornien-Ausführung die Abgasrückführung, eine Nachverbrennungs-Anlage sowie eine erweiterte Kraftstoff-Verdunstungsanlage mit Aktiv-Kohlefilter.
Durch diese Maßnahmen sank die Leistung von 190 SAE bhp für die Bund-Ausführung, wie die Sprachregelung für die restlichen USA-Staaten lautete, auf lediglich 180 SAE bhp für Kalifornien.
Auch vom äußeren Erscheinungsbild her brachte das neue US-Modelljahr einen entscheidenden Wandel. Die Vorschrift, einen Aufprall bis acht km/h (fünf mph) ohne Beschädigung der Karosserie überstehen zu müssen, brachte herausstehende Stoßfänger mit sich, welche das Fahrzeug um 250 mm länger machten und außerdem das Gewicht erhöhten.
Für das Modelljahr 1975 war die bisherige Kalifornien-Ausführung für alle Bundesstaaten gültig.
Ab dem Modelljahr 1976 war bleifreies Benzin vorgeschrieben, und der *Road & Track*-Tester kam in der Schlussbeurteilung immer noch zu der euphorischen Feststellung, dass der 450 SL »unter dem Strich betrachtet die Erfüllung eines zweisitzigen Luxuswagens ist. Sein hohes Gewicht, seine luxuriöse Ausstattung und sein obligatorisches Automatikgetriebe verbieten es, in ihm einen Sportwagen oder ein Hobbygefährt zu sehen, aber wenn sich jemand dafür entscheidet, schnell und dabei mit hohem Komfort zu fahren und die Schwerfälligkeit großer Limousinen vermeiden möchte, dann hat er keine bessere Wahl als den 450 SL«.
Mit dem Modelljahr 1980 kam noch einmal eine Überarbeitung der US-Version. Der Motor verlor weitere 20 SAE bhp und konnte nur noch deren 160 vorweisen. Auch das Drehmoment konnte einen mit 312 Nm wahrlich nicht zu Jubelstürmen hinreißen. Die

Imagegerechtes Ensemble: Glitzernder 450 SL in der letzten US-Ausführung auf der frisch abgespritzten Kaimauer des Yachthafens.

Hinterachsübersetzung wurde von i = 3,07 auf i = 2,65 verlängert.

Die Höchstgeschwindigkeit wurde von *Road & Track* umgehend nur noch mit 179,2 km/h gemessen, und der Beschleunigungswert von 0–160 km/h zog sich mit 35 Sekunden auch beträchtlich in die Länge. Der Tester trauerte dann auch den fehlenden 20 amerikanischen Pferdchen nach. Vor allem beim Beschleunigen auf Landstraßen und beim Überholen fehlten sie ihm sehr.

Sein Urteil klang dann abschließend dennoch fast euphorisch, als er meinte: »Klassisch ist ein gutes Wort, um den SL zu beschreiben.« Und indem er den Leser auf den »Neuen« mit dem Aluminium-Motor vertröstete, empfahl er ihm: »Bis dann, raffen Sie sich auf und bestellen eines der größten Statussymbole der Automobilwelt – und ein zuverlässiges, solides und bewährtes dazu.«

Nachzutragen bleibt, dass alle in die USA gelieferten SL bis auf den 560 SL und SLC ausschließlich über Schräglenkerachsen verfügten.

Methanol-Versuche im 450 SL brachten eine Leistungssteigerung um zirka 14 Prozent auf 252 PS / 185,5 kW. Der spezifische Verbrauch lag um 100 Prozent höher, energiebezogen ergab sich eine Verbrauchssenkung bei höherer Leistung.

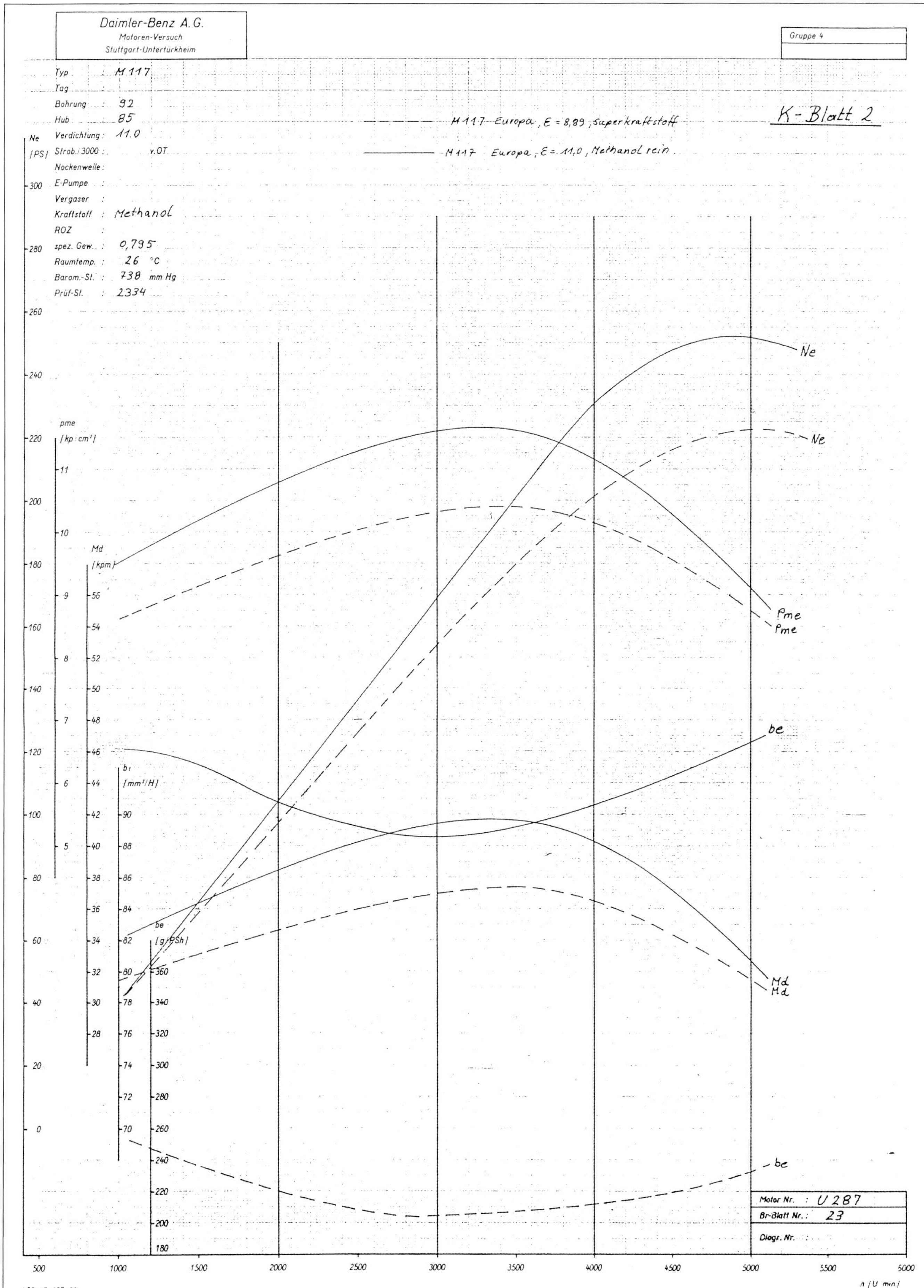

Daimler-Benz A.G.
Motoren-Versuch
Stuttgart-Untertürkheim
Gruppe 4
K-Blatt 2
Typ : M 117
Tag :
Bohrung : 92
Hub : 85
Verdichtung : 11.0
Strob./3000 : v.OT
Nockenwelle :
E-Pumpe :
Vergaser :
Kraftstoff : Methanol
ROZ :
spez. Gew. : 0,795
Raumtemp. : 26 °C
Barom.-St. : 738 mm Hg
Prüf-St. : 2334
M 117 Europa, E = 8,89, Superkraftstoff
M 117 Europa, E = 11,0, Methanol rein
Ne [PS]
pme [kp/cm²]
Md [kpm]
b₁ [mm³/H]
be [g/PSh]
Ne
Ne
Pme
Pme
be
Md
Md
be
Motor Nr. : U 287
Br-Blatt Nr. : 23
Diagr. Nr. :
n [U/min]
450-19-023-05

Marktplatz

Mit 66.298 in Sindelfingen zwischen Juni 1971 und Oktober 1980 vom Band gelaufenen 450 SLs nahm der 4,5-Liter den ersten Platz auf dem Markt der 107er ein.
Diesen Spitzenplatz verdankt er zweifellos der überragenden Akzeptanz in den USA. Mit 44.333 in die USA exportierten Fahrzeugen nahm der US-Markt 66,89 Prozent der 450-SL-Produktion auf.
In der Bundesrepublik war der Erfolg des 450 SL hingegen eher bescheiden. Mit 4526 zugelassenen Wagen nahm er mit 6,83 Prozent Marktanteil nur den vorletzten Platz innerhalb der SL-Palette ein.
Jeweils den dritten Platz errang er in der Produktionsdauer und beim Jahresproduktionsmittel von 6630 Wagen.
Beim 450 SLC, der von Juni 1972 bis August 1980 in 31.739 Exemplaren gebaut wurde, entsprach der Markterfolg in der Bundesrepublik schon eher den vom Vorstand erhofften Erwartungen. Mit 5441 zugelassenen Coupés lief er dem sonst favorisierten Zweisitzer auf dem deutschen Markt den Rang ab. Auch auf dem US-Markt konnte das Coupé mit 15.416 Fahrzeugen und einem Exportanteil von 48,57 Prozent einen Achtungserfolg erzielen.

Abschiedsstimmung der 450 SLC in der US-Version vor der Ablösung durch das Nachfolgemodell.

500 SL, Baumuster 107.046

oder: zwischen Theorie und Praxis

Der 500 SL stand – wie der 380 SL – erstmals im März 1980 in Genf im Rampenlicht der Öffentlichkeit. Mit dem Fünfliter-Alumotor M 117 E 50 und dem Viergang-Wandlergetriebe W 4 A 040 (722.305), die beide schon seit dem Herbst des Vorjahres in der S-Klasse W 126 eingebaut wurden, hatte der technische Fortschritt nun auch den SL erreicht. M 117.960 nannte sich das neue, im SL eingebaute Motoren-Baumuster. Mit 240 PS (176,5 kW) bei 4750/min und einem maximalen Drehmoment von 404 Nm wies der $\varepsilon = 8{,}8$ verdichtete Motor die identischen Leistungsdaten zur der in der Limousine eingebauten Maschine auf. Trotzdem verfügten SL und SLC über Nockenwellen mit »schärferen« Steuerzeiten als die Limousine. Die SL-Nockenwellen wurden mit den Kennzahlen 02 für die linke und 03 für die rechte Nockenwelle am hinteren Ende der Nockenwellen gekennzeichnet. Für die Nockenwellen der Limousinen-Motoren wurden die Kennzahlen 04 (linke) und 05 (rechte) verwendet.
Die Steuerzeiten lagen (nach einer Laufzeit von 20.000 km) bei:

Einlassventil		**Auslassventil**	
öffnet	**schließt**	**öffnet**	**schließt**
nach OT	nach UT	vor UT	vor OT
12°	24°	20°	8°

Die Steuerzeiten für die normale Nockenwelle betragen:

20°	19°	12°	13°

Selbstverständlich gab es auch eine mit $\varepsilon = 7{,}5$ niederverdichtete Version, deren Leistungsangaben wie folgt aussahen: 225 PS / 165,5 kW bei 4750/min, Drehmoment 380 Nm bei 3250/min, Mindest-Oktanzahl ROZ 86. Der 500 SL erhielt als einziges Modell serienmäßig Alu-Felgen, einen Heckdeckel aus Aluminium und den vom 500 SLC bekannten Heckspoiler.
Die Gewichtserleichterung gegenüber dem 450 SL betrug durch den Alu-Motor und diverse Karosserieteile aus Aluminium 40 kg. In dieser Ausführung wurde der 500 SL bis einschließlich September 1981 gebaut. Ab Oktober 1981 kam dann das bereits im Kapitel über den 380 SL beschriebene EK-Konzept auch im 500 SL zum Einsatz. Das Motorbaumuster hieß nun M 117.962. Die Verdichtung wurde von $\varepsilon = 8{,}8$ auf $\varepsilon = 9{,}2$ erhöht.
Das Hub-Bohrungs-Verhältnis blieb im Gegensatz zum 3,8-Liter-Motor unverändert. Der Pleuellagerzapfendurchmesser wurde von 52 auf 48 mm verkleinert, die Steuerzeiten wurden auf kleinere Überschneidungen ausgelegt, wodurch die Leistung auf 231 PS (170 kW) bei 4750/min bei einem Drehmoment von 405 Nm bei 3000/min sank. Die Werte für den mit $\varepsilon = 7{,}5$ niederverdichteten Motor lauteten: 218 PS / 160,5 kW bei 4750/min, Drehmoment 380 Nm bei 3000/min.
Weitere Maßnahmen zur Verbrauchs- und Schadstoffreduzierung waren: elektronische Leerlaufregelung auf 500/min, luftumspülte Einlassventile, Abgasrückführung und eine von $i = 2{,}72$ auf $i = 2{,}24$ verlängerte Hinterachsübersetzung.

500 SL, Baumuster 107.046

oder: zwischen Theorie und Praxis

Außer dem Typenschild war der Heckspoiler auf dem Kofferraumdeckel das entscheidende Erkennungsmerkmal des 500 SL.

»Die Kraft und die Herrlichkeit«: Die leistungsstärkste im R 107 lieferbare Antriebsquelle, der Motor des 500 SL.

Es ließ sich recht gut leben mit der überarbeiteten »Powerversion« des SL. Klaus Westrup, bei *auto motor und sport* schon fast traditionell SL-Tester, stellte 1982 fest: »Der inzwischen fast elfjährige Roadster-Oldie ist mit seinem Achtzylinder, der damit gut harmonierenden Getriebeautomatik und der angenehmen Servolenkung ein sehr behaglich offen zu fahrendes Auto, und er muss sich auch sonst nicht verstecken. Er beschleunigt so, dass dagegen eben nur ein voll gefahrener 911 eine Chance hat, und er ist fast 230 km/h schnell.«

Konkret hieß das: Höchstgeschwindigkeit 227,8 km/h, Beschleunigung 0–160 km/h in 19,7 Sekunden, Testverbrauch 16,3 Liter/100 km.

Mit dem Baumuster M 117.964 hielt ab September 1985 eine neue Variante des Fünfliter-Einspritzmotors Einzug in den R 107. Neu war die elektronische Zündanlage (EZL) und die Einführung der mechanischen, elektronisch gesteuerten Einspritzung KE III. Die Leistung betrug nun stattliche 245 PS (180 kW), doch gab es den 500 SL nur in der ECE-Ausführung, also ohne KAT. Erst im September 1986 wurde eine KAT/RÜF-Ausführung angeboten, zunächst jedoch noch ohne Leistungsangabe. Erst ab März 1987 standen die 245 PS / 180 kW der ECE-Version und die 223 PS / 164 kW der KAT-Version in der Preisliste. Serienmäßig wurde die KAT-Version geliefert, die ECE-Version konnte als Sonderausführung für einen Minderpreis von 1710 Mark bestellt werden.

Marktplatz

Vom März 1980 bis zum 26. Juli 1989 wurden 11.812 Exemplare des 500 SL gebaut, davon wurden 6175 Einheiten oder 52 Prozent in der Bundesrepublik zugelassen. Damit rangierte dieser Typ in der Gesamtproduktionszahl und in der durchschnittlichen Jahresproduktionszahl (1181 Stück) auf dem vorletzten und siebten Platz.

Der letzte Mohikaner, ein roter 500 SL, lief am 26.7.1989 mit der Fahrgestell-Endnummer 104966 in Sindelfingen vom Band. Einem schönen Brauch der vorangegangenen Jahre folgend wurde das letzte Stück in die Obhut von Museumschef Direktor Max Gerrit von Pein nach Untertürkheim gefahren.

560 SL, Baumuster 107.048

oder: das (in Europa) unbekannte Wesen

Am 560 SL kann man wunderbar erkennen, wie relativ Maßstäbe sind. In unseren Breiten ist er ein Auto, das nahezu unbekannt ist und das sicher oft Kopfschütteln hervorrufen würde. In den Vereinigten Staaten war er zwischen 1985 und 1989 jedoch der SL schlechthin.

Zu lange hatten sich die amerikanischen – und hier speziell die Ostküsten-SL-Fans – mit einer doch recht mageren Motorisierung begnügen müssen. Dieser Umstand blieb natürlich auch in Untertürkheim nicht verborgen. Zu einer »Modell-Entscheidungsfahrt« für das US-Modelljahr 1985/86 hatten pfiffige Versuchsingenieure 1983 dem 380 SL/USA heimlich noch einen 560 SL/USA zur Seite gestellt. Es bedurfte keiner besonderen hellseherischen Fähigkeiten, zu erraten, für welche Ausführung man sich schließlich für den Hubraum-orientierten US-Markt entschied.

Die beim M 117.967 abrufbaren 227 SAE-PS waren ein deutlicher Fortschritt gegenüber den bis dahin angebotenen 155 SAE bhp des 3,8-Liter-Motors.

Nicht anders war es bei den Drehmomentwerten. Den mageren 267 Nm des 3,8-Liters standen jetzt satte 380 Nm des 5,6-Liters gegenüber. Dieser Wert wurde allerdings bei einer um 500/min höheren Drehzahl als bei dem kleineren Motor erreicht.

Dem Treibstoffverbrauch und der Leistung kam die in den USA verbesserte Benzinqualität mit einer Mindestoktanzahl von jetzt ROZ 96, MOZ 86, sehr entgegen. Dadurch konnte auch die Verdichtung auf $\varepsilon = 9$ angehoben werden.

Der 5,6-Liter-Motor war aus dem Fünfliter M 117 entwickelt worden. Die Hubraumerhöhung um 20 Prozent gelang durch die Verlängerung des Hubs von 85 mm auf 94,8 mm bei unveränderter Bohrung. Aus Gründen der Haltbarkeit erhielt die Kurbelwelle dieses Motors acht Gegengewichte. Die Einlassventile erhielten mit 46,2 mm einen größeren Durchmesser.

Der 560 SL bekam für die USA die Hinterachsübersetzung $i = 2{,}47$, eine Übersetzung also, mit der in Europa der 420 SL bestückt wurde.

Mit einer von *Road & Track* gemessenen Höchstgeschwindigkeit von 208 km/h und einer Beschleunigung von 0–160 km/h in 19,6 Sekunden gehörte der 560 SL zwar nicht zu den Königen der Drag Strips, aber er verhalf seinen Besitzern endlich zu dem Gefühl, nicht zu den Unterprivilegierten beim Ampel-Grand-Prix oder beim Überholen auf Landstraßen zu gehören. »Er ist ein hot rod für Reifere«, bemerkte ein Redaktionsmitglied der amerikanischen Fach-Zeitschrift *Road & Track*, »und mit Sicherheit überrascht er eine Menge Leute, die es nicht gewohnt sind, einen Mercedes mit so viel Schwung und Begeisterung zu bewegen.« Ein anderer meinte: »Er ist gerade das Richtige für eine Lady oder einen Gentleman, die Luxus, Zuverlässigkeit, ein Statussymbol und eine

Für die USA, Australien und Japan wurde der SL mit dem größten Hubraum gebaut, der 560 SL. Auf dem Kofferraumdeckel befindet sich die in den USA damals schon seit einigen Jahren obligatorische dritte Bremsleuchte.

Menge V8-Kraft genießen möchten.« Csaba Csere, Technical Director des nicht minder renommierten Magazins *Car and Driver*, stoppte seinen Testwagen sogar mit 219,2 km/h. Versuchsingenieur und SL-Spezialist Manfred Flaig meint zum 560 SL schwäbisch kurz und trocken: »Das ist wie Rodeo.« Kein Wunder also, dass dies den Amerikanern gefiel.
Interessant ist, dass, wie MBNA (Mercedes-Benz of North America) ermittelte, 38 Prozent der 107-Käufer in den USA weiblich waren. Beim Nachfolger R 129 sank der Anteil weiblicher Käufer auf 22 Prozent.

Marktplatz

Von September 1985 bis Juli 1989 wurde der 560 SL 49.347mal gebaut, eine andere Mercedes-Benz-Statistik gibt sogar 49.641 gebaute 560 SL an. (Leider konnten diese unterschiedlichen Aussagen von der für diese Zahlen zuständigen Abteilung seinerzeit nicht geklärt werden. Der Autor gibt deshalb beide Zahlen mit Vorbehalt weiter.)
Davon gingen alleine 93,75 Prozent oder 46.263 Zweisitzer in die USA. Der Rest verteilte sich auf Länder wie Australien und Japan, lediglich vier Stück wurden in der Bundesrepublik zugelassen. Mit 9328 im Jahresdurchschnitt produzierten 560 SLs lag er an der zweiten Stelle hinter dem 380 SL. In der Gesamtproduktions-Statistik lag er trotz seiner kurzen Bauzeit immerhin auf dem dritten Platz in der Hitliste aller gebauten R 107.

In den USA war der 560 SL der SL schlechthin.

Der erste Leichtbau-SLC

oder: der Kanarienvogel

Ein unverdächtiges Gelb hatten die Versuchsleute dem für schnelle Rundenzeiten präparierten SLC verpasst, um von außen ja keine Assoziationen zur Rennerei aufkommen zu lassen.

In der Vorstandssitzung 25/73 am 5. September unterrichtete Vorstand Dr. Hans Scherenberg seine Kollegen über die Entwicklung eines leistungsgesteigerten und gewichtsoptimierten SLC. Manfred Flaig, einer der besten Kenner der R/C 107, wenn nicht der Beste überhaupt, war dabei, als im Versuch das erste leichte Coupé entstand. Sein Bericht zeigt, wie penibel und konsequent damals darangegangen wurde, dem nicht gerade grazilen und leichtfüßigen SLC die überflüssigen Pfunde abzunehmen.

Mit einem Mindergewicht von 394 kg waren die Versuchsingenieure dem »Speck« erfolgreich zu Leibe gerückt und auf ein Leergewicht von 1279 kg gekommen. Bemerkenswert ist die Tatsache, dass damals noch kein Motor mit Aluminiumblock zur Verfügung stand, der doch beim Abspecken immer einen besonders dicken Brocken in der Einsparungsbilanz darstellt.

Diese Gewichtsbilanz verdient es auch heute noch, gelesen zu werden:

Das Leserfoto in *auto motor und sport* aus dem Jahr 1973 zeigt dieses Auto auf dem Nürburgring mit mächtigen Kotflügelverbreiterungen, in die vorne ein nicht weniger üppiger Bugspoiler integriert ist.

Der erste Leichtbau-SLC

oder: der Kanarienvogel

Fahrzeuggruppe	C 107 leicht	C 107 Serie	Differenz
Motor + Aufhg.	250,2	267,4	- 17,2 kg
Kupplung	13,6	18,9 (Wandler)	- 5,3 kg
Getriebe mech. 4 Gang	34,6	55,6 (Automat)	- 21,0 kg
Fußhebelwerk	4,1 (da mech. Getr.)	2,1	+ 2,0 kg
Regulierung	1,4	1,2	+ 0,2 kg
Vorderachse	86,2	95,0	- 8,8 kg
Hinterachse	130,3 (Schräglkr)	157,9 (Koppel)	- 27,6 kg
Räder + Reifen	97,2	115,5	- 18,3 kg
Gelenkwelle	11,6	11,2	+ 0,4 kg
Bremsanlage ohne VA + HA	9,0	13,1	- 4,1 kg
Lenkung + Schaltung	36,5	39,1	- 2,6 kg
Kraftstoffanlage	16,4	21,1	- 4,7 kg
Auspuffanlage	28,7	34,9	- 6,2 kg
Kühler	9,1	16,1	- 7,0 kg
elektr.Ausrüstung	34,5	44,9	- 10,4 kg
Werkzeug	6,6	7,3	- 0,7 kg
Flüssigkeiten	94,2	100,4	- 6,2 kg
Fahrwerk gesamt	864,2	1001,7	- 137,5 kg
Aufbau gesamt	414,0	671,0	- 257,0 kg
Gesamtgewicht	1278,2	1672,7	- 394,5 kg

Natürlich hatten sich die Versuchsingenieure um Manfred Flaig und unter Erich Waxenberger auch den Motor vorgenommen. Durch ein geändertes Saugrohr und Auspuffkrümmer aus Blech sowie Nockenwellen mit geänderten Steuerzeiten kamen sie auf 285 PS (209,5 kW bei 6000/min und ein max. Drehmoment von 365 Nm bei 3000–4500/min.
Als Getriebe fand das mechanische Vierganggetriebe des 350 SLC Verwendung, allerdings mit einer Getriebeglocke aus Magnesium. Die Vorderrad-Bremssättel waren die Vierkolbenbremssättel des Renn-Capri, die hinteren stammten von Porsche.
Die Fahrleistungen erbrachten eine Höchstgeschwindigkeit von 245 km/h und eine Beschleunigung von 0–160 km/h von 14,0 sec, wobei der stehende Kilometer in 25,4 sec absolviert wurde.
Wie in alten Zeiten wurde dieses Auto zur Nürburgringerprobung gerüstet. Gleich zweimal zogen die wackeren Schwaben in die bergige Eifellandschaft. Einmal am 7. September 1973 und ein weiteres Mal am 13. und 14. September war Mercedes auf dem Nürburgring.
Penibel erstellte Manfred Flaig am 6. September 1973 die Teileliste für die Eifelexpedition des nächsten Tages. Sie umfasste verschiedene Front- und Heckspoiler mit den dazugehörigen Radhausabdeckungen sowie

- Reifen Good-Year:
  - 2 St. 24,5 x 10,0 x 15 auf 12"-Felgen, Abrollumfang 1925 mm, r. stat. 307
  - 1 St. 24,5 x 10,0 x 15 auf 12"-Felge Reserve
  - 2 St. 24,5 x 10,0 x 15 auf 10"-Felgen
  - 2 St. 24,5 x 10,0 x 15 auf 10"-Felgen (Sliks)
- Reifen Dunlop:
  - 2 St. 5,30 x 13,0 x 15 auf 12"-Felgen, Abrollumfang 2124 mm, r. stat. 339
  - 2 St. 4,50 x 13,0 x 15 auf 10"-Felgen
  - 3 volle Reifenfüllflaschen
- 1 Reifenfüllgerät
- 1 Auspuffanlage offen
- 30 Radmuttern für Elektronräder
- 1 Bremsenentlüftungsgerät
- je 2 Satz Bremsbeläge für vorne und hinten
- 1 Satz Vorderfedern (Hockenheim) 115 321 28 04 6,5
- 1 Satz Hinterfedern (Hockenheim) 115 324 27 04 5,8
- 1 Satz Vorderfedern (Straße) 114 321 03 04 5,3
- 1 Satz Hinterfedern (Straße) 114 324 03 04 4,6

Ein gelber, leichter Versuchsballon. Der erste Leichtbau-SLC mit Stoßstangen, Serienrädern und großen, herausnehmbaren Ausschnitten in den Kotflügeln zum Anbringen von Verbreiterungen für Rennreifen.

Die Stufe I mit Bugspoiler unter der Stoßstange und Heckspoiler auf dem Kofferraumdeckel.

- Stoßdämpfer Vorderachse:
  - 2 St. SX–86 208/88 Straßeneinstellung
  - 2 St. SX–41 250/110 Hockenheimeinstellung
  - 2 St. SX–42 265/115 Nürburgringeinstellung
  - 2 St. SX–52 280/95
- Stoßdämpfer Hinterachse:
  - 2 St. SXH–5 425/175 Straßeneinstellung
  - 2 St. SXH–16 615/218 Nürburgringeinstellung
  - 2 St. SXH–20 530/205 Hockenheimeinstellung
- Ersatzdrehstäbe
  - Vorderachse: 16 mm und 18 mm
  - Hinterachse: 23 mm
- 1 offener Thermostat
- 1 Satz Keilriemen
- 1 großer Wagenheber
- 4 Montageböcke, 4 Stifte
- 2 Ltr. Getriebeöl ESSO-Uniflow 10W-40
- 8 Ltr. Motorenöl BP-Viscostatic 10W-40
- Hinterachsöl
- Servoöl
- 2 Funkgeräte
- Stoppuhren
- Tafel, Kreide, Schwamm, Eimer, Leder, Bürste
- 5 volle Kanister Treibstoff mit Trichtern sowie
- 1 Spur- und Sturzmessgerät

Die Abstimmung für die Nürburgringfahrten sah wie folgt aus:

- Stoßdämpfer
  - Vorderachse SX 42
  - Hinterachse SX H 16
- Federn
  - Vorderachse 115 321 31 04 8,0
  - Hinterachse 107 324 04 04 7,6
- Drehstäbe
  - Vorderachse 25 mm
  - Hinterachse 19 mm

Die Teileliste für die Nürburgringfahrt am 13. und 14. September 1973 erfuhr folgende Ergänzung bzw. Änderung:

- Hinterachsradführung für Normalausführung, Versuchsnummer 46728
- Vorderachse komplett in Serienausführung
- Komplette Lenkgestänge, Lenkstange, Lenkspur- und Lenkzwischenhebel
- Hinterachsmittelstück i = 3,07, Versuchsnummer 46619
- Reifen Dunlop:
  - 2 St 2,60 x 6,00 x 15 auf 10"-Felgen
  - 2 St 2,85 x 6,00 x 15 auf 12"-Felgen

Die Versuchsfahrten dauerten dann doch länger als bis zum 14. September, die Rundentabelle gibt nämlich Auskunft auch über die 13 Runden, die am 16. September 1973 absolviert wurden.

Die beste Zeit Dieter Glemsers auf der Nordschleife lag bei 9:05,9 Minuten. Die von *auto motor und sport* in Heft 22/73 angegebene Rundenzeit von »um 8,15 Minuten« war eine Fabelzeit. Die Mercedes-Ingenieure wären heilfroh gewesen, wenn sie gestimmt hätte. Mit Sicherheit wäre es dann nicht bei den Testfahrten geblieben.

Noch Jahre später erinnerte sich Dieter Glemser an die damaligen Testfahrten. »Ich war mit dem Ford Escort BDA erheblich schneller und lag bei etwa 8,40 Minuten. Der SLC war einfach immer noch zu schwer, trotz der fast 400 kg, die damals abgespeckt wurden.«

Interessant ist, dass die pfiffigen Schwaben ihre Zelte mit der Servicestation damals am Flugplatz aufgeschlagen hatten, um allzu neugierige Kiebitze von sich fernzuhalten.

Trotz aller Vorsichtsmaßnahmen blieb dieser Einsatz der Öffentlichkeit nicht verborgen. Merke: Nicht nur silberfarbige, im Renntempo bewegte Mercedes-Autos erregen Aufmerksamkeit, es kann auch ein tieffliegender Kanarienvogel sein.

Bis 1978 ruhte die Rennentwicklung auf Grund der Nürburgringerfahrungen von 1973. Dennoch war das Thema eines leichten Coupés nicht vom Tisch.

Dr. Hans Scherenberg nahm in der Technischen Vorstandssitzung vom 15. Oktober 1973 Stellung zum Thema des Leichtbaucoupés: »Diese Fahrzeug wurde in erster Linie für Grundsatzuntersuchungen im Hinblick auf angestrebte Gewichtserleichterungsmaßnahmen bei Fahrwerks-Aggregaten und Karosserie dargestellt. Sofern es sich jedoch als notwendig erweisen sollte, dieses Fahrzeug in der Öffentlichkeit bekannter zu machen als schon erfolgt (siehe *BILD-Zeitung* vom 28.9.73, Bericht von Herrn Glodschey), bestünden hier durchaus noch Möglichkeiten. So könnte z. B. durch Abgasturbo-Aufladung des Motors M 117 E 45 die bereits erreichte Leistung mit rd. 280 PS (DIN) noch weiter gesteigert werden. Wichtig wäre es , dass die Voraussetzungen geschaffen würden, dass an einem Fahrzeug dieser Art ein Crash-Test durchgeführt werden könnte.« Der Beschluss, ein weiteres Fahrzeug zu diesem Zweck zu bauen, wurde gefasst.

Der Blick auf den Arbeitsplatz des Piloten lässt Sportsitze erahnen und das Schaltgetriebe zur Gewissheit werden. Das kleinere Sportlenkrad stammte damals schon von AMG.

Der Motor mit geändertem Luftsammler und verlegtem Luftfilter.

450 SLC 5,0 / 500 SLC, Baumuster 107.026

oder: der Versuchsballon

Die Entwicklung des Aluminium-Motors

Die Chance, am Stück zwischen 30 und 50 kg einzusparen, ist immer dann sehr groß, wenn man noch einen Motor mit einem Grauguss-Zylinderblock hat. Die Untertürkheimer Motorenbauer hatten bereits am 300-SL-Motor und dem daraus abgeleiteten Motor für den 300 SE (W 112 und W 109) nicht unbedingt positive Erfahrungen mit Zylinderblöcken aus Aluminiumguss gesammelt. Trotzdem war die Aussicht, die kompakten V8-Motoren drastisch zu erleichtern, verlockend.
Schrittmacher in dieser Technologie war General Motors mit dem Motor des Chevrolet Vega. Dessen Zylinderblock bestand aus einer übereutektischen Aluminiumlegierung, nach SAE 390 mit einem hohen Siliziumanteil, bei der das Einsetzen von Laufbüchsen entfiel. In einem elektrolytischen Ätzprozess werden die sehr harten Siliziumkristalle freigelegt. Sie dienen dann als widerstandsfähige Oberfläche. Zwischen den hervorstehenden Siliziumspitzen und dem Grundmaterial bildet sich der Schmierfilm. Die Kolben werden eisenbeschichtet (FE). Da man dieser neuen Technologie anfangs nicht ganz traute, wurden auch Versuche mit Motoren gefahren, welche noch Laufbüchsen hatten.
Die Herstellung dieser Motoren erwies sich als technische Herausforderung.
Eine Weltpremiere war die Fertigung der V8-Motoren in »closed deck«-Ausführung, da der etwa zeitgleich entwickelte Porsche-V8-Motor über eine »open deck«-Konstruktion verfügte.
Die Motorblöcke werden in reihenhausgroßen Gießmaschinen im Niederdruck-Kokillenguss hergestellt. Als schwierig erwies sich das gleichmäßige Einhalten der geforderten Materialstärke im Inneren des V-Winkels. Durch gezielte Kühlung während des Gießens wurde in schwierigen Versuchen dieses Problem gelöst.
Ein anderes Problem betraf das Honen der Zylinderlaufflächen. Bei diesem Vorgang durften die Siliziumspitzen nicht gequetscht werden. Dr. Obländer war noch Jahre später voll des Lobes für die innovative Zusammenarbeit mit seinen damaligen Lieferanten.
In allen Automobilfabriken dieser Welt ist es gängige Praxis, neue Dinge zuerst einmal auszuprobieren, bevor weitgehende Vorstandsbeschlüsse gefasst werden.
Schon bei der Versuchsfahrt in den Alpen zwischen dem 20. und 21. Juni 1974 wurde ein M 117, allerdings noch mit 4,5-Liter, mit einem Alu-Kurbelgehäuse und Zylinderlaufbüchsen eingesetzt. Prof. Scherenberg war allerdings damals mit der Geräuschentwicklung des Motors unzufrieden. Er war ihm zu laut und »dengelte« im unteren Drehzahlbereich, wie der Versuchsbericht festhält.
In der Technischen Vorstandssitzung vom 18. März 1975 konnten dem Vorstand konkrete Zahlen über die Kosten vorgelegt werden, die bei der Produktionsumstellung von Grauguss-Gehäusen auf

Für viele ein Schock: ein Mercedes-Benz mit Gummilippe als Heckspoiler. Das Erkennungsmerkmal des stärksten SLC.

Anschaulicher Leichtbau. Links der Aluminium-Motorblock des 5-Liter-Motors, rechts der Grauguss-Motorblock des 4,5-Liter-Motors.

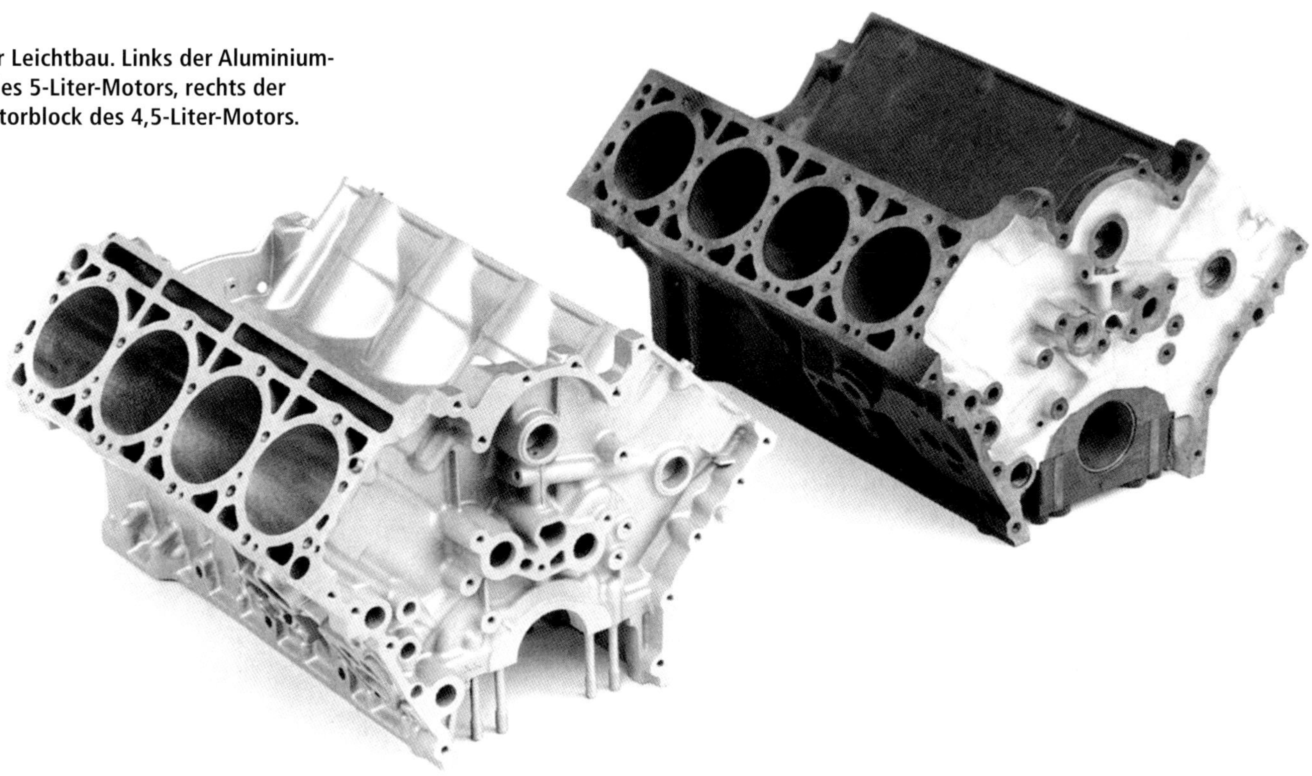

Mitnichten moderne Kunst, vielmehr neuzeitliche Ingenieurskunst, dargestellt am M 117 E 50.

Alu-Gehäuse entstehen würden. Es wurde mit einem Investitionsvolumen von 16,7 Millionen DM gerechnet. Davon entfielen auf die Rohteilefertigung 9,4 Mio. DM und auf die mechanische Fertigung 7,3 Mio. DM.
Ausgehend von einem monatlichen Bedarf von 3000 Motoren betrugen die Mehrkosten pro Kurbelgehäuse: Rohling DM 100.-, mechanische Fertigung DM 30,- und FE-beschichteter Kolben DM 28.-
Der Selbstkostenunterschied des Alu-Motors zum Grauguss-Motor ergab dann, auf der Basis 1977 ermittelt, einen Mehrpreis von DM 471.-
Für den Alu-Motor musste Prof. Scherenberg im Vorstand hart kämpfen. Den Beschluss bekam er in dieser Sitzung nicht. Der Beschluss lautete lediglich: »Für die Entscheidungsvorbereitung sind seitens der Entwicklung die Gründe aufzuzeichnen, warum die verschiedenen Motoren für das künftige Pkw-Programm in Leichtmetall-Ausführung benötigt werden.«
In der Technischen Vorstandssitzung vom 22. April 1975 wurde beschlossen, die Erprobungsbasis auf 30 Motoren M 116/117 in Alu-Ausführung zu verbreitern.

Am 14. Juni 1976 konnte über den ersten 500-Stunden-Dauerlauf nach dem Zehn-Punkte-Programm berichtet werden. Es traten keine wesentlichen Schäden auf, das Kurbelgehäuse war rissfrei, die Laufbahnen wiesen keine Riefen auf. Die Leistung stieg während des Dauerlaufs aufgrund des Einlauffaktors von 233,5 PS (171,7 kW) auf 243 PS (178,5 kW).
Am 15. März 1977 beschloss der Vorstand, auf der IAA 1977 das Coupé mit dem Alu-Motor auszustellen und eine Kleinserie ab Februar 1978 zu produzieren. Wörtlich hieß es: »Wegen der neuen Technologie wird diese Kleinserie vor Einsatz des Leichtmetallmotors in großer Stückzahl im W 126 als zusätzliche Erprobungsbasis gewünscht.«
Am 22. August berichtete der für die Mechanik zuständige Versuchsingenieur Strauber über den Einsatz von 86 Erprobungsmotoren M 117 E 50. Im Dauerlauf wurden 485.000 km mit Alu-Gehäuse-Motoren nach Reynolds 390 zurückgelegt und 220.000 km mit Motoren, die Alu-Gehäuse und Grauguss-Buchsen hatten.
Das Fazit aus dieser Großerprobung lautete: Einengung der Spiele und Spieltoleranzen zur Geräuschreduzierung, Änderungen an der Serienkokille zur Vermeidung von Rissen am Kurbelgehäuse, Änderung der Kolbenringbestückung zur Reduzierung des Ölverbrauchs und Reinigung durch Ultraschall bringt zufriedenstellende Sauberkeit.

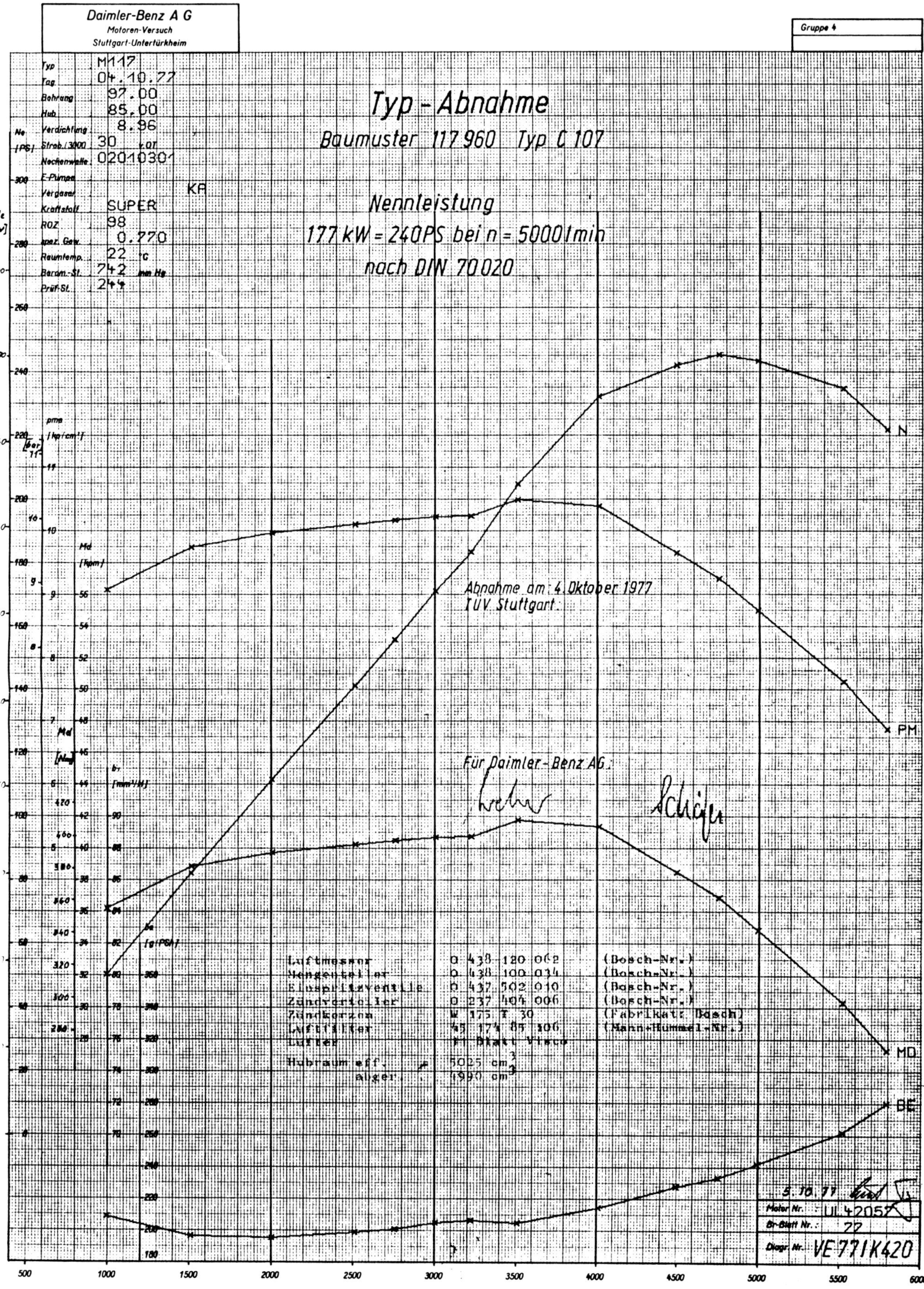

Abnahmekurve des stärksten Serienmotors im damaligen Personenwagenprogramm von Daimler-Benz.

Der Motor M 117.960 oder: der Trendsetter

Mit einem Motorgewicht von 215 kg wog der neue Fünflitermotor genau 43 kg weniger als der um einen halben Liter kleinere Vorgänger mit dem Grauguss-Kurbelgehäuse. Das war ein Wort. Aber das Kurbelgehäuse war nicht der einzige Unterschied zwischen den beiden Motoren.

Das Kurbelgehäuse des Fünfliters ist seitlich über die Kurbelwellenmitte heruntergezogen, um eine größere Steifigkeit zu erhalten. Die Zylinderbohrung wurde um 5 mm vergrößert, was zu dem wenig sportgesetzkonformen Hubraum von 5025 cm^3 führte. Ab der Motorendnummer 886 wurde dieses Manko korrigiert, die Bohrung wurde um 0,5 mm zurückgenommen, sodass sich jetzt ein Hubraum von 4973 cm^3 ergab.

Die Kurbelwelle bekam durch anders angeordnete Gegengewichte einen besseren Massenausgleich. Auch das Saugrohrunterteil unterschied sich von dem des Grauguss-Motors, die Auslasskanäle wurden von 33,5 mm auf 37 mm erweitert, die Auslassventile von 37 mm auf 39 mm vergrößert, die einflutigen Auspuffkrümmer durch zweiflutige ersetzt. Sie wurden mit ihrem erweiterten Durchmesser den größeren Auslasskanälen angepasst. In Getriebehöhe liefen die beidseitig zweiflutigen Auspuff-Rohrstränge in je einem Auspuffstrang zusammen.

240 PS (176,5 kW) bei 5000/min und ein Drehmoment von 404 Nm bei 3200/min waren der Mühen Lohn. Damit kam der Fünfliter bis auf 10 PS an den bis dahin stärksten Serienmotor von Daimler-Benz, den 6,3-Liter M 100, heran.

Zweiter Anlauf zum Leichtbau. Gestrippte SLC-Karosserie in Sindelfingen.

Die erleichterte Karosserie oder: weniger ist mehr

Die erleichterte Coupékarosserie des »gelben Kanarienvogels« ließ die Sindelfinger Konstrukteure nicht ruhen. Selbst Gewichtseinsparungen von einem Kilo an einem Zierstab waren es wert, ernsthaft in Erwägung gezogen zu werden.
1975 wurden in Sindelfingen drei erleichterte Rohkarosserien hergestellt. Da wurden nicht nur Teile wie Handschuhkastendeckel, Zierleisten am Armaturenbrett, Aschenbecher, Armlehnen und Haltegriffe weggelassen, es wurden auch Serienteile wie Türaußengriffe und Fensterheber erleichtert.
An dem einen Wagen wurden 208,5 kg, an dem anderen 201,34 kg eingespart.
Offensichtlich war hier die Gewichtserleichterung zu weit getrieben worden. Eine um 80 kg erleichterte Version war beim Frontalcrash mit 30 mph (48 km/h) schlechter als das Serienfahrzeug. Dies war mit ein Grund dafür, dass die Serienleichtbau-Karosserie nur 61,5 kg leichter war als die normale SLC-Karosserie.
Folgende Sonderausrüstungen erhöhten das Leergewicht um 56,2 kg: Klimaanlage, Radio, elektr. Antenne, Scheinwerferreinigungsanlage, vier elektr. Fensterheber und ein Feuerlöscher.

Jedes Detail wurde konsequent erleichtert.

Selbst Tabus schreckten nicht. Das hintere Seitenfenster als Einfachfenster ohne Lamellen.

Zu wenig war zu viel, die stark erleichterte Karosserie bestand den Crashtest nicht. Verglichen mit dem Crashbild der Serienkarosserie sind die deutlich stärkeren Verformungen im Seitenbereich sichtbar.

Der 450 SLC 5,0

Die Gewichtsbilanz zugunsten des SLC 5,0 im Vergleich zum 450 SLC ermittelte Versuchsingenieur Manfred Flaig wie folgt:

Alu-Motor M 117	- 43,0 kg
LM Räder	- 22,0 kg
Karosserie:	
Reduzierte Blechstärken	- 18,8 kg
Aufbauteile aus Aluminiumblech	- 32,3 kg
Stoßfänger vorne und hinten	- 10,4 kg
Front- und Heckspoiler	+ 4,0 kg
Modellpflegemaßnahmen	+ 2,0 kg
Zweiflutige Auspuffanlage links und rechts und größerer Mittelschalldämpfer	+ 6,0 kg
Gesamtgewichtsdifferenz	- 114,5 kg

Nur das 5-Liter-Coupé bekam Wurzelholz-Furnierapplikationen am Armaturenbrett.

Aus Aluminiumblechen waren folgende Karosserieteile: Motorhaube, Heckdeckel, Stoßfängerverstärkung, die beiden Halter für den vorderen Stoßfänger und die Verkleidung unter dem hinteren Stoßfänger.
Markante Erkennungsmerkmale waren der Frontspoiler und das Gegenstück auf dem Heckdeckel. Auf Sonderwunsch gab es dieses Coupé auch mit einem Heckdeckel ohne Spoiler, nur war dann der Heckdeckel nicht aus Aluminium-, sondern aus Stahlblech!
Im Innenraum waren die Holzleisten aus Wurzelholzfurnier.
Der 450 SLC 5,0 wurde ausschließlich in Metallicfarben geliefert. Auf Sonderwunsch entfiel die einheitlich graue Lackierung unterhalb der seitlichen Schutzleisten.
Wegen der größeren Gummipuffer für die Motordämpfer wurden die Längsträger im Motorraum geändert.
Die Hinterachsübersetzung war von i = 3,07 auf i = 2,72 verlängert worden. Eine Niveauregulierung an der Hinterachse war im Gegensatz zu den sonstigen SLC-Typen nicht lieferbar.

Markt und Leistung

Mit einem Mehrpreis von 19 Prozent zum 450 SLC ließen sich die Untertürkheimer ihren Technologieträger bezahlen. Im ersten Jahr der Produktion erreichte der 5,0 einen Produktionsanteil von 11,95 Prozent des 450 SLC, im zweiten Jahr stieg der Anteil auf 20,78 Prozent.
Im ersten Viertel des Jahres 1980 wurden vor der Ablösung durch den 500 SLC noch 145 Einheiten des 450 SLC 5,0 gebaut.
Die Schweizer *Automobil Revue* aus Bern war von den Fahrleistungen angetan. Nicht nur, dass der Fünfliter mit gestoppten 231 km/h zehn Kilometer schneller war als der 450 SLC und von 0 auf 160 km/h nur 19,3 sec benötigte, erstaunte die Schweizer, sie benötigten auch je nach Fahrweise einen bis zwei Liter weniger als mit dem 450 SLC.
Selbst gegenüber dem Porsche 928 und dem Jaguar XJS, die über 180 km/h deutlich »gefräßiger« waren, schnitt der 5,0 gut ab.

It's Showtime: Stolz zeigt man, was man an Leichtem zu bieten hat.

450 SLC 5,0 / 500 SLC, Baumuster 107.026

oder: der Versuchsballon

Farbstudien am 450 SLC 5,0 in Sindelfingen. Auf der rechten Seite ist das Seiten-Mittelfeld farblich abgehoben ...

... auf der linken Seite alternativ die farbliche Kontrastlackierung des unteren Bereichs, wie sie in Serie ging.

Der 500 SLC

Die ab März 1980 vorgenommene Angleichung an die neue S-Klasse W 126 war etwas mehr als nur das Auswechseln der Typenschilder auf dem Kofferdeckel.
Das Dreigang-Wandlergetriebe (W 3 B 050) wurde durch die Version mit vier Gängen (W 4 A 040) abgelöst.
Die Innenausstattung wurde an die der ab September 1979 zur IAA vorgestellten Fahrzeuge angeglichen. Das schloss auch das neue Lenkrad mit der leicht versenkten Polsterplatte und kleinerem Durchmesser ein.
Mit einer Beschleunigung von 0–160 km/h in 18,2 sec und einer Höchstgeschwindigkeit von 238,4 km/h, gemessen von *auto motor und sport*, war der 500 SLC der schnellste Mercedes-Benz zu Beginn der 80er Jahre.
Sein Nachfolger, der voluminösere 500 SEC, konnte ihm in den Fahrleistungen das Wasser nicht reichen.

Der 500 SLC glich dem 450 SLC 5,0 wie ein Ei dem anderen. Nur die Typenbezeichnung und das kleinere Lenkrad des W 126 verrieten Außenstehenden den Unterschied. Das neue Viergang-Automatikgetriebe blieb unsichtbar.

Rallye und Racing

oder: vom Sport-Auto zum Spott-Auto?

Das Leben ist oft ungerecht: Frühere Erfolgssträhnen werden zum Standard, der auch bei späteren Unternehmungen gefälligst erreicht werden muss – und dies dann gleich auch noch von Anfang an, aus dem Stand sozusagen. So werden frühere Erfolge zur Belastung, zur fast unüberwindbaren Hürde. Primadonnen aber, oder denen, die von der »Öffentlichkeit« dafür gehalten werden, wird überhaupt keine Schonfrist gewährt.

Diese häufig festzustellende Regel macht auch vor Ingenieuren und Marketing- sowie Verkaufsstrategen nicht Halt – besonders dann, und auch dies bestätigt das eben Gesagte vortrefflich, wenn es sich um die Firma Mercedes-Benz handelt. Fast könnten sie einem leidtun, die Verantwortlichen in Untertürkheim. Da haben sie eine erfolgreiche Rennsportgeschichte aufzuweisen, haben jahrzehntelang damit und davon gut gelebt, und jetzt misst die Öffentlichkeit sie auch noch zu allem Überfluss mit der Elle alter Erfolge – obwohl sich die Zeiten natürlich geändert haben, das Umfeld völlig anders geartet ist und die Konkurrenz viel stärker ist als in den weit zurück liegenden Jahren motorsportlicher Dominanz.

Es kann nicht ausbleiben, dass dieses Erfolgssyndrom die Entscheidungen im Vorstand beeinflusst und manchmal gar lähmt, da es angesichts der zu erwartenden »Schelte« bei ausbleibenden Erfolgen sicherer scheint, Chancen auszulassen. Nicht zuletzt die Presse beteiligt sich nämlich erfolgreich an dieser Art hochgespannter, öffentlicher Erwartungshaltung, die da lautet: Mercedes-Benz hat gefälligst zu gewinnen – wehe, man verliert. Und das gleicht dann einem gleichzeitigen Ausrufen von »Hosianna« und »Kreuzige ihn«.

Eines allerdings lehrt die Sportgeschichte von Mercedes-Benz überdeutlich: Erfolge hat nur, wer sich kompromisslos engagiert. Halbheiten aber führen erfahrungsgemäß meist zu Misserfolgen.

Wax-Konzept

oder: Erich Waxenbergers gar nicht wachsweiche Überlegungen

1977 hatte sich Daimler-Benz mit der Teilnahme an der Monster-Rallye London–Sydney zum ersten Mal nach langer Zeit wieder aus der Deckung sportlicher Enthaltsamkeit gewagt. Mit den ersten beiden Plätzen sowie den Plätzen sechs und acht war den wackeren Schwaben ein achtbarer Anfangserfolg gelungen.

Trotzdem machte sich der Drahtzieher dieser Aktivitäten, Erich Waxenberger, nichts vor. In einem Memorandum vom 17. Oktober 1977, unterschrieben von Hans Werner, Versuchschef Karl-Heinz Göschel und Entwicklungschef Pkw Friedrich van Winsen und adressiert an Professor Dr. Hans Scherenberg und seinen designierten Nachfolger Werner Breitschwerdt, legte er die Aussichten für eine Sportbeteiligung seines Hauses dar.

Präzise wog er die Möglichkeiten in den einzelnen Kategorien gegeneinander ab. Als denkbare Möglichkeit sah er den Einsatz von Gruppe-2-Fahrzeugen bei Rundstreckenrennen, wobei er sich die größten Erfolgschancen und höchste Werbewirksamkeit von Einsätzen bei den 24 Stunden von Spa, dem 6-Stunden-Rennen auf dem Nürburgring, den 4 Stunden von Monza, der Austria-Trophäe auf dem Salzburgring und der Zandvoort-Trophäe versprach.

Er vergaß nicht, darauf hinzuweisen, dass ein Einsatz nur mit einem 450 SLC 5,0 mit zirka 500 PS (368 kW) und einem Gewicht von um die 1225 kg sinnvoll wäre. Den Einsatz in der Gruppe 5 sah Waxenberger allerdings als die werbewirksamste, aber auch deutlich aufwendigere Beteiligung an.

Für einen Werkseinsatz bei Rallyes sah Waxenberger interessanterweise keine Chance, da die Motorleistungen zu gering und die Fahrzeuggewichte zu hoch waren. Ausnahmen sah er lediglich bei der Marokko-Rallye und der Bandama-Rallye, geringere Gewinnchancen hingegen bei der Akropolis-Rallye und der Ostafrika-Safari.

Erich Waxenberger, intern nur »Wax« genannt, vergaß auch nicht, die möglichen Organisationsformen sowie den erforderlichen Raumbedarf für ein Engagement aufzuzeigen. Wax sah die Dinge also nicht lax, sondern mit Grips und realistisch. Das zeigen auch seine späteren Überlegungen. Aber ein allein herrschender Zampano, wie ihn die Presse gerne sah, war auch er nicht. Über das Geld wurde in anderen Gremien entschieden, und dort war man eben sehr vorsichtig.

Norbert Haug, damals Leiter des Sport-Ressorts bei *auto motor und sport* und später Motorsportchef bei Mercedes-Benz, merkte in einem Artikel im September 1978 kritisch an, dass sich Daimler-Benz unter Wert verkaufe und die Kämpfer nach geschlagener Schlacht stillschweigend ins Werk zurückkarrte.

Und der damalige Vorstandsvorsitzende Professor Joachim Zahn machte die Halbherzigkeit des Sportengagements deutlich, als er vor der Presse in der Laudatio auf die Gewinner der Rallye Südamerika 1978 zu diesem Vorwurf Stellung nahm: »Ich frage mich, was die Diskussion zu der Definition Werkseinsatz eigentlich für einen Sinn hat, die Hauptsache ist doch eigentlich, dass wir, die Daimler-Benz AG, ihnen die von uns vorbereiteten Autos zur

Verfügung stellten, dass wir für die technische Betreuung und Organisation vor und während der Rallye sorgten und den Einsatz auch finanzierten. Wie Sie das nun nennen wollen, überlasse ich gerne Ihnen, wir verstehen darunter eine Werks-Unterstützung von Privatfahrern. Ein voller Werkseinsatz der Daimler-Benz AG würde nach meiner Vorstellung etwas anders aussehen.«
Auf der zweiten Vorstandssitzung des Jahres 1978 beschloss der Vorstand grundsätzliche Zustimmung zur Motorsportbeteiligung. Er gab grünes Licht für die erste Stufe eines Stufenplans.
Die Generalprobe mit vier 280 E im März 1978 bei der East African Safari in Kenia verlief enttäuschend. Das Team Zasada/Krupa kam auf den sechsten Platz. Die beiden Routiniers Singh und Cowan tauchten zu tief ins Wasser, ohne die Luftansaugung umgestellt zu haben, und mussten ihre Autos mit Wasserschlag abstellen. Nicht weniger verhängnisvoll war eine eingedrückte Ölwanne des Teams Fowkes/Kaiser, die den Beweis antraten, dass Ölmangel für einen Motor genauso verhängnisvoll ist wie Wasser im Ansaugtrakt.
Am 16. Mai 1978 ordnete der 107er-Spezialist Manfred Flaig auf Grund eines Waxenberger-FS eine Korrektur des oberen Aufnahmepunktes der Stoßdämpfer an der Hinterachse an. Extreme Beanspruchungen bei Testfahrten machten diese Änderung erforderlich.
Ende Juli 1978 erarbeitete »Wax« ein weiteres Exposee an den Entwicklungschef Werner Breitschwerdt zu dem Thema »Teilnahme an Automobilrennen mit DB-Fahrzeugen«. Unterschrieben war das Statement wieder von der gesamten Entwicklungs-Hierarchie – wie schon das Memorandum vom 17. Oktober 1977.
Erich Waxenberger hielt nach wie vor nur zwei Typen aus dem damaligen Programm bedingt für eine Sportbeteiligung brauchbar, nämlich den 280 E und den 450 SLC 5,0, dies aber auch nur dann, wenn sie nahe genug an das Mindestgewicht von 990 kg (280 E) beziehungsweise 1225 kg (450 SLC 5,0) gebracht werden konnten.
Bisher unbekannt ist der damalige Hinweis auf einen C 123 E 38 mit einem Mindestgewicht von 1115 kg. Dies wäre nach der Daimler-üblichen Typen-Kennzeichnung ein 380 CE gewesen; ein Auto, das es nie gab, an dessen Realisierung aber offensichtlich gedacht wurde.
Für eine Teilnahme an Rundstreckenrennen sah Erich Waxenberger kein geeignetes Fahrzeug im Typenprogramm, da ein Wagen mit niedrigem Gewicht und kleinem c_w x F-Wert fehlte. Eine bedingte Möglichkeit sah er in der Teilnahme an einigen Rundstreckenrennen der Gruppe 2.
Interessant ist auch Waxenbergers Stellungnahme zur Teilnahme an Rallyes: »Selbst unter der obigen Voraussetzung sind unsere Fahrzeuge wegen den Abmessungen und ihrem Leistungsgewicht nur für 2–3 Rallye-Weltmeisterschaftsläufe geeignet, während Langstrecken-Rallyes wie London–Sydney und die Südamerika-Rallye mit größerem Aufwand und größerer Vorbereitung auch mit den derzeitigen Typen gefahren werden können.«
Die Safari- und die Bandama-Rallye sah Waxenberger als geeignet an, er rechnete jedoch mit starker Konkurrenz und nicht ohne weiteres mit einem Sieg. Auch hier zeigt sich, dass Waxenbergers spätere Äußerungen keineswegs beschönigende Statements waren, sondern seine schon sehr früh geäußerte Meinung darstellten.
Am 1. August 1978 informierte Erich Waxenberger Entwicklungschef Werner Breitschwerdt über die Aussichten für das Jahr 1979. Er sah Chancen bei der Ostafrika-Safari und der Bandama-Rallye

sowie – mit Abstrichen – bei der Rund-um-Australien- und der Akropolis-Rallye. Er wies auch darauf hin, dass mit den Vorbereitungen für die Ostafrika-Safari im Oktober begonnen werden müsse, um notwendige Änderungen noch rechtzeitig in die Einsatzwagen einbauen zu können. Waxenberger schlug, im Falle der Teilnahme, den Aufbau der ersten Erprobungskarosserie für September/Oktober 1978 vor. Den Aufbau der vier Einsatzkarosserien sah er für die Zeit zwischen Ende Januar und Ende Februar 1979 vor. Dementsprechend hatte er für die Aggregate-Bereitstellung Ende November 1978 für den Erprobungswagen und Ende Februar 1979 für die Einsatzwagen vorgesehen.

Die Aussichten, Rallye-Weltmeisterschaftsläufe zu gewinnen, beurteilte Waxenberger nur bei der Safari-Rallye, der Rallye Akropolis und der Bandama-Rallye als günstig.

In einem Statement an seine Vorstandskollegen teilte Professor Werner Breitschwerdt am 16. Januar 1980 mit, dass von sechs geplanten Einsätzen drei Läufe gewonnen werden könnten. Die Neuseeland-Rallye wurde als schlecht abschätzbar bezeichnet, die Portugal- und die Akropolis-Rallye wurden als nicht optimal geeignet angesehen. Wörtlich hieß es zum Abschluss: »Wir wollen uns jedoch beteiligen, um auch in diesen Rallyes Erfahrungen zu sammeln, und werden eine Platzierung unter den ersten zehn beziehungsweise unter den ersten sechs bereits als Erfolg bewerten.«

Am 31. Juli 1980 wurde in einer Besprechung bei Breitschwerdt eine Vorstandsvorlage erarbeitet, welche die mittelfristige Sportbeteiligung zum Inhalt hatte. Für 1980 war der C 107 als Haupttyp vorgesehen, der C 123 als zweiter Typ für bestimmte Veranstaltungen. Für 1981 sollte der C 107 mit stärkerem Motor, verbesserten Bremsen und geringerem Gewicht als Haupttyp zum Einsatz kommen. Daneben war auch der R 107 mit um 360 Millimeter verkürztem Radstand und denselben Modifikationen wie beim C 107 für kurvenreiche Strecken vorgesehen.

Für 1982 sollte eine Sonderausführung des R 107 mit mechanischem Fünfgang-Getriebe, Mehrscheiben-Kupplung, Verwendung von Kunststoff für Hardtop, Kotflügel und Türen in der Rallye-Version auf 1250 bis 1280 Kilogramm kommen. Die Sonderteile sollten zur Schonung der eigenen Kapazität von Fremdfirmen bezogen werden. Aus Homologationsgründen mussten vierhundert Einheiten gebaut werden, um in der Gruppe vier starten zu können. Davon waren 380 Wagen für den Verkauf als Sonderserie vorgesehen. Für den Wettbewerbseinsatz rechnete Waxenberger mit einer Motorleistung von 350 PS / 257,5 kW.

Für 1983 sollte der R 107 als Zweittyp eingesetzt werden. Als Haupttyp hatte Erich Waxenberger einen aus dem damals neuen W 201 abgeleiteten zweitürigen Rallyewagen mit auf 2300 Millimeter verkürztem Radstand und einer Leistung von zirka 260 PS / 191 kW vorgesehen. Fünf Monate später wurde er noch konkreter und konsequenter: Er sah, je nach Strecke, W 201 mit Standardantrieb, Mittelmotor und Heckantrieb und ein Vierradantriebs-Konzept vor.

Für Sprintstrecken hatte Erich Waxenberger einen 2,5-Liter-Saugmotor, für Langstrecken einen 2,1-Liter-Turbomotor im Auge. Rückblickend ist es also jammerschade, dass der Vorstand kalte Füße bekam, sonst hätten wir heute vielleicht außer einem Lancia auch einen Mercedes Integrale.

So aber entsprach das vorhandene Material nicht unbedingt Erich Waxenbergers Wunschvorstellungen. Er musste versuchen, mit dem Verfügbaren das Beste zu erreichen, und er musste dafür auf den 450 SLC 5,0 zurückgreifen.

Die raue Wirklichkeit

oder: Der Parforceritt durch Südamerika (17. August bis 24. September 1978)

Zunächst musste es jedoch noch einmal ohne den 5,0 gehen. Nach den doch deprimierenden Erfahrungen bei der Kenia-Safari 1978 zog Erich Waxenberger alle Register planender Organisationskunst, um sich an die fast dreißigtausend Kilometer (genau waren es nach dem Strecken- und Zeitplan von Daimler-Benz 28.602 km) der »Vuelta a la America Sud« zu wagen. Die vom Automobil Club Argentino (ACA) veranstaltete Mammut-Rallye führte gegen den Uhrzeigersinn durch zehn Länder (Argentinien, Bolivien, Brasilien, Chile, Ecuador, Kolumbien, Paraguay, Peru, Uruguay, Venezuela) rund um den südamerikanischen Kontinent. Um der ganzen Veranstaltung den Anstrich einer gemächlichen Expedition zu nehmen, bestanden zirka sechstausend Kilometer aus Sonderprüfungen.

Am 28. Juni 1978 hatte Erich Waxenberger an Jürgen Otto vom Export-Kundendienst in Südamerika einen genau ausgearbeiteten Tank- und Serviceplan mit der Angabe der Tankstellen und der Servicepunkte geschickt. Otto leitete die Treibstoff-Bereitstellung in die Wege und fertigte Lageskizzen für schwierig zu findende Tankstellen an.

In einer Pressemitteilung zu dieser Veranstaltung wies Daimler-Benz darauf hin, dass das Reglement keinerlei Leistungssteigerungen erlaubte. Also wurde als Motorleistung die damalige Serienleistung des 280 E mit 185 PS / 136 kW und die des 450 SLC mit 217 PS / 159,5 kW angegeben.

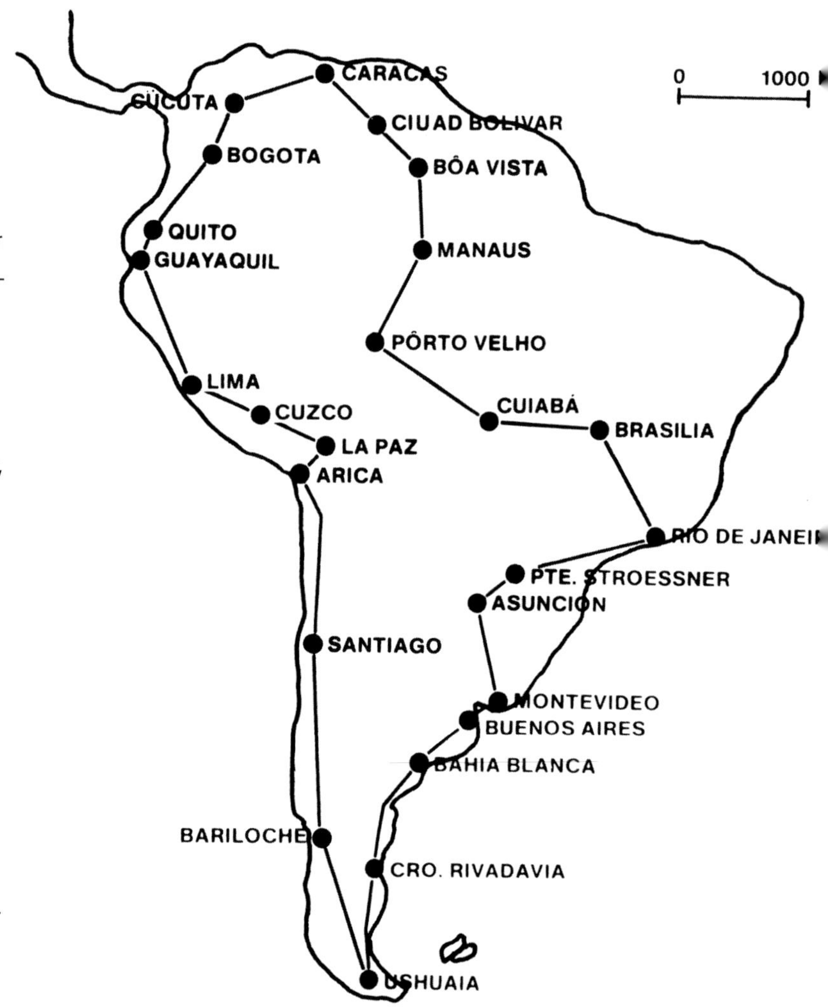

Streckenplan der Mammutrallye.

Pistenschreck im Serientrimm. Lediglich die Scheinwerferbatterie und die höher gelegte Karosserie lassen auf den exotischen Einsatz schließen.

Das biederste Rallyecockpit der Welt. Nur die Schalensitze, die Zugschalter für Ersatzbenzinpumpen und Scheinwerfer sowie der Tripmaster weisen auf Größeres hin.

Heute ist ein nachträglicher Blick hinter die damaligen Kulissen durchaus von einigem Interesse: Die Leistungs-Streuung der Sechszylinder-Motoren Z 13–591 bis 594 lag zwischen 180,11 PS / 132,5 kW und 180,33 PS / 132,6 kW und somit fast fünf PS unter dem Sollwert. Die Achtzylinder-Motoren streuten dafür kräftig nach oben. Zwischen 227,35 PS und 234,1 PS (167,2–172,2 kW) lagen die Leistungswerte der eingebauten Motoren mit den Versuchsnummern U 07–578 bis 581. Für die eingesetzten 280 E wurde der Ersatzmotor Z 13–592 mit 180,11 PS / 132,5 kW und für die 450 SLC der Reservemotor U 07–582 mit 232,38 PS / 170,9 kW bereitgehalten.

Als Favorit für die südamerikanische Rallye wurde allgemein das finnisch-französische Team Timo Mäkinen / Jean Todt gehandelt, doch bereits am zweiten Tag begann sich die Pechsträhne für das Star-Duo abzuzeichnen. In dem Ort Mercedes (wie sinnig!) erhielten die beiden eine unbekömmliche Benzin-Wasser-Mischung in den Tank geschüttet. Eine glatte Stunde verloren die Mercedes-Piloten nach diesem Missgeschick. Dieser Umstand veranlasste übrigens Erich Waxenberger zu einem Telefonat am 21. August 1978, in dem er eine KA-Einspritzanlage anforderte, da Spülungen mit Spiritus nur unbefriedigende Ergebnisse brachten. Bei dieser Gelegenheit monierte er auch die bereits massiv gegossenen linken Motorträger , die erneut gebrochen waren. Doch für das Team Mäkinen/Todt sollte es noch schlimmer kommen: Drei Bodenwellen katapultierten den SLC mit einem vierfachen Überschlag in die Randflora der Urwaldpiste. Nach der

Die Siegercrew Andrew Cowan / Colin Malkin ahnte zu diesem Zeitpunkt noch nichts von ihrem Triumph.

Landung auf vier Rädern hatte sich zwar die Silhouette des SLC drastisch verändert, aber fahrbar war das Ungetüm immer noch, es musste nur irgendwie zurück auf die Piste. Ein Traktor, an dem die beiden kurz zuvor vorbeigeflogen waren, hatte sich trotz des Botanikausflugs in Jean Todts Kurzzeit-Gedächtnis eingegraben. Während Todt also zurücksprintete, um für zusätzliche Off-Road-Zugkraft zu sorgen, entdeckte Timo Mäkinen seine Talente als Karosseriespengler. Er war auch in dieser Disziplin so überzeugend, dass noch heute Daimler-Schrauber aus jenen Tagen mit Hochachtung von Mäkinens Talenten berichten. Ohne seine handwerkliche Hilfe wäre das Auto nämlich nie bis Buenos Aires und dann noch auf den vierten Platz gekommen.
Weltbekannt wurden die Bilder der »Staub-Badewanne« im Amazonas-Urwald vor Manaus, in der die Teilnehmer reihenweise »ertranken« und aus der sie von Bulldozern, zum Teil im Konvoi, geschleppt werden mussten. Die Rallye wurde auf Grund dieses Desasters für fünf Stunden neutralisiert.
Irgendwie muss diese Aktion bei den Beobachtern zu Halluzinationen geführt haben. Bis heute taucht immer wieder die Legende

Schlechte Aussicht für Sobieslaw Zasadas Beifahrer Andrzej Zembrzuski.

Jetzt ging dem polnischen Team, dank einer Notscheibe, nicht mehr die Sicht, dafür aber im Lehm der Grip verloren. Der schleppende Bulldozer hatte einen »heißen Tag«.

von dem Hubschrauber auf, der Mercedes Fahrzeuge über die Passage gehievt haben soll. Aber auch durch beharrliches Wiederholen wird aus einer Legende bekanntermaßen noch lange keine Tatsache. In der *Automobil Revue* aus Bern vom 5. Oktober 1978 bezeichnete der Südamerika-Korrespondent dieses renommierten Blattes, B. Kirbus, diese Story eindeutig als Legende.
In Manaus kam als erstes Team die Crew Anthony Fowkes / Klaus Kaiser auf dem 280 E an. Klaus Kaiser war übrigens jener sturmerprobte Co-Pilot, der schon Eugen Böhringer bei seinen Rallye-Erfolgen erfolgreich begleitet hatte.
Zwischen Boa Vista und der Einreise nach Venezuela musste Star-Dompteur Waxenberger seine fahrende Truppe zur Ordnung rufen. Für »Wax«, selbst nie ein Kind von Traurigkeit, wenn es um das herzhafte Bewegen von motorisierten Fahrzeugen ging, war

Timo Mäkinens Grand Malheur. Während Jean Todt (2.vl) Timo Mäkinens (4.vl) Mechanikerkünste bewundert, läuft Erich Waxenberger (2.vr) mit langen Schritten zur Schadensbegutachtung ein.

der Vorsprung seiner Mannschaft schlicht zu groß. Wer je ein »ur-boarisches Mannsbuid« bei Unmutsäußerungen erlebt hat, kann sich lebhaft Erich Waxenberger vorstellen. Im Übrigen sei allen Waxenberger-Kritikern ins Stammbuch geschrieben, dass auch Alfred Neubauer mit seinem unüberhörbaren Organ recht ausfallend werden konnte, wenn seine Anordnungen nicht befolgt wurden. Und Waxenbergers Aufgabe war eben, möglichst viele vordere Plätze in Buenos Aires für Mercedes-Benz zu belegen. Bis dahin war es jedoch noch fürchterlich weit, und die Andenpässe mit ihren viertausend Höhenmetern und den Stoßdämpfer-fressenden Pisten lagen noch vor dem Feld.

Am 11. September rief Erich Waxenberger nachts aus La Paz in Stuttgart an und orderte für den 14. September in Arica oder einen Tag später in Santiago de Chile vierzehn Sätze hinterer Stoßdämpfer. Nachdem alle Fahrzeuge in Lima neue Stoßdämpfer erhalten hatten, waren die 1102 km zwischen Lima und Cuzco zum Friedhof für alle hinteren Stoßdämpfer geworden. Sie waren in Cuzco defekt – nicht etwa ölundicht, wie Waxenberger extra vermerkte.

In der ersten Anden-Spezialetappe zeigte Timo Mäkinen prompt seine Extraklasse, indem er für seine Bestzeit siebentausend US-Dollar Prämie kassierte. Somit hatte er die Investition von 250 Dollar, die er vor Caracas für eine Batterie ausgegeben hatte, als er sie einem Lkw-Fahrer abkaufen musste, reichlich wieder hereingeholt.

Wie ein Löwe kämpfte auch der Pole Sobieslaw Zasada und rechtfertigte so auch vor Kritikern nachhaltig seinen Einsatz im Mercedes-Team. Zwischen Quito und Lima hatte er, trotz eines teilweisen Handicaps durch einen Gipsverband am linken Knie, die Führung übernommen. Lange konnte der tapfere Pole die Spitzenposition allerdings nicht halten: Von Schmerzen geplagt, musste er immer öfter seinem Beifahrer Andrzej Zembrzuski das Lenkrad überlassen und die Spitze an den zweimaligen London–Sydney-Gewinner Andy Cowan abgeben.

Das Team Cowan/Malkin verteidigte seine Leader-Position dann bis zum Ziel in Buenos Aires, das es mit einem Vorsprung von 43 Minuten erreichte, und das, obwohl der Motor des Siegerautos Wasser am vierten Zylinder verlor. Bei der späteren Demontage entdeckte man eine Riefe auf der Zylinderkopf-Trennfläche. Andy Cowan war so erschöpft, dass er nach dem Siegerschluck aus der obligatorischen Champagnerflasche erst einmal zusammenbrach.

Für Daimler-Benz war der Erfolg total. Die ersten fünf Plätze gingen an die Untertürkheimer, die beiden ersten Plätze wurden von 450 SLC belegt. Beachtlich waren der dritte Platz des Teams Fowkes/Kaiser auf dem 280 E und die vierte Position der Crew Mäkinen/Todt mit ihrem kaltverformten »Wellblech-Auto«.

Auch das dicke Ende machte einen zerknitterten Eindruck.

Noch heute bewundern die Mechaniker Timo Mäkinens handwerklichen Einsatz und Geschick.

Vom Staub der kahlen Anden ins Wasser der Bachfurt. Den Fels hat Mäkinen zum Glück knapp verfehlt. Noch führen Mäkinen/Todt vor Zasada/Zembrzuski auf der ersten Andenetappe.

Ein fahrendes Rallyeauto muss nicht unbedingt ein schönes Auto sein. Jean Todt betrachtet das Ganze noch mit leichter Skepsis.

Für die ersten vier Plätze wurde für die Teilnehmer eine Erfolgsprämie in Höhe von siebentausend Mark für den Fahrer sowie dreieinhalbtausend Mark für den Beifahrer vorgesehen. Am 29. September 1978 fand im Museum der Daimler-Benz AG die Siegerehrung durch den Vorstandsvorsitzenden, Prof. Dr. Joachim Zahn, statt.
Nun ließ sich das Sportengagement nicht mehr verheimlichen. In *auto motor und sport*, Heft 20/1978, nahm sich Norbert Haug in seinem Artikel »Wandering Star, Mercedes auf der Suche nach dem Sport von morgen« kritisch der versteckten Sportbeteiligung an. Zu Recht vermerkte er: »Weil Mercedes sich nicht traut, von offiziellen Werkseinsätzen zu sprechen, wird auch darauf verzichtet, einen Sport-Erfolg als Werbung für Mercedes-Wagen an die Öffentlichkeit weiterzureichen.«

Das Siegerduo Cowan/Malkin, hier als abgekämpfte, aber glückliche »Flaschenkinder« nach dem Sieg ...

... und hier mit scharfer Bügelfalte und Pokalen im Daimler-Benz Museum.

Heija (East African) Safari

oder: der »Oster-Spaziergang« (12. bis 16. April 1979)

Fliegen und fliegen lassen: Messfahrten in Kenia zur Vorbereitung der Rallye.

Bereits im Herbst 1978 begannen die intensiven Vorbereitungen für den Einsatz in Kenia im folgenden Frühjahr. Eine Grundvoraussetzung für eine erfolgreiche Teilnahme war mit der Präsentation des 450 SLC 5,0 im Jahr 1978 geschaffen worden, und die im August in Südamerika gewonnenen Erfahrungen erleichterten die Vorbereitung.
Die im Herbst 1978 durchgeführten Erprobungsfahrten wurden mit großem Aufwand betrieben. Der heute in der Formel 1 und der Gruppe C selbstverständliche Einsatz der Telemetrie, der drahtlosen Übermittlung von Motor- und Fahrwerksdaten während der Fahrt, wurde hier in Anfängen erprobt. Im Fahrzeug wurde neben unzähligen Messstellen ein Sender eingebaut, der seine Signale an einen Empfänger übermittelte, der in einem über dem Fahrzeug fliegenden Hubschrauber installiert war.

Nicht mehr lange wird der Motorraum so »übersichtlich« bleiben.

Ein kleineres Dreispeichen-Sportlenkrad und ein Drehzahlmesser mit um 180° gedrehter Skala zur besseren Ablesbarkeit dominieren im Blickfeld des Piloten.

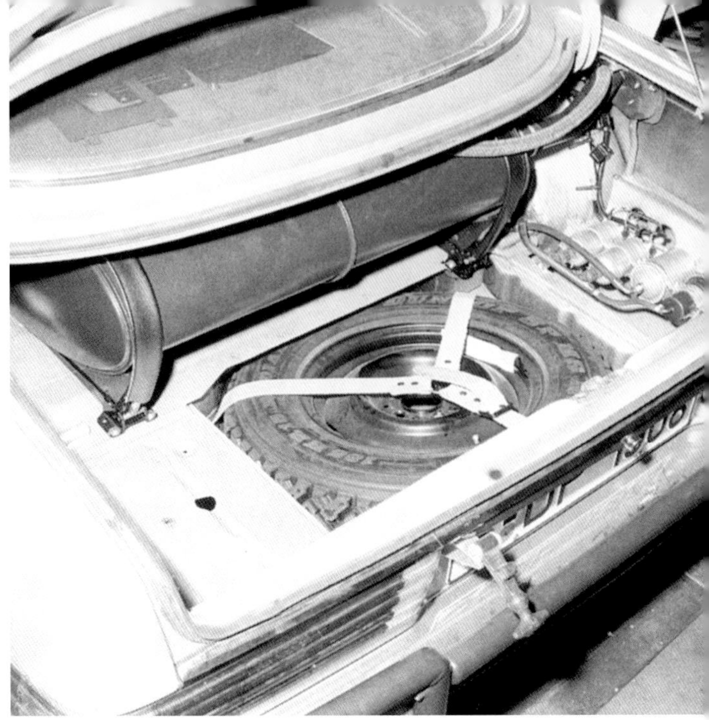

Der große Tank und die Batterie von Benzinpumpen sorgen für die nötige Achslast.

Das »kleine Handlager« in Nairobi sorgte für den nötigen Nachschub bei der East African Safari 1979.

Zunächst stellte sich die Haltbarkeit der Stoßdämpfer als großes Problem heraus. Bei Betriebstemperaturen von 200 °C reichte die Schmierfähigkeit des Stoßdämpfer-Öls nicht mehr aus. Gegenüber der bis dahin verwendeten Mischung von Esso 3041 N mit einem 25-prozentigen Zusatz von Molykote M 55 plus brachte das Hydrauliköl Shell Spirax HD 80–90 eine deutliche Verbesserung. Deshalb wurden für das zweite Safari-Training Stoßdämpfer mit dem Shell-Öl gefüllt.

Am 13. Dezember 1978 teilte Versuchschef Karl-Heinz Göschel dem damaligen Pressechef Günther Molter den vorgesehenen Einsatz bei der East African Safari mit. Vorgesehen waren auf drei 450 SLC 5,0 die Fahrer Björn Waldegaard, Hannu Mikkola sowie Vic Preston und dazu auf zwei 280 E Joghinder Singh und Andrew Cowan. Am 18. Januar 1979 wurde noch Sobieslaw Zasada, der Pole mit dem großen Kämpferherz, nachgeschoben.

Interessant an diesem Bild ist der zweite, nach hinten gerichtete Ansaugrüssel auf der rechten Seite des Luftfiltergehäuses. Mit einem Schlauch wurde er mit dem in der Stirnwand sitzenden Stutzen verbunden. Nach Umschalten vom Ansaugstutzen auf der linken Seite konnte bei Wasserdurchfahrten die Verbrennungsluft aus dem Innenraum angesaugt werden.

Die endgültige Entscheidung, an dieser Veranstaltung teilzunehmen, wollte man sich jedoch bis zum Abschluss des zweiten Testprogramms offenhalten. Presseanfragen sollten »so vage wie nur möglich« beantwortet werden.
In der Werbezentrale überlegte sich mittlerweile deren Leiter Dr. Bausch, ob über die Rallye ein Film gedreht werden sollte. Er wies den PR-Vorstand Heinz Schmidt auf die Kosten von dreihunderttausend Mark hin. Im Jahr zuvor hatte der Film noch hunderttausend Mark gekostet, war aber als unzureichend betrachtet worden. Wegen der »Unabwägbarkeit des Ausgangs einer Rallye« scheute man aber die Kosten eines Films, es sollten lediglich, »falls durch Erfolg akut«, Plakate vorhanden sein.
Eines war jedenfalls klar – entgegen aller bis heute immer wieder zitierten Zahlen war die Homologation des SLC in der Gruppe 4 bereits durch die Produktion des Jahres 1978 gesichert. Die Mindest-Produktionszahl von vierhundert Fahrzeugen war im Jahr 1978 mit 524 gebauten Leichtbau-Coupés deutlich übertroffen worden.

Nichts wurde vergessen. Sogar an die Halteschlaufen für den Beifahrer auf der hinteren Stoßstange wurde gedacht.

»Es gibt was zu tun, also packen wir's an«, scheint hier die Devise zu sein. Noch lässt sich Erich Waxenberger gelassen informieren.

In einem See in der Nähe von Nairobi ging Vic Preston jr. mit seinem SLC auf Tauchstation und überzeugte sich von der Funktionstüchtigkeit der Luftansaugung aus dem Innenraum.

Keniatische Schlammfontänen made by Mercedes-Benz.

Heija (East African) Safari

oder: der »Oster-Spaziergang« (12. bis 16. April 1979)

Schwung ...

... und Konterschwung, wo Länge zur Last wird.

Björn Waldegaard beim Reifenwechsel. Getankt wird in Kenia aus der Milchkanne. Die Hinterachse schien Probleme zu machen.

Mehr oder weniger gezielte Desinformation wurde auch mit den Angaben zum »Einsatzgewicht« betrieben: Hatten die Ingenieure Norbert Haug für seinen in *auto motor und sport*, Heft 9/1979, erschienen Bericht über die Rallyevorbereitungen noch ein Einsatzgewicht von 1670 Kilogramm angegeben, ein Wert, der bis heute immer wieder fortgeschrieben wird, so verringerte sich das Einsatzgewicht in einer Presseinformation der Daimler-Benz AG vom 14. März 1979 in wundersamer Weise auf sage und schreibe »unter 1400 kg«.

Hätte dies den Tatsachen entsprochen, hätte Erich Waxenberger mit seinen Mannen vor lauter freudigen Luftsprüngen als Kunstturn-Riege auftreten können. In Wirklichkeit lag das Einsatzgewicht ohne Fahrer, das Versuchsingenieur Gebhard in einem von Manfred Flaig unterzeichneten Bericht vom 3. April 1979 ermittelt hatte, bei 1812 kg.

Den im Vergleich zu den Wettbewerbsautos recht zivil daherkommenden SLCs hatte man trotzdem eine Menge Modifikationen mit auf den Weg gegeben, die zum Teil unsichtbar waren: Motor leistungsgesteigert auf zirka 290 PS / 213,5 kW, Hubraum 4973 cm^3 (Serie 5025 cm^3), Lüfter 430 mm axial (Serie halbaxial), 30 mm tief, 8-Flügel-Lüfterkupplung temperaturgesteuert bei 65 °C, Silikonöl mit höherer Viskosität, Lichtmaschine 75 A mit großem Lima-Träger, Deckel für Motoröl-Einfüllstutzen mit Kette gesichert, Öldruckwarnleuchte 3–0,5 bar, Zündanlage gegen Wasser abgedichtet, Luftansaugung umschaltbar auf Ansaugung aus dem Innenraum, Auspuff-Blechkrümmer (Serie Gusskrümmer).

Heija (East African) Safari

oder: der »Oster-Spaziergang« (12. bis 16. April 1979)

Des einen Freud ist des anderen Arbeit.

Das Getriebe wies härtere und höher gelegte Schaltpunkte auf, der zweite Gang K1 stammte vom 6,9-Liter mit sechs Lamellen und verbessertem Bremsband, Getriebeentlüftung wurde in den Motorraum verlegt (Wasserdurchfahrten) und ein verstärkter Wandler vom M 116 mit Festbremsdrehzahl 2200/min (Serie 1800/min) montiert.

Der Motorträger wurde zusätzlich an zwei Hauptlager-Schrauben und am Zylinderkopf abgestützt, er wurde zudem von oben an das Motorlager geschraubt. Außerdem wurden noch folgende Modifikationen durchgeführt: Motorlager ausgegossen, harte Gummimischung und mit 10 mm Aluplatte unterlegt, hinteres Lager 70° Shore mit 2,5 mm starken Zwischenblechen im Hub begrenzt, wegen karosserieseitigem Halter für große Gummiausführung wurde die Gewindestange des Motordämpfers verlängert, Schaltkulisse verändert, um Verschalten in »N« zu verhindern, Gelenkwellen (vorn 45 x 3,5 mm, hinten 60 x 2,5 mm), verstärkte Gelenkscheibe, Gelenkzwischenlager verstärkt ähnlich W 108, Gaspedal in hängender Ausführung wegen hoher Fußraumtemperaturen. Der Achsträger an der Vorderachse wurde mit Zuganker-Blech verstärkt, die Federdome wurden gedoppelt und mit eingeschweißtem Flansch für Aus- und Einfederungsanschlag versehen. Alle darüber noch hinausgehenden Änderungen sind im Anhang dieses Buches ersichtlich.

Der lange Zeit führende Hannu Mikkola beim »Pflügen«.

Trotz des hohen Einsatzgewichtes verzagten die Untertürkheimer nicht, war doch in erster Linie Zuverlässigkeit und Ankommen vor reiner Höchstgeschwindigkeit gefragt. Der Griff ins Volle hat bei Daimler-Benz Tradition. Nichts wurde dem Zufall überlassen. Das eingeflogene Ersatzteillager war riesig. Fünf Mercedes-Geländewagen waren als »mudcars« für in Schlammlöchern stecken gebliebene Teammitglieder vorgesehen, zwei Flugzeuge und ein Hubschrauber sorgten für den großen Überblick. Beim Reifenhersteller Dunlop waren in Hanau und Japan 500 Reifen gekauft und nach Kenia transportiert worden. Die 20.000 Testkilometer entsprachen denen des Konkurrenten FIAT.
Auf der Fahrerseite wurde auch nichts dem Zufall überlassen. Dem Mitbewerber Ford hatte man die Starpiloten Hannu Mikkola und Björn Waldegaard abspenstig gemacht, von etwa DM 30.000.- Honorar war damals die Rede. Als Dritter im Bunde wurde der in Kenia lebende Vic Preston jr. engagiert.

Daimlers Gesamtetat für die East African Safari wurde auf vier Millionen Mark beziffert, was angesichts eines FIAT-Budgets, das die Daimler-Ausgaben noch um eine Million übertraf, den ungeheuren Aufwand beleuchtet, der für eine solche Expedition getrieben werden musste. Alle 20 Teams haben seinerzeit rund 15 Millionen Mark in das Safari-Engagement investiert.
Auf der am ersten Tag gefahrenen ersten Schleife erlebte Björn Waldegaard alle Höhen und Tiefen eines Rennfahrers. An der Spitze liegend, scherte ihm ein zu fest angezogener Bolzen am Hinterachslenker ab. Den nächsten Kontrollpunkt erreichte er nach dem Wechsel der Hinterachse und gnadenloser Aufholjagd gerade mal drei Minuten vor dem Überschreiten der erlaubten Maximalzeit. Dafür hatte er am nächsten Tag das Glück des Mutigen. An einer vom Wasser überspülten Brücke, an der Walter Röhrl mit seinem Fiat stecken blieb und erst nach einer Stunde von zwei Jeeps wieder flottgeschleppt wurde, setzte Waldegaard alles auf

Trotz eines sechsten Platzes konnten sich Waldegaard/ Thorszelius wie Sieger freuen.

eine Karte und preschte mit Schwung durch die Fluten. Wie wenig wohl es ihm bei dieser Aktion war, zeigte die Tatsache, dass er seinen Beifahrer Thorszelius vorher aussteigen ließ.

Hannu Mikkola hatte sich dieses Mal viel vorgenommen. Er wollte keine Dummheiten machen und sein Temperament im Zaum halten. Fast schien es so, als sollte seine Rechnung aufgehen. Lag er nach der ersten Etappe noch auf dem zweiten Platz hinter dem Peugeot von Timo Mäkinen, so konnte er nach dessen Ausfall die Leaderposition übernehmen. Aber auch Hannu Mikkola hatte mit den Unbilden der Technik zu kämpfen. Als das Mittellager der Hinterachse Auflösungserscheinungen zeigte, half Erich Waxenberger mit einer improvisierten Flaschenzug-Verspannung aus und bewies überzeugend, dass Improvisation auch im High-Tech-Zeitalter noch ihre Berechtigung hat.

Zu Beginn der dritten Etappe liegt er immer noch zehn Minuten vor dem in Kenia geborenen Inder Shekhar Mehta auf dem Datsun 160 J.

Ein Kühlerschaden jedoch, in hausinternen Unterlagen als Steinschlag definiert, in zeitgenössischen Berichten als zerborstener elektrischer Zusatzlüfter deklariert, dessen Antriebswelle sich in den Kühler bohrte, ließ des Finnen Siegesträume auf Mercedes schließlich wie eine Seifenblase zerplatzen. Eigentlich hätte er noch gewinnen können, wenn man die beschädigten Lamellen mit einer Zange zusammengezwickt und Dichtungsmittel in das Kühlwasser geschüttet hätte. Aber Erich Waxenberger schwebte gerade im Flugzeug über der Strecke, und die eifrigen Serviceleute bauten den Kühler aus, reinigten und reparierten ihn. Nachdem er wieder eingebaut war, hatte der inzwischen führende Shekhar Mehta auf Datsun einen uneinholbaren Vorsprung von einer Stunde.

Für Daimler-Benz endete die Safari mit einem zweiten Platz des Teams Mikkola/Hertz auf dem 450 SLC 5,0, einem vierten Platz von Cowan/Syer auf dem 280 E und einem sechsten Platz von Waldegaard/Thorszelius auf dem 450 SLC 5,0.

Für einen Einstand war dieses Ergebnis auf einer solch harten Strecke aller Ehren wert.

Bandama-Rallye Côte d'Ivoire

oder: das Wintergewitter (9. bis 14. Dezember 1979)

Wenn vier SLCs durch die Savannen der Elfenbeinküste stampften, dann war das eine phonetische Mischung aus trompetenden Elefanten und grollendem Donner. Einen Vorgeschmack dieser akustischen Untermalung lieferten die Versuchsautos C 107 E 50–123 und 124 zwischen dem 30. August und dem 5. September 1979 beim Vortraining zur Bandama-Rallye.

Sachbearbeiter Buhl notierte 41 Punkte. Da rissen zum Beispiel die Auspuffkrümmer hinter der Einmündung von Zylinder vier; die Batteriekapazität reichte nicht aus, um den Motor zu starten, erst nach Zuschalten der zweiten Batterie konnte der »Bollermann« wieder zum Leben erweckt werden; das Getriebe schaltete nur verzögert zurück; die Stoßdämpfer-Einstellung wurde als gut beurteilt, die Dämpferkraft fiel bei warmen Dämpfern merklich ab; die Lenkstangen sollten verstärkt werden, damit Verbiegungen an den leichter zu wechselnden Spurstangen auftreten; die Vorderreifen hielten tausend, die hinteren bis zu fünfhundert Kilometer; der Verschleiß der hinteren Bremsbeläge war größer als bei den vorderen; sowohl der Kunststofftank als auch der Alu-Tank wiesen keinerlei Beschädigungen auf; an beiden Trainingswagen wurde ein Absinken des Hecks festgestellt; die Sitzpolsterung der Recaro-Sitze erwies sich als zu schwach. Außerdem rissen die Motorhauben-Sicherungen an der Vernietung des Sicherungsdrahtes mit der Motorhaube ab. Dieser – nicht abgestellte – Fehler sollte Björn Waldegaard während der Rallye eine bei vollem Tempo auffliegende Motorhaube bescheren und ihn um den Sieg bringen.

Nach dem erfolgreichen Abschluss der Testfahrten machten sich Erich Waxenberger und seine Mannen an die organisatorische Feinarbeit.

Am 17. September 1979 bat »Wax« den Leiter des Export-Kundendienstes, Büsser, um die Bereitstellung seiner in Afrika stationierten sprach- und landeskundigen Mitarbeiter Oldenburg, Voss, Fritz und Sachse zur Betreuung der Rallyewagen.

Am 25. September 1979 wurde dem Daimlerschen Öffentlichkeitszar Helmut Schmidt und seinem Pressechef Günther Molter der Einsatz bei der Bandama-Rallye avisiert. Zur Betreuung waren zwölf Mechaniker und zwei Ingenieure der Abteilung V1FS vorgesehen. Bewerber war indes der Importeur »Societe d'Equipment pour l'Afrique Côte d'Ivoire« (S.E.A.C.I.) und nicht Daimler-Benz.

Ende November / Anfang Dezember war noch einmal ein zehntägiges Trainig angesetzt.

Auch bei diesem Rallye-Einsatz wurde geklotzt und nicht gekleckert. Der Begleit-Tross bestand aus zwei 450 SLC 5,0, einem 280 E, vier Geländewagen 230 G, zwei Geländewagen 240 GD,

Bandama-Rallye Côte d'Ivoire

oder: das Wintergewitter (9. bis 14. Dezember 1979)

Die Sieger der Bandama-Rallye 1979, Mikkola/Hertz, beim Wechsel von Staubwolken in Schlammpfützen ...

... und am Servicepunkt. Startnummer und Crewbezeichnung mussten trotz Staub und Schlamm lesbar bleiben.

drei Unimogs, drei Kombiwagen 240 TD, zwei Lkw L 608 D und einem Transporter L 207 D. Ergänzt wurde dieses Aufgebot durch je drei Lkw L 1213 für den Benzin- und Ersatzteil-Transport sowie sechs Lastwagen gleichen Typs für den Reifentransport, die der Importeur S.E.A.C.I. bereitstellte.

Zwei Flugzeuge wurden als fliegende Überwachungsstationen eingesetzt. Aus ihnen heraus warnte Erich Waxenberger seine Fahrer über Funk vor entgegenkommenden Buschtaxis, Lastwagen und ähnlichem, gefährlich-monströsem Großgerät.

Auch der Betreuer der Kostenstelle 66 71 90 2932 bekam einige Arbeit. Unter dieser Nummer wurden nämlich die Kosten dieser Veranstaltung abgerechnet, so auch am 3. Oktober 1979 die Ausstellung der Carnets für die Fahrzeuge.

Auffälligste Änderung am Bandama-Einsatzfahrzeug gegenüber dem Safari-Wagen war das um 95 Kilogramm geringere Einsatzgewicht. Der Benzintank aus Kunststoff und der Unterbodenschutz aus Kohlefaser-Kunststoff machten in Verbindung mit kleineren Batterien die Gewichtserleichterung möglich. Auch bei den Münchener Kollegen hatte man eine Anleihe getätigt: Der Kühlwasser-Ausgleichsbehälter stammte vom 735i. Das Mantelrohr war jetzt erleichtert, die Bremskraft-Regelung der Hinterachse war über ein Druckminderventil regelbar. Auf Grund der großen Hitze waren alle Scheiben außer der Windschutzscheibe aus wärmedämmendem Glas. Die Hinterachsübersetzung wurde von i = 3,46 auf i = 4,08 verkürzt.

Die Achslastverteilung entsprach mit 51,13 zu 48,86 Prozent fast genau der des Safariautos vom Frühjahr des gleichen Jahres.

Einen ähnlich großen Aufwand wie Daimler-Benz trieb nur noch

Peugeot. Die schnellen 504 Coupés, die eine echte Gefahr für die Mercedes-Crew hätten bilden können, mussten ihre Siegesträume jedoch wegen einer Fülle von zwar typischen, aber trotzdem den Sieg verhindernden Defekten unter der westafrikanischen Sonne begraben.

»Mit einem Hauch von Peinlichkeit« ironisierte der österreichische Starjournalist Herbert Völker in der Wiener *autorevue* die »Mercedes-Makellosigkeit«, die zum vierfachen Erfolg von Mikkola/Hertz (SF/S), Waldegaard/Thorszelius (S), Cowan/Kaiser (GB/D) und Preston jun. / Doughty (EAK) bei der 5600 km langen Rallye führte. Mit seinem zweiten Rang sicherte sich Waldegaard die 1979 erstmals ausgeschriebene Rallye-Weltmeisterschaft.

Realistisch und fair sah den Mercedes-Erfolg ein geschlagener Peugeot-Mann, als er sagte: »Nach Geld wird nur gefragt, wenn man keinen Erfolg hat. Selbst wenn Mercedes eine Million mehr ausgegeben hätte als Peugeot, was sicher nicht der Fall ist, dann wäre dieses Geld optimal angelegt gewesen.«

Dass ein Erfolg bei dieser Rallye kein Zuckerschlecken ist, beleuchtete übrigens recht eindrucksvoll die 72er Ausgabe, als kein Teilnehmer das Ziel erreichte. No winner – no cry, kein Gewinner – kein Geschrei, sprich Jubel, lautete damals die deprimierende Devise.

Erich Waxenberger, der nicht nur gerne alles selbst macht, sondern auch ein begnadeter Gasgeber vor dem Herrn ist, muss sich am nächsten Tag wohl den ganzen Leaderstress von der Seele gefahren haben. Bei einem Weitsprung während einer Testfahrt mit einem Trainigs-SLC brach ein Radträger. Es ging durch die Presse, »Wax« habe mit einem angehockten »Waxenberger« den SLC verschrottet. Aber so gnadenlos das »urboarische Mannsbuid« Waxenberger Gas geben konnte (und er war ja noch lange in Mercedes-Diensten), so viel Gefühl bewies er beim Verschrotten von Automobilen. Auch wenn bis heute der Verschrottungstod des Trainingswagens kolportiert wird, handelt es sich bei dieser Geschichte um nicht mehr als eine Zeitungsente. Das wirkliche Ende im Schrott kam für die beiden Bandama-Trainingscoupés erst am 8. Januar 1981 beziehungsweise am 27. März 1981.

Das eine diente unter anderem 1980 in Argentinien als Mikkolas Einsatzwagen, das andere war im selben Jahr Waldegaards Einsatzwagen in Portugal und Neuseeland, bei der Rallye Akropolis diente es als Prestons Einsatzwagen.

Als Dritte im Ziel: das Team Andy Cowan / Klaus Kaiser.

Volles Programm

oder: das Jahr 1980

Für das erste Jahr des neunten Jahrzehnts des 20. Jahrhunderts hatte sich Erich Waxenbergers Crew das silberne Dickschiff noch einmal gründlich vorgenommen, hieß es doch in diesem Jahr, auch verwinkelte europäische Straßen unter die Rennreifen oder notfalls auch unter die Slicks zu nehmen.

Als erstes wurden die Radausschnitte erweitert und mit sieben Zentimeter breiten, schwarzen Kotflügel-Verbreiterungen garniert. Jetzt passten auch zwischen sieben und neun Zoll breite Aluminium-Felgen in die schwäbischen Radhäuser. Je nach Strecke konnten Slicks bis zur Größe von 225/60 x 15 aufgezogen werden.

Am 17. Januar 1980 informierte der Versuch den Bereich Öffentlichkeitsarbeit über die Teilnahme von zwei Fahrzeugen an der Rallye Portugal vom 4. bis 9. März 1980.

Björn Waldegaard wird der zu Beginn der Rallye ausgesprochene Satz nachgesagt: »Wenn alles gut läuft, werde ich am Ende wohl nur Sechster, dafür aber am ausgeruhtesten sein.« Mit seinem vierten Platz sollte er seine Voraussage schließlich weit übertreffen. Auch der erste Einsatz von Ingvar Carlsson, der mit einem fünften Platz endete, konnte die Mercedes-Mannschaft durchaus zufrieden von der Iberischen Halbinsel heimwärts ziehen lassen.

Das Rallye-Gesicht 1980 bei Daimler-Benz.

Kenia-Safari

oder: Aller guten Dinge sind drei (3. bis 7. April 1980)

Beim dritten Mal wollte man es in Untertürkheim genau wissen, da musste es doch schon mit dem Teufel zugehen, wenn es nicht endlich gelänge, die Kenia-Safari zu gewinnen. Die Vorbereitungen waren denn auch so gründlich wie nie zuvor.

Zwischen dem 12. und dem 31. Oktober 1978 tobte ein 450 SLC mit dem einheimischen Fahrer Vic Preston jun. am Lenkrad durch die Taita- und Ngong-Hills in der Nähe von Nairobi. Die bei einer Außentemperatur von 34 °C erreichten Öltemperaturen an Motor mit 138 °C, Servolenkung mit 126 °C, Getriebe mit 139 °C und Differenzial mit 175 °C lassen auf einen wettbewerbsgerechten Fahrstil des einheimischen Fahrer schließen.

Die über Telemetrie an einen in einer Höhe von zwei- bis dreihundert Meter über dem Fahrzeug fliegenden Hubschrauber übermittelten Daten sollten dazu dienen, die Beanspruchungen des Fahrwerks, der Motoraufhängung, des Kraftstofftanks und verschiedener Karosseriebereiche zu erfassen.

Die Messstrecken (Bura–Wundani II, 17 km; Kreuzung Ndi–Wundani I, 65 km – beide in den Taita-Hills – sowie Olepolos–Suswa in den Ngong Hills, 15 km) wurden dreimal durchfahren. Alle Änderungen, die die Fahrzeuge gegenüber dem Vorjahr aufwiesen, finden sich im Anhang dieses Buches. Ihr Mehrgewicht von 57,7 kg gegenüber dem Bandama-Fahrzeug kam durch Räder und Reifen, vorderen Rammschutz, Motorunterschutz Aluminium, DB-Rallye-Computer, aufgepolsterte Sitze, Gummifußmatten, Abstützung des Überrollkäfigs in den Kofferraum, zusätzlichen Doppler auf den Schräglenkern, Seilwinde und das verstärkte vordere Querrohr (45 Millimeter) zustande.

Das Ergebnis war mit einem dritten, sechsten und zehnten Platz enttäuschend. Durch die ausschließlich trockenen Pisten war die Fahrwerksbeanspruchung besonders groß. Die Nissan-Crew wechselte an ihren Datsuns nach jeder Etappe in nur vierzehn Minuten die einfach auszubauende hintere Starrachse. Bei den Mercedes-Teams Cowan/Kaiser, Waldegaard/Thorszelius und Mikkola/Herz brachen die Guss-Radträger. Das letztgenannte Team wurde schließlich disqualifiziert, als Erich Waxenberger kurz entschlossen den durch einen schleudernden Teilnehmer an der Hand verletzten Hertz ersetzte.

S DP 3066

S DP 3066

S-DC 6291

Akropolis ade

oder: das Desaster in Griechenland (24. bis 30. Mai 1980)

Auf den Mercedes-Einsätzen in Griechenland scheint der Fluch des Unglücks zu liegen. Schon 1965 war es Dieter Glemser nicht gegönnt gewesen, sich in der Siegerliste zu verewigen. Fünfzehn Jahre später wäre man hingegen heilfroh gewesen, wenn man nur die Platzierung Glemsers hätte wiederholen können.

Die zu einem Marathonrennen auf den winkligen, reifenmordenden Sträßchen und Wegen Griechenlands mutierte Rallye war den wendigen, leichten Escorts, Asconas und Datsuns wie auf den Leib geschrieben. Da zählte beim Beschleunigen und Bremsen jedes Kilo doppelt, und den Reifen zog es auf dem Granit hellenischer Pisten den Gummi vom Gürtel, als würde man einen warmen Radiergummi auf einer Karottenreibe malträtieren. Das Einsatzgewicht von 1682 Kilogramm war zwar deutlich niedriger als beispielsweise bei den Kenia-Autos, aber sie waren immer noch viel zu schwer, von den Abmessungen ganz zu schweigen. Da nützten auch die vom österreichischen Motorsport-Altprosaisten Herbert Völker vermuteten 340 PS (250 kW) wenig.

Dabei waren die Untertürkheimer Ingenieure in Wirklichkeit schon froh, wenn sie dem M 117 bis zu 310 PS (228 kW) entlocken konnten, doch auch das sollte erst im Winter 1980/81 der Fall sein. Ein Abnahmeprotokoll vom 26. Januar 1980 weist für den gebremsten Rallyemotor lediglich 304 PS (223,5 kW) aus. Der dazugehörende Bericht spricht bei siebzehn aufgebauten Motoren von Leistungen, die zwischen 280 PS (206 kW) und 304 PS (223,5 kW) lagen.

Tyche, die griechische Schicksalsgöttin, war den Sternkindern bei der Akropolis 1980 nicht hold. So vermisste Björn Waldegaard vor einer Kurve beim Bremsen plötzlich den Druckpunkt – eine Bremsscheibe war bei einer Sonderprüfung beschädigt worden. Der Schwede wählte geistesgegenwärtig anstelle der kalkulierten Bremsung gezielt die unkalkulierbare Verzögerungseinrichtung eines Felsens, die Alternative in Form des auf der anderen Seite gähnenden Abgrunds wäre die eindeutig schlechtere Wahl gewesen. Trotzdem überschlug sich das Auto sowohl über seine Längs- wie auch über seine Querachse. Glück hatten die wackeren Nordmänner trotzdem, weil das Auto, als sich der Staub des Crashs verzogen hatte, wieder auf den Rädern stand.

Nachdem sie zwei Räder gewechselt hatten, fuhren sie weiter, doch sie sollten nicht weit kommen. Die Werksunterlagen vermerken als Ausfallgrund lapidar: »Kopfdichtung-Folgeschaden von Unfall«.

Auch beim Team Bor Danielsson / Andreasson klebte das Pech auf den Reifen: Sie beschädigten in der 49. Wertungsprüfung ihren Lenkspurhebel an einem Steinbrocken. Nachdem Ingvar Carlsson, mit dem 280 E auf dem neunten Platz liegend, in der 49. Wertungsprüfung die Kraftstoffleitung zum Kaltstart-Ventil brach und daraufhin Flammen aus dem Motorraum schlugen, war Vic Preston jun. der einzig verbliebene Mercedes-Fahrer, der (als Vierzehnter in der Gesamtwertung) das Ziel erreichte. Ihn hatte ein vergessener Tankdeckel trocken gelegt und somit auf die hinteren Plätze katapultiert.

Die offizielle Daimler-Benz-Sprachregelung zum wenig erfreulichen Ausgang des Griechenland-Abenteuers lautete schließlich: »Wir haben stets betont, dass wir die Langstrecken-Rallyes als Prüfung für die Zuverlässigkeit eines Fahrzeugs für die für uns bestgeeignete Art von Motorsport halten. Unsere Fahrzeuge haben sich in diesen Wettbewerben auch ausgezeichnet geschlagen. Weniger gut sind sie dagegen für die Rallyes europäischer Art geeignet, bei denen Zeit-Sonderprüfungen die Grundlage der Entscheidung bilden. Trotzdem haben wir uns auch dieser Herausforderung gestellt und werden dies auch in Zukunft tun.«

Am 2. Juni 1980 wurde in einer Besprechung beim Pkw-Versuchsleiter Karl-Heinz Göschel beschlossen, nur noch neue Karosserien für den Rallye-Einsatz zu verwenden. Bereits eingesetzte Karosserien sollten dem Vortraining beziehungsweise Training vorbehalten werden. Dies bedeutete konkret, dass sowohl für Argentinien als auch für Neuseeland zwei neue C-107-Karosserien aufgebaut werden mussten.

Am 11. Juni 1980 musste die Planung aber wieder umgeworfen werden, da der Karosserieversuch in Sindelfingen die Anforderung nicht erfüllen konnte. Da von den Fahrern besonders bei den Rallyes in Portugal und Griechenland der lange Radstand des Coupés beanstandet worden war, wurde ein erleichterter Roadster in Auftrag gegeben, der zum Training bei der Bandama-Rallye eingesetzt werden sollte.

In der Zwischenzeit wurden die Konsolen für die Aufnahme des vorderen Fahrschemels innen und außen verstärkt, da so eine Erhöhung der Bruchlast-Spielzahl um mehr als das Dreifache der Serienausführung erzielt wurde.

Rallye Codasur

oder: Fiesta Argentina (19. bis 25. Juli 1980)

Obwohl Mercedes-Benz dank Juan-Manuel Fangio und Mercedes-Benz Argentina samt eigenem Nutzfahrzeug-Montagewerk in Südamerika fast ein Heimspiel feiern konnte, kam schließlich alles ganz anders. Der Formel-1-Fahrer Carlos Reutemann (im Mai hatte er auf Williams-Ford den Großen Preis von Monaco gewonnen), genannt »Lole«, nahm auf einem Fiat an der Rallye teil, wurde Dritter und von den Massen frenetisch gefeiert. Dass sein Markenkollege Walter Röhrl diese Rallye gewann und dass Hannu Mikkola auf dem 500 SLC Zweiter wurde, ging in der lateinamerikanischen Begeisterung fast unter. Und weil Herbert Völker die Atmosphäre so treffend schön schilderte, sei er noch einmal zitiert: »Die Frau im Spalier von San Martin wusste genau, dass zuerst einmal zwei Gringos kommen, aber das sind nur Walter Röhrl und Hannu Mikkola. Als dann das Geräusch des dritten Wagens das Spalier erschauern ließ, war die Frau schon genau im Takt: Lole-Lole-Lole. Sie wurde immer lauter; und als sie das weiße Auto wahrhaftig erblickte, drückte sie beide Hände gegen das Herz, schloss überwältigt die Augen und sabberte nur noch leise: Lole, Lole, Lole.«
»Im Ziel, im Stadion von Tucuman, sang die Menge bei Reutemanns Auftauchen Halleluja, exakt Halleluja. Es gibt nichts Schöneres als Inbrunst in großen Portionen. Da merkt man erst, was man für ein Muffel ist.«
Ein zweiter Platz ist ja nun gemeinhin nicht gerade ein Ergebnis, das einen in Depressionen treiben könnte, aber man hatte sich in Untertürkheim doch mehr vorgenommen.

Der Argentinien-Tross war beachtlich. Neben den vier Einsatzwagen (drei 500 SLC und ein 280 CE) kamen noch einmal vier Trainingswagen, drei Geländewagen, ein Pressewagen 280 TE aus Untertürkheim sowie sechs Lkw von MBA dazu. Die Begleitmannschaft bestand aus 22 Ingenieuren und Monteuren, darunter auch der spätere Entwicklungschef Pkw, Dr. Wolfgang Peter. Aber auch sie konnten nicht verhindern, dass dieses Mal die Hinterachs-Seitenwellen an zwei Coupés den Dienst quittierten.
Bei den Reifen wurde übrigens eine interessante Mischbestückung gefahren, und zwar Dunlop vorne und Pirelli hinten.

Codasur 1980: Das Team Mikkola/Hertz kam als einzige Mercedes-Crew ins Ziel und belegte den zweiten Platz.

Die Neuseeland-Rallye

oder: der Ausflug zu den Antipoden (13. bis 17. September 1980)

Es scheint fast normal, dass am anderen Ende der Welt alles ganz anders ist als in unserem Teil der Welt. Bei der Neuseeland-Rallye 1980 war dies nicht anders.

Die Wege waren so schmal, dass sich ein SLC dort so ausnahm wie ein Sightseeing-Omnibus, der sich auf einen Almauftriebs-Pfad verirrt hat. Ein gravierender Unterschied zwischen beiden besteht allerdings hinsichtlich der Vehemenz ihrer Fortbewegung.

Auch bei der Gestaltung der Rallye-Organisation hatten sich die Nachfahren englischer Auswanderer Unübliches einfallen lassen. Die Streckenführung war geheimer als die Glaubensinhalte bedeutender Religionen. »Mit Gebetbüchern« war also nichts anzufangen – Pfeile an Abzweigungen markierten den rechten Weg. Und bei der Ziel-Platzierung der Sonderprüfungen wahrten die Inselbewohner ebenfalls ihre Individualität: Sie bevorzugten oft das Ende einer Geraden vor einer uneinsehbaren Kurve. Und wer nimmt schon gerne vor dem Ziel den Fuß vom Gas?

Hannu Mikkola war der Mercedes-Gentleman der Rallye: Stilvoll prügelte er den langen Wagen ohne Fehl und Tadel um die Insel, aber mehr als ein dritter Platz war angesichts des Missverhältnisses zwischen langem Auto und schmalen, gewundenen Pfaden eben nicht drin. Da waren die wuseligen, weil wendigeren Fiats und Datsuns klar im Vorteil. Trotzdem übertraf Hannu Mikkola die Prognose von Teamchef Waxenberger. Dem war angesichts der Verhältnisse am Ende der Welt der Schreck in die Glieder gefahren, hatte er doch vorher einen vierten Platz für möglich gehalten. Björn Waldegaards fünfter Platz war ein Beweis für Erich Waxenbergers Organisationstalent und unbändigen Durchhaltewillen auch unter schlechten Voraussetzungen. Als sich Waldegaard nach einem Abflug in die Weidegründe Neuseelands beim Teamchef per Funk abmeldete, hatte er die Rechnung ohne seinen »Wirt« gemacht. Der nämlich schwebte per Heli ein, besah sich das Malheur, stellte aus vorher staunend gaffenden Zuschauern ein Bergungs-Kommando zusammen und machte Waldegaard wieder flott. Als der sich dann beim Wegfahren auch noch einen Weidezaun um die Hinterachse wickelte, hätte das auf jeden anderen lähmend gewirkt. Waldegaard soll seinen Augen nicht getraut haben, als Erich Waxenberger höchstpersönlich den Wagen hochbockte und den Zaun wieder abwickelte. Waldegaard blieb am Ende gar nichts anderes übrig, als Fünfter zu werden, nachdem Cowan und Carlsson unentrinnbar die neuseeländischen Weidegründe aufgesucht hatten.

Bandama-Rallye Côte d'Ivoire

oder: die Buschmeister (9. bis 14. Dezember 1980)

Wie ein letztes, erfolgreiches Aufbäumen eines verendenden Dinosauriers nahm sich das Stampfen der silbernen Elefantenherde im westafrikanischen Busch aus. Das Trompeten aus den Auspuffrüsseln erschreckte inzwischen jedoch weniger die vierbeinigen Dünnhäuter als vielmehr bestimmte Kreise öffentlicher Meinungsmacher. Erich Waxenberger hatte sich nicht nur durch die Professionalität seiner Mannschaft Respekt verschafft. Seine schillernde Persönlichkeit und sein selbstloser Einsatz brachten einen Hauch von Individualität in die Rallyeszene. Doch unterschwellig müssen sie es geahnt haben, die Männer unter dem Silberstern, dass ein Ende nahte; Herbert Völker konstatierte wehmütig eine schlechter gewordene Show.

In vier Etappen waren die 5336 Kilometer aufgeteilt, nur 791,85 davon präsentierten sich asphaltiert. Souverän führte wieder Hannu Mikkola mit fast dreißig Minuten vor Björn Waldegaard. Ein gelöster Sandabstreifer hatte an der hinteren Bremsanlage für böse Zerstörungen gesorgt. Mikkola fuhr zwar ohne hintere Bremsen los, kam aber nicht weit. Lakonisch vermerken die Versuchsunterlagen: »Felgenschlag, abgerissene Bremszange und beschädigtes Seitenwellengelenk«.

Tohuwabohu gab es noch um das Ausscheiden Mikkolas. Nach seinem Abflug in die Büsche hatte er sich die beiden Hinterräder beschädigt und musste aufgeben. Als er dann bei der Heimfahrt nach Abidjan an einer Servicestation einen Reservereifen mitnahm und einen Teil der Rallyestrecke benutzen musste, wurde das als Benutzen einer illegalen Abkürzung gewertet, um sich wieder ins Teilnehmerfeld zu mogeln. Mikkola wurde disqualifiziert.

Björn Waldegaard / Hans Thorszelius und das argentinische Duo Jorge Recalde / Nestor Straimel sicherten für Mercedes-Benz dennoch die ersten beiden Plätze.

Ende mit Schrecken

Am 1. November 1980 hatte das Munkeln und Ahnen ein Ende. Walter Röhrl hatte sich nach langen inneren Kämpfen entschlossen, das Flehen der Braut »Mercedes« zu erhören und im Jahr 1981 bei Daimler-Benz Rallyes zu fahren. Weitere Verstärkung auf Fahrer-Seite sollte der Finne Ari Vatanen bringen. Christian Geistdörfer begleitete Erich Waxenberger zur Bandama-Rallye, war aber wegen einer Darmverstimmung außer Gefecht gesetzt.

Sechs Wochen später wurden in Untertürkheim der verdiente Erfolg gefeiert. Die Bombe, die gezündet wurde, war gut in einen Nebensatz verpackt worden: Daimler-Benz zog sich vom Sport zurück.

Das Heft 2/1981 von *auto motor und sport* machte mit der Titelgeschichte auf: »Warum Mercedes kneift«. Norbert Haug, Ressortleiter Sport bei *ams*, schrieb die Titelgeschichte. Zusammen mit seinem Kollegen Uwe Brodbeck, damals Ressortleiter Magazin bei der Stuttgarter Fachzeitschrift und später Direktor Leiter der Öffentlichkeitsarbeit bei Mercedes-Benz, nahm er in einem Interview den Entwicklungschef Professor Werner Breitschwerdt in die Zange.

Sinngemäß war das Fazit der Argumentationsapologie die Erkenntnis des Vorstands: »Wir haben viel zu tun, also packen wir's an, aber für den Sport haben wir weder Kapazitäten noch Geld.«

Im Rückspiegel betrachtet stimmt das natürlich. Aus damaliger Sicht standen die Baureihen 201 und 124 sowie, wenn auch schon in etwas größerer Entfernung für etwa 1987 terminiert, der R 129 und der W 140 vor der Tür.

Für einen erfolgreichen Rallye-Einsatz hingegen hätte es eines zusätzlichen Spezialautos bedurft, das Erich Waxenberger in seinen Memoranden vorgeschlagen hatte. Denn dass die Quattro-Entwicklung neue Dimensionen schuf und vor der Tür stand, war in Untertürkheim kritischen Köpfen nicht verborgen geblieben. Nur hatte man das nicht vorher gesehen, oder hatte man nicht den Mut, um Kapazitäten für eine Sonderentwicklung aus dem W 201 zu schaffen?

Aber am Geld kann es wohl nicht gelegen haben. Opel, Audi, Fiat, Lancia und mancher fernöstliche Wettbewerber waren keine »reicheren« Automobilfabriken als die Daimler-Benz AG in jenen Jahren.

Leistungskurve des M 117 mit 305 PS (224,5 kW) vom Januar 1980.

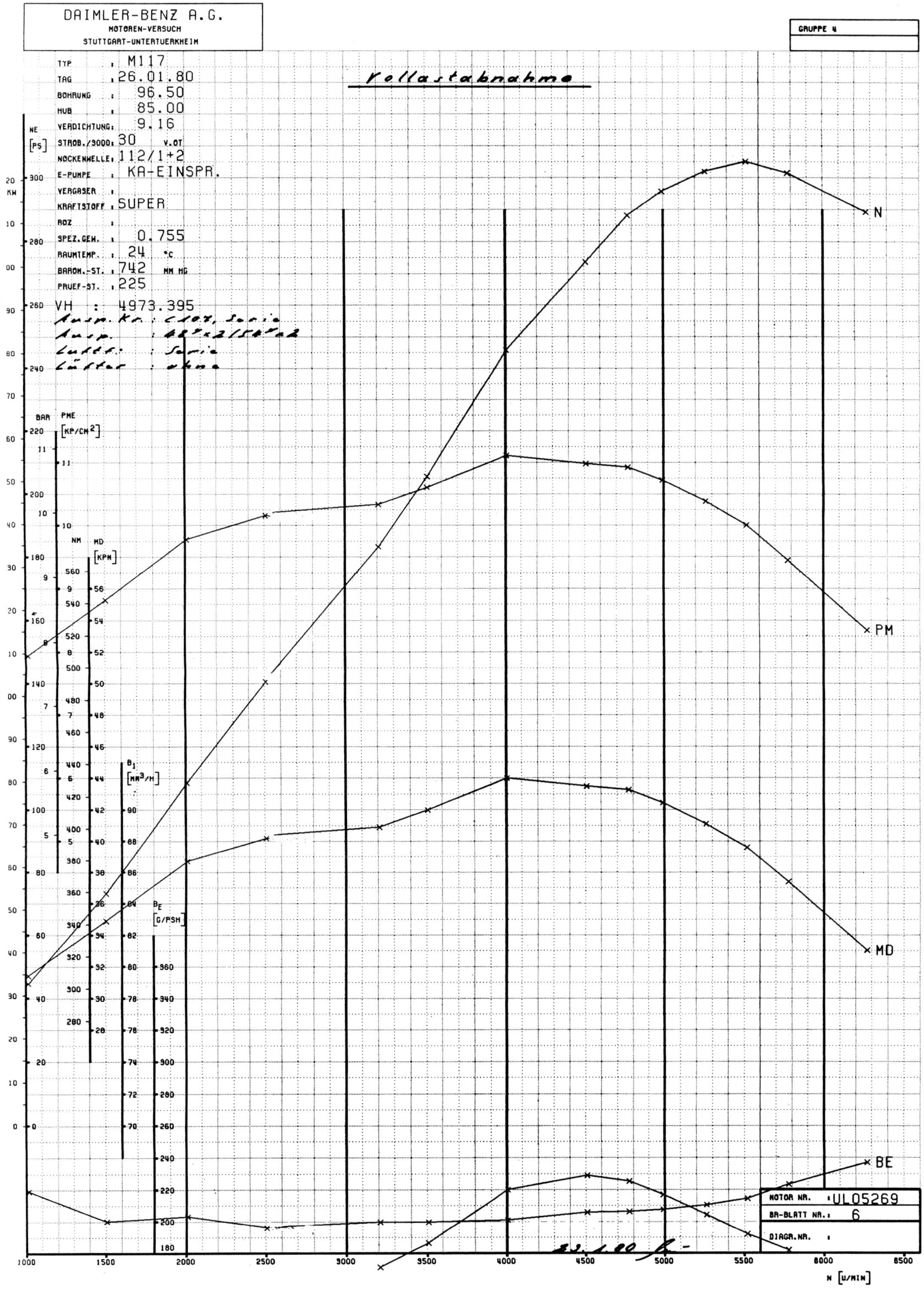
DAIMLER-BENZ A.G.
MOTOREN-VERSUCH
STUTTGART-UNTERTUERKHEIM
GRUPPE 4
TYP : M117
TAG : 26.01.80
BOHRUNG : 96.50
HUB : 85.00
VERDICHTUNG: 9.16
STROB./3000: 30 V.OT
NOCKENWELLE: 112/1+2
E-PUMPE : KA-EINSPR.
VERGASER :
KRAFTSTOFF : SUPER
ROZ :
SPEZ.GEW. : 0.755
RAUMTEMP. : 24 °C
BAROM.-ST. : 742 MM HG
PRUEF-ST. : 225
VH : 4973.395
Vollastabnahme
NE [PS]
KW
BAR PME [KP/CM²]
NM MD [KPM]
B_1 [MM³/H]
B_E [G/PSH]
N
PM
MD
BE
N [U/MIN]
MOTOR NR. : UL05269
BR-BLATT NR. : 6
DIAGR.NR. :

× UL05 269 6

Überrollkäfig ...

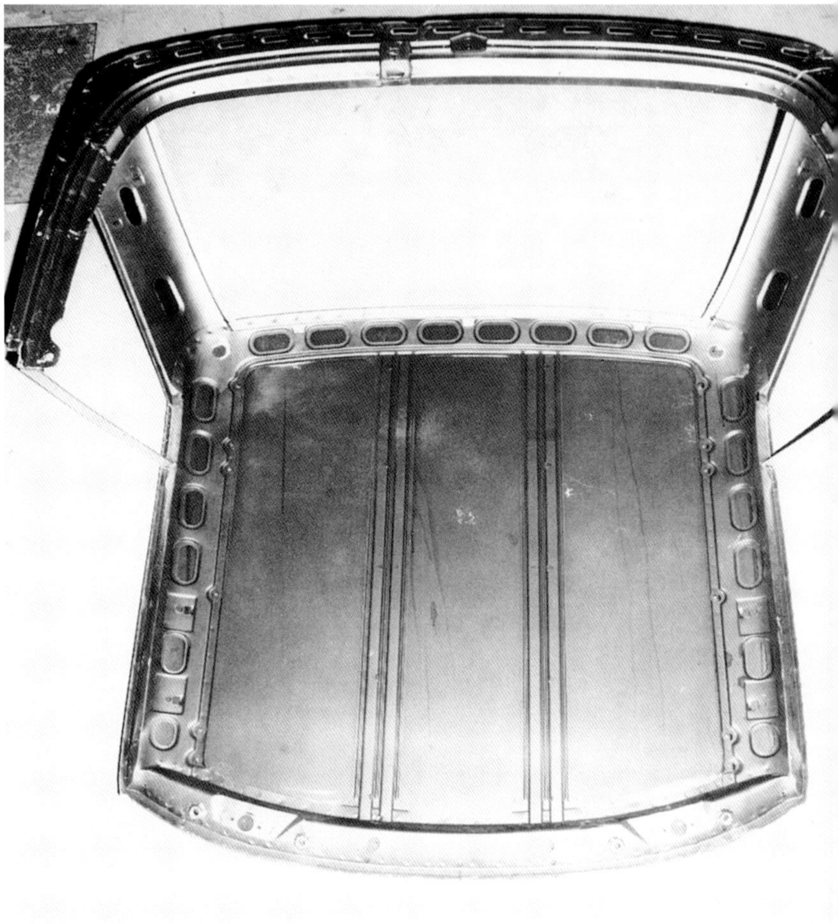

... und leichtes Hardtop für den Rallye-SL.

Angesichts des im Vorstand beschlossenen Rückzugs war die taktische Umsetzung vom Timing her geschickt gewählt. Professor Werner Breitschwerdt, der dem Sport-Engagement nie abgeneigt war, hatte als technisches Vorstandsmitglied den Ausstieg der Öffentlichkeit gegenüber zu vertreten. Im Versuch kam das plötzliche Aus aus heiterem Himmel: Die Motorenentwicklung am M 117 war in vollem Gange. Ein schaler Geschmack bleibt bis heute zurück.

Dr. Heinrich Reidelbach, später Leiter des Hauptsekretariats, war als zuständiger Bearbeiter ununterbrochen auf der Suche nach einzufangenden Pferden. Die Spitzenwerte aus den Abnahmeprotokollen lagen bei etwa 324 PS (238,5 kW). Befragt nach den damals genannten Werten von 340 PS (250 kW), gab er ehrlich zu, dass er die auch gerne gehabt hätte. In Sindelfingen untersuchte der Karosserieversuch erleichterte Roadsterkarosserien.

Beim Einsatz einer erleichterten Bodengruppe, die von den Blechstärken her der einer Limousinen-Bodenanlage nahe kam, konnten 63,27 Kilogramm eingespart werden. Das Weglassen von überflüssigen Teilen brachte noch einmal 40,63 Kilogramm Gewichtsreduktion.

Eine befriedigende Torsions- und Biegesteifigkeit, die der einer Serienkarosserie mit Coupé-Dach entsprach, konnte an der erleichterten Karosserie erst durch ein an sieben Punkten verschraubtes Coupé-Dach in Verbindung mit einem Überrollbügel erreicht werden. Das Mehrgewicht durch dieses Dach und den Überrollbügel betrug 44 Kilogramm.

Abnahmedaten für Rallye-Motoren M 117

Abnahmedatum 15.12.80
Prüfstand 652
Motor-Nr. UL 05 327

Nennleistung	P_{ered}/min^{-1}	238,5 kW/6250 324,4 PS
Nennmoment	M_{dred}/min^{-1}	421,7 Nm/5000
Ölverbrauch		75 g/h
Kondensat		5 g/h

Nockenwelle	V1FS 80/13+14
Einlaßbeginn bei 2 mm Hub	2° v OT
Zylinder-Kopf	2601 / 2701
Kolben	Satz 240
Verdichtung	9.41
Auspuffkrümmer	Blechkrümmer (48 mm Ø)
Auspuffanlage	Rallye Wagen
Luftfilter	Rallyeluftfilter (alte Ausf.)
Saugrohr	Serie mod.
Lüfter	Visco
Steuerdruck	2,9 / 3,0 bar
ZZP mit/ohne Unterdruck	30,9° bei 3000 min^{-1}

Besondere Bemerkungen:

Warmlaufregler wird noch ausgewechselt

Wageneinbau:

16.12.80 V1NE Reichelbach

Datum Bearbeiter

Abnahmeprotokoll ...

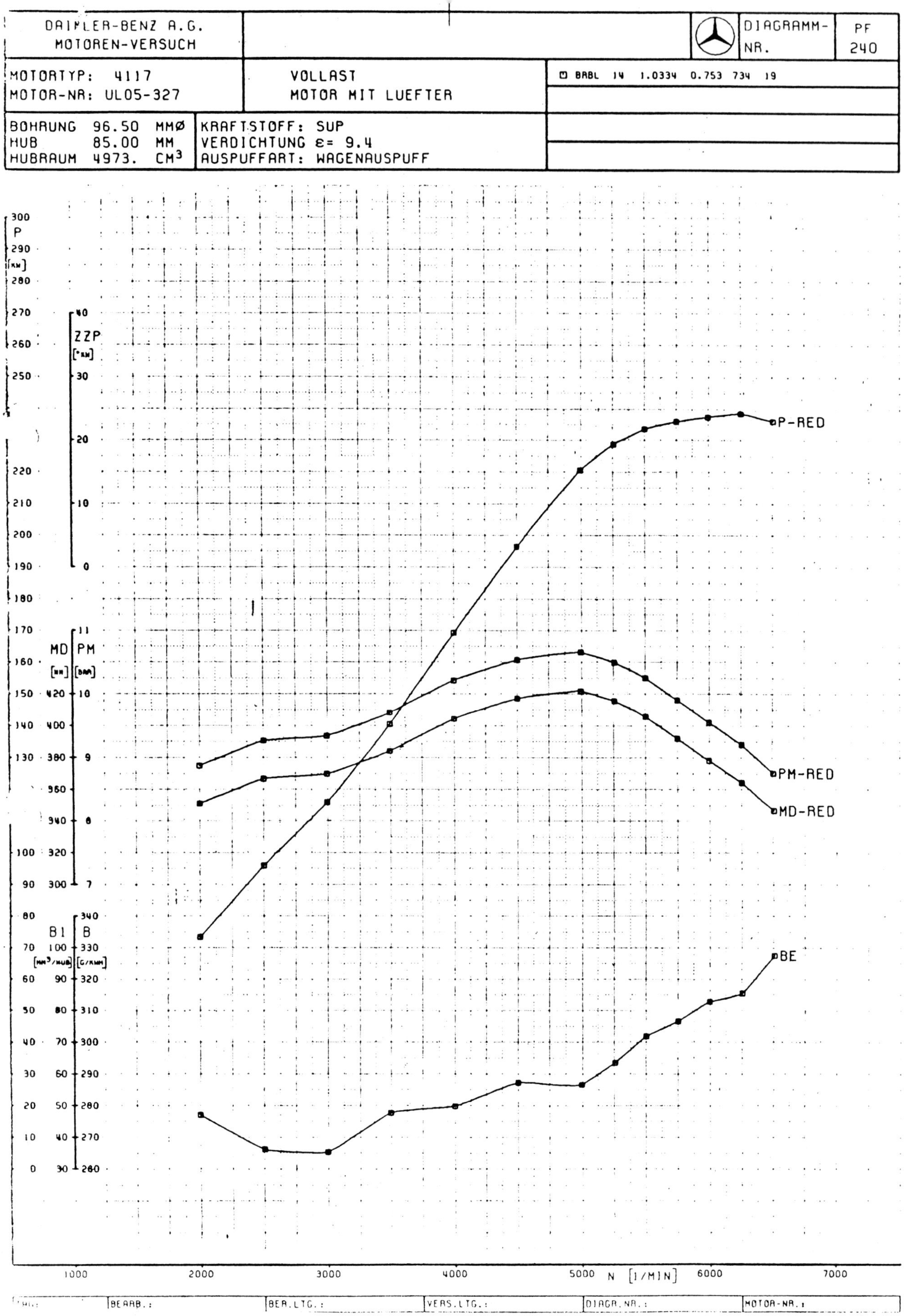

... und Leistungskurve des Wettbewerbsmotors M 117-UL 05 327 mit 324,4 PS (238,6 kW).

AMG

oder: »Aufrecht mit Grips«

Die Geschichte der damaligen Mercedes-Rennbeteiligung wäre ohne den pfiffigen (im schwäbischen «knitz» genannten) Schwaben Hans-Werner Aufrecht unvollständig. Mit einer guten Portion Hartnäckigkeit, man möchte fast sagen Sturheit, erinnerte er immer wieder an die erfolgreiche Rennvergangenheit des Hauses. Und dies zu Zeiten, da Sport als Begriff in Verbindung mit dem Untertürkheimer Stern höchstens noch im Museum der Daimler Benz AG von Bedeutung war.
Aufrechts Vorstellungen in den Untertürkheimer Chefetagen verliefen ergebnislos. Aufrecht mutlos zu machen, war ein fast ebenso hoffnungsloses Unterfangen, wie Mercedes-Benz in jenen Tagen zu einem Formel-1-Engagement zu überreden, und es heißt nicht zu Unrecht bei den sieben Schwaben: »Doch der wackre Schwabe forcht sich net.« Exakt dies traf auf Aufrecht zu.
Aufrecht baute also einen 450 SLC in Gruppe-2-Version für die Tourenwagen-Europameisterschaft 1978 auf. Im letzten Moment wurde das silberne Dickschiff zum Lauf am 26. März 1978 in Monza fertig. Große Abstimmungsfahrten waren bis dahin nicht möglich gewesen. So zeigten sich die Bremsen unterdimensioniert, die Hinterachsübersetzung erwies sich als zu lang, eine Sperre hingegen als dringend erforderlich, das Auto war vorne zu weich – und so weiter.
Hans Heyer und Clemens Schickentanz ergattern einen fünften Startplatz. Als nach vier Stunden das Rennen abgewunken wurde, lief der Newcomer auf der dritten Position ins Ziel. Hans-Werner Aufrecht konnte erleichtert aufatmen.

Die weiteren Einsätze des Jahres 1978 brachten nur noch einen dritten Platz auf dem Salzburgring. In Zandvoort und auf dem Nürburgring fiel der Schwabenpfeil aus, bei dem Griff nach der Unsterblichkeit in Le Mans scheiterte er bereits in der Qualifikation. Tief saß der Stachel der Erfolglosigkeit in Hans-Werner Aufrecht. Heute befragt, warum er 1980 einen erneuten Anlauf nahm, kommt die entwaffnende und für Aufrecht typische Antwort: »Einmal wollte ich ihn siegen sehen.«
Der Saisonauftakt beim 4-Stunden-Rennen in Monza brachte dem Team Clemens Schickentanz / Jörg Denzel einen beachteten zweiten Platz ein. Auf dem Salzburgring bedeutete eine defekte Zylinderkopfdichtung das Aus für Aufrechts Hoffnungen. Der Große Preis der Tourenwagen auf dem Nürburgring – er war von den vorher üblichen sechs auf vier Stunden reduziert worden – brachte Hans-Werner jedoch wieder den Aufrechten Gang.
Mit einer Trainingszeit von 8:54,05 Minuten hatte sich Aufrechts Team den vierten Startplatz gesichert. Mit den harten Goodyear-Rennreifen G 63 hatte man die richtige Wahl getroffen, da sie ein Rennen ohne Reifenwechsel erlaubten. Jörg Denzel, der Schnellere aus dem Renn-Duo, fuhr mit dem etwa 375 PS / 276 kW starken Wagen die schnellste Runde in 8:57,62 min. Denzel bescherte als alter Schelm seinem Teamchef Aufrecht in der letzten Runde fast einen Herzstillstand. Er kam außerplanmäßig an die Boxen und bat allen Ernstes darum, schon einmal den Siegersekt kalt zu stellen. »Ich wollte ihn im ersten Moment erschlagen«, schilderte Hans-Werner Aufrecht später seine spontane Reaktion.

Hans-Wemer Aufrechts »Silberfisch«. Als er gewonnen hatte, wurde er in Ruhe gelassen, aber gewinnen musste er wenigstens ein Mal.

Die Kreiskolbenmotor-entwicklung

oder: Wankelmut tut selten gut

Felix Wankel und Wolf-Dieter Bensinger hätten im Hinblick auf die Entwicklung des Kreiskolbenmotors ohne Weiteres als symbiotisches Paar bezeichnet werden können. Und das, obwohl der eine in Stuttgart und der andere in Lindau lebte und arbeitete. Noch heute kursieren in der Motorenkonstruktion und im Motorenversuch bei Mercedes-Benz unzählige Geschichten und Anekdoten, die alle Wolf-Dieter Bensingers »Wankelbesessenheit« zum Thema haben.

Professor Wolf-Dieter Bensinger sah die Zukunft des Verbrennungsmotors damals, Ende der Sechziger, ausschließlich im Kreiskolbenmotor. Als Chef der Motorenkonstruktion Pkw hatte er auch die notwendige Machtposition, um seinen Vorstellungen zum Durchbruch zu verhelfen.

Zu den Skeptikern gehörten sein Stellvertreter Adolf Wente, aber auch der vorsichtige Dr. Hans Scherenberg. Auch der spätere Motoren-Chef Dr. Kurt Obländer hielt als Spezialist für Verbrennungsfragen überhaupt nichts vom Kreiskolbenmotor: »Der Wankel war einfach von der Thermodynamik her zu schlecht. Aber davon wollte Bensinger nichts wissen.«

Am 30. April 1968 berichtete Technikchef Dr. Hans Scherenberg seinen Vorstandskollegen, dass es zwar gelungen sei, viele offene Probleme zu lösen, dass aber noch nicht abzusehen sei, ob und wann der Wankelmotor zur Serienreife gebracht werden könne. Im Versuch hatte man sich das Frühjahr 1970 als Ziel gesetzt, um eventuell mit einer Kleinserie beginnen zu können. Aber auch hinter dieser Vorstellung stand ein großes Fragezeichen. Entwicklungschef Dr. Hans Scherenberg konnte noch nicht mit Sicherheit sagen, ob dieses Ziel erreicht werden konnte.

Im November kamen hoffnungsvollere Töne aus dem Motorenversuch. Mit den beiden Dreischeiben-Motoren M 50 Fund M 950 F wurde ein Leistungsgewicht von 0,7 kg/PS erreicht. Der vergleichbare M 116 kam nur auf ein Leistungsgewicht von 1,19 kg/PS, da er um zirka 100 Kilogramm schwerer war.

215 PS (158 kW) leistete der KKM, wie der Kreiskolbenmotor abgekürzt bezeichnet wurde, und zwar bei Drehzahlen von 5500 bis 6000/min. Der Bericht vermerkte noch, dass die Leistung bei steigender Drehzahl nur langsam abfiel. Das maximale Drehmoment lag um 500/min niedriger als beim vergleichbaren Hubkolbenmotor.

Während der Vorstandspräsentation des SLC-Modells am 30. April 1969 in Sindelfingen zeigte sich, dass noch mit dem Wankelmotor gerechnet wurde. Der Einbau des Wankelmotors mit drei und sogar vier Scheiben war bei der Maßkonzeption des Mitteltunnels berücksichtigt worden.

Am 14. Juni 1971 wurde in den R 107 48–33 der Vierscheibenmotor KE 413 mit 277 PS (203,5 kW) bei 6500/min eingebaut. Zwei Monate und vier Tage dauerte der schwierige Umbau. Als man am 18. August erstmals mit dem Wagen fuhr, blieb bei starkem Bremsen der Druck weg, weshalb auf Fahrleistungsmessungen verzichtete wurde. Problematisch waren bei diesem Umbau die zu

geringe Kühlerfläche des R 107, die tiefe Lüfterlage und die ungünstigen Platzverhältnisse für Auspuff und Luftfilter. Provisorisch behalf man sich mit einem Luftfilter vom Jaguar. Der Kühllufteintritt unter der Stoßstange wurde drastisch vergrößert. Als Dr. Wilhelm Langheck in der Vorstandssitzung vom 8. Februar 1972 den Bau und Einsatz von Wankelfahrzeugen anregte, um eine breitere Erprobungsbasis zu erhalten, reagierte sein Kollege Dr. Scherenberg zurückhaltend. Er hielt beim damaligen Entwicklungsstand den Einsatz solcher Wagen für verfrüht.
In der Technischen Vorstandssitzung am 15. Oktober 1973 berichtete Pkw-Entwicklungschef Friedrich van Winsen über den Entwicklungsstand der Wankelmotorenentwicklung. Es bestanden

Der im R/C 107 eingebaute M 950/4.

Mercedes-Benz Coupé mit Wankelmotor: Gut zu sehen ist die deutlich verbreiterte Kühlluftöffnung unter der Stoßstange.

auch beim spezifisch geringer belasteten Vierscheibenmotor immer noch wesentliche Schwierigkeiten, für deren Behebung noch keine Abhilfe bekannt war.

Am 16. Oktober 1973 stimmte der Vorstand einem Angebot von Audi-NSU zu, an einem Erfahrungsaustausch mit Ford USA über die Perspektiven des Wankelmotors teilzunehmen. Auf Grund der sich abzeichnenden Energiekrise, in Verbrauchsfragen kritischer werdender Kunden und der immer relevanter werdenden Abgasproblematik war dem Kreiskolbenmotor jedoch auch bei Daimler-Benz keine Zukunft mehr beschieden.

Als ein Schwanengesang für Wankelmotorfreunde entpuppte sich der *auto motor und sport*-Report vom November 1979, als Felix Wankels SL mit Vierscheibenmotor getestet wurde.

320 PS (235,5 kW) soll der aus Einzelteilen zusammengebaute M 950 auf der Bremse in Lindau abgegeben haben. Die Beschleunigungszeit von 25,9 Sekunden für den Sprint von 0 auf 200 km/h und die Höchstgeschwindigkeit von 240 km/h zeigen, dass diese Pferde ausgewachsene Gäule waren. Zum Vergleich: Der von *ams* 1990 getestete 500 SL (R 129) benötigte für diese Paradedisziplin 25,5 Sekunden.

Als bulliger Ochse in Rennschuhen erwies sich der Wankel-SL bei der Elastizitätsmessung. Die *ams*-Elastizitätsmessung für die Beschleunigung von 80 auf 120 km/h im vierten Gang erledigte der Wankel-SL in traumhaften 6,7 Sekunden.

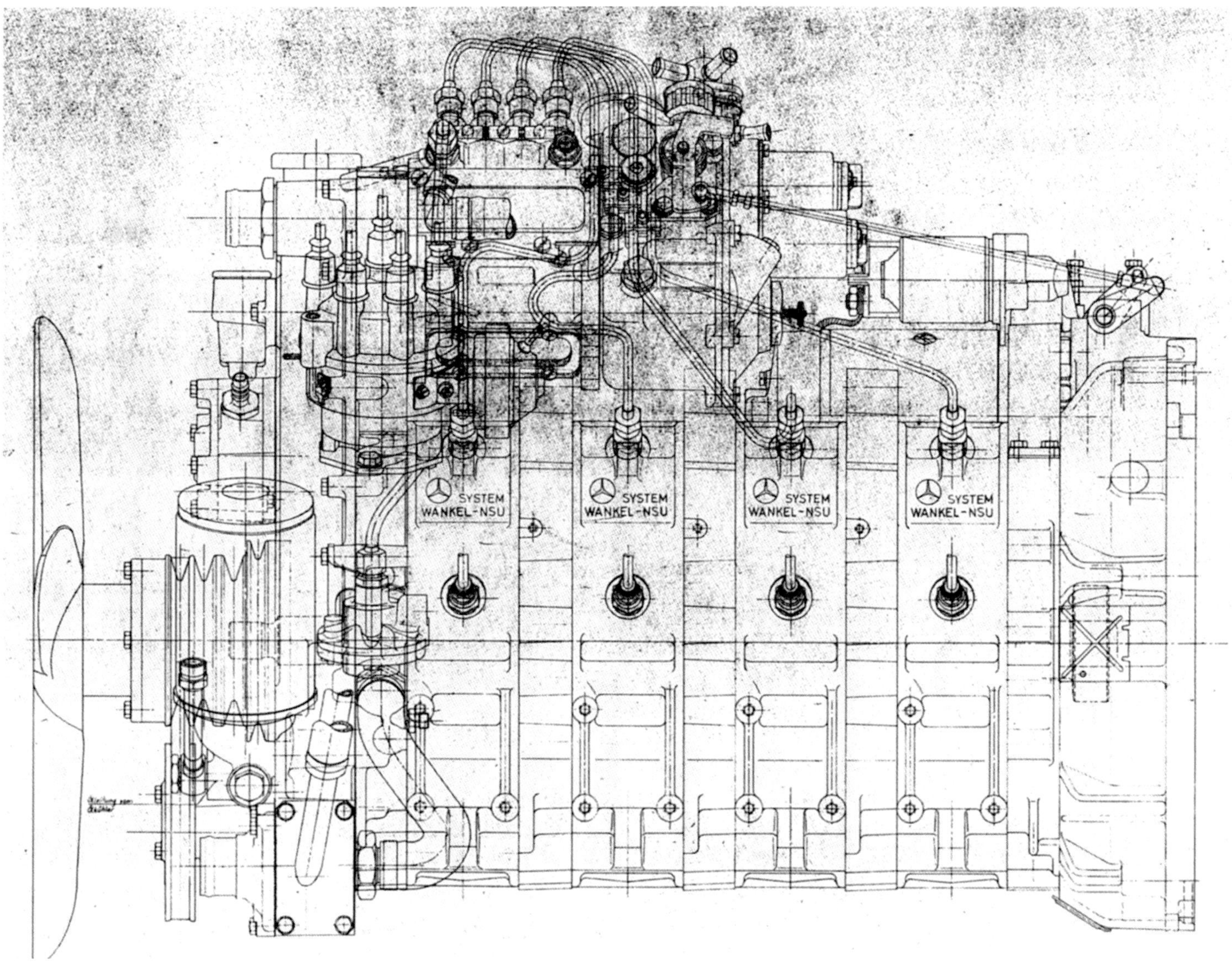

Der Vierscheiben-Kreiskolbenmotor mit Benzineinspritzung M 950/4.

Felix Wankels Eigenbau beim *ams*-Test. Ein 350 SL mit einem aus Einzelteilen zusammengebauten M 950/4.

Modellpflege

oder: Fortschritt in Raten

In diesem Kapitel sind zum Teil Änderungen aufgeführt, die in der detaillierten Änderungstabelle nicht erfasst wurden, aber auch die wichtigsten Änderungen für denjenigen, der informiert sein möchte, ohne deshalb gleich zum »Schraubenzähler« zu werden.

Ab 1. Dezember 1972 bekamen alle 107er ein geändertes Lenkrad. Die bisher in die Prallfläche integrierten senkrechten Leisten für die Hupenbetätigung fielen dem sich seit langem in Entwicklung befindenden Airbag zum Opfer. Die Hupe wurde nunmehr durch die ganze Prallfläche ausgelöst.

Dieses Bild zeigt das ab 1.12.1972 geänderte Lenkrad. Die Hupenbetätigung erfolgte jetzt durch die gesamte Prallplatte. Dieser frühe SLC ist an den im Roadster nicht lieferbaren Velourspolstern als Coupé zu identifizieren. Die eingebaute Klimaanlage ist an dem Drehknopf links neben dem Überblendregler auf der Mittelkonsole zu erkennen.

Das Jahr 1973 brachte auch den stufenweisen Einsatz der serienmäßigen Automatikgurte und der Kopfstützen. Ab März wurden zuerst die Werksangehörigen bedient; sie wurden wohl als die wertvollsten Kunden betrachtet. Ab 2. Mai 1973 durften sich die Inlandskunden der serienmäßigen Sicherheitsfürsorge erfreuen, während ab 2. August auch global keine Unterschiede mehr gemacht wurden.
Eine kleine Änderung der Armaturenbrettgestaltung erfolgte ab 27. August 1973. Die Zeituhr wurde in den Drehzahlmesser verlegt und machte so der dritten Kugeldüse Platz.
Ab 22. August 1973 machte sich die neue S-Klasse W 116 optisch im SL bemerkbar. Das Bediengerät, wie in phantasievoller Sprachschöpfung die Betätigungshebel und Knöpfe für Heizung und Lüftung genannt werden, wurde dem des W 116 angeglichen.
Ab 1. Mai 1975 erhielten die Hardtops heizbare Verbundglasheckscheiben.
Zur IAA 1979 war die S-Klasse W 126 der große Star. Trotzdem profitierten auch die anderen Baureihen von den Änderungen. Achtzehn neue Farben sorgten für eine neue bunte Mischung. Es handelt sich um die Serienfarben 681 Weizengelb, 880 Agavengrün, 934 Chinablau, 673 Saharagelb, 479 Moorbraun und die (gegen Aufpreis erhältlichen) Sonderfarben 680 Heliosgelb, 684 Taigabeige, 940 Hansablau, 875 Mangogrün, 482 Apricotorange, 476 Goldbraun, 501 Orientrot. Zusätzlich kamen noch die Metallic-Lackierungen 473 Champagner, 881 Silberdistel, 877 Petrol, 930 Silberblau, 932 Lapisblau, 581 Inkarot und 480 Manganbraun hinzu. Dementsprechend änderten sich auch die Polsterfarben und Muster. Für die Armaturenbrett-Oberkante stand jetzt zu den bisherigen Farben Schwarz und Blau auch noch die Farbe Braun zur Verfügung mit folgender Zuordnung:

Innenausstattung	**Armaturenbrettoberkante und Mittelkonsole**
031 schwarz	schwarz
032 blau	blau
034 dattel	dunkelbraun
035 creme	dunkelbraun
036 oliv	schwarz
037 sienna	dunkelbraun

Ab 24.8.1973 erhielten die Wagen für die USA und ab 27.8.1973 auch die für die restlichen Märkte die Armaturenbrettausführung mit der Zeituhr im Drehzahlmesser. Dadurch wurde die mittlere Kugeldüse für die Belüftung nutzbar. Das abgebildete Fahrzeug war für die USA bestimmt und besaß den ab dem 16.5.1973 lieferbaren Tempomat, der damals durch einen Zugschalter ein- und ausgeschaltet wurde, der rechts neben dem Gebläseschalter auf der Mittelkonsole saß.

Die Serienpolsterung beim Roadster bestand aus Kunststoff-Material MB-Tex, während Stoff- und Lederpolsterung auf Wunsch geliefert wurden. Beim Coupé war die Stoffpolsterung normal, während Leder-und Velourspolsterungen den Sonderwünschen zugerechnet wurden. Nicht lieferbar waren beim Roadster Velourspolster und beim Coupé MB-Tex.
Der Neigungswinkel der Kopfstützen wurde auf Grund gesetzlicher Vorschriften auf 45 Grad reduziert, und sie erhielten neben der geänderten Form eine weichere Auflage.
Das Lenkrad wurde umkonstruiert. Der Pralltopf wurde auf die Fahrerseite verlagert, Form und Nachgiebigkeit wurden so gestaltet, dass beim Torso- und Kopfaufprall kleinere Kräfte und niedrigere Verzögerungswerte wirksam wurden als bei dem bis dahin verwendeten Lenkrad. Konstruktionschef Joachim Sorsche, ein Verfechter von Lenkrad-Durchmessern, die einem Rheinschiff alle Ehre gemacht hätten, stimmte der Reduzierung des Lenkrad-Durchmessers von 430 auf 420 Millimeter zu. Über diesen fast revolutionären Vorgang im Hause Daimler-Benz wunderte sich noch Jahre später manch alter »Daimler-Hase«.
Die nächsten Modifikationen wurden ab 1. März 1980 sichtbar.
Das Viergang-Wandlergetriebe ersetzte das Automatikgetriebe mit drei Gängen. Nach massiven Reklamationen aus den USA wurden die vorderen Bremsklötze von 10,5 auf dreizehn Millimeter verstärkt.
Zum ersten Mal war für die gesamte Baureihe 107 ABS lieferbar – zum Aufpreis von 2384,30 Mark. Hingegen gehörte das Coupé-Dach beim SL ab sofort ohne Aufpreis zur Serienausstattung.
Alle Modelle erhielten den vom 450 SLC 5,0 bekannten Frontspoiler.
500 SL/SLC wurden serienmäßig in folgenden Farben geliefert: Astralsilber , Silberdistel, Champagner, Silberblau, Inkarot.
Alle Wagen erhielten die Aluminium-Motorhaube und die Kraftstoff-Verbrauchsanzeige.
Ab September 1981 erfolgte die Fahrzeug-Entlüftung über die hinteren Kotflügel, weshalb es ab diesem Zeitpunkt zwei Ausführungen von hinteren Kotflügeln gab. Die Stirnwand unter dem Armaturenbrett und die Vorderwand wurden mit einer Dämmmatte verkleidet, dasselbe galt auch für den Querträger unter dem Fahrer- und Beifahrersitz. Die Dämmmatten wurden nicht mehr geklebt, sondern eingeschmolzen.

Ab 12.9.1979 erhielt die Baureihe 107 das kleinere Lenkrad des W/V 126 mit geändertem Mantelrohr.

Auch das Innere des R 107 profitierte von der Überarbeitung im Herbst 1985. Auf diesem Bild sieht man das Wurzelholzfurnier, die Außentemperaturanzeige anstelle der mittleren Kugeldüse sowie den Umluftschalter der Belüftungsanlage auf der Mittelkonsole.

Serienmäßig wurde im 107 die schon vom W 126 bekannte Innenraum-Temperaturregelung eingebaut.
Beide Sitze wurden mit einer neuentwickelten Sitzhöhen-Verstellung ausgerüstet. Um genügend Bewegungsfreiheit im Bereich der Türtaschen zu haben, musste die Türtasche verkürzt werden.
Die geänderte Höhenverstellung ergab auch Änderungen am Tunnel und am Längsträger.
Der obere Befestigungspunkt der Sicherheitsgurte wurde um vierzig Millimeter höher gelegt. Dazu wurden Gurt, Mittelsäule, Chromblende, der Verdeckkastendeckel und die darüber liegende Verkleidung geändert. Entsprechend dieser Änderungen musste auch die Form der Verschlusshebel für das Hardtop geändert werden.
Ab Anfang 1982 konnte auch der R 107 zu einem Aufpreis von 1570,70 Mark mit Airbag im Lenkrad bestellt werden.
Ab 1. September erhielten alle Automatikgetriebe die B-Funktion, das heißt, der erste Gang kann in dieser Position am Weiterschalten gehindert werden.
Ab 1.8.1985 liefen die umfangreichsten Änderungsmaßnahmen während der gesamten Bauzeit des 107 an. Am Aufbau wurden folgende Teile geändert:

- Konsole für Kühlerbefestigung,
- Motorhaube wegen geänderten Bremskraftverstärkers,
- Stirnwand,
- Längsträger-Anschluss vorne rechts,
- Vorderwandsäule,
- Türen,
- Mittelsäule,
- Hauptboden,
- Heckboden,
- Querträger unter dem Fahrersitz,
- Abschirmbleche sowie
- diverse Versteifungen und Kleinteile.

Die Radhäuser im Vorderkotflügel wurden mit Schottwänden aus Kunststoff ausgekleidet.
Durch die neue Vorderachse wurden die Innenanschläge des Servo-Lenkgetriebes geändert. Der Vorderachsträger erhielt wegen der Erweiterung des Motorenprogramms veränderte Konturen. Dieser neue Vorderachsträger ersetzte im Reparaturfall auch bei den älteren Modellen den bisherigen Träger.
Die Hinterachswellen erhielten Ring-Gelenke wie beim C 126.
Zu den Änderungen gehörten neben den schon im Kapitel »Flaig-Werk« beschriebenen Fahrwerks-Maßnahmen auch ein neuer Frontspoiler aus Polycarbonat, Lenkrad und Schalthebelknopf mit Lederüberzug, heizbare Scheibenwaschdüsen, ein »gurtabweisendes Handrad« zur Lehnenverstellung, Türgriffe in der Form des W 126 sowie im Tür-Innenblech eingeschraubte Türöffner und ein beheizter linker Außenspiegel. Der Schalthebelknopf wurde beim Automatikgetriebe gedreht, um den Abstand zwischen Aschenbecher und Schalthebelknopf in der Stellung P (Parken) zu vergrößern.
Die Sitze wurden schalenförmiger und somit in der Seitenführung verbessert.

Auch der Airbag hatte im R 107 ab 1.7.1984 seinen Siegeszug angetreten.

Ist ein alter Junger auch ein junger Alter?

oder: worauf ein Käufer achten muss

Inzwischen sind zumindest die meisten 107er-Typen Oldtimer. Die Ersatzteilversorgung ist generell gut, auch wenn es bei bestimmten Einzelteilen Ausnahmen von dieser Regel gibt. Trotzdem sollte man sich beim Kauf besonders früher SLs und vor allem der SLCs die Fahrzeuge kritisch ansehen, um von teuren Überraschungen verschont zu bleiben.

Bei den 350 SLs des Baujahres 1971 sollte man sich kritisch und genau den linken Längsträger und die Lenkgetriebebefestigung ansehen.

Trotz Rostschutzvorsorgen während der Produktion durch Behandlung der Anlageflächen und Punktschweißflansche mit abdichtender Schutzpaste oder der Wachsbeschichtung aller Hohlräume und Verwendung eines dicken, elastischen PVC-Unterbodenschutzes sind genau die Bereiche, die sich schon während der Produktion einer besonderen Aufmerksamkeit erfreuen durften, im Langzeiteinsatz die Problemzonen.

Als heißes Eisen im Sinne von außergewöhnlichem Rostbefall erweist sich der vordere Querträger. Ihn sollte man, schon aus Sicherheitsgründen, wenn irgend möglich ersetzen, da es wenig Sinn macht, an einem stark korrodierten tragenden Teil herumzureparieren. Gegen den permanenten Beschuss mit Salz-, Spritz- und Gischtwasser ist trotz aller bis dato getroffenen Rostvorsorge noch kein Kraut gewachsen.

Ein nicht weniger heikles Thema sind die vorderen Kotflügel. Bei alten Fahrzeugen sind sie meistens an den Scheinwerfertöpfen und an den ausgestellten Radausschnitten durchgerostet.

Besondere Aufmerksamkeit verdienen die mit »Chromschmuckleisten« verbrämten Radausschnitte. Unter diesen Chromleisten entwickeln sich im Laufe der Jahre die reinsten Rostbiotope!

Beachtung verdienen neben dem hinteren Bereich der Vorderkotflügel auch die äußeren Stehbleche der Abtrennung zum Motorraum, ebenfalls im hinteren Bereich der Stirnwand. Besserung trat hier erst ein, seit ab Herbst 1985 die vorderen Radhäuser mit Schottwänden aus Kunststoff ausgekleidet wurden.

Ein kritischer Punkt im Bereich der vorderen Stirnwand ist der Heizungskasten. Hier kommt es oft durch verstopfte Abflusslöcher zur Rostbildung. Besonders die Schlauchdurchbrüche sind als erste gefährdet.

Bei Motorhauben aus Blech verdient der hintere Bereich Aufmerksamkeit.

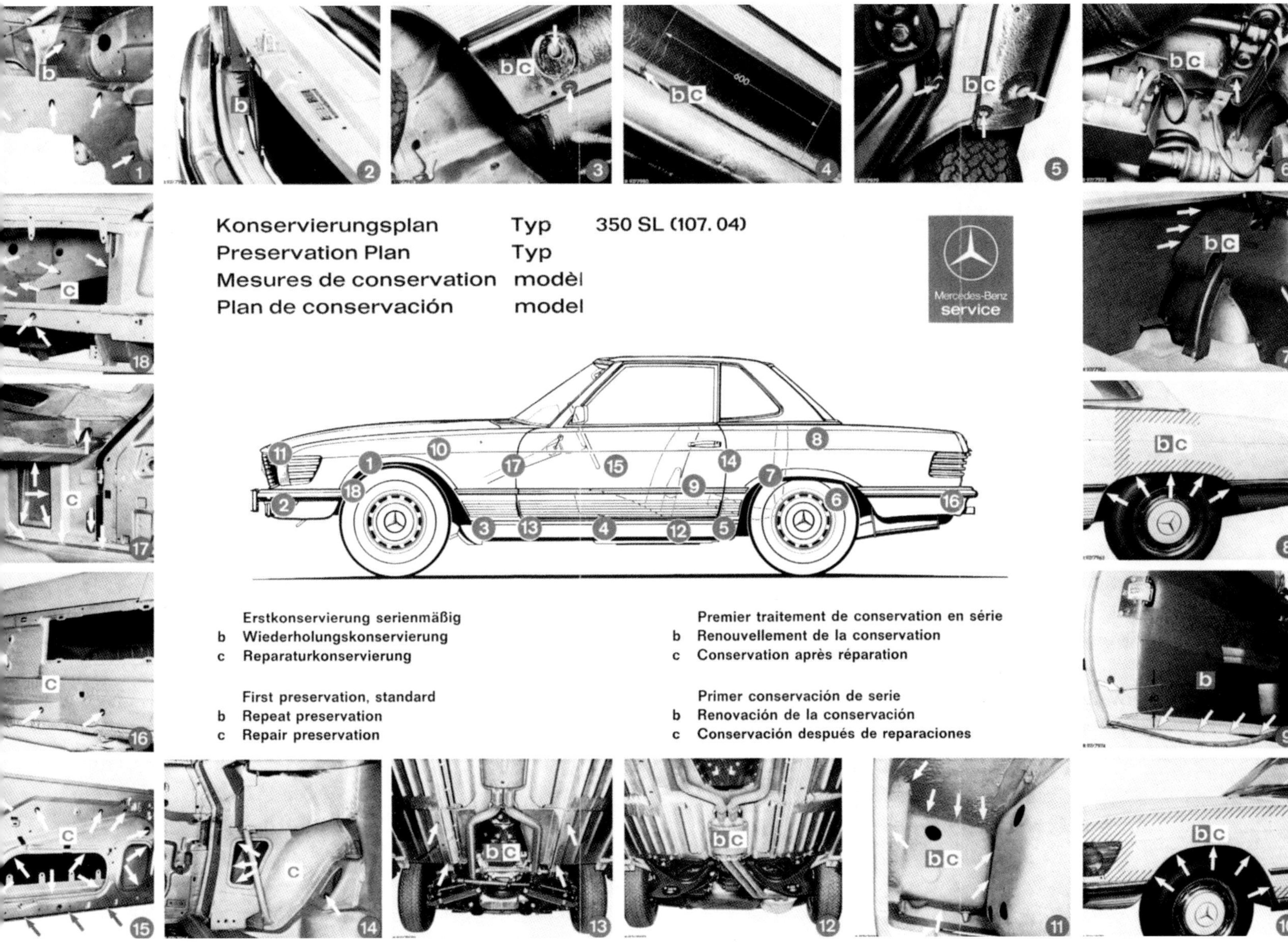

Ein weiterer neuralgischer Abschnitt ist das obere Mittelteil der Stirnwand, auf dem die Scheibenwischerarme montiert sind. Dieses Teil rostet unter der Zierleiste heraus. Das Rostnest wird durch die Halteklammern der Zierleiste ausgelöst. In extremen Fällen muss das obere Stirnwandteil ersetzt werden.
Die Seitenschweller sind besonders im Bereich der Stirnseite im vorderen Radhaus durch Steinschlag und um die Wagenheberaufnahmen herum gefährdet. Hier bildet sich, bei sonst einwandfreiem Zustand, immer zuerst Korrosion.
Als beinahe klassisches Rostnest muss der untere Türbereich gelten.

Ein besonderes SLC-Problem bildet der untere Seitenbereich vor dem hinteren Radkasten.
Die hinteren Radkastenverkleidungen sind im Abschlussbereich zum Seitenschweller und seitlich davon besonders gefährdet. Kritisch ist, dass durch die korrodierenden Verkleidungsbleche auch der dahinter verlaufende äußere Längsträger vom Rost angenagt wird. Hier ist besonders bei den Coupés und den SLs vor 1985 besondere Vorsicht geboten. Die hinteren Radausschnitte verdienen genau wie die vorderen besondere Aufmerksamkeit.
Ein Kapitel für sich ist die unter der hinteren Stoßstange angebrachte Heckschürze. Unter ihr sammelt sich im Laufe der Jahre

eine Unmenge des von den Hinterrädern hochgeschleuderten Drecks. Dieser Dreck bindet Feuchtigkeit und bildet ideale Rostvoraussetzungen. Über diese fast zu Humus gewordene Erde würde sich jeder Gartenfreund freuen, den Blechteilen versetzt sie lautlos den Rosttod.
Die Kofferraumdeckel müssen besonders bei frühen Modellen am gesamten unteren Falz sorgfältig unter die Lupe genommen werden.
Besondere Beachtung muss auch den Schiebedächern der Coupés gewidmet werden. Das Schiebedach ist in einem besonderen Rahmen unterhalb des Dachausschnitts untergebracht. Da dieser Rahmen leicht rostet, greift der Rost auch das Blech des Dachausschnitts an. In diesem Fall muss der Rahmen nach Ausbau des Himmels erneuert werden. Der Schaden ist leicht am Rost zu erkennen, der zwischen Gummidichtung und Blech durchblüht.
Bei alten Coupés kommt es häufig auch zu Rostbildung im Bereich des unteren Heckscheibenfalzes.
Die Lamellenbeschichtung der Sichtblenden des Coupés löst sich bei alten Fahrzeugen ab und zu. In diesem Fall muss das ganze Fensterteil ersetzt werden.
Gravierende Schäden im Unterbodenbereich und an tragenden Teilen waren lange Zeit nicht bekannt.

Die Motoren haben folgende Reparaturstufen:
M 110 E 28, Baumuster 110.982/992 und 110.986KA
Normalmaß:
Bohrungsmaß 85,998–86,028 mm;
Reparaturstufe 1:
Bohrungsmaß 86,498–86,528 mm;
Reparaturstufe 2:
Bohrungsmaß 86,998–87,028 mm.
M 103 E 30, Baumuster 103.982
Toleranzgruppe 0,1,2 Normalmaß:
Bohrungsmaß 88,498–88,528 mm;
Toleranzgruppe A,X,B Normalmaß:
Bohrungsmaß 88,500–88,518 mm;
Toleranzgruppe 0,1,2 Reparaturstufe 1:
Bohrungsmaß 88,998–89,028 mm;
Toleranzgruppe A,X,B Reparaturstufe 1:
Bohrungsmaß 89,000–89,018 mm;
Toleranzgruppe 0,1,2 Reparaturstufe 2:
Bohrungsmaß 89,498–89,528 mm;
Toleranzgruppe A,X,B Reparaturstufe 2:
Bohrungsmaß 89,500–89,518 mm.
M 116 E 35, Baumuster 116.982/984/992, und M 117 E 45, Baumuster 117.982/985
Normalmaß:
Bohrungsmaß 92,000–92,022 mm;
Reparaturstufe 1:
Bohrungsmaß 92,500–92,522 mm;
Reparaturstufe 2:
Bohrungsmaß 93,000–93,022 mm.
M 116 E 38, Baumuster 116.960
Normalmaß:
Bohrungsmaß 91,998–92,028 mm;
Reparaturstufe 1:
Bohrungsmaß 92,498–92,523 mm;
Reparaturstufe 2:
Bohrungsmaß 92,998–93,023 mm.
M 116 E 38 EK, Baumuster 116.962
Normalmaß:
Bohrungsmaß 87,998–88,028 mm;
Reparaturstufe 1:
Bohrungsmaß 88,498–88,523 mm;
Reparaturstufe 2:
Bohrungsmaß 88,998–89,023 mm.
M 116 E 42, Baumuster 116.964
Normalmaß:
Bohrungsmaß 91,998–92,028 mm;
Reparaturstufe 1:
Bohrungsmaß 92,498–92,523 mm;
Reparaturstufe 2:
Bohrungsmaß 92,998–93,023 mm.
M 117 E 50 bis Motor-Endnummer 885, Baumuster 117.960
Normalmaß:
Bohrungsmaß 96,998–97,028 mm;
Reparaturstufe 1:
Bohrungsmaß 97,498–97,523 mm.
M 117 E 50 ab Motor-Endnummer 886, Baumuster 117.960, 117.962 und 117.964 KE,
M 117 E 56, Baumuster 117.967 KE
Normalmaß:
Bohrungsmaß 96,498–96,528 mm;
Reparaturstufe 1:
Bohrungsmaß 96,998–97,023 mm;
Reparaturstufe 2:
Bohrungsmaß 97,498–97,523 mm.

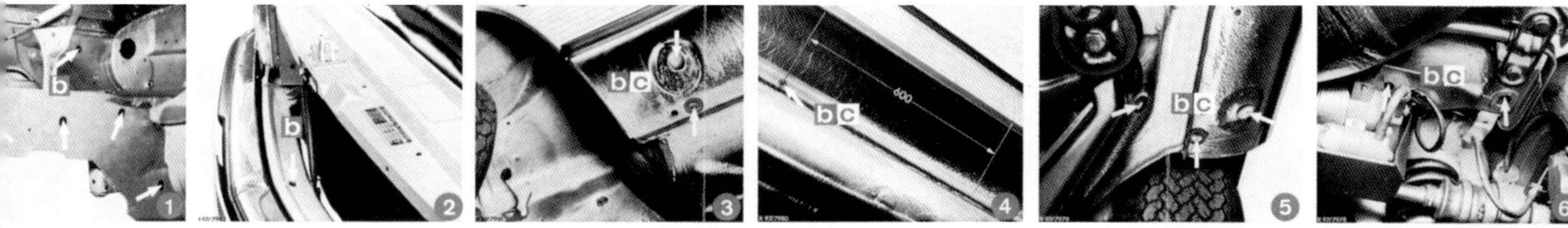

Konservierungsplan Typ 350 SLC (107. 02)
Preservation Plan Typ
Mesures de conservation modèl
Plan de conservación model

Mercedes-Benz service

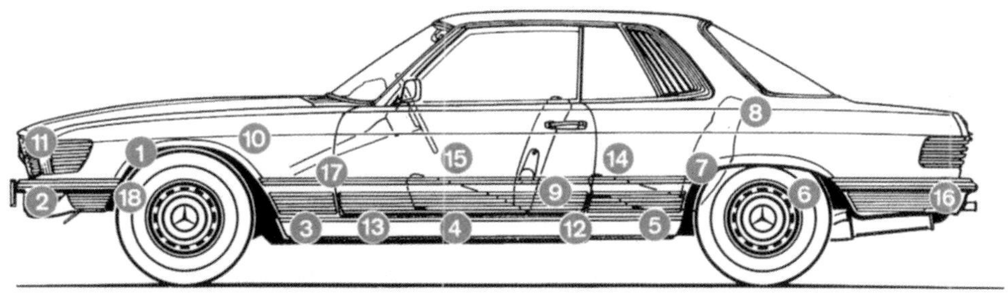

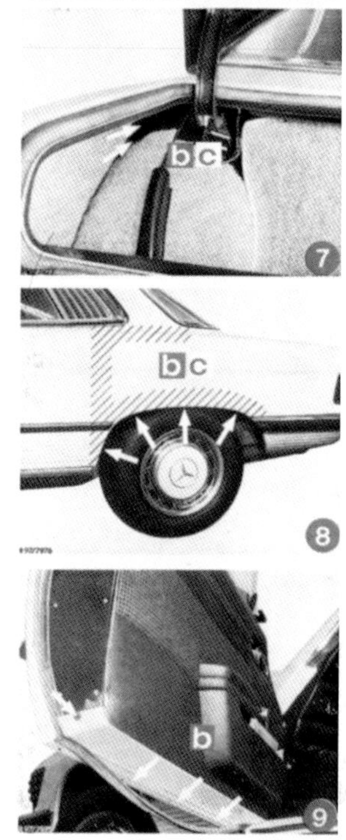

	Erstkonservierung serienmäßig
b	Wiederholungskonservierung
c	Reparaturkonservierung

	First preservation, standard
b	Repeat preservation
c	Repair preservation

	Premier traitement de conservation en série
b	Renouvellement de la conservation
c	Conservation après réparation

	Primer conservación de serie
b	Renovación de la conservación
c	Conservación después de reparaciones

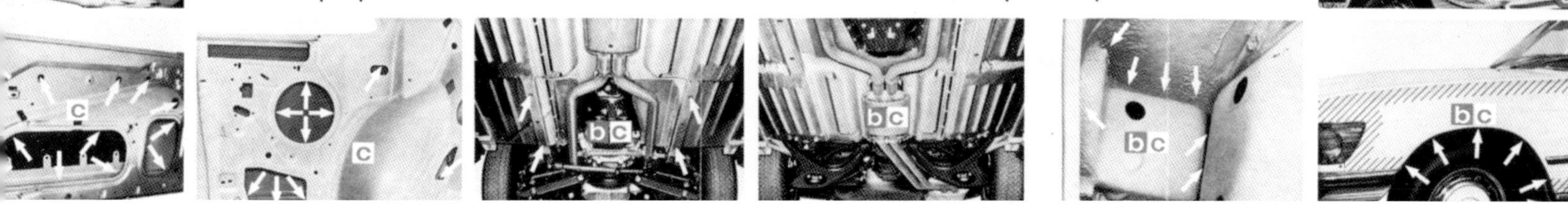

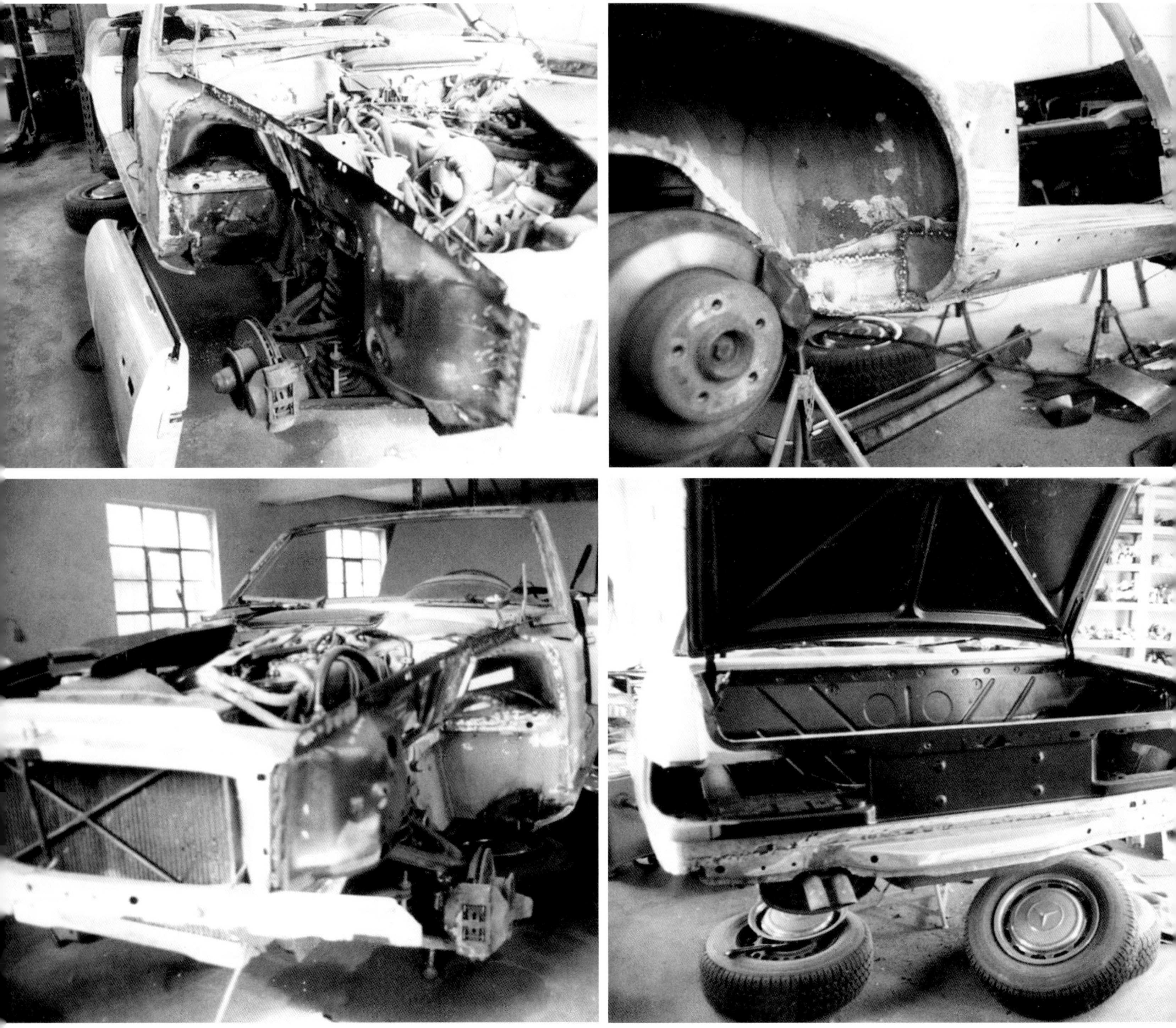

Stationen einer Karosserierestaurierung.

Der blaue Mauritius

oder: die Mutation vom Walfisch zum fliegenden Elefanten – Eine fiktive Erlebnisgeschichte

Jawohl, ich weiß es, Philatelisten strecken zu Recht rügend den Zeigefinger, es heißt nämlich »die« blaue Mauritius. Aber ein Walfisch, ein Elefant und ein SLC sind nun einmal rein sprachlich gesehen männlichen Geschlechts, und deshalb bleibt es ausnahmsweise in diesem Fall bei »der Mauritius«. Auch fliegende Elefanten sind in Schmeils Tierleben nicht aufgeführt, doch hier macht es des Autors Phantasie möglich.
Eines Tages stand er vor mir, in der Doppelgarage eines oberbayrischen Dorfes zwischen Rosenheim und Salzburg. Etwas unscheinbar, eben ein SLC.
Blau-metallisch glänzte die Farbe mit den zahlreichen Chromdrapierungen um die Wette. Der lange Körper erinnerte mit seinen Rundungen an einen am Heiligen Abend vor Neufundland gestrandeten, mit Lametta behangenen Walfisch.
»Fällt Ihnen etwas auf?«, fragte hintergründig der Besitzer. »Ja und Nein«, schoss es mir durch den Kopf, doch ich blieb still. Eigentlich war an dem Auto alles original, aber irgendwie dann doch wieder nicht ganz. Im ersten Moment fiel mir der 1985er Frontspoiler auf, den es 1977 ja noch nicht gegeben hatte. Auf dem Heckdeckel fehlte der Heckspoiler. Aber letzterer war ja erst ab dem 450 SLC 5,0 serienmäßig, und was sich unter der Haut wohl verborgen hielt?
»Na ja«, erlöste mich der Besitzer aus meinem peinlich-ratlosen Schweigen und öffnete die Motorhaube.
Leibhaftig vor mir stand das vierte gebaute Alu-Coupé und grinste mich listig aus seinen Chromaugen an. »Einen Fachbuchautor aufs Kreuz gelegt«, schien der lumpige Blick zu verraten.
Die eigentliche Überraschung aber ergab erst das genaue Hinsehen. Geschweißte Rohrabgaskrümmer anstelle der Gusskrümmer.
Hinten verschwieg der Anblick nicht die Tatsache, dass ein Automobil nun mal Auspuffrohre hat und braucht. Zwei runde Rohröffnungen blickten einen unverfälscht ehrlich an, weder Chrom noch beschwichtigende Rundungen lenkten den Blick ab.
Beim Rundgang fielen mir die Radhäuser mit den Rädern auf, irgendwie voller und erwachsener sah das Ganze aus. »Tiefer gelegt?«, fragte ich den Besitzer, aber er nickte nicht einmal andeutungsweise. Dafür legte ich mich tiefer und entdeckte die Reifengröße 235/55-15. Komisch, dachte ich im ersten Moment, die Felgen hatten das ganz normale Speichendesign jener Jahre und waren weit davon entfernt, so auszusehen, als entstammten sie irgendeiner obskuren Felgenküche. Aber 15 Zoll?
»Die waren aber auch nicht serienmäßig?«, bemerkte ich und schaute den Besitzer schräg von unten nach oben an – er lächelte fein.
»Es gab vieles, was nicht in Preislisten stand, also frag nicht so blöd«, schoss es mir durch den Kopf. Mein Freund Norbert fiel mir ein, der mir einmal bei einer Diskussion über Felgen erzählt hatte,

dass beim Felgenhersteller Fuchs in Meinerzhagen einmal aus einem Strang 15-zöllige Felgen im originalen Mercedes-Design jener Jahre geschmiedet wurden. (Mein Freund Norbert ist technischer Leiter einer Fabrik für Aluminiumräder.) Bei meinen Nachforschungen stellte sich heraus, dass sie damals im Auftrag von Daimler-Benz für ein eventuelles Felgensonderprogramm gefertigt wurden. Man wollte in Untertürkheim eine Alternative zu den damals aus dem Boden sprießenden Alu-Felgen auf dem Zubehörmarkt haben. 95 Prozent dieser 15-Zoll-Felgen wurden dann im Versuchsalltag aufgebraucht, auch so kann ein Sonderprogramm aussehen.

»Wollen sie mal fahren?«, überfuhr mich mein Gastgeber und erwischte mich sprachlos. So sehr ich neugierig geworden war, es standen noch einige hundert Kilometer Heimweg vor mir, und bei Dunkelheit ein fremdes Auto zu fahren, verkneife ich mir lieber. Das erfreut weder Fahrer beziehungsweise Besitzer noch Auto.

Zu meiner Verblüffung öffnete mein Gastgeber die Wagentüre, setzte sich rein und ließ den Motor an.

Dumpf brozzelte es holprig aus dem Auspuff und ließ auf ein verschärftes Nockenprofil schließen. Meine spontane Befürchtung, das beim Gasstoß in dumpfes Grummeln übergehende Auspuffgeräusch könnte Nachbarn stören, war unbegründet. Es gab keine.

»Der liegt wohl eher bei 280 PS als bei den serienmäßigen 240 PS«, klopfte ich auf den Busch und erntete keinen Widerspruch. »Wollen sie nicht doch mal fahren?«, insistierte mein ins Oberbayrische verzogener Ingenieur für Holzbearbeitungsmaschinen.

Evas Verlockungen an Adam können nicht größer gewesen sein, aber die vielen Kilometer des Heimwegs ließen meine Prinzipientreue nicht ins Wanken geraten.

Aber eigentlich war er doch gerade gelaufen, und ein Kaltstart weniger wäre doch auch nicht unvernünftig, schlich sich die Verlockung im Gewand der Vernunft durch meine Sinne. Nein – die Stimme Evas hatte dieses eine Mal noch keine Chance.

»Wenn ich mein 107er-Buch mache, würde ich das Auto gerne fotografieren«, machte ich mir Hoffnungen und gab dem Gastgeber das Gefühl, sehr interessiert zu sein.

Mit dem Versprechen, mich zum gegebenen Zeitpunkt wieder zu melden, handelte ich mir seine Zusage ein, schon mal in seinen Unterlagen wühlen zu dürfen.

Die Wetterberichte des Juni 1991 versprachen mit entnervender Zuverlässigkeit das, was es eigentlich gar nicht gibt, nämlich kein Wetter. Tiefe Temperaturen, Nieselregen, unterbrochen von wolkenbruchartigen Regenfällen mit Dunst, sind für Menschen, die für ein Buch offene und geschlossene Autos fotografieren müssen, nur eines, nämlich kein Wetter.

Hans-Dieter Seufert machte ungeduldig Druck, mein SLC-Besitzer verstand meine seinerzeitige Zusage inzwischen wohl als heißluftgefüllte Sprechblase, doch der 21. Juni sollte die Wende bringen. »Zeitweise Aufheiterungen«, meldeten die Wetterfrösche, und ich fragte leicht verzagt meinen SLC-Sponsor, ob er noch zu seiner Zusage stehen würde. Die Antwort war ein erfrischend klares »Ja!«.

»Mein Gott« dachte ich mir, »da hat aber jemand seine treue Seele in beide Hände genommen und weit über seinen oberbayrischen Gartenzaun geworfen, wenn er dir sein Auto zur Verfügung stellt.« Ein Auto, das nur von Hand gewaschen und bis jetzt nur von seinem Besitzer gefahren wurde.

»Freund, mach keinen Mist«, rief mich meine innere Stimme zur Ordnung und warnte mich vor Querfahren und anderen mein Autoleben bereichernden Aktivitäten. Der Morgen des 21. Juni bescherte uns Regen und einen pikobello von Hand gewaschenen SLC, der wie vor Jahren im Leerlauf dumpf und holprig vor sich hin brabbelte. »Die Hinterachse ist bis 80 km/h etwas laut, und eine Sperre hat sie auch nicht.« Dies waren die letzten Worte, mit denen uns sein Besitzer in einen trübe erscheinenden Tag entließ.

Das Riesenlenkrad – Mercedes baut ja auch Schwerlastwagen und Baustellenfahrzeuge –, der Druckpunkt beim Gasgeben und ein »Quieek« in der zweiten Kurve wegen des fehlenden Sperrdifferenzials; das waren die ersten Eindrücke. Und von innen kam sofort wieder meine warnende Stimme: »Freund, mach keinen Scheiß.«

Beifahrer Hans-Dieter Seufert, warum auch immer Biber genannt, meinte auf mein Frohlocken ob unseres »Untersatzes« in seinem gemütlichsten Schwäbisch: »Du musch emol en 928 S4 fahre.« Aber für Dämpfer solcher Art hatte meine »Sternenseele« an diesem Tag keine Antennen.

Irgendwie hatten wir den Anschluss an unseren Co-Driver im 300 SL verloren und mussten uns sputen. Hämmernd drehte der V8 hoch. Ab 5000/min, dort, wo bei den gediegenen Serienbrüdern allmählich die Langeweile der Geschmeidigkeit droht, kommt bei unserem Probanden noch einmal Schub und Freude auf. »Des isches, genau dees«, unterbricht Biber meine Gedanken an das Trompeten der Elefanten in den Savannen Kenias. Die Waldegaards, Mikkolas und Cowens müssen von den Dickhäutern akustisch gar nicht zu unterscheiden gewesen sein, wenn sie in ihren Staubkolonnen um die Wette trompeteten.

Die Leichtigkeit des Hochdrehens unseres Großkolbenmotors war trotz heutiger Vierventil- und Einlassverstelltechnik begeisternd. Gierig nahm der Motor auch ab 5000/min Leistung an, ja jenseits von 5500/min atmete er noch mal richtig frei durch. 230 km lagen an, der Co kam in Sichtweite, die innere Stimme mit »Mensch mach keinen ... « holte mich aus meinen Gedanken zurück. Vor allem mein schweigsam gewordener Fotograf Biber war wieder zu hören, als er erneut meinte: »Du, Günter, dees isches, genau dees.« Auf meine Frage, was denn sei, kam die Antwort: »Ha, wie beim 928 S4, oifach toll.« Der seinerzeitige Chefredakteur Dirk-Michael Conradt von der Oldtimer-Zeitschrift *Motor Klassik* pflegte in Augenblicken gesteigerten Glücksgefühls ein genussvoll-wohliges »Oregenool« von sich zu geben. Doch das bezog sich dann auf seinen gelben Ferrari 328. Conradts Manko war, dass er »unseren« SLC nicht kannte. Er wäre vor lauter wohligem Gurren sicher ins Stottern gekommen.

Die kleinen Sträßchen des hügeligen Elsass ließen noch einmal das Fahrwerkspotenzial erahnen, das in unserem »Trompeter« steckt. Aber die sattsam bekannte innere Stimme, die Seltenheit des Autos und die Großmut des Besitzers verboten einfach exzessives Querfahren und Lust spendende Kurvenorgien. Erich Waxenberger fiel mir bei dieser Gelegenheit ein, der die Entscheidung für das Coupé bei den meisten Rallyes mit dessen besserem Handling begründete.

Noch einmal durfte der Elefant trompeten, als uns unser SL-Begleiter ein weiteres Mal, und das noch vor einem Ferrari, abhandengekommen war.

Die kurzzeitigen 240 km/h auf dem geeichten Tachometer hätten wir noch ewig weiterfahren können, denn es lag noch gut eine Handbreit Wasser unterm Kiel, lies Gaspedal. Da wäre noch einiges möglich gewesen!

Aber 238,4 km/h lief vor elf Jahren das *auto motor und sport*-Testgefährt, und die erreichte unser Elefant geradezu spielend.

Mehr musste nicht sein. Der Ferrari-Fahrer staunte, als wir ihn überholten, mit großen offenen Augen, wie ein Kind vor dem Christbaum. Mit so etwas rechnen Ferrari-Fahrer einfach nicht. Sicher, ein Ferrari hat jenen Schuss Sinnlichkeit, der ihn aus der Masse der Automobile heraushebt. Er hat die Faszination eines automobilen Spielzeugs. Alles das fehlt dem 107 und »unserem« Coupé. Aber kann ein Auto, das nichts erahnen und alles erleben lässt, kann es nicht ebenso viel Faszination vermitteln?

In geradezu klassischer Weise verkörpert es die Figur des Dr. Jekyll und Mr. Hyde. Der 107 als unscheinbarer Dr. Jekyll mit seinem geradezu herausfordernd biederen Äußeren, das der Epoche des oberschwäbischen Barock entsprungen sein könnte, verwandelt sich wie von Geisterhand in einen Mr. Hyde, wenn man ihm die Sporen gibt und ihn durch die Kurven treibt. Dann geht das hämmernde Stakkato jenseits von 5500/min in das stimulierende Trompeten über. Autobahnsteigungen, an denen beachtlich motorisierte Neuzeitmobile jener Tage wie Fliegen am Fliegenfänger kleben, werden zu geradezu vernachlässigbaren Wölbungen in unserer Geographie eingeebnet.

Unser großherziger Besitzer stand nicht wartend vor seiner Garage, als wir ihm sein Traumauto frisch gewaschen zurückbrachten. Aber das dumpfe Bollern des »High Performance«-M 117 ließ ihn unmittelbar nach dem Abstellen des Motors in der Haustüre erscheinen. Das entspannte Lächeln beim Anblick seines unversehrten Schmuckstücks rief mir die ungläubigen Gesichter seiner Familienmitglieder ins Gedächtnis, die die Welt nicht mehr verstanden, als er kundtat, dass das Auto für einen Tag in fremde Hände gehen würde.

Ein Tag sublimierten Glücksgefühls war zu Ende. Der Duden verzeichnet unter dem Wort sublimieren übrigens: »Steigerung ins Erhabene, Verfeinerung, Läuterung.«

Für den Autor gibt es bis heute nur einen Vergleich, der diesem Erlebnis gleichkommt – und das war eine Fahrt mit einem 300 SL, Baujahr 1952, auf der Einfahrbahn in Untertürkheim.

MERCEDES
BENZ

Typ Baureihe Baumuster	280 SL R 107 E 28 107042	280 SLC C 107 E 28 107022	300 SL R 107 E 30 107041	300 SL/TD R 107 D 30 Versuchsfahrzeug mit Turbodieselmotor
Motor:				
Baureihe	M 110 E 28		M 103 E 30	OM 603 A
Baumuster	M 110982/110992 NV bis Februar 1977 M 110986 KA bis Sept. 1981 M 110990 KA ab Okt. 1981		M 103982 KE	
Arbeitsverfahren	Viertakt-Ottomotor D-Jetronic bis Februar 1977 dann K-Jetronic		Viertakt-Ottomotor KE-Jetronic (KE III)	Viertakt-Dieselmotor mit Abgas-Turbolader
Zylinderzahl-Anordnung	6/Reihe		6/Reihe	6/Reihe
Bohrung/Hub	86/78.8		88.5/80.25	87/84
Gesamthubraum	2746		2962	2996
Verdichtungsverhältnis	M 110982 / M 110992 NV	M 110986 / M 110990		
ε	9 / 8	8.7 / 9	9.2/NV 8	22
Kraftstoff-Mindestoktan-Anzahl ROZ/MOZ	98/88 / 91/–	98/88	RÜF 95/81/KAT NV	Diesel DIN 51601
Höchstleistung in PS (kW) bei 1/min	185 (136) /6000 / 170 (125) /6000	177 (130) /6000 / 185 (136) /5800	188 (138) /5700 179 (132) /5700 177 (130) /5600	143/ (105) / 4600
bei USA-Motoren in bhp (kW)		Ab Febr. 1977 / ab 15. 4. 1978		
Literleistung PS/bhp (kW)	67.4 (49.6) / 61.9 (45.5)	64.4 (47.4) / 67.4 (49.6)	63.47 (46.68) / 60.43 (44.5) / 59.76 (43.95)	49.06 (36.08)
Höchstdrehzahl 1 min	6500		6550 ± 50	5150 ± 150
Mittlere Kolbengeschwindigkeit bei Höchstleistung in m/s	15.8 / 15.8	15.8 / 15.2	15.2	12.9
Max. Drehmoment Nm/min bei USA-Motoren lb-jt/min	238 / 226	234 / 240	260/255/4400 250/4200	267/2400
	bei 4500			
Max. mittl. Abseitsdruck bar	11.0			
Ventil-Nockenwellenanordnung	DOHC V-Förmig		OHC V-Förmig	OHC-Senkrecht
Nockenwellen-Kennzahl (am hinteren Ende eingeschlagen)	Linke / Rechte 25 / 57 67 / 71 74 / 20	Links / Rechts 74 / 78		
Steuerung	Schwinghebel			
Steuerzeiten:				
Einlaß öffnet nach OT	7° / 7°		11.5°	11°
schließt nach UT	21° / 21°		19.5°	17°
Auslaß öffnet vor UT	30° / 35°		21.5°	28°
schließt vor OT	12° / 17°		13.5°	15°
(bei 2 mm Ventilhub)	bis Sept. 81 / ab Okt. 81			
Ventilspiel kalt (20° C + 10° C)				
Einlaß mm	0.10		Hydrostößel	Hydrostößel
Auslaß mm	0.25		Hydrostößel	
Ventilsitzringe	Ein- und Auslaß			
Ventilteller außen ∅				
Einlaß	45.3 – /45.3		43.0 ± 0.1	
Auslaß	37.2 – /38.9		39.0 ± 0.1	
Ventilfedern je Ventil	je 2 für Ein- und Auslaß + Rotocap			
Ventilhub, ohne Vornocken				
Auslaß mm	10.8			
Einlaß mm	10.1			
Zündfolge	1-5-3-6-2-4		1-5-3-6-2-4	1-5-3-6-2-4
Zündzeitpunkteinstellung ohne Unterdruck			EZL: Superkraftstoff	
M 110 982	32° voT 4500/min		27 bis 31° voT/3200	
M 110 992 NV	32° voT 4500/min		Normalkraftstoff	
M 110 986	30° voT 3500/min		21 bis 25° voT/3200	
M 110 990	30° voT 3500/min		EZL 006 545 76 32	
Zündspule Bosch Nummer bzw. Schaltgerät bei FSZ + EZL	M 110 982: 0221 122 001			
TSZ Schaltgerät Bosch Nummer	M 110 ab 9.82 kontaktlose TSZ ohne Vorwiderstände M 110 982 0 227 051 022 M 110 982 0 227 100 001			
Zündverteiler Bosch Nummer	M 110 982 0231 306 002 M 110 992 NV 0231 406 002 M 110 986 0237 302 002 93 + 05 M 110 990 0237 306 045			

	350 SL R 107 E 35 107043	350 SLC C 107 E 35 107023	380 SL R 107 E 38 107045	380 SLC C 107 E 38 107025	380 SL USA R 107 E 38 107045
	M 116 E 35	M 116 E 35	M 116 E 38	M 116 E 38	M 116 E 38
	M 116982		116960		bis 1981 116 960
	116992 NV (niederverdichtet) bis Februar 1970		116960 NV		ab 1982 116 962
	116984 KA, 116984 NV ab 12. Februar 1970				
	Viertakt-Ottomotor		K-Jetronic		K-Jetronic
	D-jetronic bis 12. Februar 1976				
	K-Jetronic ab 12. Februar 1976				
	8/V-Winkel 90°		8/V-Winkel 90°		8/V-Winkel 90°
	92/65.8		92/71.8		88/78.9
	3499		3818		3839
	116982 / 116992 NV	116984 / 116984 NV	116960	116960 NV	
	9.5 / 7.5	9 / 7.5	9	7.5	8
	98/88 / 85/–	98/88 / 86/–	98/88	86/–	91/81
	200 (147) /5800 / 180 (132.5) /550	195 (143.5) /5500 / 180 (132.5) /5500	218 (160.5) /5500	197 (145) /5500	155 (115.5) /4750
	57.16 (42.04) / 51.44 (37.83)	55.73 (40.99) / 51.44 (37.83)	57.09 (41.99)	51.6 (38)	40.37 (30.1)
	6500		6600		5500 ± 50
	12.7 / 12.04	12.04 / 12.04			
	286 / 260	275 / 260	305/4000	230/4000	267/2750
	bei 4000				
			98		
	je 1× OHC je Zyl.-Bank schräg				
	Links 52 / Rechts 53	Links 58 / Rechts 59	Links 60		Links 62
			Rechts 61		68
					Rechts 63
					69
	Schwinghebel		Schwinghebel		Schwinghebel
	bei neuem Motor oder neuer Steuerkette		bei neuem Motor oder neuer Steuerkette		bei neuem Motor o. neuer Steuerkette
	links / rechts	links / rechts	links	rechts	links / rechts
	4° / 2°	4° / 2°	14°	10°	24° / 22°
	14° / 12°	14° / 12°	22°	20°	7.5° / 5.5°
	30° / 32°	36.5° / 28.5°	20°	22°	4° / 2°
	16° / 18°	11.5° / 13.5°	10°	12°	12.5° / 14.5°
	ab 20 000 km Werte der rechten Zyl.-Reihe wie links				
	0.10 ab Februar 1976 Hydrostößel		Hydrostößel		
	01.5 ab Februar 1976 Hydrostößel				
	Ein- und Auslaß				
	44.30/44.10				
	37.20/37.00				
	je 2 für Ein- und Auslaß				
			9.5		
			9.3		
	1-5-4-8-6-3-7-2		1-5-4-8-3-7-2	1-5-4-8-3-7-2	1-5-4-8-3-7-2
	30° voT 3000/min		30° voT 3000/min	30° voT 3000/min	oT
	0 221 122 001		0 237 404 003		TSZ 0 227 100 01
			0 237 405 014		Ab 1983 TSZ 0 237 401 010
	0 227 100 001				

Typ **Baureihe** **Baumuster**	**280 SL** **R 107 E 28** **107042**	**280 SLC** **C 107 E 28** **107022**	**300 SL** **R 107 E 30** **107041**	**300 SL/TD** **R 107 D 30** **Versuchsfahrzeug mit Turbodieselmotor**
Zündkerzen	Motorversion Beru	Bosch Champion	Beru Bosch Champion	
	M 110 982 14-6 DU	W 6 DC N 7 YC	9.2	
	M 110 992/NV 14-7 DU	W 7 DC N 9 YC	14 K 8 DU H 8 DC 510 YCC	
	M 110 986 14-7 DU	W 7 DC N 9 YC	14 K DUC H 8 DCO	
	M 110 990 14-7 DU	W 7 DC N 9 YC	8	
			14 K-9 DU H 9 DC S 12 YC	
			14 K-9 DUC H 9 DCO S 12 YCC	
Motoraufhängung	Dreipunkt, gummigelagert			
Kurbelgehäuse	Grauguß, legiert		Gruaguß legiert	Graugug legiert
Ölwanne	Leichtmetall mit Blechunterteil			
Zylindergußform	Block mit Kurbelgehäuse vergossen			
Zylinderkopf	Leichtmetall		Leichtmetall	Leichtmetall
Nockenwellengehäuse	Leichtmetall		–	–
Zylinderkopfdichtung	Ferrolastik		Nachzugsfrei	Nachzugsfrei
Kurbelwelle	geschmiedet		geschmiedet	geschmiedet
Kurbelwellenlager	7 Mehrstofflager mit Stahl-Stützschalen		7 Mehrstofflager mit Stahl-Stützschalen	
Kurbelverhältnis l/r	3.32:1			
Pleuelstangen	Doppelt-T-Schaft Querschnitt 131 mm Mittenabstand			
Kolben	Leichtmetall			
Kolbenringe	2 Verdichtungsringe, 1 Ölabstreifring			
Kupplung				
Kupplungsart	Einscheiben-Trockenkupplung		Einscheiben-Trockenkupplung	hydr. Wandler
Kupplungs-Durchmesser mm	228		–	–
Kupplungsbelag	Textar beidseitig			
Kupplungsfläche m²	408			
Getriebe				
Serienausführung	bis September 1976 G 76/18 B 716.001 bis Februar 1980 G 76/18 D 716.001 bis August 1981 G 76/18 E 716.007 ab September 1981 siehe Fünfgang-Getriebe		GL 76/2735 717.431	W 4
Getriebeart	Viergang-Schaltgetriebe		Fünfgang-Schaltgetriebe	MB Automatik
Zahl der Gänge	4 vörwärts, 1 rückwärts		5 vorwärts, 1 rückwärts	
Übersetzungen	716.001, 716.006, 716.007: 3.90, 2.30, 1.41, 1, 3.66		3.86, 2.18, 1.38, 1.0, 0.80, R 4.22	
Gesamtübersetzung i =	bis Febraur 1980 3.69, ab 1. März 1980 3.58		3.46	
Sonderwunsch	W 4 B 025		W 4 A 040	
Getriebeart	MB automatisches Getriebe		MB automatisches Getriebe	
Zahl der Gänge	4 vorwärts, 1 rückwärts		4 vorwärts, 1 rückwärts	
Übersetzungen	3.88, 2.39, 1.46, 1, 5.47		3.68, 2.41, 1.44, 1.0, 5.14	
Gesamtübersetzung i =	bis Februar 1980 3.69, ab 1. März 1980 3.58		3.46	
Sonderwunsch	G 76/27-5 (717000)	Ab September 1981 Serie: GL 275 C 717.402		
Getriebeart	Fünfgang-Schaltgetriebe			
Zahl der Gänge	5 vorwärts, 1 rückwärts			
Übersetzungen	3.96, 2.34, 1.43, 0.875, 3.12	3.82, 2.202, 1.398, 0.813, 3.705		
Gesamtübersetzung i =	3.92	3.58		3.07
Fahrleistungen				
Höchstgeschwindigkeit	Schaltgetriebe	Automatik	Schaltgetriebe Automatik	
in den Gängen:	1.388 1.318	1.358	ECE KAT ECE KAT	
1	52 52 54	42 40	57 46	
2	88 82 94	88 94	101 91	
3	145 135 152	145 152	160 146	
4	205 190 200	200 195	203 200 198 195	
5	– 205 –	– –	198 195 – –	
Höchstgeschwindigkeit lt. Werksangabe	205/200	200 195	KAT 200 195 RÜF 203 198	
Höchstgeschwindigkeit km/h	280 SL Schaltgetriebe 209.3	280 SLC Schaltgetriebe 210.5 Automatik 200.0	Schaltgetriebe 207.0	
laut Test	AMS 26/1974	AMS 13/1975 26/1974	AMS 5/1986	
Beschleunigungswerte sek.				
0–100 km/h	8.9	8.5 11.0	8.8	
0–160 km/h	23.7	22.5 28.3	24.3	
0–200 km/h	–	– –	–	

350 SL R 107 E 35 107043	350 SLC C 107 E 35 107023	380 SL R 107 E 38 107045	380 SLC C 107 E 38 107025	380 SL USA R 107 E 38 107045
Motorversion Beru N 116 982 14-6 DUO 116 992 NV 14-7 DUO 116 984 KA 14-7 DUO 116 987 KA NV 14-8 DUO	Bosch Champion W 6 DCO N 7 YCC W 7 DCO N 9 YCC W 7 DCO N 9 YCC W 8 DCO N 11 YCC	Beru Bosch 14-7 DUO W 7 DCO 14-7 DU W 7 DC NV 14-8 DUO W 8 DCO 14-8 DU W 8 DC	Champion N 9 YCC N 9 YC N 11 YCC N 11 YC	Beru Bosch Champion 14-8 DUO W 8 DCC N 11 YCC 14-8 DU W 8 DC N 11 YC
Dreipunkt, gummigelagert		Dreipunkt, gummigelagert	Dreipunkt, gummigelagert	Dreipunkt, gummigelagert
Grauguß legiert		Aluminiumguß ohne Laufbuchsen	Aluminiumguß ohne Laufbuchsen	Aluminiumguß ohne Laufbuchsen
Leichtmetall		Leichtmetall	Leichtmetall	Leichtmetall
Block mit Kurbelgehäuse vergossen		Block mit Kurbelgehäuse vergossen	Block mit Kurbelgehäuse vergossen	Block mit Kurbelgehäuse vergossen
Leichtmetall		Leichtmetall	Leichtmetall	Leichtmetall
–		–	–	
Eisen-Asbest		Nachzugsfrei	Nachzugsfrei	Nachzugsfrei
geschmiedet		geschmiedet	geschmiedet	geschmiedet
5 Mehrstofflager mit Stahl-Stützschalen		5 Mehrstofflager mit Stahl-Stützschalen	5 Mehrstofflager mit Stahl-Stützschalen	5 Mehrstofflager mit Stahl-Stützschalen
4.19:1				
Doppelt-T-Schaft Querschnitt 138 mm Mittenabstand		Doppelt-T-Schaft Querschnitt 138 mm Mittenabstand	Doppelt-T-Schaft Querschnitt 138 mm Mittenabstand	Doppelt-T-Schaft Querschnitt 138 mm Mittenabstand
Leichtmetall, Eisen beschichtet		Leichtmetall, Eisen beschichtet	Leichtmetall, Eisen beschichtet	Leichtmetall, Eisen beschichtet
2 Verdichtungsringe, 1 Ölabstreifring		2 Verdichtungsringe, 1 Ölabstreifring	2 Verdichtungsringe, 1 Ölabstreifring	2 Verdichtungsringe, 1 Ölabstreifring
Einscheiben-Trockenkupplung		hydraulischer Wandler	hydraulischer Wandler	hydraulischer Wandler
240				
Textar beidseitig				
480				
G 76/27 A 716.100		W 4 A 040 722.304	W A 4 040 722.304	W A 4 040 722.304
Viergang-Schaltgetriebe		MB automatisches Getriebe	MB automatisches Getriebe	MB automatisches Getriebe
4 vorwärts, 1 rückwärts		4 vorwärts, 1 rückwärts	4 vorwärts, 1 rückwärts	4 vorwärts, 1 rückwärts
3.96, 2.34, 1.44, 1, 3.72		3.68, 2.41, 1.44, 1, 5.14	3.68, 2.41, 1.44, 1, 5.14	3.68, 2.41, 1.44, 1, 5.14
3.46		3.27	3.27	2.47
bis Juni 1972 K 4 A 040, ab Juni 1972 W 3 A 040 722.002				
MB automatisches Getriebe				
3 vorwärts, 1 rückwärts				
2.31, 1.46, 1, 1.84				
3.46				
Schaltgetriebe	Automatik			
54	43	50		54.4/64
90	90	103		99.2/102.4
150	150	172		153.6/160
210	210	215		185
–	–	–		–
210	215	215	215	185
Schaltgetriebe Automatik	Automatik			
215.6 211.8	211.8	222.2	–	176.0
AMS 20/1971	AMS 10/1972	SportAuto 4/1981		Road + Track 1982 + 1984
8.4 11.0	11.8	8.5	–	0–96 km/h 11.5/10.9
21.5 260	29.0	21.7	–	29.5
– –	–	–	–	

Typ **Baureihe** **Baumuster**	**280 SL** **R 107 E 28** **107042**	**280 SLC** **C 107 E 28** **107022**	**300 SL** **R 107 E 30** **107041**	**300 SL/TD** **R 107 D 30** **Versuchsfahrzeug mit Turbodieselmotor**
Motordrehzahl bei 100 km/h	4 Gang 5 Gang/G 76	Automatik		
im höchsten Gang	3140 3340	3380	2336	
bei Übersetzung i =	3.69 3.92	3.69 3.58	3.46	
Geschwindigkeit in km/h bei 1000/min	31.8 37.4	31.8 32.5	42.8	
Steigfähigkeit in %		i = 3.69 i = 3.58	Schaltgetriebe Automatik	
in den Gängen: 1. Gang Rutschgrenze	43 43 43	43	45 45	–
2. Gang	35 32 38	43 43	30 41	–
3. Gang	19 17 21	30 26	16 19	–
4. Gang	11.5 10 12.5	11 10	11 10	–
5. Gang	– 10	–	7.5 –	
Fahrwerk:				
Radaufhängung vorne	je 1 Doppelquerlenker mit Schraubenfedern und Stoßdämpfer		je 1 Doppelquerlenker mit Schraubenfedern und Stoßdämpfer	je 1 Doppelquerlenker mit Schraubenfedern und Stoßdämpfer
Radsturz vorne fahrfertig	– 0° ± 15′		– 0° 10′ ± 15′	
Nachlauf fahrfertig	3° 15′ ± 20′		10° 30′ ± 30′	
Vorspur vorne m/m	2 ± 1		2 ± 1	2 ± 1
Momentan-Zentrum vorn	84 m/m mit 2 Personen besetzt		84 m/m mit 2 Personen besetzt	84 m/m mit 2 Personen besetzt
Federkernwert vorn gleichseitig	59.5 m/m/100 kg am Rad progressiv		59.5 m/m/100 kg am Rad progressiv	59.5 m/m/100 kg am Rad progressiv
Federkern vorn wechselseitig	24 m/m/100 kg am Rad		24 m/m/100 kg am Rad	24 m/m/100 kg am Rad
Eigenschwingungszahl vorn	63 (SCHW/min)		63 (SCHW/min)	63 (SCHW/min)
Gesamtfederweg vorn	210 m/m		210 m/m	210 m/m
Radaufhängung hinten	Diagonal-Pendelachse		Diagonal-Pendelachse	Diagonal-Pendelachse
Radsturz hinten fahrfertig	– 0° 30′ ± 30′		– 0° 30′ ± 30′	– 0° 30′ ± 30′
Vorspur hinten m/m	1 ± 1.5		1 ± 1.5	1 ± 1.5
Momentan-Zentrum hinten	125 m/m mit 2 Personen besetzt		125 m/m mit 2 Personen besetzt	125 m/m mit 2 Personen besetzt
Federkernwert hinten gleichseitig	45 m/m / 100 kg am Rad progressiv		45 m/m / 100 kg am Rad progressiv	45 m/m / 100 kg am Rad progressiv
Federkernwert hinten wchselseitig	31.5 m/m 100 kg am Rad		31.5 m/m 100 kg am Rad	31.5 m/m 100 kg am Rad
Eigenschwingungszahl hinten	80		80	80
Gesamtfederweg hinten	223 m/m		223 m/m	223 m/m
Räder	6½ J × 14 H 2 ET 30 Stahserie, AL MgSi 1 E × TRA		7 J × 15 ET 20 (AL MgSi 1)	6½ J × 14 H 2 ET 30
Gewicht kg	11 6.3		8.8	
Reifengröße	185 HR 14 ab Februar 1980 195/70 HR 14		205/65 VR 15	195/70 HR 14
Reifendruck bar/kalt vorne/hinten	2.2/2.5 über 200 km/h + 0.2		Sommer 2.0/2.4, Winter 2.2/2.5, über 180 km/h + 0.4	–
Bremsen	—— Hydraulische Zweikreisbremse mit Unterdruckverstärker, Scheibenbremse vorne und hinten, vorne belüftete Bremsscheiben ——			
Abmessungen				
Radstand mm	2460	2820	2400	2460
Spurweite in mm vorn	1452	1452	1465	1452
Spurweite in mm hinten	1440	1440	1466	1440
Größte Fahrzeuglänge in mm	4390	4750	4390	4390
Größte Fahrzeugbreite in mm	1790	1790	1790	1790
Größte Fahrzeughöhe in mm	Stoffdach Hardtop 1300 1290	1330	Stoffdach Hardtop 1305 1255	Stoffdach Hardtop 1300 1290
Überhanglänge vorn in mm	875	875	875	875
Überhanglänge hinten in mm	1055	1055	1055	1055
Lenkraddurchmesser in mm	430, ab September 1979 420	430, ab September 1979 420	420	420
Kleinster Spurkreisdurchmesser links in m	9.43	10.63		–
Kleinster Spurkreisdurchmesser rechts in m	9.83	11.03		–
Kleinster Wendekreisdurchmesser links in m	10.34	11.55	10.60	10.4
Kleinster Wendekreisdurchmesser rechts in m	10.74	11.95	10.60	10.4
Rauminhalt	Stoffdach Hardtop		Stoffdach Hardtop	
Fahrgastraum m^3	1.801 1.778	2.322	1.801 1.778	
Kofferraum m^3	0.260	0.310	0.260 0.260	0.260
Standfläche in m^2	7.84	8.48	7.84	7.84
Glasfläche in m^2	Stoffdach Hardtop 1.67 1.93	2.455	7.84 1.67 1.93	1.67 1.93
cw	offen 0.547 geschl. 0.437 0.483	0.424	offen, Seitenscheiben auf 0.540 0.438 Scheiben zu 0.530 geschl. 0.405	
mit Spoiler ab 1980	0.428	0.406		
Stirnfläche in m^2	1.875 1.821	1.921	–	–
cw + F	offen 1.02563 0.9805 geschl. 0.8194 ab 1980 0.7759	bis 1980 0.8145 ab 1980 0.7799	–	–
CA_V (Auftriebswert vorne)	0.420	–	0.254 0.263	
CA_V (Auftriebswert hinten)	0.050	–	0.081 0.071	

350 SL R 107 E 35 107043	350 SLC C 107 E 35 107023	380 SL R 107 E 38 107045	380 SLC C 107 E 38 107025	380 SL USA R 107 E 38 107045
4 Gang	Automatik			
2945	2945–3085			
3.46	3.46	3.27		2.47
34.0	34.0	37.0		49.0
KA-Einspritzung				
43 43	43	44		
33 33	33	44		
22 18	13	26		
135 11	–	12		
– –	–	–		
je 1 Doppelquerlenker mit Schraubenfedern und Stoßdämpfer		je 1 Doppelquerlenker mit Schraubenfedern und Stoßdämpfer	je 1 Doppelquerlenker mit Schraubenfedern und Stoßdämpfer	je 1 Doppelquerlenker mit Schraubenfedern und Stoßdämpfer
– ° ± 15′	– 0° ± 15′	– 0° ± 15′	– 0° ± 15′	
3° 15′ ± 20′	3° 15′ ± 20′	3° 15′ ± 20′	3° 15′ ± 20′	
2 ± 1	2 ± 1	2 ± 1	2 ± 1	
84 m/m mit 2 Personen besetzt	84 m/m mit 2 Personen besetzt	84 m/m mit 2 Personen besetzt	84 m/m mit 2 Personen besetzt	
59.5 m/m/100 kg am Rad progressiv		59.5 m/m/100 kg am Rad progressiv	59.5 m/m/100 kg am Rad progressiv	59.5 m/m/100 kg am Rad progressiv
24 m/m/100 kg am Rad		24 m/m/100 kg am Rad	24 m/m/100 kg am Rad	24 m/m/100 kg am Rad
63 (SCHW/min)		63 (SCHW/min)	63 (SCHW/min)	63 (SCHW/min)
210 m/m		210 m/m	210 m/m	210 m/m
Diagonal-Pendelachse		Koppelachse	Diagonal-Pendelachse	Diagonal-Pendelachse
– 0° 30′ ± 30′		– 0° 30′ ± 30′	– 0° 30′ ± 30′	– 0° 30′ ± 30′
1 ± 1.5		1 ± 1.5	1 ± 1.5	1 ± 1.5
125 m/m mit 2 Personen besetzt		125 m/m mit 2 Personen besetzt	125 m/m mit 2 Personen besetzt	125 m/m mit 2 Personen besetzt
45 m/m / 100 kg am Rad progressiv		45 m/m / 100 kg am Rad progressiv	45 m/m / 100 kg am Rad progressiv	45 m/m / 100 kg am Rad progressiv
31.5 m/m 100 kg am Rad		31.5 m/m 100 kg am Rad	31.5 m/m 100 kg am Rad	31.5 m/m 100 kg am Rad
80		80	80	80
223 m/m		223 m/m	223 m/m	223 m/m
6½ J × 14 H 2 ET 30 Stahlserie, AL MgSi 1 Extra		6½ J × 14 H 2 ET 30 Stahlserie, AL MgSi 1 Extra	6½ J × 14 H 2 ET 30 Stahlserie, AL MgSi 1 Extra	6½ J × 14 H 2 ET 30 Stahlserie, AL MgSi 1 Extra
11	6.3	11 Stahlfelge, 6.3 Alu-Felge	11 Stahlfelge, 6.3 Alu-Felge	11 Stahlfelge, 6.3 Alu-Felge
205/70 VR 14		205/70 VR 14	205/70 VR 14	205/70 R 14
2.2/2.5 über 200 km/h + 0.2		2.2/2.5 über 200 km/h + 0.2	2.2/2.5 über 200 km/h + 0.2	bis 160 km/h Sommerreifen 2.0/2.3, sonst + 0.2
Hydraulische Zwei-Kreisbremse mit Unterdruckverstärker, Scheibenbremse vorne und hinten, vorne belüftete Bremsscheiben				
2460	2820	2455	2820	2460
1452	1452	1452	1452	1452
1440	1440	1440	1440	1440
4390	4750	4390	4750	4630, ab 1984 4580
1790	1790	1790	1790	1790
Stoffdach Hardtop		Stoffdach Hardtop		Stoffdach Hardtop
1300 1290	1330	1300 1290	1330	1300 1290
875	875	875	875	985, ab 1984 960
1055	1055	1060	1055	1185, ab 1984 1160
430	430	420	420	420
9.43	10.63	9.43	10.63	
9.83	11.03	9.83	11.03	
10.34	11.55	10.34	11.55	10.48
10.74	11.95	10.74	11.95	10.48
Stoffdach Hardtop		Stoffdach Hardtop		Stoffdach Hardtop
1801 1.778	2.322	1.801 1.78	2.322	1.801 1.778
0.260	0.310	0.260	0.310	0.235
7.84	8.48	7.84	8.48	7.84
1.67 1.93	2.455	1.67 1.93	2.455	1.67 1.93
offen 0.547 0.483		0.428	0.398	
geschl. 0.437 –	0.424	–		
1.875 1.821	1.921	–	1.921	
offen 1.02563 0.8905	0.8124	–	–	
geschl. 0.8194				
0.420		0.290	–	
0.050		0.074	–	

Typ Baureihe Baumuster	280 SL R 107 E 28 107042	280 SLC C 107 E 28 107022	300 SL R 107 E 30 107041	300 SL/TD R 107 D 30 Versuchsfahrzeug mit Turbodieselmotor
Gewichte				
Leergewicht in kg nach DIN 70020 (fahrfertig)*	1500	1550	1510	
Leergewicht in kg lt. Testbericht	Auto Motor + Sport 26/74 1560 mit Schaltgetriebe	AM+S 26/74 AM+S 13/75 1600 1595 Automatik Schaltgetriebe	Auto Motor + Sport 5/86 1524 mit Schaltgetriebe –	
Zulässiges Gesamtgewicht in kg	1920	2040	1510	
zulässiges Achsdrücken in kg vorne	940	1000	785	
zulässiges Achsdrücken in kg hinten	980	1040	725	
Coupedach im DIN Leergewicht nicht enthalten in kg	40	–	40	40
Füllmengen				
Motor				
Neu je Füllung in Liter	7.0	7.0	7.0	
Bei Öl- und Filter-Wechsel in Liter	6.0	6.0	6.0	
Ölwanne maximal in Liter	5.5	5.5	5.7	
Ölwanne minimal in Liter	4.0	4.0	3.7	
Kühlsystem mit Heizung ca. Liter	12.0	12.0	8.0	
Schaltgetriebe in Liter	4-Gang 5-Gang 5-Gang 1.6 2.5 1.6	4-Gang 5-Gang 5-Gang 1.6 2.5 1.6	1.5	
Automatikgetriebe	722.112 722.306	722.112 722.306		
Neubefüllung in Liter	6.6 7.3	6.6 7.3	7.3	
Ölwechsel in Liter	5.3 6.2	5.3 6.2	6.2	
Lenkung mechanisch in Liter	0.3	0.3	–	
Lenkung Servo in Liter	1.4	1.4	1.3	
Bremsanlage in Liter	0.5	0.5	0.5	
Klimaanlage in kg	1.0	1.0	1.0	
Kältekompressor der Klimaanlage in kg	0.3	0.3	0.12	
Niveauregulierung in Liter	–	4.2	–	
Hinterachse in Liter	1.0	90/13	85/11.5	
Kraftstoffbehälter/Reserve ca. in Liter	bis 9/81 90/13, ab 10/81 85/11.5			
Produktionszeit ca.	August 1974 bis August 1985	August 1974 bis August 1981	Vorserie 6/85 August 1985 bis 1989	–
Produktionszahlen	25 436	10 656	13 742	–
Gesamtexport	7505	3881	5344	–
USA-Export	22	6	7	–
Deutscher Fahrzeugbestand 1990 lt. KBA	10 603	4525	7075	

* Gewicht der USA-Fahrzeuge nach GVWR (Gross Vehicle Weight Rating)
Achslasten nach GAWR (Gross Axle Weight Rating)

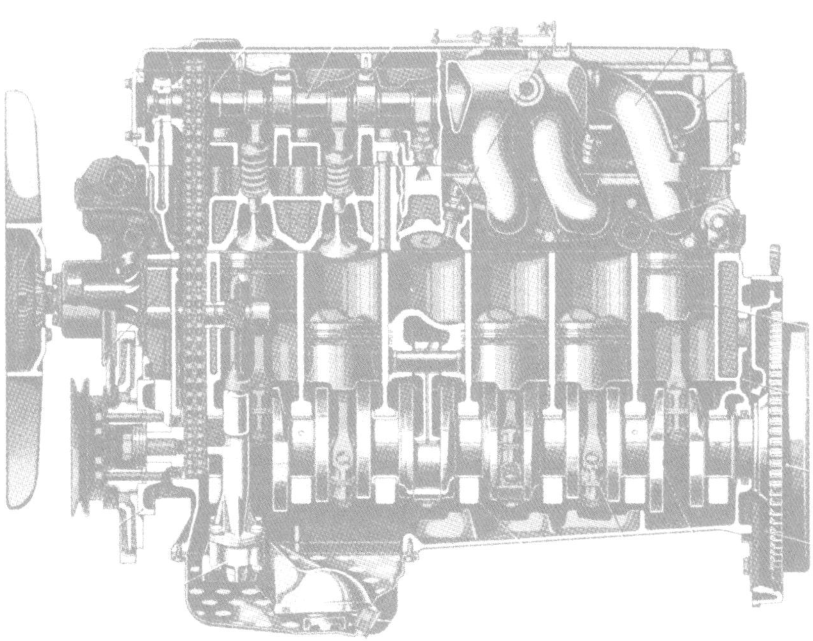

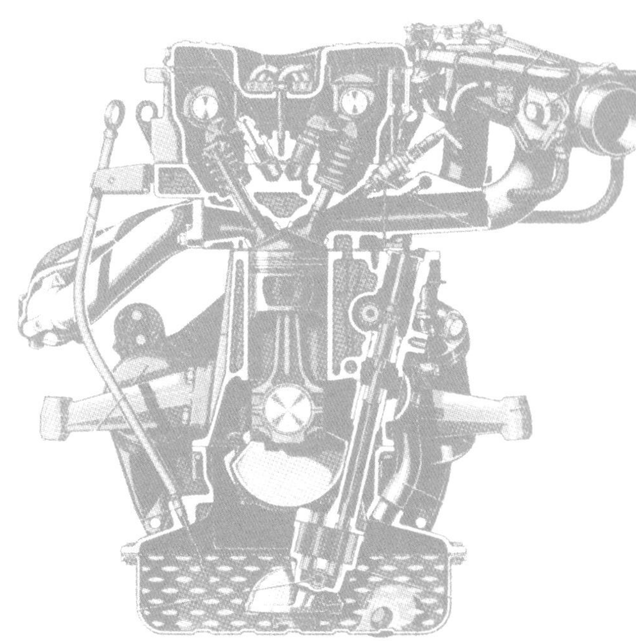

350 SL R 107 E 35 107043	350 SLC C 107 E 35 107023	380 SL R 107 E 38 107045	380 SLC C 107 E 38 107025	380 SL USA R 107 E 38 107045
1545	1595	1540	1560	1635 (GVWR)
Auto Motor + Sport 20/71	Auto Motor + Sport 10/72	Sport Auto 4/81	Road + Track 1982, 1984	
1590 Schaltgetriebe / 1625 Automatik	1740 mit Automatikgetriebe	1540 mit Automatikgetriebe	1612	
1975	2055	1960	2050	1870
980	990	970	995	920
1065	1065	990	1055	950
–	–	40	–	
8.5	8.5	9.0	9.0	8.5
8.0	8.0	8.0	8.0	8.0
7.5	7.5	7.5	7.5	7.5
5.5	5.5	5.5	5.5	5.5
14.3	14.3	12.5	12.5	12.5
1.8	1.8	–	–	–
7.9	7.9	7.3	7.3	7.3
6.9	6.9	6.2	6.2	6.2
–	–	–	–	–
1.4	1.4	1.4	1.4	1.4
0.5	0.5	0.5	0.5	0.5
1.0	1.0	1.0	1.0	1.0
0.3	0.3	0.3	0.3	0.3
–	4.2 Metall-Vorratsbehälter 3.5 Kunststoff-Vorratsbehälter	–	4.2 Metall-Vorratsbehälter 3.5 Kunststoff-Vorratsbehälter	–
90/13	90/13	90/13	90/13	85/11.5
Ende 1970 bis Februar 1980	Ende 1971 bis Februar 1980	März 1980 bis August 1981	März 1980 bis August 1981	Modelljahr 1981 bis 1985
15 304	13 925	9867 ohne USA	2282 ohne USA	44 333
7046	5103	6710 ohne USA	1612 ohne USA	–
18	11	Produktionszahlen bis August 1985		43 333
3679	3049	1532	450	

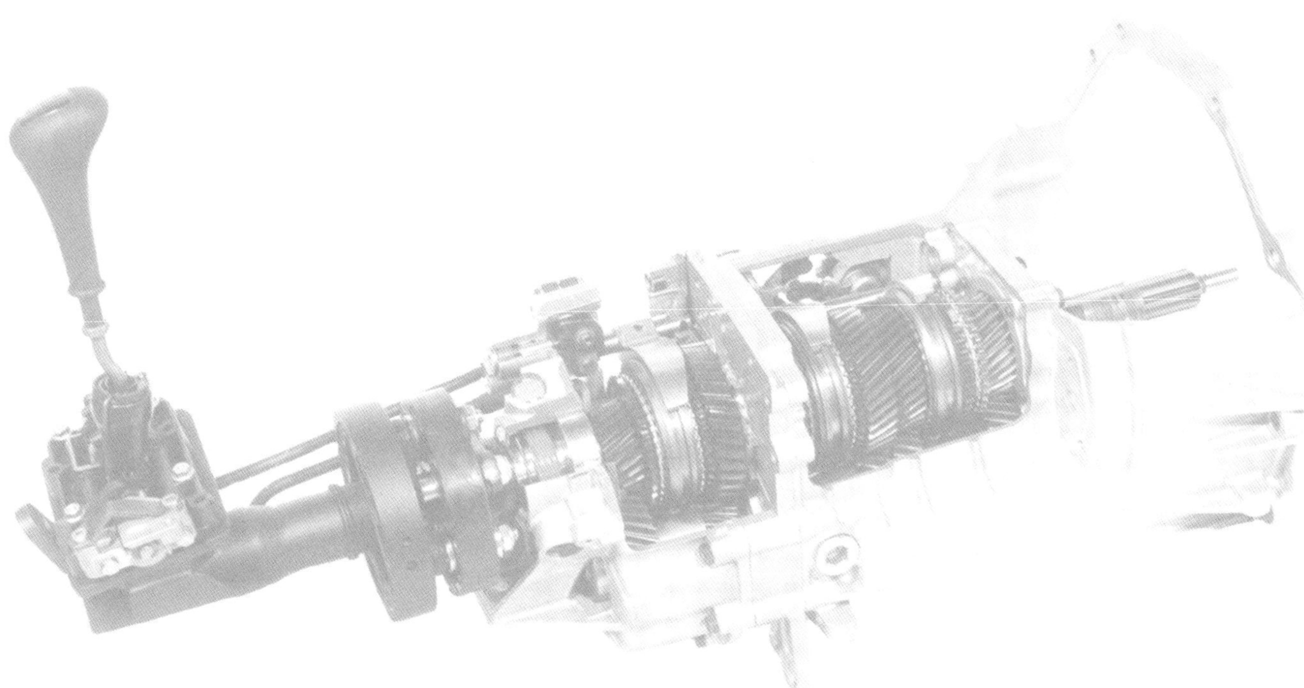

Typ **Baureihe** **Baumuster**	**380 SLC USA** **C 107 E 38** **107025**	**380 SL** **R 107 E 38** **107045**	**420 SL** **R 107 E 42** **107047**	**350 SL 4.5/450 SL USA** **107044**
Motor:				
Baureihe	M 116 E 38	M 116 E 38	M 116 E 42	M 117 E 45
Baumuster	116960	116962 116962 NV	116964 RÜF 116964 KAT 116964 NV	M 117982 117983 mit AGR D-Jetronic D-Jetronic USA-Bund Kalifornien
Arbeitsverfahren	Viertaktmotor K-Jetronic	Viertaktmotor K-Jetronic	Viertaktmotor KE-Jetronic (KE III)	Viertaktmotor D-Jetronic
Zylinderzahl-Anordnung	8/V-Winkel 90°	8/V-Winkel 90°	8/V-Winkel 90°	8/V-Winkel 90°
Bohrung/Hub	88/78.9	88/78.9	92/78.9	92/85
Gesamthubraum	3839	3839	4196	4520
Verdichtungsverhältnis		116962 116962 NV	RÜF KAT NV	
ε	8	9.4 7.5	9 9 8	8
Kraftstoff-Mindestoktananzahl ROZ/MOZ	91/81	98/88 86/–	95/85 95/85 91/82	91
Höchstleistung in PS (kW) bei 1/min	155 (115.5) /4750	204 (150) /5250 184 (135.5) /5500	218 (160.5) 204 (150) 204 (150)	190 (141.5) /4750 180 (134.5) /4750
bei USA-Motoren in bhp (kW)			——— 5200 ———	
Literleistung PS/bhp (kW)	40.37 (30.1)	53.14 (39.08) 47.93 (35.25)	51.95 (38.21) / 48.62 (35.76)	42.03 (31.34) 39.82 (29.70)
Höchstdrehzahl 1 min	5500 ± 50	6600	5950 ± 50	5800
Mittlere Kolbengeschwindigkeit				
bei Höchstleistung in m/s				
Max. Drehmoment Nm 1 min	267/2750	315/3280 295/3250	330/3750 310/3600	240/3000
bei USA-Motoren lb-jt/min				
Max. mittl. Abseitsdruck bar				
Ventil-Nockenwellenanordnung	Je 1× OHC je Zylinder-Bank schräg	Je 1× OHC je Zylinder-Bank schräg	Je 1× OHC je Zylinder-Bank schräg	Je 1× OHC je Zylinder-Bank schräg
Nockenwellen-Kennzahl	Links 62	Links 70	Links 08	Links 00
(am hinteren Ende eingeschlagen)	68	Rechts 71	Rechts 09	Rechts 01
	Rechts 63 69			
Steuerung	Schwinghebel bei neuem Motor o. neuer Steuerkette	Schwinghebel bei neuem Motor o. neuer Steuerkette	Schwinghebel bei neuem Motor o. neuer Steuerkette	Schwinghebel bei neuem Motor o. neuer Steuerkette
Steuerzeiten	Links Rechts	Links Rechts	Links Rechts	Links Rechts
Einlaß öffnet nach OT	24° 22°	16° 14°	22° 20°	6.5° 4.5°
schließt nach UT	7.5° 5.5°	13° 15°	21° 19°	18.5° 16.5°
Auslaß öffnet vor UT	4° 2°	14° 16°	10° 12°	23° 25°
schließt vor OT	12.5° 14.5°	15° 17°	15° 17°	8° 10°
bei 2 mm Ventilhub				
	ab 20 000 km Werte der rechten Zylinderreihe wie linke Reihe	ab 20 000 km Werte der rechten Zylinderreihe wie linke Reihe	ab 20 000 km Werte der rechten Zylinderreihe wie linke Reihe	ab 20 000 km Werte der rechten Zylinderreihe wie linke Reihe
Ventilspiel kalt (20° C + 10° C)				
Einlaß mm	Hydrostößel	Hydrostößel	Hydrostößel	0.10 ab November 1975
Auslaß mm				0.15 ab November 1975
Ventilsitzringe	Ein- und Auslaß	Ein- und Auslaß	Ein- und Auslaß	Ein- und Auslaß
Ventilteller außen ∅				
Einlaß				44.3/44.10
Auslaß				37.2/37.00
Ventilfedern je Ventil	je 2 für Ein- und Auslaß	je 2 für Ein- und Auslaß	je 2 für Ein- und Auslaß	je 2 für Ein- und Auslaß
Ventilhub ohne Vornocken				9.3
Auslaß in mm				9.0
Einlaß in mm				
Zündfolge	1-5-4-8-6-3-7-2	1-5-4-8-6-3-7-2	1-5-4-8-6-3-7-2	1-5-4-8-6-3-7-2
Zündzeitpunkteinstellung ohne Unterduck				0° oT 700 bis 800/min
	oT	25° voT 3000/min	EZL RUF 27 bis 31° 3500/1 min N 21 bis 85° 3500/1 min KATS 28 bis 32° 3500/1 min N 22 bis 26° 3500/1 min	
Zündspule Bosch Nummer				TSZ 0 227 100 001
bzw. Schaltgerät bei FSZ + EZL		0 237 401 010	EZL 003 545 92 32 EZL 003 545 91 32	0 237 401 010
TSZ Schaltgerät Bosch Nummer				
Zündverteiler Bosch Nummer				0 237 405 011

350 SLC 4.5/450 SLC USA **107024**	**450 SL** **107044**	**450 SLC** **107024**	**450 SLC Leichtbau** **Versuchsfahrzeug**	**450 SLC 5.0** **107026**
M 117 E 45 117982 117985 J-Jetronic K-Jetronic Kalifornien	M 117 E 45 M 117982 117982 NN 117985 KA 117985 KANV		M 117405-186 Versuchsmotor	M 117 E 50 117960
Viertaktmotor D-Jetronic 8/V-Winkel 90° 92/85	Viertaktmotor J-Jetronic bis 20. 11. 75 SL/SLC, dann K-Jetronic 8/V-Winkel 90° 92/85		Viertaktmotor K-Jetronic 8/V-Winkel 90° 92/85	Viertaktmotor K-Jetronic 8/V-Winkel 90° bis Motor-Endnummer 885 97/85 ab Motor-Endnummer 886 96.5/85
4520	4520		4520	5025/4973
	117982 177992	117985 KA 117985 NV		
8	8.8 7.5	8.8 7.5		8.8
91	98/88 86	98/88 86		98/88
Modelljahr 1980 180 (134.5) /4750 160 (119.3) /4200	225 (165.5) /5000 210 (154.5) /4800	217 (159.5) /5000 200 (147) /4750	282 (207.5) /6000	240 (176.5) /5000
39.82 (29.7) / 35.39 (26.4)	49.78 (36.61) 46.46 (34.17)	48.0 (35.3) 44.25 (32.55)	62.39 (45.89)	47.76 (35.13) / 48.26 (35.5)
5800	5850	5800		5950
	14.2 13.63	14.2 13.49		
Modelljahr 80 230/3500 220/3000	378/3000 353/3500	360/3250 345/3000	365/3000 bis 4500	404/3200
	10.0		10.2	
Je 1× OHC je Zylinder-Bank schräg Modelljahr 1980: Links 06 Rechts 07	Je 1× OHC je Zylinder-Bank schräg Links 656 08 Rechts 57	Je 1× OHC je Zylinder-Bank schräg Links 00 Rechts 01	Je 1× OHC je Zylinder-Bank schräg	Je 1× OHC je Zylinder-Bank schräg Links 02 Rechts 03
Schwinghebel bei neuem Motor o. neuer Steuerkette Links Modelljahr '80 Rechts 22° 20° 6° 4° 2° nach UT 4° nach UT 14° 12°	Schwinghebel bei neuem Motor o. neuer Steuerkette Links Rechts 5° 3° 21° 19° 25° 27° 5° 7° M 117982/992	Schwinghebel bei neuem Motor o. neuer Steuerkette Links Rechts 6.5° 4.5° 18.5° 16.5° 23° 25° 8° 10° M 117985 + NV	Schwinghebel bei neuem Motor o. neuer Steuerkette	Schwinghebel bei neuem Motor o. neuer Steuerkette Links Rechts 12° 10° 24° 22° 20° 22° 8° 10°
ab 20 000 km Werte der rechten Zylinderreihe wie linke Reihe	ab 20 000 km Werte der rechten Zylinderreihe wie linke Reihe	ab 20 000 km Werte der rechten Zylinderreihe wie linke Reihe	ab 20 000 km Werte der rechten Zylinderreihe wie linke Reihe	ab 20 000 km Werte der rechten Zylinderreihe wie linke Reihe
0.10 ab November 1975 0.15 ab November 1975	Hydrostößel	Hydrostößel	0.10 0.15	Hydrostößel
Ein- und Auslaß	Ein- und Auslaß	Ein- und Auslaß	Ein- und Auslaß	Ein- und Auslaß
44.3/44.10 37.2/37.00	44.3/44.10 37.2/37.00	44.3/44.10 37.2/37.00	44.3/44.10 37.2/37.00	44.3/44.10 38.9/39.10
je 2 für Ein- und Auslaß	je 2 für Ein- und Auslaß	je 2 für Ein- und Auslaß	je 2 für Ein- und Auslaß	je 2 für Ein- und Auslaß
9.3 9.0	11.1 10.35	11.1 10.35		11.08 11.08
1-5-4-8-6-3-7-2	1-5-4-8-6-3-7-2	1-5-4-8-6-3-7-2	1-5-4-8-6-3-7-2	1-5-4-8-6-3-7-2
0° oT 700 bis 800/min			30° voT 3000/1 min	
	30° voT 3000/1 min	–		
TSZ 0 227 100 001 0 237 401 010	TSZ 0 227 100 001 EZL 003 545 92 32 EZL 003 545 91 32	TSZ 0 227 100 001 EZL 003 545 92 32 EZL 003 545 91 32	– EZL 003 545 92 32 EZL 003 545 91 32	– EZL 003 545 92 32 EZL 003 545 91 32
0 237 405 011				

Typ **Baureihe** **Baumuster**	**380 SLC USA** **C 107 E 38** **107025**	**380 SL** **R 107 E 38** **107045**	**420 SL** **R 107 E 42** **107047**	**350 SL 4.5/450 SL USA** **107044**
Zündkerzen	Beru Bosch Champion 14-8 DUO W 8 DCC N 11 YCC 14-8 DU W 8 DC N 11 YC	Beru Bosch Champion 14-7 DUO W 7 DCO N 9 YCC 14-7 DU W 7 DC N 9 YC NV 14-8 DUO W 8 DCO N 11 YC 14-8 DU W 8 DC N 11 YC	Beru Bosch Champion 14-7 DUO W 7 DCO N 9 YCC 14-7 DU W 7 DC N 9 YC NV 14-8 DUO W 8 DCO N 11 YC 14-8 DU W 8 DC N 11 YC	Baujahr Beru 1972-1974 14-7 Duo 1975-1983 14-8 Duo
Motoraufhängung	Dreipunkt gummigelagert	Dreipunkt gummigelagert	Dreipunkt gummigelagert	Dreipunkt gummigelagert
Kurbelgehäuse	Aluminiumguß ohne Laufbuchsen	Aluminiumguß ohne Laufbuchsen	Aluminiumguß ohne Laufbuchsen	Grauguß legiert
Ölwanne	Leichtmetall	Leichtmetall	Leichtmetall	Leichtmetall
Zylindergußform	Block mit Kurbelgehäuse vergossen	Block mit Kurbelgehäuse vergossen	Block mit Kurbelgehäuse vergossen	Block mit Kurbelgehäuse vergossen
Zylinderkopf	Leichtmetall	Leichtmetall	Leichtmetall	Leichtmetall
Nockenwellengehäuse	Leichtmetall	Leichtmetall	–	–
Zylinderkopfdichtung	Nachzugsfrei	Nachzugsfrei	Nachzugsfrei	Eisen-Asbest
Kurbelwelle	geschmiedet	geschmiedet	geschmiedet	geschmiedet
Kurbelwellenlager	5 Mehrstofflager mit Stahlstützschalen	5 Mehrstofflager mit Stahlstützschalen	5 Mehrstofflager mit Stahlstützschalen	5 Mehrstofflager mit Stahlstützschalen
Kurbelverhältnis l/r	4.19:1	4.19:1	4.19:1	4.19:1
Pleuelstangen	Doppel-T-Schaft Querschnitt 138 mm Mittenabstand	Doppel-T-Schaft Querschnitt 138 mm Mittenabstand	Doppel-T-Schaft Querschnitt 138 mm Mittenabstand	Doppel-T-Schaft Querschnitt 154.5 mm Mittenabstand
Kolben	Leichtmetall, Eisen beschichtet	Leichtmetall, Eisen beschichtet	Leichtmetall, Eisen beschichtet	Leichtmetall
Kolbenringe	2 Verdichtungsringe, 1 Ölabstreifring	2 Verdichtungsringe, 1 Ölabstreifring	2 Verdichtungsringe, 1 Ölabstreifring	2 Verdichtungsringe, 1 Ölabstreifring
Kupplung				
Kupplungsart	Hydraulischer Wandler	Hydraulischer Wandler	Hydraulischer Wandler	Hydraulischer Wandler
Kupplungs-Durchmesser				
Kupplungsbelag				
Kupplungsfläche cm^2				
Getriebe				
Serienausführung	W 4 A 040 722.304	W 4 A 040 722.313	W 4 A 040 722.325	W 3 A 040 722.004
Getriebeart	MB automatisches Getriebe	MB automatisches Getriebe	MB automatisches Getriebe	MB automatisches Getriebe
Zahl der Gänge	4 vorwärts, 1 ruckwärts	4 vorwärts, 1 ruckwärts	4 vorwärts, 1 ruckwärts	3 vorwärts, 1 ruckwärts
Übersetzungen	3.68, 2.41, 1.44, 1, 5.14	3.68, 2.41, 1.44, 1, 5.14	3.68, 2.41, 1.44, 1, 5.14	2.31, 1.46, 1, 1.84
Gesamtübersetzung i =	2.47	2.47	2.47	3.07, Modelljahr 1980 2.65
Sonderwunsch				
Getriebeart				
Zahl der Gänge				
Übersetzungen				
Gesamtübersetzung i =				
Fahrleistungen				
Höchstgeschwindigkeit in den Gängen:				
1	54.4	62	69	95
2	99.2	122	121	155
3	153.6	204	201	190
4	185	205	205/213	–
5			–	–
Höchstgeschwindigkeit	185	205	KAT 205, RÜF 213	190 160 bhp
Höchstgeschwindigkeit km/h	–	–	–	198.4 179.2
Laut Test	–	–	–	Road + Track Road + Track
				Oktober 1971 Annual 1980
Beschleunigungswerte in sek.				
0–100 km/h	–	–	–	0–96 km/h 10.5 11.7
0–160 km/h	–	–	–	29.5 –
0–200 km/h	–	–	–	– –
Motordrehzahl bei 100 km/h				Modelljahr 1980
im höchsten Gang				2770
bei Übersetzung i =	2.47	2.47	2.47	3.07 2.65
Geschwindigkeit in km/h bei 1000/min	49.0	49.0	49.0	38.0 44.0
Steigfähigkeit in %			KAT RÜF	Modelljahr 1976
in den Gängen: 1. Gang Rutschgrenze			45 45	42/41
2. Gang			42 44	33/30
3. Gang			17 18	14.5/13.5
4. Gang			6.5 7.5	–
5. Gang			– –	–

350 SLC 4.5/450 SLC USA **107024**	**450 SL** **107044**	**450 SLC** **107024**	**450 SLC Leichtbau** **Versuchsfahrzeug**	**450 SLC 5.0** **107026**
Bosch Champion	Motorversion: Beru	Bosch Champion	Bosch W 225	Beru Bosch Champion
W 7 DCO N 7 YCC	M 117 982 14-6 DUO	W 6 DCO N 7 YCC		14-7 DUO W 7 DCC N 9 YCC
W 8 DCO N 11 YCC	M 117 982 NV 14-7 DUO	W 7 DCO N 9 YCC		
	M 117 985 KA 14-7 DUO	W 7 DCO N YCC		
	M 117 985 KA NV 14-8 DUO	W 8 DCO N 11 YCC		
Dreipunkt gummigelagert	Dreipunkt gummigelagert		Dreipunkt gummigelagert	Dreipunkt gummigelagert
Graugguß legiert	Grauguß legiert		Grauguß legiert	Aluminiumguß ohne Laufbuchsen
Leichtmetall	Leichtmetall		Leichtmetall	Leichtmetall
Block mit Kurbelgehäuse vergossen	Block mit Kurbelgehäuse vergossen		Block mit Kurbelgehäuse vergossen	Block mit Kurbelgehäuse vergossen
Leichtmetall	Leichtmetall		Leichtmetall	Leichtmetall
–	–		–	–
Eisen-Asbest	Ferrolastik		–	Nachzugsfrei
geschmiedet	geschmiedet		geschmiedet	geschmiedet
5 Mehrstofflager mit Stahlstützschalen	5 Mehrstofflager mit Stahlstützschalen		5 Mehrstofflager mit Stahlstützschalen	5 Mehrstofflager mit Stahlstützschalen
4.19:1	4.19:1		4.19:1	3.64:1
Doppel-T-Schaft Querschnitt 154.5 mm Mittenabstand	Doppel-T-Schaft Querschnitt 154.5 mm Mittenabstand		Doppel-T-Schaft Querschnitt 154.5 mm Mittenabstand	Doppel-T-Schaft Querschnitt 154.5 mm Mittenabstand
Leichtmetall	Leichtmetall		Leichtmetall	Leichtmetall, Eisen beschichtet
2 Verdichtungsringe, 1 Ölabstreifring	2 Verdichtungsringe, 1 Ölabstreifring		2 Verdichtungsringe, 1 Ölabstreifring	2 Verdichtungsringe, 1 Ölabstreifring
Hydraulischer Wandler	Hydraulischer Wandler	Hydraulischer Wandler	Einscheiben-Trockenkupplung	Hydraulischer Wandler
			Textar 50 517 4.2 + 4.3	
W 3 A 040 722.004	W 3 B 050 722.001		G 76/27 A	W 3 B 050 722.006
MB automatisches Getriebe	MB automatisches Getriebe		Viergang-Schaltgetriebe	MB automatisches Getriebe
3 vorwärts, 1 ruckwärts	3 vorwärts, 1 ruckwärts		4 vorwärts, 1 ruckwärts	3 vorwärts, 1 ruckwärts
2.31, 1.46, 1, 1.84	2.31, 1.46, 1, 1.84		3.96, 2.34, 1.44, 1, 3.72	2.31, 1.46, 1, 1.84
3.07, Modelljahr 1980 2.65	3.07	3.07	3.07	2.72
95	95	95	–	111
155	155	155	–	179
190	210	210	–	225
–	–	–	–	–
–	–	–	–	–
190	210	215	–	225
198.4		216.9 221.5	–	232.3 231.0
Road + Track November 1971		AMS Automobil-Revue, Bern		AMS Automobil-Revue, Bern
		August 1973 31/1973		18/1978 45/1978
0–96 km/h 10.9		9.7 9.6	–	9.8 9.3
30.8		22.6 22.7	–	20.9 20.3
–		42.0 45.3	–	38.8 36.3
2770	2770		–	2345
3.07	3.07		–	2.72
38.0	38.0			43.5
Modelljahr 1976				
42/41	43			43
33/30	39			43
14.5/13.5	18			20
–	–			–
–	–			–

Typ **Baureihe** **Baumuster**	**380 SLC USA** **C 107 E 38** **107025**	**380 SL** **R 107 E 38** **107045**	**420 SL** **R 107 E 42** **107047**	**350 SL 4.5/450 SL USA** **107044**
Fahrwerk				
Radaufhängung vorne	je 1 Doppelquerlenker mit Schraubenfedern und Stoßdämpfer	je 1 Doppelquerlenker mit Schraubenfedern und Stoßdämpfer	je 1 Doppelquerlenker mit Schraubenfedern und Stoßdämpfer	je 1 Doppelquerlenker mit Schraubenfedern und Stoßdämpfer
Radsturz vorne fahrfertig	– 0° ± 15′	– 0° ± 15′	– 0° 10′ ± 15′	– 0° ± 15′
Nachlauf fahrfertig	– 0° ± 15′	– 0° ± 15′	10° 30′ ± 30′	3° 15′ ± 20′
Vorspur vorne m/m	– 0° ± 15′	– 0° ± 15′	– 0° ± 15′	– 0° ± 15′
Momentan-Zentrum vorn	84 m/m mit 2 Personen	84 m/m mit 2 Personen	84 m/m mit 2 Personen	84 m/m mit 2 Personen
Federkennwert vorn gleichseitig	59.5 m/m/100 kg am Rad progressiv	59.5 m/m/100 kg am Rad progressiv	59.5 m/m/100 kg am Rad progressiv	59.5 m/m/100 kg am Rad progressiv
Federkennwert vorn wechselseitig	24 m/m/100 kg am Rad	24 m/m/100 kg am Rad	24 m/m/100 kg am Rad	24 m/m/100 kg am Rad
Eigenschwingungszahl vorn	63 (Schw/min)			
Gesamtfederweg vorn	210 m/m			
Radaufhängung hinten	Diagonal-Pendelachse	Koppelachse	Koppelachse	Diagonal-Pendelachse
Radsturz hinten fahrfertig	– 0° 30′ ± 30′	– 0° 30′ ± 30′	– 0° 30′ ± 30′	– 0° 30′ ± 30′
Vorspur hinten m/m	1 ± 1.5			
Momentan-Zentrum hinten	125 m/m mit 2 Personen besetzt	125 m/m mit 2 Personen besetzt	125 m/m mit 2 Personen besetzt	125 m/m mit 2 Personen besetzt
Federkennwert hinten gleichseitig	45 m/m/100 kg am Rad progressiv	45 m/m/100 kg am Rad progressiv	45 m/m/100 kg am Rad progressiv	45 m/m/100 kg am Rad progressiv
Federkennwert hinten wechselseitig	31.5 m/m/100 kg am Rad	31.5 m/m/100 kg am Rad	31.5 m/m/100 kg am Rad	31.5 m/m/100 kg am Rad
Eigenschwingungszahl hinten	80	80	80	80
Gesamtfederweg hinten	223 m/m			
Räder	6½ J × 14 H 2 ET 30 Stahlserie, Al MgSi 1 Extra	6½ J × 14 H 2 ET 30 Stahlserie, Al MgSi 1 Extra	7 J × 15 ET 25 (Al MgSi 1)	6½ J × 14 H 2 ET 30 Stahlserie, Al MgSi 1 Extra
Gewicht in kg	11 Stahlfelge, 6.3 Alufelge	11 Stahlfelge, 6.3 Alufelge	8.8	11 Stahlfelge, 6.3 Alufelge
Reifengröße	205/70 VR 14	205/70 VR 14	205/65 VR 14	205/70 VR 14
Reifendruck bar/kalt vorne/hinten	2.2/2.5 über 200 km/h + 0.2	2.2/2.5 über 200 km/h + 0.2	Sommerreifen 2.0/2.4 Winterreifen 2.2/2.5 über 180 km/h + 0.4	bis 160 km/h bei Sommerreifen 2.0/2.3, sonst + 0.2
Bremsen	Hydraulische Zweikreisbremsen mit Unterdruckverstärker, Scheibenbremse vorne und hinten, vorne belüftete Bremsscheiben	Hydraulische Zweikreisbremsen mit Unterdruckverstärker, Scheibenbremse vorne und hinten, vorne belüftete Bremsscheiben	Hydraulische Zweikreisbremsen mit Unterdruckverstärker, Scheibenbremse vorne und hinten, vorne belüftete Bremsscheiben	Hydraulische Zweikreisbremsen mit Unterdruckverstärker, Scheibenbremse vorne und hinten, vorne belüftete Bremsscheiben
Abmessungen				
Radstand	2820	2455	2455	2460
Spurweite vorn in mm	1452	1452	1465	1452
Spurweite hinten in mm	4990	4390	4390	4630
Fahrzeuglänge in mm	1440	1440	1466	1440
Fahrzeugbreite in mm	1790	1790	1790	1790
Fahrzeughöhe in mm	1330	1330	Stoffdach 1307 / Hardtop 1297	Stoffdach 1300 / Hardtop 1290
Überhanglänge vorn in mm	985	875	985	985
Überhanglänge hinten in mm	1185	1055	1060	1185
Lenkraddurchmesser in mm	420	420	430, ab September 1979 420	430, ab September 1979 420
Kleinster Spurkreisdurchmesser links in m				9.43
Kleinster Spurkreisdurchmesser rechts in m				9.43
Kleinster Wendekreisdurchmesser links in m	11.68			10.48
Kleinster Wendekreisdurchmesser rechts in m	11.68			10.48
Rauminhalt Fahrgastraum in m^3	2.322	Stoffdach 1.801 / Hardtop 1.778	Stoffdach 1.801 / Hardtop 1.778	Stoffdach 1.801 / Hardtop 1.778
Rauminhalt Kofferraum in m^3	0.285	0.260	0.260	0.235/0.243
Standfläche in m^2	8.48	7.84	7.84	7.84
Glasfläche in m^2	2.455	Stoffdach 1.67 / Hardtop 1.93	Stoffdach 1.67 / Hardtop 1.93	Stoffdach 1.67 / Hardtop 1.93
cw		0.428	0.405 / 0.438	0.451 / 0.491
mit Spoiler ab 1980			siehe 300 SL	
Stirnfläche in m^2		–		1.851 / 1.821
cw + F				0.8348 / 0.8941
CA_V (Auftriebswert vorne)		0.290	0.254 / 0.263	–
CA_V (Auftriebswert hinten)		0.074	0.081 / 0.071	–

350 SLC 4.5/450 SLC USA	**450 SL**	**450 SLC**	**450 SLC Leichtbau**	**450 SLC 5.0**
107024	**107044**	**107024**	**Versuchsfahrzeug**	**107026**
je 1 Doppelquerlenker mit Schraubenfedern und Stoßdämpfer	je 1 Doppelquerlenker mit Schraubenfedern und Stoßdämpfer	je 1 Doppelquerlenker mit Schraubenfedern und Stoßdämpfer	je 1 Doppelquerlenker mit Schraubenfedern und Stoßdämpfer	je 1 Doppelquerlenker mit Schraubenfedern und Stoßdämpfer
– 0° ± 15′	– 0° 10′ ± 15′	– 0° 10′ ± 15′	–	– 0° ± 15′
3° 15′ ± 20′	10° 30′ ± 30′	10° 30′ ± 30′	–	3° 15′ ± 20′
– 0° ± 15′	– 0° ± 15′	– 0° ± 15′	–	– 0° ± 15′
84 m/m mit 2 Personen	84 m/m mit 2 Personen	84 m/m mit 2 Personen	–	84 m/m mit 2 Personen
59.5 m/m/100 kg am Rad progressiv	59.5 m/m/100 kg am Rad progressiv	59.5 m/m/100 kg am Rad progressiv	–	59.5 m/m/100 kg am Rad progressiv
24 m/m/100 kg am Rad	24 m/m/100 kg am Rad	24 m/m/100 kg am Rad	–	24 m/m/100 kg am Rad
Diagonal-Pendelachse	Koppelachse	Koppelachse	Diagonal-Pendelachse	Koppelachse
– 0° 30′ ± 30′	– 0° 30′ ± 30′	– 0° 30′ ± 30′	–	– 0° 30′ ± 30′
125 m/m mit 2 Personen besetzt	125 m/m mit 2 Personen besetzt	125 m/m mit 2 Personen besetzt		125 m/m mit 2 Personen besetzt
45 m/m/100 kg am Rad progressiv	45 m/m/100 kg am Rad progressiv	45 m/m/100 kg am Rad progressiv		45 m/m/100 kg am Rad progressiv
31.5 m/m/100 kg am Rad	31.5 m/m/100 kg am Rad	31.5 m/m/100 kg am Rad		31.5 m/m/100 kg am Rad
80	80	80	–	80
6½ J × 14 H 2 ET 30 Stahlserie,	6½ J × 14 H 2 ET 30 Stahlserie	6½ J × 14 H 2 ET 30 Stahlserie	–	6½ J × 14 H 2 ET 30 (Al MgSi 1)
Al MgSi 1 Extra	Al MgSi 1 Extra	Al MgSi 1 Extra		
11 Stahlfelge, 6.3 Alufelge	11 Stahlfelge, 6.3 Alufelge	11 Stahlfelge, 6.3 Alufelge		6.3
205/70 VR 14	205/65 VR 14		Goodyear	205/70 VR 14
			24.5 × 10 × 15.12″ Felge	
			24.5 × 10 × 15.10″ Felge	
			24.5 × 9 × 15.10″ Felge (Slick)	
			Dunlop	
			5.30 × 13 × 15.12″ Felge	
			4.50 × 13 × 15.10″ Felge	
			Michelin	
			205/70 VR 14	
			6½ J × 14 H 2 Al MgSi 1	
bis 160 km/h bei Sommerreifen 2.0/2.3, sonst + 0.2	2.2/2.5 über 200 km/h + 0.2		1.8/1.8	2.2/2.5 über 200 km/h + 0.2
Hydraulische Zweikreisbremsen mit Unterdruckverstärker, Scheibenbremse vorne und hinten, vorne belüftete Bremsscheiben	Hydraulische Zweikreisbremsen mit Unterdruckverstärker, Scheibenbremse vorne und hinten, vorne belüftete Bremsscheiben	Hydraulische Zweikreisbremsen mit Unterdruckverstärker, Scheibenbremse vorne und hinten, vorne belüftete Bremsscheiben	Hydraulische Zweikreisbremsen mit Unterdruckverstärker, Scheibenbremse vorne und hinten, vorne belüftete Bremsscheiben	Hydraulische Zweikreisbremsen mit Unterdruckverstärker, Scheibenbremse vorne und hinten, vorne belüftete Bremsscheiben
2820	2455	2815	2820	2815
1452	1465	1465	1465	1452
4390	4390	4750	4750	4750
1440	1466	1466	1466	1440
1790	1790	1790	1790	1790
	Soffdach / Hardtop			
1330	1300 / 1290	1330	–	1330
985	875	875	875	875
1185	1060	1060	–	1060
430, ab September 1979 420	430, ab September 1979 420	430, ab September 1979 420	380	430
	9.43	10.65	–	10.63
	9.83	11.03	–	11.03
11.68	10.34	11.55	–	11.55
11.68	10.74	11.95	–	11.95
	Stoffdach / Hardtop			
	1.801 / 1.778	2.322	–	2.322
0.285/0.292	0.260	0.310	–	0.310
8.48	7.84	8.48	–	8.48
	Stoffdach / Hardtop			
2.455	1.67 / 1.93	2.455	–	
–	0.421 / 4.65	0.423	–	0.386
–	1.886 / 1.821	1.921	–	1.921
–	0.7940 / 0.8468	0.8126		0.7415
–	– / 0.402	0.351	–	0.244
–	– / 0.048	0.064	–	– 0.010

Typ Baureihe Baumuster	380 SLC USA C 107 E 38 107025	380 SL R 107 E 38 107045	420 SL R 107 E 42 107047	350 SL 4.5/450 SL USA 107044
Gewichte				Modelljahr: 1975 1976
Leergewicht in kg nach DIN 70020 (fahrfertig)*	1625	1540	1600	1680 1715 1720
Leergwicht in kg lt. Testbericht		–	–	Road + Track Oktober 1971
Zulässige Achsdrücke		–	–	1771
Zulässiges Gesamtgewicht in kg	2010	1960	2020	2135 2085 2085
Zulässige Achsdrücke in kg vorne	950	945	955	1045 1025 1025
Zulässige Achsdrücke in kg hinten	1060	1015	1065	1090 1060 1060
Coupedach in DIN Leergewicht nicht enthalten in kg	–	40	40	
Füllmengen				
Motor				
Neu je Füllung in Liter	8.5	8.5	8.5	8.5
Bei Öl- und Filterwechsel in Liter	8.0	8.0	8.0	8.0
Ölwanne maximal in Liter	7.5	7.5	7.5	7.5
Ölwanne minimal in Liter	5.5	5.5	5.5	5.5
Kühlsystem mit Heizung ca. Liter	12.5	12.5	13.0	15.0
Schaltgetriebe in Liter	–	–	–	–
Automatikgetriebe	7.3	7.3	8.6	8.9
Neu je Füllung in Liter	6.2	6.2	7.2	7.9
Ölwechsel in Liter				
Lenkung mechanisch in Liter	–	–	–	
Lenkung Servo in Liter	1.4	1.4	1.3	1.3
Bremsanlage in Liter	0.5	0.5	0.5	0.5
Klimaanlage in kg	1.0	1.0	1.0	1.0
Kälte-Kompressor der Klimaanlage in Liter	0.3	0.3	0.12	6.12
Niveauregulierung in Liter	4.2	–	–	–
Hinterachse in Liter	1.3	1.3	1.3	1.3
Kraftstoffbehälter	85/11.5	85/11.5	85/11.5	90/13
Produktionszeit ca.	Modelljahr 1981	September 1981 bis August 1985	August 1985 bis 1989	Modelljahr 1971 bis 1980
Produktionszahlen	1501	siehe Spalte 380 SL bis August 1981	2148	58 563
Gesamtexport	–		1211	–
USA-Export	1501		3	58 563
Deutscher Fahrzeugbestand 1990 lt. KBA			726	

* Gewicht der USA-Fahrzeuge nach GVWR (Gross Vehicle Weight rating)
Achslasten nach GAWR (Gross Axle Weight Rating)

350 SLC 4.5/450 SLC USA 107024	450 SL 107044	450 SLC 107024	450 SLC Leichtbau Versuchsfahrzeug	450 SLC 5.0 107026
1710 1735 1770	1580	1630 1673	1279	1515
Road + Track November 1972		AMS 8/73 Automobil Revue, Bern		AMS 18/78 Automobil Revue, Bern
1853		1701 1725		1525 1645
2135 2150 2150	2000	2120	–	2005
1045 1070 1070	955	1055	–	980
1090 1060 1080	1005	1065	–	1025
–	40	–	–	–
8.5	8.5	8.5	8.5	8.5
8.0	8.0	8.0	8.0	8.0
7.5	7.5	7.5	7.5	7.5
5.5	5.5	5.5	5.5	5.5
15.0	13.0	13.0	–	12.5
–	–	–	1.8	–
8.9	8.6	8.6	–	
7.9	7.2	7.2	–	
1.3	1.4	1.4		1.3
0.5	0.5	0.5	0.5	0.5
1.0	1.0	1.0	–	1.0
6.12	6.3	6.3	–	0.12
4.2	–	4.2	–	4.2
1.3	1.3	1.3	1.3	1.3
90/13	85/11.5	85/11.5	85/11.5	85/11.5
Modelljahr 1972 bis 1980	1973 bis Februar 1980	1973 bis Februar 1980	1973	1977 bis Februar 1980
15 416	66 298 inkl. USA	31 739 inkl. USA	1	1615
–	63 941 inkl. USA	26 256 inkl. USA	–	680
15 416		–	–	1
	971	2130		siehe 500 SLC

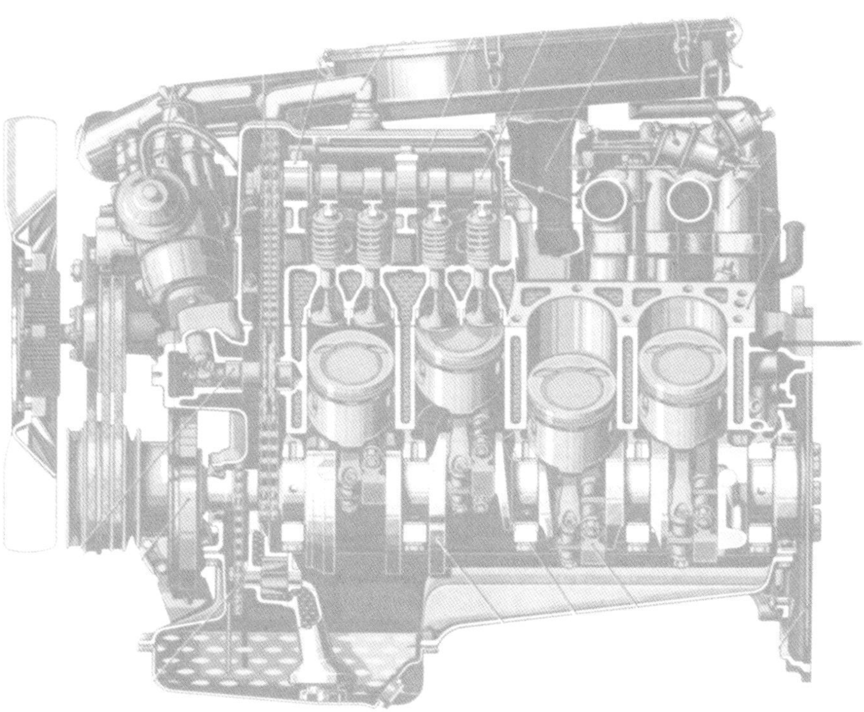

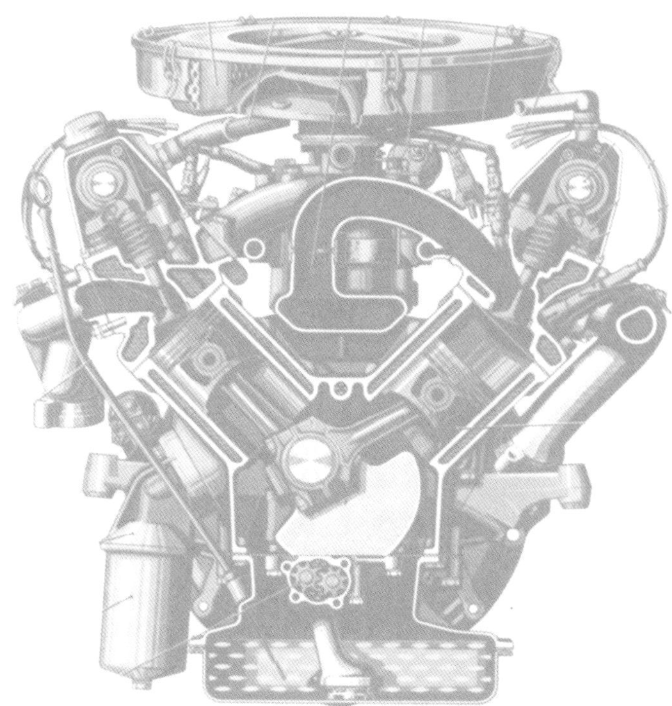

Typ	450 SLC 5.0 Rallye 450 SLC/Rallye 1978 Südamerika	500 SL		500 SL Rallye
Baureihe	C 107 E 45 C 107 E 50	R 107 E 50		
Baumuster	107024 107026	107046		107046
Motor:				
Baureihe	M 117 E 45 E 50	M 117 E 50	M 117 E 50	M 117 E 50
Baumuster	117985 117960	117960 bis September 1981 117960 NV bis September 1981 117962 ab Oktober 1981 117962 NV ab Oktober 1981	117964 ab September 1985	117960
Arbeitsverfahren	Viertaktmotor K-Jetronic	Viertaktmotor K-Jetronic	Viertaktmotor K-Jetronic (KE III)	Viertaktmotor K-Jetronic
Zylinderanordnung	8/V-Winkel 90°	8/V-Winkel 90°	8/V-Winkel 90°	8/V-Winkel 90°
	1978 1979		117.964 RÜF 117.964 KAT 117.964 NV Ab 9/85 Ab 9/86 Ab 9/85	
Bohrung/Hub	92/85 96.5/85	96.5/85	95/85 95/85 95/85	96.5/85
Gesamthubraum	4520 4973	4973		4973
Verdichtungsverhältnis		117960 117962		
ε	8.7 9.2	8.8 7.5 9.2 7.5	9 9 8	9.4
Kraftstoff-Mindesoktan-Anzahl ROZ/MOZ	98/88	96/88 86/– 98/88 86/–		98/88
Höchstleistung in PS (kW) bei 1/min	227–234 (167–172) ca. 290 (213.5)	240 (176.5) 225 (165.5) 231 (170) 218 (160.5)	245 (180) 223 (164) 231 (170)	301.1 (221.5) bis 324.4 (238.6)
bei USA-Motoren in bhp (kW)	——— 5000 ———	/5000 /4750 /4750 /4750	/4750 /4700 /4750	/5750 /6250
Literleistung PS/bhp (kW)	51.10 (37.58) ca. 58.31 (42.89)	48.26 (35.5) 45.24 (33.27) 46.45 (34.16) 43.84 (31.98)	49.27 (36.24) 44.84 (32.98) 46.45 (34.16)	60.55 (44.53) 65.23 (47.98)
Höchstdrehzahl 1 min		5950	6000	
Mittlere Kolbengeschwindigkeit bei Höchstleistung in m/s		14.2		
Max. Drehmoment Nm/1 min		404/ 380/ 405/ 380/	400/3750 365/3500 380/3750	406/4500 bis 421.7/5000
bei USA-Motoren lb-ft 1 min		3200 3250 3000 3000		
Max. mittl. Abseitsdruck bar				
Ventil-Nockenwellenanordnung	Je 1× OHC je Zylinder-Bank schräg	Je 1× OHC je Zylinder-Bank schräg		Je 1× OHC je Zylinder-Bank schräg
Nockenwellenkennzahl		Links 02 Links 08	Links 08	
(am hinteren Ende eingeschlagen)		Rechts 03 Rechts 08	Rechts 09	
Steuerung	Schwinghebel	Schwinghebel		Schwinghebel
Steuerzeiten		Bei neuem Motor o. neuer Steuerkette		
		Links Recht Links Rechts		
Einlaß öffnet nach OT		12° 10° 22° 20°	22° 20° 22° 20° 22° 20°	
schließt nach UT		24° 22° 21° 19°	22° 20° 22° 20° 22° 20°	
Auslaß öffnet vor UT		20° 22° 10° 8°	21° 19° 21° 19° 21° 19°	
schließt vor OT		8° 10° 15° 13°	10° 12° 10° 12° 10° 12°	
(bei 2 mm Ventilhub)		Ab 20 000 km Werte der rechten Zyl.-Reihe wie linke Reihe	15° 17° 15° 17° 15° 17°	
Ventilspiel kalt (20° C + 10° C)	Hydrostößel	Hydrostößel		Hydrostößel
Einlaß mm				
Auslaß mm				
Ventilsitzringe	Ein- und Auslaß	Ein- und Auslaß		Ein- und Auslaß
Ventilteller außen ∅ mm				
Einlaß		44.3/44.10		
Auslaß		38.9/39.10		
Ventilfeder je Ventil	je 2 für Ein- und Auslaß	je 2 für Ein- und Auslaß		je 2 für Ein- und Auslaß
Ventilhub, ohne Vornocken				
Auslaß in mm				
Einlaß in mm				
Zündfolge	1-5-4-8-6-3-7-2	1-5-4-8-6-3-7-2		1-5-4-8-6-3-7-2
Zündzeitpunkteinstellung ohne Unterdruck			EZL RÜF voT 1 min	
M 110 982			S 27 bis 31° voT 3200 1 min	
M 110 992 NV	30° voT 3000 1 min	30° voT 3000 1 min	N 21 bis 25° voT 3200 1 min	30 bis 30.9° 3000 1 min
M 110 986			EZL KAT voT 1 min	
M 110 990			S 28 bis 32° voT 3500 1 min	
			N 22 bis 26° voT 3500 1 min	
Zündspule Bosch Nummer		TSZ 0 227 100 001	EZL 003 545 92 32	
bzw. Schaltgerät bei FSZ + EZL			EZL 003 545 91 32	
TSZ Schaltgerät Bosch Nummer				
Zündverteiler Bosch Nummer				

500 SLC **C 107 E 50** **107026**	**500 SLC Rallye** **107026**	**560 SL** **R 107 E 56** **107048**	**SL mit KKM** **Werksversuchsfahrzeug, zwei mit Kreiskolben-Motor** **R 107 W 48-33**	**SL mit KKM** **Felix Wankel** **Versuchsfahrzeug**
M 117 E 50 117960 117960 NV	M 117 E 50 117960	M 117 E 52 117967	M 950 F Versuchsmotor KE 48	M 950 14
Viertaktmotor K-Jetronic 8/V-Winkel 90°	Viertaktmotor K-Jetronic 8/V-Winkel 90°	Viertaktmotor K-Jetronic (KE III) 8/V-Winkel 90°	Kreiskolbenmotor (Wankel) K-Jetronic 4 Scheiben	Kreiskolbenmotor (Wankel) K-Jetronic 4 Scheiben
96.5/85 4973	96.5/85 4973	96.5/94.8 5547	Kammervolumen 600 cm^3 Hubraum-Äquivalent 4800 cm^3	Kammervolumen 600 cm^3 Hubraum-Äquivalent 4800 cm^3
8.8/7.5	9.2	9	9.42	
98/88 / 86/–	98/88	96/86		
240/225 (176.5/165.5) /4750	ca. 300 (220.5) /6000	227 (167) /4750	227 (167) /6500	320 (235.5) /6500
47.76/45.24 (35.13/33.27)	60.55 (44.53)	40.92 (30.1)		
5950		6000 ± 50		
14.2				
406/4500	380/3250	366.77/4000	380/4000	
Je 1× OHC je Zylinder-Bank schräg	Je 1× OHC je Zylinder-Bank schräg	Je 1× OHC je Zylinder-Bank schräg		
Links 02 Rechts 03		Links 18 Rechts 19		
Schwinghebel	Schwinghebel	Schwinghebel		
Bei neuem Motor o. neuer Steuerkette Links Rechts 12° 10° 24° 22° 20° 22° 8° 10° Ab 20 000 km Werte der rechten Zyl.-Reihe wie linke Reihe		Bei neuem Motor o. neuer Steuerkette Links Rechts 27° 26° 34° 33° 17° 18° 10° 11° Ab 20 000 km Werte der rechten Zyl.-Reihe wie linke Reihe		
Hydrostößel	Hydrostößel	Hydrostößel		
Ein- und Auslaß	Ein- und Auslaß	Ein- und Auslaß		
44.3/44.10		46.2		
38.9/39.10		38.9/39.10		
je 2 für Ein- und Auslaß	je 2 für Ein- und Auslaß	je 2 für Ein- und Auslaß		
1-5-4-8-6-3-7-2	1-5-4-8-6-3-7-2	1-5-4-8-6-3-7-2		
30° voT 3000 1 min	30° voT 3000 1 min	24 bis 28° voT 3500 1 min	32° voT 4500 1 min	
TSZ 0 227 100 001				

Typ	**450 SLC 5.0 Rallye 450 SLC/Rallye 1978 Südamerika**	**500 SL**	**500 SL Rallye**
Baureihe	**C 107 E 45 / C 107 E 50**	**R 107 E 50**	
Baumuster	**107024 / 107026**	**107046**	**107046**
Zündkerzen		Beru 14-7 DUO / Bosch W 7 DCO / Champion N 8 YCC	
Motoraufhängung	M 117 E 45, Grauguß legiert,		
Kurbelgehäuse	M 117 E 50 Aluminiumguß mit und ohne Laufbuchsen	Aluminiumguß ohne Laufbuchsen	Aluminiumguß ohne Laufbuchsen
Ölwanne	Leichtmetall	Leichtmetall	Leichtmetall
Zylindergußform	Block mit Kurbelgehäuse vergossen	Block mit Kurbelgehäuse vergossen	Block mit Kurbelgehäuse vergossen
Zylinderkopf	Leichtmetall	Leichtmetall	Leichtmetall
Nockenwellengehäuse			
Zylinderkopfdichtung		Nachzugsfrei	
Kurbelwelle	geschmiedet	geschmiedet	geschmiedet
Kurbelwellenlager	5 Mehrstoffgleitlager mit Stahlstützschalen	5 Mehrstoffgleitlager mit Stahlstützschalen	5 Mehrstoffgleitlager mit Stahlstützschalen
Kurbelverhältnis 1/r	3.64:1	3.64:1	3.64:1
Pleuelstangen	Doppelt-T-Schaft Querschnitt 154.5 mm Mittenabstand	Doppelt-T-Schaft Querschnitt 154.5 mm Mittenabstand	Doppelt-T-Schaft Querschnitt 154.5 mm Mittenabstand
Kolben	Bei Laufbuchsen nur Leichtmetall	Bei Laufbuchsen Leichtmetall, nur Leichtmetall eisenbeschichtet	Bei Laufbuchsen Leichtmetall, nur Leichtmetall eisenbeschichtet
Kolbenringe	ohne Laufbuchsen eisenbeschichtet	ohne Laufbuchsen eisenbeschichtet	ohne Laufbuchsen eisenbeschichtet
Kupplung			
Kupplungsart	Hydraulischer Wandler	Hydraulischer Wandler	Hydraulischer Wandler
Kupplungs-Durchmesser mm			
Kupplungsbelag			
Kupplungsfläche cm²			
Getriebe			
Serienausführung	W 3 B 050 722.006	W 4 A 040 722.305 bis 8/81 W 4 A 040 722.313 ab 9/81	W 4 A 040 722.305
Getriebeart	MB automatisches Getriebe	MB automatisches Getriebe	MB automatisches Getriebe
Zahl der Gänge	3 vorwärts, 1 rückwärts	4 vorwärts, 1 rückwärts	4 vorwärts, 1 rückwärts
Übersetzungen	2.31, 1.46, 1, 3.72	3.68, 2.44, 1.44, 1, 5.14	3.68, 2.44, 1.44, 1, 5.14
Gesamtübersetzung i =	3.46 + 4.08 wahlweise Diff.-Sperre 75%	bis September 1981 2.72 ab Oktober 1981 2.24	3.46 + 4.08 wahlweise Diff.-Sperre 75%
Sonderwunsch			
Getriebeart			
Zahl der Gänge			
Übersetzungen			
Gesamtübersetzungen i =			
Sonderwunsch			
Getriebeart			
Zahl der Gänge			
Übersetzungen			
Gesamtübersetzung i =			
Fahrleistungen			
Höchstgeschwindigkeit in den Gängen:		i 2.72 / i 2.24	
1		50 / 75	
2		112 / 133	
3		187 / 220	
4		225 / 225/12	
5			
Höchstgeschwindigkeit		220, RÜF 225, KAT 215	
Höchstgeschwindigkeit in km/h Laut Test		227.8 Motor Revue 1982/83	
Beschleunigungswerte in sek.			
0–100 km/h		7.9	
0–160 km/h		19.7	
0–200 km/h			
Motordrehzahl bei 100 km/h im höchsten Gang			
bei Übersetzung i =		2.72 / 2.24	
Geschwindigkeit in km/h bei 1000/min		43.5 / 54.0	
Steigfähigkeit in %			
in den Gängen: 1. Gang Rutschgrenze		i 2.72 / i 2.24 / RÜF / KAT	
2. Gang		44 / 44 / 45 / 45	
3. Gang		44 / 44 / 45 / 45	
4. Gang		38 / 21 / 20 / 20	
5. Gang		16 / 8 / 8 / 7	

500 SLC **C 107 E 50** **107026**	**500 SLC Rallye** **107026**	**560 SL** **R 107 E 56** **107048**	**SL mit KKM** **Werksversuchsfahrzeug, zwei mit Kreiskolben-Motor** **R 107 W 48-33**	**SL mit KKM** **Felix Wankel** **Versuchsfahrzeug**
Beru Bosch Champion 14-7 DUO W 7 DCO N 8 YCC		Beru Bosch Champion 14-7 DUO W 7 DCO N 9 YCC	H 230/21	
Aluminiumguß ohne Laufbuchsen	Aluminiumguß ohne Laufbuchsen	Aluminiumguß ohne Laufbuchsen		
Leichtmetall	Leichtmetall	Leichtmetall		
Block mit Kurbelgehäuse vergossen	Block mit Kurbelgehäuse vergossen	Block mit Kurbelgehäuse vergossen		
Leichtmetall	Leichtmetall	Leichtmetall		
Nachzugsfrei		Nachzugsfrei		
geschmiedet	geschmiedet	geschmiedet		
5 Mehrstoffgleitlager mit Stahlstützschalen	5 Mehrstoffgleitlager mit Stahlstützschalen	5 Mehrstoffgleitlager mit Stahlstützschalen		
3.64:1	3.64:1			
Doppelt-T-Schaft Querschnitt	Doppelt-T-Schaft Querschnitt	Doppelt-T-Schaft Querschnitt		
154.5 mm Mittenabstand	154.5 mm Mittenabstand			
Bei Laufbuchsen Leichtmetall, nur Leichtmetall eisenbeschichtet	Bei Laufbuchsen Leichtmetall, nur Leichtmetall eisenbeschichtet	Bei Laufbuchsen Leichtmetall, nur Leichtmetall eisenbeschichtet		
ohne Laufbuchsen eisenbeschichtet	ohne Laufbuchsen eisenbeschichtet	ohne Laufbuchsen eisenbeschichtet		
Hydraulischer Wandler	Hydraulischer Wandler	Hydraulischer Wandler	Hydraulischer Wandler	Zweischeiben-Trockenkupplung
W 4 A 040 722.305	W 4 A 040 722.313	W 4 A 040 722.313 W 3 B 050 722.006		
MB automatisches Getriebe	MB automatisches Getriebe	MB automatisches Getriebe	MB automatisches Getriebe	Viergang-Schaltgetriebe
4 vorwärts, 1 rückwärts	4 vorwärts, 1 rückwärts	4 vorwärts, 1 rückwärts	3 vorwärts, 1 rückwärts	4 vorwärts, 1 rückwärts
3.68, 2.44, 1.44, 1, 5.14	3.68, 2.44, 1.44, 1, 5.14	3.68, 2.44, 1.44, 1, 5.14	2.306, 1.461, 1	3.96, 2.34, 1.43, 1, 5.72
2.72	3.46 + 4.08 wahlweise	2.47	3.07	3.46
	Diff.-Sperre 75%			
50		78.4		
112		120		
187		189		
225		223		
225		223		
238.4				240
AMS 19/1980		208 Road + Track März 1986,		AMS 24/1979
		219.2 Car + Driver Dezember 1985		
7.6		0–96 7.5		6.9
18.2		19.6		15.6
				25.9
2345				
2.72		2.47		
43.5		49.0		
44				
44				
38				
16				

Typ **Baureihe** **Baumuster**	**450 SLC 5.0 Rallye** **450 SLC/Rallye** **1978 Südamerika** **C 107 E 45 C 107 E 50** **107024 107026**	**500 SL** **R 107 E 50** **107046**	**500 SL Rallye** **107046**
Fahrwerk			
Radaufhängung vorne	Je 1 Doppelquerlenker mit Schraubenfedern und Stoßdämpfern	Je 1 Doppelquerlenker mit Schraubenfedern und Stoßdämpfern	Je 1 Doppelquerlenker mit Schraubenfedern und Stoßdämpfern
Radsturz vorne fahrfertig		bis September 1985 0° ± 15′ ab Oktober 1985 0° 10′ ± 15′	
Nachlauf fahrfertig		bis September 1985 3° 15′ ± 15′ ab Oktober 1985 10° 30′ ± 25′	
Vorspur hinten in m/m		2 ± 1	
Momentan-Zentrum vorn		84 m/m mit 2 Personen besetzt	
Federkennwert vorn gleichseitig			
Federkennwert vorn wechselseitig		24 m/m/100 kg am Rad	24 m/m/100 kg am Rad
Eigenschwingungszahl vorn			
Gesamtfederweg vorn			
Radaufhängung hinten	Diagonal-Pendelachse verstärkt	Koppelachse	Diagonal-Pendelachse verstärkt
Radsturz hinten fahrfertig		– 0° 30′ ± 30′	
Vorspur hinten m/m			
Momentanzentrum hinten		125 m/m mit 2 Personen besetzt	
Federkennwert hinten gleichseitig			
Federkennwert hintenwechselseitig		31.5 m/m/100 kg am Rad	
Gesamtfederweg hinten			
Räder	6½ J × 14 Alufelgen	6½ J × 14 H 2 E 30 (AlMgSi 1)	7 J × 15 BBS Alufelgen
Gewicht in kg		6.3	
Reifengröße	Dunlop 195 SR 14 5½ J × Stahlfelgen mit Dunlop 185 HR 15 weiche Mischung 195 R 15 7 J × 15 BBS Alufelgen mit Dunlop 205/70 HR 15 9 × 15 BBS Alufelgen mit Racing-Bereifung	205/70 VR 14 ab September 1985 7 J × 15 ET (AlMgSi 1) Gewicht 8.8 kg 205/65 VR 15	Dunlop 225/70 VR 15 MrS 245/50 R 15 9 × 15 BBC Alufelgen mit Racing-Bereifung
Reifendruck bar/kalt vorne/hinten		Für 205/70 VR 14 Sommerreifen 2.2/2.5 Winterreifen 2.3/2.6 über 200 km/h + 0.2 Für 205/65 VR 15 Sommerreifen 2.0/2.4 Winterreifen 2.2/2.5 über 180 km/h + 0.4	
Bremsen	Hydraulische Zweikreis-Bremse mit Unterdruckverstärker, Scheibenbremse vorne und hinten, vorne belüftete Bremsscheibe		
Abmessungen			
Radstand in mm	2820	2455	2460
Spurweite vorn in mm	1452	bis Aug. 85 1452, seit Sept. 1465	1452
Spurweite hinten in mm	1440	1466	1440
Größte Fahrzeuglänge in mm	4750	4390	4390
Größte Fahrzeugbreite in mm	1790	1790	1790
Größte Fahrzeughöhe in mm	1330	Stoffdach Hardtop bis Aug. 85 1300 1290 ab Sept. 85 1307 1297	1330
Überhanglänge vorn in mm	875	875	875
Überhanglänge hinten in mm	1060	1060	1060
Lenkraddurchmesser in mm	430, ab Sept. 1979 420	420	380
Kleinster Spurkreisdurchmesser links			
Kleinster Spurkreisdurchmesser rechts			
Kleinster Wendekreisdurchmesser links		1060 1060	
Kleinster Wendekreisdurchmesser rechts			
Rauminhalt Fahrgastraum in m³			
Rauminhalt Kofferraum in m³			
Standfläche in m³			
Glasfläche in m³			
cw		bis August 1985 Stoffdach Hardtop 0.414 ab September 1985 0.400 0.435	
Mit Spoiler ab 1980			
Stirnfläche in m²			
cw + F			
CA_V (Auftriebswert vorne)		0.284 0.288	
CA_V (Auftriebswert hinten)		0.03 0.05	

500 SLC **C 107 E 50** **107026**	**500 SLC Rallye** **107026**	**560 SL** **R 107 E 56** **107048**	**SL mit KKM** **Werksversuchsfahrzeug, zwei mit Kreiskolben-Motor** **R 107 W 48-33**	**SL mit KKM** **Felix Wankel** **Versuchsfahrzeug**
Je 1 Doppelquerlenker mit Schraubenfedern und Stoßdämpfern	Je 1 Doppelquerlenker mit Schraubenfedern und Stoßdämpfern	Je 1 Doppelquerlenker mit Schraubenfedern und Stoßdämpfern	Je 1 Doppelquerlenker mit Schraubenfedern und Stoßdämpfern	Je 1 Doppelquerlenker mit Schraubenfedern und Stoßdämpfern
− 0° ± 15′		− 0° 10′ ± 15′		
3° 15′ ± 20′		10° 30′ ± 30′		
2 ± 1		2 ± 1		
84 m/m mit 2 Personen besetzt		84 m/m mit 2 Personen besetzt		
24 m/m/100 kg am Rad				
Koppelachse	Diagonal-Pendelachse verstärkt	Koppelachse	Diagonal-Pendelachse	Diagonal-Pendelachse
− 0° 30′ ± 30′		− 0° 30′ ± 30′		
125 m/m mit 2 Personen besetzt		125 m/m mit 2 Personen besetzt		
31.5 m/m/100 kg am Rad		31.5 m/m/100 kg am Rad		
6½ J × 14 H 2 ET 30 ALMgSi 1	7 J × 15 BBS Alufelgen	7 J × 15 ET 25 ALMgSi 1		6½ J × 14 ET 30 ALMgSi 1
6.3		8.8		
	205/70 HR 15 Dunlop 225/70 HR 15 Dunlop MrS 245/50 R 15 9 × 15 BBS Alufelgen mit Racing-Bereifung	205/65 VR 15		205/70 VR 14
Hydraulische Zweikreis-Bremse mit Unterdruckverstärker, Scheibenbremse vorne und hinten, vorne belüftete Bremsscheibe				
2815	2820	2455	2460	2460
1452	1452	1465	1452	1452
1440	1440	1466	1440	1440
4750	4750	4580	4390	4390
1790	1790	1790	1790	1790
		Stoffdach Hardtop	Stoffdach Hardtop	Stoffdach Hardtop
1330	1330	Stoffdach Hardtop	1300 1290	1300 1290
		1307 1297		
875	875	960	875	875
1060	1060	1160	1055	1055
420	380	420	430	430
10.63				
11.03				
11.55		Modelljahr 1986 10.5		
		Modelljahr 1986 10.75		
11.95		Modelljahr 1988 10.80		
		Modelljahr 1988 10.80		
2.322		1.801 1.778		
0.310		0.243		
8.48		7.84		
2.455		1.67 1.93		
0.386				
1.921				
0.7415				
0.244				
− 0.010				

Typ	450 SLC 5.0 Rallye 450 SLC/Rallye 1978 Südamerika		500 SL		500 SL Rallye
Baureihe	C 107 E 45	C 107 E 50	R 107 E 50		
Baumuster	107024	107026	107046		107046
Gewichte	450 SLC	450 SLC 50	bis Aug. 85	ab Sept. 85	
Leergewicht in kg nach DIN 70020 (fahrfertig)*	1940	1812	1540	1610	
Leergewicht in kg laut Testbericht	Mit Fahrer + Ausrüstung	Mit Ausrüstung Kenia 1979 ohne Fahrer	Motor-Revue 1982/83 1586		
			bis Aug. 85	ab Sept. 85	
Zulässiges Gesamtgewicht in kg		1812	1960	2030	
Zulässiges Achsgewicht vorne		927	935	965	
Zulässiges Achsgewicht hinten		885	1025	1065	
Coupédach im DIN-Leergewicht nicht enthalten in kg	Für Bandama 1979 + Kenia 1980 fahrfertig ohne Fahrer: 1717 VA 878	HA 839	40		44 mit Überrollbügel
Füllmengen					
Motor					
Neu je Füllung in Liter	8.5		8.5		8.5
Bei Öl- und Filterwechsel in Liter	8.0		8.0		8.0
Ölwanne maximal in Liter	7.5		7.5		7.5
Ölwanne minimal in Liter	5.5		5.5		5.5
Kühlsystem mit Heizung ca. in Liter			13.0		
Schaltgetriebe in Liter					
Automatikgetriebe					
Neu je Füllung in Liter					
Ölwechsel in Liter					
Lenkung mechanisch in Liter					
Lenkung Servo in Liter	1.3		1.3		1.3
Bremsanlage in Liter	0.5		0.5		0.5
Klimaanlage in Liter			1.0		
Kühlkompressor der Klimaanlage in Liter			0.12		
Niveauregulierung in Liter					
Hinterachse in Liter	1.3		1.3		1.3
Kraftstoffbehälter/Reserve ca. in Liter	120		bis 9/81 90/13	ab 10/81 85/11.5	120
Produktionszeit ca.	1978 bis 1979		März 1980 bis 1989		1980
Produktionszahlen	5 450 SLC	8 450 SLC 50	11 812		4
Gesamtexport			5107		
USA-Export			9		
Deutscher Fahrzeugbestand 1990 lt. KBA			2032		

* Gewicht der USA-Fahrzeuge nach GVWR (Gross Vehicle Weight rating)
Achslasten nach GAWR (Gross Axle Weight Rating)

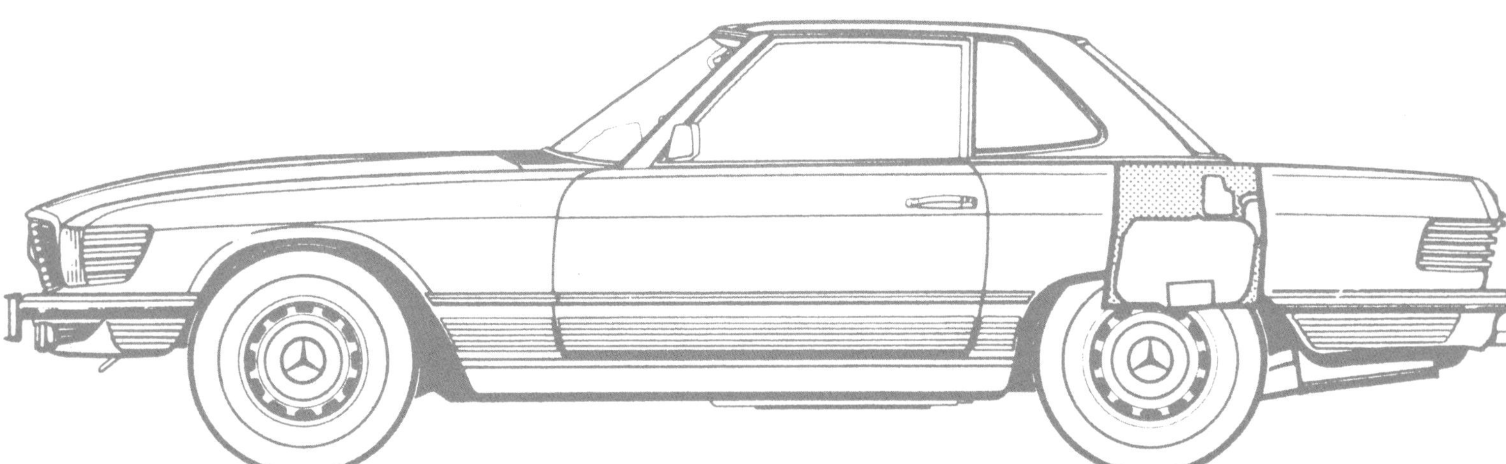

500 SLC **C 107 E 50** **107026**	**500 SLC Rallye** **107026**	**560 SL** **R 107 E 56** **107048**	**SL mit KKM** **Werksversuchsfahrzeug,** **zwei mit Kreiskolben-Motor** **R 107 W 48-33**	**SL mit KKM** **Felix Wankel** **Versuchsfahrzeug**
1515	Für Rallye Akropolis Gewicht fahrfertig	1680		
Auto Motor + Sport 19/80	mit Ausrüstung:	Road + Track März 1986		Auto Motor + Sport 24/79
1570		1760		1530
	2005	1717	1910	
	980	VA 878	910	
	1025	HA 839	1000	
			40	40
8.5	8.5	8.5		
8.0	8.0	8.0		
7.5	7.5	7.5		
5.5	5.5	5.5		
13.0		13.0		
1.3	1.3	1.3	1.3	1.3
0.5	0.5	0.5	0.5	0.5
1.0		1.0		
0.12		0.12		
4.2				
1.3	1.3	1.3	1.3	1.3
90/13	120	85/11.5	90/13	90/13
März 1980 bis Sept. 1981	1980	Modelljahr 1986 bis 1989		
1154	7	49 340	1	1
272		49 340		
3		46 263		
einschließlich 450 SLC/5.0 743		–		

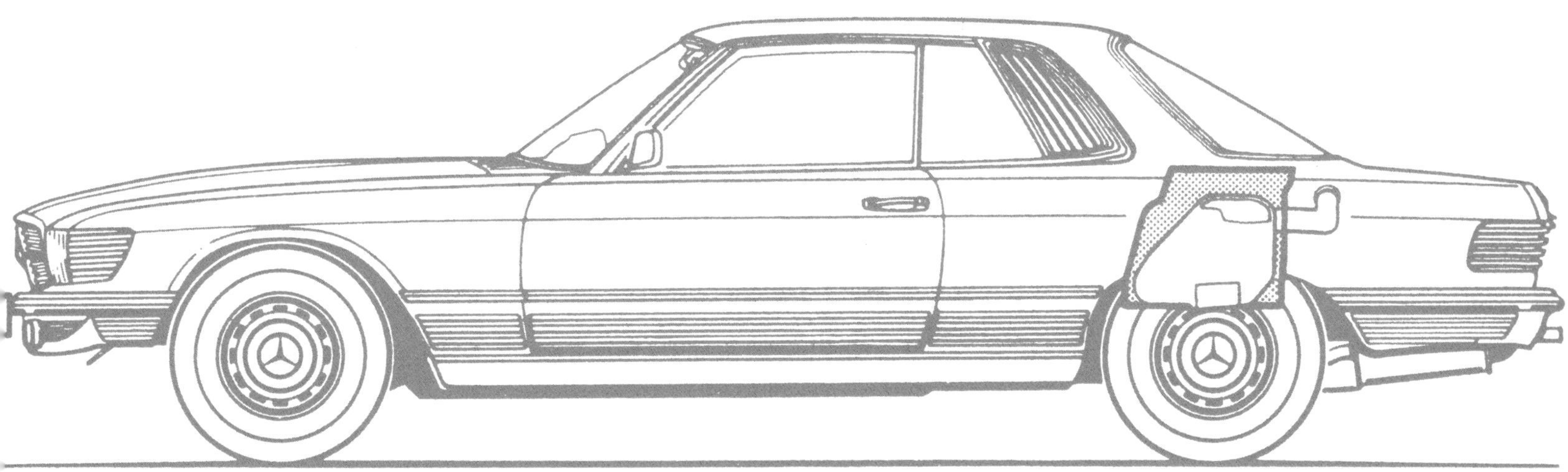

Modifikationen für die Safari-Rallye, Kenia, April 1979

Motor:
leistungsgesteigert auf ca. 290 PS
Hubraum 4973 cm^3 (Serie lag noch bei 5025 cm^3)
Lüfter 430 mm axial (Serie halbaxial), 30 mm tief, 8 Flügel
Lüfterkupplung temperaturgesteuert bei 65°C,
Silikonöl mit höherer Viskosität
Lichtmaschine 75 Amp. mit großem Lima-Träger
Deckel für Motoröleinfüllstutzen mit Kette gesichert
Öldruckwarnleuchte 3–0,5 bar
Zündanlage gegen Wasser abgedichtet
Luftansaugung umschaltbar auf Ansaugung aus dem Innenraum
Blechkrümmer (Serie Gusskrümmer)

Getriebe:
härtere und höher gelegte Schaltpunkte
2. Gang K1 vom 6,9 Liter mit 6 Lamellen und verbessertem Bremsband
Getriebeentlüftung in den Motorraum verlegt (Wasserdurchfahrten!)
verstärkter Wandler vom M 116 mit Festbremsdrehzahl 2200/min (Serie 1800/min)

Motor-Getriebe-Lagerung:
Motorträger zusätzlich an 2 Hauptlagerschrauben und am Zylinderkopf abgestützt
Motorträger von oben an Motorlager geschraubt
Motorlager ausgegossen, harte Gummimischung und mit 10 mm Aluplatte unterlegt
hinteres Lager 70° Shore mit 2,5 mm starken Zwischenblechen im Hub begrenzt

Motordämpfer:
Wegen karosserieseitigem Halter für große Gummiausführung
Gewindestange des Motordämpfers verlängert

Mittelschaltung:
Schaltkulisse verändert, um Verschalten in »N« zu verhindern

Gelenkwelle:
vorn 45 x 3,5 mm, hinten 60 x 2,5 mm, verstärkte Gelenkscheibe,
Gelenkzwischenlager verstärkt ähnlich W 108

Pedalerie:
Gaspedal in hängender Ausführung wegen hoher Fußraumtemperaturen

Vorderachse:
Achsträger mit Zugankerblech verstärkt
Federdome gedoppelt und mit eingeschweißtem Flansch für Aus- und Einfederungsanschlag
Achsträger unten mit Abstützplatte für Unterschutz
Obere Querlenker ausgespart für Stoßdämpfer mit großem Durchmesser
Untere Querlenker mit Doppler und eingeschweißtem Flansch für Aus- und Einfederungsanschlag
Trag- und Führungsgelenk aus verbessertem Material und höher vergütet
Traggelenk zusätzlich mit 8 Schweißpunkten gesichert
Lenkstange verstärkt, ohne Halterung für Lenkungsdämpfer
Lenkungsdämpfer entfällt
Fahrschemellager 65° Shore

Hinterachse:
Schräglenkerachse verstärkt (Serie Koppelachse)
Schräglenker gedoppelt
Federauflage korrigiert
Lenkerauflage obere Toleranz 65° Shore
Blech mit angenietetem Gummistreifen für Seitenwellengelenkschutz und Anschlagblech für Auspuffrohr am Fahrschemel
Stützblech vom Fahrschemel zur Karosserie geschlossen
Fahrschemellager 65° Shore
Kastenlager mit verstärktem Blechrahmen, durchgehenden M-8-Schrauben, härterer Gummimischung und im Hub begrenzt

Hinterachsmittelstück:
Übersetzung i = 3.46 (Serie i = 2.72)
Differenzialsperre mit 50 mkp vorgespannt
Gehäuseentlüftung hinter die Tankklappe hochgelegt (Wasserdurchfahrten!)

Seitenwellen 25 mm, Sterngelenk innen und außen ¾" (Serie 27 mm, innen 13/16", außen ¾")

Federung und Dämpfung Vorderachse:
Feder: c = 11 kp/mm (Serie = 4,75 kp/mm), Alubeilage statt Gummi
Stoßdämpfer: Einstellung MC 11 großer Durchmesser
Drehstab: 23 mm (Serie 25 mm)
Ein- und Ausfederungsanschlag mit Polyurethanpuffer 10 mm vorgespannt und 16 mm im Ausfederweg begrenzt. Die Anschläge erhielten verbesserte, schmutzunempfindliche, gewichtserleichterte Kugelgelenke

Federung und Dämpfung Hinterachse:
Feder: c = 9,5 kp/mm (Serie = 6,1 kp/mm), Alubeilage statt Gummi
Stoßdämpfer: Einstellung UE 3, großer Durchmesser, Kühlrippen und Wasserkühlung
Drehstab: 16 mm (Serie 18 mm) Ausfederungsanschlag mit Bitumenstahlseil (10 mm gekürzt) und Polyurethanpuffer (15 mm vorgespannt) am Bremssattel
Karosserieanschlag mit Tropen-Gummipuffer und 20 mm Aluplatte

Lenkung:
LSE 090 Steigung 12 mm
Stufenreaktionskolben 13/10 mm
Übersetzung 1:12,2 (Serie 1:13,92)
Innenanschlag
Lenkungsöl-Kühlschlange an der Halterung wegen Unterschutz geändert

Bremsen:
ohne Bremsabdeckbleche
keine Fußfeststellbremse, dafür Handbremse auf dem Mitteltunnel
Bremsleitungen mit Gummi umwickelt und im Tunnel verlegt
Bremsscheiben Vorderachse: 18 mm dick (Serie 22 mm), Erleichterungsbohrungen im Topf
Bremssättel Vorderachse: Grauguss 60 mm, Belag Textar T257
Bremsscheiben Hinterachse: 8 mm dick (Serie 10 mm)
Bremssättel Hinterachse: Grauguss 42 mm (Serie 38 mm), Belag Jurid 203
An den Hinterachs-Bremssätteln Dreckschaber montiert

Bremskraftverstärker: Mastervac 10" Alu

Kraftstoffanlage:
120-Ltr.-Tank aus Aluminium mit separatem Ausgleichbehälter in der Hutablage anstatt Erste-Hilfe-Kasten
2 Kraftstoffpumpen umschaltbar im Kofferraum
Tankentlüftung hinter die Tankklappe verlegt
Kraftstoffleitungen mit Gummi umwickelt und im Tunnel verlegt
Tankablassschraube mit Bajonettverschluss für Ablassschlauch
Verbindungen der Kraftstoffleitungen mit Überwurfmutter und Dichtkegel
Tankverschraubungen aus Messing

Auspuffanlage:
vordere Rohre: 48 x 1,5; 13%iger Chromstahl
hintere Rohre: 52 x 1,5; 13%iger Chromstahl
kein Mittelschalldämpfer
Nachschalldämpfer ohne Dämpfungsschlange mit freiem Durchgang
Abgleitblech von den Rohren zum Nachschalldämpfer, Rohreingang tiefer, Halterung mit 6 mm Stahlseil gesichert

Kühlung:
Kühler zusätzlich oben und unten gehaltert
Zarge zum Lüfter hin mit Blechstreifen 25 mm verlängert
elektrischer Zusatzlüfter 300 mm zuschaltbar über 110°, Schalter oder manuell
Thermostat geöffnet, Kühlwasserdeckel mit Kette gesichert

Reifen und Räder:
195 SR 14 Dunlop Mark II in weicher und harter Mischung auf Alu-Felgen 6½J x 14
185 HR 15 Dunlop weiche Mischung auf Stahlfelgen 5½J x 15
Alle Reifen schlauchlos mit geklebten Auswuchtgewichten

Unterschutz:
vorne 8,5 mm Alu mit Längssicken
hinten 6 mm Alu glatt mit separatem Rohrbogen als Halter mit versenkter Verschraubung
vorderer Unterschutz mit Profilschiene gegen hinteren Unterschutz abgestützt

Innenraum:
Überrollbügel mit verstärkten Abstützpunkten
Schalensitze mit Hosenträgergurten
Frontscheibe dicker als Serie, mit zusätzlichen Haltelaschen gesichert
Fond-Seitenscheibe dünner als Serie
ohne Innenscheibe an der Jalousie

Einsatzgewicht:
1812 kg inklusive 120 Liter Kraftstoff, Feuerlöscher, 29 Liter Scheibenwasch- und Reservewasser , hydraulischen Wagenheber, Werkzeug, Ersatzteile, Seilwinde, 2 Warndreiecke, 2 Ersatzräder und 2 x 75 kg Fahrergewicht. Die Gewichtsverteilung betrug 51,16% zu 48,84%.

Modifikationen für den Kenia-Einsatz 1980

Motor:
Verdichtung $\varepsilon = 9,2$
Abgas-Rohrkrümmer im Abgang verstärkt

Getriebe:
Alternativ zum Dreigang-Getriebe wurde der Viergang-Automat W 4 A 040, 2. und 3. Gang vom 5,6 Liter (!) mit 6 Lamellen und verbessertem Bremsband vorgesehen

Vorderachse:
Achsschenkel aus 34CrMo4, vergütet
induktiv gehärtete Lagersitze
Passung für Radzentrierung vergrößert
Feder: c = 12 kp/mm, wahlweise 13 kp/mm
Drehstab: 21 mm

Hinterachse:
verstärkt wie Bandama 1979
Schräglenker gedoppelt wie Bandama 1979
Sturz um -1°15′ korrigiert
Fahrschemellager M 16 (Serie M 14)
Passung für Radzentrierung vergrößert
Feder: c = 11 kp/mm oder c = 12 kp/mm
Drehstab: keiner!

Hinterachsmittelstück:
Übersetzung i = 4,08
Sperre mit 50 mkp bei DB vorgespannt

Reifen und Räder:
205/70 HR 15 Dunlop auf BBS-Alu-Rad 7J x 15

Karosserie:
zusätzliche Abstützung des Überrollkäfigs in den Kofferraum

Einsatzgewicht:
1717 kg (das Mehrgewicht von 57,7 kg gegenüber dem Bandama-Fahrzeug kam zustande durch Räder und Reifen, vorderen Rammschutz, Motorunterschutz aus Aluminium, DB-Rallye-Computer, aufgepolsterte Sitze, Gummifußmatten, Abstützung des Überrollkäfigs in den Kofferraum, zusätzlichen Doppler auf den Schräglenkern, Seilwinde und das verstärkte vordere Querrohr 45 x 4,5 mm).

Bestandsliste der Werks-Rallye-Fahrzeuge R/C 107

pol. Kennz.	Fahrgestell-Nummer Motor-Nummer Zulassungs-Datum	Einsatz	als	Platzierung/ Platz	Weitere Verwendung
450 SLC					
S – DL 1207	107 024 12 022 446 117 985 12 029 435 10. Juli 1978	Südamerika 1978	Einsatzwagen Zasada	2.	Museum
S – DL 1208	107 024 12 022 443 117 985 12 029 277 10. Juli 1978	Südamerika 1978	Einsatzwagen Mäkinen	4.	verschrottet
S – DL 1209	107 024 12 022 444 117 985 12 029 488 10. Juli 1978	Südamerika 1978	Einsatzwagen Araujo	ausgefallen, Unfall- Folgeschaden	verkauft H. Pfuhl
S – DL 1211	107 024 12 022 445 117 985 12 029 379 10. Juli 1978	Südamerika 1978	Einsatzwagen Cowan	1.	Museum
S – CS 9549	117 024 12 013 842 117 985 12 007 139 16. Juni 1976		Dienstwagen H. Waxenberger		verschrottet 1985
450 SLC 5.0 / 500 SLC					
S – DP 1906	107 026 12 000 626 117 960 12 000 075 2. Februar 1979	Safari 1979 Bandama 1979 Codasur 1980 anschließend	Trainingswagen Trainingswagen Einsatzwagen Mikkola Verwendung für Fahrzeugtest	 2.	27. März 1981 verschrottet
S – DP 1907	107 026 12 000 627 117 960 12 000 762 2. Februar 1979	Safari 1979 Bandama 1979 Portugal 1980 Akropolis 1980 Neuseeland 1980	Trainingswagen Trainingswagen Einsatzwagen Waldegaard Einsatzwagen Preston Einsatzwagen Waldegaard	 4. 14. 5.	8. Januar 1981 verschrottet
S – DP 1908	107 026 12 000 628 117 960 12 000 763 2. Februar 1979	Safari 1979 Bandama 1979 Safari 1980 Akropolis 1980 Codasur 1980 1000-Seen-Finnland 1980 Bandama 1980	Einsatzwagen Preston Einsatzwagen Preston Trainingswagen Trainingswagen Einsatzwagen Waldegaard Vorauswagen Vilkas Einsatzwagen Preston	ausgefallen 4. ausgefallen 5.	20. Januar 1981 Museum
S – DP 1909	107 026 12 000 629 117 960 12 000 764 2. Februar 1979	Safari 1979 Portugal 1980 Akropolis 1980 Neuseeland 1980	Einsatzwagen Mikkola Trainingswagen Trainingswagen Einsatzwagen Mikkola	2. 3.	verkauft H. Bulling 21. Mai 1982
S – DP 1910	107 026 12 000 630 117 960 12 000 765 2. Februar 1979	Safari 1979 Portugal 1980 Akropolis 1980 Neuseeland 1980	Einsatzwagen Waldegaard Einsatzwagen Carlsson Einsatzwagen Danielsson Einsatzwagen Cowan	6. 5. ausgefallen Ausfall durch Unfall	29. Januar 1981 verschrottet
S – DV 9032	107 026 12 000 836 117 960 12 000 766 26. September 1979	Bandama 1979 Safari 1980 Codasur 1980	Einsatzwagen Waldegaard Einsatzwagen Preston Trainingswagen	2. 3.	verkauft H. Beankens 25. März 1982
S – DV 9033	107 026 12 000 837 117 960 12 001 100 26. September 1979	Bandama 1979 Neuseeland 1980	Einsatzwagen Mikkola Trainingswagen (Unfall Buhl)	1.	19. Dezember 1980 verschrottet
S – DX 6573	66 71 90 7819/2 117 960 12 001 487 6. Februar 1980	Portugal 1980	Trainingswagen		Museum
S – DV 9072	107 026 12 000 932 117 960 12 001 101 26. September 1979	Bandama 1979 Safari 1980 Codasur 1980	Einsatzwagen Cowan Einsatzwagen Cowan Trainingswagen	3. 6.	26. November 1980 verschrottet

pol. Kennz.	Fahrgestell-Nummer Motor-Nummer Zulassungs-Datum	Einsatz	als	Platzierung/ Platz	Weitere Verwendung
S – DX 6082	107 026 12 001 472 117 960 12 001 488 11. Januar 1980	Safari 1979 Codasur 1980 Bandama 1980	Einsatzwagen Waldegaard Trainingswagen Einsatzwagen Fowkes	10.	28. Januar 1981 verschrottet
S – DX 6083	107 026 12 000 471 117 960 12 001 489 11. Januar 1980	Safari 1980 Codasur 1980 Bandama 1980	Einsatzwagen Mikkola Einsatzwagen Recalde Einsatzwagen Recalde	ausgefallen ausgefallen 2.	30. Januar 1981 verschrottet
S – DF 6508	107 026 12 001 611 117 960 12 001 490	Akropolis 1980	Einsatzwagen Waldegaard	ausgefallen	21. Januar 1981 verschrottet
S – DY 6607	107 026 12 001 612 117 960 12 001 491 21. April 1980	Bandama 1980	Einsatzwagen Cowan	ausgefallen	15. Januar 1981 verschrottet
S – EH 1418	107 026 12 001 993 117 960 12 002 577	Bandama 1980	Einsatzwagen Mikkola	ausgefallen	27. Januar 1981 verschrottet
S – EH 1420	107 026 12 002 128 117 960 12 002 580 16. Oktober 1980	Bandama 1980	Einsatzwagen Waldegaard	1.	26. Februar 1981 Museum
500 SL					
S – EH 1419	107 046 12 000 291 117 960 12 002 579 16. Oktober 1980	Bandama 1980	Trainingswagen		13. Januar 1981 verschrottet
KS – AH 101	107 046 12 000 431 117 960 12 002 582	vorgesehen für Monte Carlo 1981		keine Teilnahme	verkauft
KS – JJ 202	107 046 12 000 438 117 960 12 002 583	vorgesehen für Monte Carlo 1981		keine Teilnahme	verkauft
nicht zugelassen	107 046 12 000 536 117 960 12 002 585	vorgesehen für Monte Carlo 1981		keine Teilnahme	Museum

Übersicht der Rallye-Einsätze 1977 bis 1980

Veranstaltung	MB-Fahrzeuge am Start	Start-Nr.	Teilnehmer	auf	Platzierung	Ausfallgrund
1977						
London–Sydney 34.000 km 14. August bis 28. September	6 W 123 E 28 (280 E)	33 49 59 27 37 80	Cowan – Malkin – Broad Fowkes – O'Gorman Kling – Kaiser – Leininger Kleint – Klapproth – Vormbruck Warmbold – Todt – Willemsen Mauch – Dolhem	W 123 W 123 W 123 W 123 W 123 W 123	1. 2. 6. 8. – –	 Stoßdämpfer, Hinterachsseitenwelle gebrochen, Benzinleitung abgerissen 50 km vor Tabas Hinterachse gebrochen
1978						
Kenya-Safari 23. bis 27. März	4 W 123 E 28 (280 E)	18 2 9 12	Zasada – Krupa Singh – Doig Cowan – Syer Fowkes – Kaiser	W 123 W 123 W 123 W 123	6. – – –	 Motorschaden (Wasserschlag) Motorschaden (Wasserschlag) Motorschaden (Ölwanne eingedrückt)
Südamerika-Rallye 30.000 km 17. August bis 24. September	4 C 107 E 45 (450 SLC) 4 W 123 E 28 (280 E)	421 409 422 401 508 411 407 402	Cowan – Malkin Zasada – Zembrzuski Fowkes – Kaiser Mäkinen – Todt Kleint – Klapproth Kling – Pfuhl Nathan – Caballero Daray – Araujo	C 107 C 107 W 123 C 107 W 123 W 123 W 123 C 107	1. 2. 3. 4. 5. 9. 10. –	 Getriebe (Folgeschaden von Unfall)

Veranstaltung	MB-Fahrzeuge am Start	Start-Nr.	Teilnehmer	auf	Platzierung	Ausfallgrund
1979						
Kenya-Safari 12. bis 16. April	3 C 107 E 50 (450 SLC 5.0) 3 W 123 E 28 (280 E)	14 16 10 2 6 19	Mikkola – Hertz Cowan – Seyr Waldegaard – Thorszelius Singh – Doig Preston jun. – Lyall Zasada – Krupa	C 107 W 123 C 107 W 123 C 107 W 123	2. 4. 6. 11. – –	Kühler durch Steinschlag defekt, dadurch 1. Platz verloren Hinterachswechsel Hinterachse Unfall
Bandama-Rallye Cote d'Ivoire 9. bis 14. Dezember	4 C 107 E 50 (450 SLC 5.0)	6 4 10 3	Mikkola – Hertz Waldegaard – Thorszelius Cowan – Kaiser Preston jun. – Doughty	C 107 C 107 C 107 C 107	1. 2. 3. 4.	
1980						
Portugal-Rallye 4. bis 9. März	2 C 107 E 50 (450 SLC 5.0)	4 17	Waldegaard – Thorszelius Carlsson – Billstam	C 107 C 107	4. 5.	
Kenya-Safari 3. bis 4. April	4 C 107 E 50 (450 SLC 5.0)	15 5 3 7	Preston jun. – Lyall Cowan – Kaiser Waldegaard – Thorszelius Mikkola – Hertz	C 107 C 107 C 107 C 107	3. 6. 10. –	Radschrauben gerissen Gussradträger gebrochen, Radschrauben gerissen Gussradträger gebrochen Gussradträger gebrochen, Disqualifikation (Beifahrer verletzt. H. Waxenberger fuhr als Beifahrer mit)
Akropolis-Rallye 24. bis 30. Mai	3 C 107 E 50 (450 SLC 5.0) 1 C 123 E 28 (280 CE)	19 1 24 27	Preston jun. – Doughty Waldegaard – Thorszelius Danielsson – Andreasson Carlsson – Billstam	C 107 C 107 C 107 C 123	14. – – –	 Kopfdichtung (Folgeschaden von Unfall) Bruch des Lenkspurhebels in WP 49 Motorbrand. Bruch der Kraftstoffleitung zum Kaltstartventil in WP 49. Lag auf Platz 9
Rallye Codasur 19. bis 25. Juli	3 C 107 E 50 (500 SLC) 1 C 123 E 28 (280 CE)	3 8 14 6	Mikkola – Hertz Waldegaard – Thorszelius Recalde – Straimel Cowan – Kaiser	C 107 C 107 C 107 C 123	2. – – –	 Hinterachs-Seitenwellen defekt Hinterachs-Seitenwellen defekt Zylinderkopfdichtung, als Folge von Verbrennungsklingeln
Neuseeland-Rallye 13. bis 17. September	3 C 107 E 50 (500 SLC) 1 C 123 E 28 (280 CE)	3 1 6 16	Mikkola – Hertz Waldegaard – Thorszelius Cowan – Kaiser Carlsson – Billstam	C 107 C 107 C 107 C 123	3. 5. – –	 Unfall Unfall
Bandama-Rallye Cote d'Ivoire 9. bis 14. Dezember	5 C 107 E 50 (500 SLC)	8 15 6 7 4	Waldegaard – Thorszelius Recalde – Straimel Preston jun. – Billstam Cowan – Kaiser Mikkola – Hertz	C 107 C 107 C 107 C 107 C 107	1. 2. 5. – –	 Unfall Felgenschlag, abgerissene Bremszange und beschädigtes Seitenwellengelenk

Teilnahmeliste für die Südamerika-Rallye 1978

Name der Fahrer	Interne Nr.	Polizei-Nr.	Fahrgestell-Nr.	Motor-Nr.	Interne Motor-Nr.	Farbe	Carnet-Nr.
Timo Mäkinen Jean Todt	C 107 E 45-114	S – DL 1208	107 024 12 022 443	117 985 12 029 277	U 07-578	astralsilber/schwarz	855857 Id
Andrew Cowan Colin Malkin	C 107 E 45-115	S – DL 1211	107 024 12 022 445	117 985 12 029 379	U 07-579	astralsilber/schwarz	855853 Id
Sobieslaw Zasada Andrzej Zembrzuski	C 107 E 45-116	S – DL 1207	107 024 12 022 446	117 985 12 029 435	U 07-580	astralsilber/schwarz	855852 Id
José Araujo Rubén Daray	C 107 E 45-117	S – DL 1209	107 024 12 022 444	117 985 12 029 488	U 07-579	astralsilber/schwarz	855852 Id
Servicewagen	C 107 E 45-106	S – DD 4225	107 026 12 000 008	117 985 12 021 280	U 07-484	astralsilber	855849 Id 853611 Id

U 07-578 PS 228,8 /5000 M 36,45 /4000 E 8.78
U 07-579 PS 234,1 /5000 M 37,3 /4000 E 8.74
U 07-580 PS 232,9 /5000 M 37,07 /4000 E 8.75
U 07-581 PS 227,35 /5000 M 36,8 /3500 E 8.7

Ersatzmotor
U 07-582 PS 232,38 /5000 M 36,69 /3500 E 8,69

Teilnahmeliste für die Safari-Rallye 1979

Name der Fahrer	Interne Nr.	Polizei-Nr.	Fahrgestell-Nr.	Motor-Nr.	Interne Motor-Nr.	Farbe	Carnet-Nr.
Trainings- und Servicewagen	C 107 E 50-123	S – DP 1906	107 026 12 000 626	117 960 12 000 075 Ersatzmotor	UL 64-122 UL 74-190	astralsilber/schwarz	037371 Kd
Trainings- und Servicewagen	C 107 E 50-124	S – DP 1907	107 026 12 000 627	117 960 12 000 762	UL 05-193	astralsilber/schwarz	037376 Kd
Vic Preston jun. John B. Lyall	C 107 E 50-125	S – DP 1908	107 026 12 000 628	117 960 12 000 763	UL 05-196	astralsilber/schwarz	037379 Kd
Hannu Mikkola Arne Hertz	C 107 E 50-126	S – DP 1909	107 026 12 000 629	117 960 12 000 764	UL 05-194	astralsilber/schwarz	037378 Kd
Björn Waldegaard Hans Thorszelius	C 107 E 50-127	S – DP 1910	107 026 12 000 630	117 960 12 000 765	UL 05-195	astralsilber/schwarz	037380 Kd

UL 64-122 PS 299,4
UL 74-190 PS 298,6
UL 05-193 PS 291,7
UL 05-196 PS 289,0
UL 05-194 PS 294,0
UL 05-195 PS 292,0

Ersatzmotoren
M 110 Z 13-683
M 117 UL 05-197

Teilnahmeliste für die Bandama-Rallye 1979

Name der Fahrer	Interne Nr.	Polizei-Nr.	Fahrgestell-Nr.	Motor-Nr.	Interne Motor-Nr.	Farbe	Carnet-Nr.
Björn Waldegaard Hans Thorszelius	C 107 E 50-132	S – DV 9032	107 026 12 000 836	117 960 12 000 766	UL 05-195 287,3 PS	astralsilber/schwarz	043403 Kd
Hannu Mikkola Arne Hertz	C 107 E 50-133	S – DV 9033	107 026 12 000 837	117 960 12 001 100	UL 05-248 283,3 PS	astralsilber/schwarz	043401 Kd
Andrew Cowan Klaus Kaiser	C 107 E 50-134	S – DV 9072	107 026 12 000 932	117 960 12 001 101	UL 05-229 285,7 PS	astralsilber/schwarz	043402 Kd
Vic Preston jun. Mike Doughty	C 107 E 50-125	S – DP 1908	107 026 12 000 628	117 960 12 000 763	UL 05-197 282,1 PS	astralsilber/schwarz	041107 Kd
Albert Pfuhl Jörg Leininger	C 107 E 50-privat	DA – AC 848	107 024 12 022 444	117 960 12 000 761	UL 26-133 257,0 PS	astralsilber/schwarz	043248 Kd
Trainings- und Servicewagen	C 107 E 50-123	S – DP 1906	107 026 12 000 626	117 960 12 000 075	UL 05-193	astralsilber/schwarz	037371 Kd
Trainings- und Servicewagen	C 107 E 50-124	S – DP 1907	107 026 12 000 627	117 960 12 000 762	UL 74-190	astralsilber/schwarz	041102 Kd

Ersatzmotor
UL 05-243 PS 279,6

Teilnahmeliste für die Portugal-Rallye 1980

Name der Fahrer	Interne Nr.	Polizei-Nr.	Fahrgestell-Nr.	Motor-Nr.	Interne Motor-Nr.	Farbe	Carnet-Nr.
Björn Waldegaard Hans Thorszelius	C 107 E 50-124	S – DP 1907	107 026 12 000 627	117 960 12 000 762	UL 05-267	astralsilber/schwarz	998719 ld
Ingvar Carlsson Claes Billstam	C 107 E 50-127	S – DP 1910	107 026 12 000 630	117 960 12 000 765	UL 05-265	astralsilber/schwarz	
Buhl	C 107 E 50-86	S – DC 6973	66 71 90 7819/2	117 960 12 001 487	UL 05-197	astralsilber/schwarz	043440 Kd
Brömmer	C 107 E 50-126	S – DP 1909	107 026 12 000 629	117 960 12 000 764	UL 05-195	astralsilber/schwarz	998717 ld
Waxenberger	C 107 E 45-95	S – CS 9549	107 024 12 013 842	117 985 12 007 139	UL 22-032	grau/blau	

Teilnahmeliste für die Safari-Rallye 1980

Name der Fahrer	Interne Nr.	Polizei-Nr.	Fahrgestell-Nr.	Motor-Nr.	Interne Motor-Nr.	Farbe	Carnet-Nr.
Björn Waldegaard Hans Thorszelius	C 107 E 50-135	S – DX 6082	107 026 12 001 472	117 960 12 001 488	UL 05-268 300	astralsilber/schwarz	043439 Kd
Hannu Mikkola Arne Hertz	C 107 E 50-136	S – DX 6083	107 026 12 001 471	117 960 12 001 409	UL 05-269 304	astralsilber/schwarz	043439 Kd
Andrew Cowan Klaus Kaiser	C 107 E 50-134	S – DT 9072	107 026 12 000 932	117 960 12 001 101	UL 05-266 296	astralsilber/schwarz	043402 Kd
Vic Preston jun. John Lyall	C 107 E 50-132	S – DT 9032	107 026 12 000 836	117 960 12 000 766	UL 05-249 292	astralsilber/schwarz	043403 Kd
Trainings- und Servicewagen	C 107 E 50-125	S – DP 1908	107 026 12 000 628	117 960 12 000 763	UL 05-229 387	astralsilber/schwarz	998718 Id

Ersatzmotor
UL 05-184

Teilnahmeliste für die Akropolis-Rallye 1980

Name der Fahrer	Interne Nr.	Polizei-Nr.	Fahrgestell-Nr.	Motor-Nr.	Interne Motor-Nr.	Farbe	Carnet-Nr.
Vic Preston jun. Vic Doughty	C 107 E 50-124	S – DP 1907	107 026 12 000 627	117 960 12 000 762	UL 05-298	astralsilber/schwarz	
Dror Danielsson Sölve Andreasson	C 107 E 50-127	S – DP 1910	107 026 12 000 630	117 960 12 000 765	UL 05-265	astralsilber/schwarz	
Björn Waldegaard Hans Thorszelius	C 107 E 50-138	S – DF 6508	107 026 12 001 611	117 960 12 001 490	UL 05-297	astralsilber/schwarz	
Leininger	C 107 E 50-125	S – DP 1908	107 026 12 000 628	117 960 12 000 763		astralsilber/schwarz	
Gauger	C 107 E 50-126	S – DP 1909	107 026 12 000 629	117 960 12 000 764		astralsilber/schwarz	
Waxenberger	C 107 E 45-95	S – CS 9549	107 024 12 013 842	117 985 12 007 139		grau/blau	

Teilnahmeliste für die Codasur-Rallye 1980

Name der Fahrer	Interne Nr.	Polizei-Nr.	Fahrgestell-Nr.	Motor-Nr.	Interne Motor-Nr.	Farbe	Carnet-Nr.
Hannu Mikkola Arne Hertz	C 107 E 50-123	S – DP 1906	107 026 12 000 626	117 960 12 000 075	UL 05-260	astralsilber/schwarz	998724 Id 22.6.81
Björn Waldegaard Hans Thorszelius	C 107 E 50-125	S – DP 1908	107 026 12 000 628	117 960 12 000 763	UL 05-266	astralsilber/schwarz	998718 Id 12.2.81
Jorge Recalde Nestor Straimel	C 107 E 50-136	S – DK 6063	107 026 12 001 471	117 960 12 001 489	UL 05-299	astralsilber/schwarz	285355 Kd 22.6.81
Trainings- und Servicewagen	C 107 E 50-132	S – DV 9032	107 026 12 000 836	117 960 12 000 766	UL 05-194	astralsilber/schwarz	285351 Kd 22.6.81
Trainings- und Servicewagen	C 107 E 50-134	S – DV 9072	107 026 12 000 932	117 960 12 001 101	UL 05-195	astralsilber/schwarz	996351 Kd 22.6.81
Trainings- und Servicewagen	C 107 E 50-135	S – DX 6082	107 026 12 001 472	117 960 12 001 488	UL 05-249	astralsilber/schwarz	285356 Kd 22. 6. 81

Ersatzmotor
UL 05-295

Teilnahmeliste für die Neuseeland-Rallye 1980

Name der Fahrer	Interne Nr.	Polizei-Nr.	Fahrgestell-Nr.	Motor-Nr.	Interne Motor-Nr.	Farbe	Carnet-Nr.
Björn Waldegaard Hans Thorszelius	C 107 E 50-124	S – DP 1907	107 026 12 000 627	117 960 12 000 762	UL 05-301	astralsilber/schwarz	998719 Id 11.2.81
Hannu Mikkola Arne Hertz	C 107 E 50-139	S – DP 1909	107 026 12 000 629	117 960 12 000 764	UL 05-302	astralsilber/schwarz	998717 Id 12.2.81
Andrew Cowan Klaus Kaiser	C 107 E 50-127	S – DP 1910	107 026 12 000 630	117 960 12 000 765	UL 05-300	astralsilber/schwarz	998721 Id 21.2.81
Ingvar Carlsson Claes Billstam	C 123 E 28-572	S – EC 1198	123 053 10 019 989	110 984 10 006 591		weiß	044946 Kd 22.7.81
Trainings- und Servicewagen	C 107 E 50-133	S – DV 9033	107 026 12 000 837	117 960 12 001 100	UL 05-269	astral silber/schwarz	043401 Id 8.10.81
Trainings- und Servicewagen	C 107 E 50-138	S – DY 6608	107 026 12 001 611	117 960 12 001 490	UL 05-265	astralsilber/schwarz	285565 Kd 22.6.81

Ersatzmotor
UL 05-297

Teilnahmeliste für die Bandama-Rallye 1980

Name der Fahrer	Interne Nr.	Polizei-Nr.	Fahrgestell-Nr.	Motor-Nr.	Interne Motor-Nr.	Farbe	Carnet-Nr.
Vic Preston Claes Billstam	C 107 E 50-125	S – DP 1908	107 026 12 000 628	117 960 12 000 763	UL 05-326	astralsilber/schwarz	956713 Id
Jorge Recalde Nestor Straimel	C 107 E 50-136	S – DX 6083	107 026 12 001 471	117 960 12 001 489	UL 05-298	astralsilber/schwarz	285355 Kd
Andrew Cowan Klaus Kaiser	C 107 E 50-137	S – DY 6607	107 026 12 001 612	117 960 12 001 491	UL 05-325	astralsilber/schwarz	306821 Kd
Hannu Mikkola Arne Hertz	C 107 E 50-140	S – EH 1418	107 026 12 001 993	117 960 12 002 577	UL 05-324	astralsilber/schwarz	285369 Kd
Björn Waldegaard Hans Thorszelius	C 107 E 50-148	S – EH 1420	107 026 12 002 128	117 960 12 002 580	UL 05-303	astralsilber/schwarz	285768 Kd
Anthony Fowkes Ziegler	C 107 E 50-135	S – DX 6082	107 026 12 001 472	117 960 12 001 488	UL 05-249	astralsilber/schwarz	285356 Kd
Erich Waxenberger Christian Geistdörfer	R 107 E 50-142	S – EH 1419	107 046 12 000 291	117 960 12 002 579	UL 05-299	astralsilber/schwarz	285370 Kd

Produktionszahlen der Baureihen R/C 107

	1970/71	1972	1973	1974	1975	1976	1977	1978	1979	1980	1981	1982	1983	1984	1985	1986	1987	1988	1989	Total
280 SL				297	1020	1099	1347	1536	2155	2429	2628	3165	3393	3529	2838	–	–	–	–	25.436
300 SL					–	–	–	–	–	–	–	–	–	–	1356	4331	3261	2746	2048	13.742
350 SL	3/4802	4778	1647	574	390	540	650	743	934	243	–	–	–	–	–	–	–	–	–	15.304
380 SL					–	–	–	–	–	3347	9470	9926	11.198	11.115	8144	–	–	–	–	53.200
420 SL					–	–	–	–	–	–	–	–	–	–	215	1003	479	325	126	2148
450 SL	–/2131	7473	8654	6093	6011	6625	8110	7434	8184	5583	–	–	–	–	–	–	–	–	–	66.298
500 SL					–	–	–	–	–	501	899	1297	1563	1793	2719	1192	768	739	341	11.812
560 SL					–	–	–	–	–	–	–	–	–	–	3907	13.788	14.770	11.531	5351	49.347
Total	3/6933	12.251	10.301	6964	7421	8264	10.107	9713	11.273	12.103	12.997	14.388	16.154	16.437	19.179	20.314	19.278	15.341	7865	
280 SLC	–	–	–	300	1312	1508	1624	1534	1741	1510	1118									10.656
350 SLC	6	5562	3750	864	589	671	822	807	775	79	–									13.925
380 SLC ab 3/80		–	–	–	–	–	–	–	–	1737	2052									3789
450 SLC		700	5594	2961	2993	3802	4569	4382	4510	2228	–									31.739
450 SLC 5.0					–	–	9	524	937	145	–									1615
500 SLC ab 3/80					–	–	–	–	–	671	483									1154
Total	6	6262	9344	4125	4894	5981	7015	7256	7963	6370	3653									

Anteil der Sonderausführungen 1988:

Lederausstallung	93 %
Fensterheber elektrisch/300 + 420 SL	92 %
Fahrer-Airbag	78 %
Klima-Automatik	78 %
Fondsitze (560 SL Serie)	62 %
Metallic-Lackierung	50 %
Scheinwerferwaschanlage	13 %
Klimaanlage	6 %

Zulassungszahlen Bundesrepublik Deutschland R/C 107, soweit differenziert erfasst

	1971	1972	1973	1974	1975	1976	1977	1978	1979	1980	1981	1982	1983	1984	1985	1986	1987	1988	1989	Total	Deutscher Anteil in %	Bestände in Deutschland 1989	1990
280 SL	–	–	–	160	805	789	977	1269	1687	1898	1812	1931	2271	2217	1867	8	1	–	–	17.692	69,55	10.902	10.603
300 SL	–	–	–	–	–	–	–	–	–	–	–	–	–	–	660	2766	2220	1500	1076	8222	59,83	7159	7075
350 SL			822	282	191	206	281	331	408	90	3	1	–	–	–	–	–	–	–	Auswertung wegen fehlen-der Angaben entfallen		3885	3679
380 SL	–	–	–	–	–	–	–	–	–	337	410	395	348	412	334	1	–	1	–	2238	4,2	1572	1532
420 SL	–	–	–	–	–	–	–	–	–	–	–	–	–	–	51	433	217	88	81	820	38,17	747	726
450 SL			530	246	231	235	285	316	368	76	1	–	–	–	–	–	–	–	–	4526	6,83	1015	971
500 SL	–	–	–	–	–	–	–	–	–	256	477	619	916	896	1123	881	508	335	164	6175	52,27	2309	2023
560 SL	–	–	–	–	–	–	–	–	–	–	–	–	–	–	–	–	3	–	1	4			
Total			1352	688	1227	1230	1543	1916	2464	2571	2703	2946	3535	3525	4035	4081	2949	1924	1272				
280 SLC		–	160	972	953	976	1106	1136	963	499	1									6766	63,49	4656	4525
350 SLC			2371	468	411	400	564	655	609	87	1	–								Auswertung wegen fehlender Angaben entfallen		3315	3049
380 SLC			–	–	–		–	–	8	414	260	2								684	18,05	459	450
450 SLC			1060	705	692	782	858	716	551	77	–	–								5441	17,14	2247	2130
450 SLC 5.0			–	–	–	–	–	345	679	–	–	–								1024	63,40	771	743
500 SLC			–	–	–	–	–	–	–	529	270	1								800	69,32	771	743
Total			3431	1333	2075	2135	2398	2822	2983	2070	1030	4										38.578	37.056

Exporte der Baureihe R/C 107 in die USA

	1971	1972	1973	1974	1975	1976	1977	1978	1979	1980	1981	1982	1983	1984	1985	1986	1987	1988	1989	1990	seit Baubeginn	Anteil an Ges.-Prod.
280 SLC	–	–	–	–	1	1	1	2	–	1	–										6	
350 SLC	–	5	2	2	–	–	1	1	–	–	–										11	
380 SLC									–	550	951	–									1501	39,61%
450 SLC	–	407	3347	1327	1540	1656	1860	1920	2009	1350	–										15.416	48,57%
500 SLC										1	3										4	
C 107 ZUS.	–	412	3349	1329	1541	1657	1862	1923	2009	1902	954	–									16.938	
280 SL	–	–	–	–	2	2	–	1	–	1	–	2	5	5	4	–					22	
300 SL														–	4	1	2	–			7	
350 SL	3	8	1	2	–	–	–	1	3	–	–										18	
380 SL									–	2225	7941	8337	9581	9441	6807	1	–				44.333	66,89%
420 SL														–	1	2	–				3	
450 SL	1963	6115	8138	5193	5610	5796	7215	6675	6729	5129	–										58.563	88,33%
500 SL										–	1	1	1	5	1	–					9	
560 SL														–	3645	12.984	13.995	10.684	4954	1	46.263	93,75%
R 107 ZUS.	1966	6123	8139	5195	5612	5798	7215	6677	6732	7355	7941	8340	9587	9447	10.466	12.989	13.997	10.684	4954	1	149.218	–
R/C 107 ZUS	1966	6535	11.488	6524	7153	7455	9077	8600	8741	9257	8895	8340	9587	9447	10.466	12.989	13.997	10.684	4954	1	166.156	–

Entwicklung der Verkaufspreise der Baureihen R/C 107

Preisliste		280 SL	350 SL	380 SL	420 SL	450 SL	500 SL	380 SLC	350 SLC	380 SLC	450 SLC	450 SLC bis 500 SLC	MwSt.
April	6/71	–	29.970,-	–	–	–	–	–	33.688,50	–	–	–	11 %
Oktober	7/71	–	29.970,-	–	–	–	–	–	35.631,-	–	–	–	
14.1.	8/72	–	31.413,-	–	–	–	–	–	–	–	–	–	
2.5.	9/72	–	31.413,-	–	–	–	–	–	–	–	–	–	
15.9.	10/72	–	31.413,-	–	–	–	–	–	37.296,-	–	–	–	
5.3.	11/73	–	32.911,50	–	–	36.630,-	–	–	37.296,-	–	41.014,50	–	
6.8.	12/73	–	32.911,50	–	–	36.630,-	–	–	38.972,10	–	41.014,50	–	
11.2.	13/74	–	34.398,90	–	–	38.283,90	–	–	40.614,90	–	42.857,10	–	
24.6.	14/74	32.445,30	35.841,90	–	–	39.893,40	–	37.218,30	42.968,10	–	44.666,40	–	
10.2.	15/75	34.332,30	37.917,60	–	–	42.213,30	–	39.382,80	42.968,10	–	47.263,80	–	
28.1.	16/76	34.332,30	37.917,60	–	–	42.213,30	–	39.382,80	44.910,60	–	47.263,80	–	
14.2.	17/77	34.332,30	39.360,60	–	–	42.213,30	–	41.169,90	44.910,60	–	49.406,10	–	
17.3.	18/77	34.332,30	39.360,60	–	–	43.856,10	–	41.169,90	44.910,60	–	49.406,10	–	
15.9.	19/77	34.332,30	39.360,60	–	–	43.856,10	–	41.169,90	45.315,20	–	49.406,10	58.841,10	
2.1.	20/78	35.940,80	39.715,20	–	–	43.856,10	–	41.540,80	47.555,20	–	49.851,20	59.371,20	12 %
24.4.	21/78	37.150,40	41.104,-	–	–	44.251,20	–	43.601,60	47.555,20	–	52.292,80	62.672,-	
1.8.	22/78	37.150,40	41.104,-	–	–	45.841,60	–	43.601,60	48.496,-	–	52.292,80	62.672,-	
18.12.	23/78	37.912,-	41.944,-	–	–	45.841,60	–	44.464,-	48.496,-	–	53.312,-	63.504,-	
1.2.	24/79	37.912,-	41.944,-	–	–	46.760,-	–	44.464,-	48.692,-	–	53.312,-	63.504,-	
2.5.	25/79	37.912,-	41.944,-	–	–	46.760,-	–	44.660,-	49.126,75	–	53.508,-	63.700,-	
1.7.	26/79	38.250,50	42.318,50	–	–	46.760,-	–	45.058,75	50.081,60	–	53.985,75	64.268,75	13 %
16.7.	27/79	38.996,30	43.143,40	–	–	47.177,50	–	45.934,50	–	57.743,-	55.031,-	65.517,40	
13.9.	28/79	44.522,-	–	54.014,-	–	48.092,80	61.924,-	48.155,-	–	57.743,-	–	67.122,-	
24.3.	29/80	44.522,-	–	54.014,-	–	–	61.924,-	48.155,-	–	57.743,-	–	67.122,-	
9.6.	30/80	44.522,-	–	54.014,-	–	–	61.924,-	48.155,-	–	58.827,80	–	67.122,-	
4.8.	31/80	45.358,20	–	55.031,-	–	–	63.087,90	50.081,60	–	60.850,50	–	68.365,-	
20.7.	32/80	46.917,60	–	56.918,10	–	–	65.257,50	51.799,20				70.715,40	
4.9.	33/81	48.567,40	–	57.946,40	–	–	66.285,80						
4.1.	34/82	49.900,80	–	59.539,70	–	–	68.105,10						
26.7.	35/82	51.417,50	–	61.415,50	–	–	70.265,-						
1.9.	36/82	51.867,-	–	61.811,-	–	–	70.265,-						
8.12.	37/82	51.867,-	–	61.811,-	–	–	70.265,-						
1.7.	38/83	52.326,-	–	62.358,-	–	–	71.250,-						
15.8.	39/83	54.001,80	–	64.353,-	–	–	73.530,-						14 %
15.9.	40/83	54.001,80	–	64.353,-	–	–	73.530,-						
2.1.	41/84	55.404,-	–	66.063,-	–	–	75.468,-						
3.9.	42/84	57.000,-	–	68.571,-	–	–	78.261,-						
10.12.	43/84	57.000,-	–	71.517,90	–	–	81.207,90						
15.4.	44/85	58.995,-	–	74.043,-	–	–	84.075,-						
		300 SL											
12.9.	45/85	63.441,-	–	–	80.826,-	–	89.091,-						
16.12.	46/85	64.581,-	–	–	82.308,-	–	90.744,-						
1.9.	47/86	69.255,-	–	–	84.702,-	–	93.138,-						
2.3.	48/87	69.255,-	–	–	84.702,-	–	93.138,-						
1.6.	49/87	71.205,-	–	–	87.153,-	–	95.817,-						
11.9.	50/87	71.205,-	–	–	87.153,-	–	95.817,-						
1.2.	51/88	72.960,-	–	–	89.262,-	–	98.057,-						
1.9.	52/88	73.302,-	–	–	89.604,-	–	98.439,-						
13.2.	53/89	75.126,-	–	–	91.827,-	–	100.890,-						

Typ 350 SL

Sonderausstattungen

Preise verstehen sich nur für Einbau im Werk Sindelfingen

Erläuterungen der Zeichen
x = lieferbar
s = serienmäßig ohne Mehrpreis, Code darf nicht vorgeschrieben werden
oM = ohne Mehrpreis
N = Einbau nur nachträglich bei Niederlassung bzw. Vertretung
— = ungültig, nicht baubar

Benennung	Code	Verkaufsbezeichnung (Baumusterbezeichnung) 350 SL (107.043)						Listenpreis ohne Umsatzsteuer	Kaufpreis einschließlich 11% Umsatzsteuer
Antenne autom. (bei Radioeinbau)	53/1	x						225.—	**249.75**
autom. (ohne Radioeinbau)	53/2	x						275.—	**305.25**
mechanisch (ohne Radioeinbau)	53/4	x						50.—	**55.50**
Aufbewahrungsbehälter für Coupédach oder Roadsterverdeck	319	x						255.—	**283.05**
Ausgleichgetriebe mit begrenztem Schlupf	256	x						195.—	**216.45**
Coupédach montiert	41/6	x						1315.—	**1459.65**
lose	41/4	x						1315.—	**1459.65**
Entstörung (für nachträglich Radio und Funk)	—	s						—	—
Fahrersitz orthopädisch links	40/4	x						50.—	**55.50**
Fahrersitz orthopädisch rechts	40/5	x						50.—	**55.50**
Feuerlöscher montiert	68/2	x						40.—	**44.40**
Fondsitze (2 Kindersitze) anstelle Gepäckablage									
Stoff		x						255.—	**283.05**
MB-Tex		x						255.—	**283.05**
Leder		x						415.—	**460.65**
Getriebe MB-Automatik, Mittelschaltung	42/0	x						1300.—	**1443.—**
mechanisch, Mittelschaltung	—	s						—	—
Handschuhkastenschloß	—	s						—	—
Handschuhkasten beleuchtet	—	s						—	—
Heckscheibe elektrisch heizbar (Verbundglas)	248	x						240.—	**266.40**
Koffer									
Koffersatz 5teilig (3 Wäschekoffer mittel, 1 Hutkoffer, 1 Necessairekoffer)	284	x						465.—	**516.15**
Koffersatz 3teilig (1 Kleiderkoffer, 2 Wäschekoffer mittel)	280	x						335.—	**371.85**
Koffersatz 3teilig [1] (1 Wäschekoffer mittel, 1 Wäschekoffer klein, 1 Necessairekoffer)	281	x						325.—	**360.75**
Einzelkoffer									
Kleiderkoffer	291	x						115.—	**127.65**
Wäschekoffer mittel	292	x						95.—	**105.45**
Wäschekoffer klein	293	x						90.—	**99.90**
Hutkoffer	294	x						60.—	**66.60**
Necessairekoffer	295	x						90.—	**99.90**
Halteriemen aus Leder mit Befestigungsmaterial und Montage (auch ohne Koffer erhältlich)	297	x						30.—	**33.30**
für Koffer im Fond	298	x						50.—	**55.50**
Kopfstütze vorn links, Stoff	57/2	x						60.—	**66.60**
MB-Tex	57/2	x						70.—	**77.70**
Leder	57/2	x						90.—	**99.90**
Kopfstütze vorn rechts, Stoff	57/1	x						60.—	**66.60**
MB-Tex	57/1	x						70.—	**77.70**
Leder	57/1	x						90.—	**99.90**

[1] Im Fond.
[2] Nur gültig bei Roadster mit Coupédach.

Pkw Nachtr. 4 / April 1971

(Änderungen vorbehalten)

4

Sonderausstattungen

Typ 350 SL

Preise verstehen sich nur für Einbau im Werk Sindelfingen

Erläuterungen der Zeichen
x = lieferbar
s = serienmäßig ohne Mehrpreis, Code darf nicht vorgeschrieben werden
oM = ohne Mehrpreis
N = Einbau nur nachträglich bei Niederlassung bzw. Vertretung
— = ungültig, nicht baubar

Benennung	Code	Verkaufsbezeichnung (Baumusterbezeichnung) 350 SL (107.043)	Listenpreis ohne Umsatzsteuer	Kaufpreis einschließlich 11% Umsatzsteuer
Kühlanlage (einschl. Lüfterkupplung)	58/0	x	1890.—	**2097.90**
Lackierung (gemäß Musterkarte)				
Sonderlackierung 1farbig		oM	—	**—**
Sonderlackierung 2farbig		oM	—	**—**
Metallic 1farbig		x	535.—	**593.85**
Metallic-Coupédach		x	200.—	**222.—**
Leichtmetallräder (5 Stück) (mit Gürtelreifen)	64/0	x	1200.—	**1332.—**
Lüfterkupplung Viscose		s	—	**—**
Nebelschlußleuchte		s	—	**—**
Polsterung Stoff		oM	—	**—**
MB-Tex		s	—	**—**
Leder		x	945.—	**1048.95**
Radio Becker Europa LMKU)	51/4	x	445.—	**493.95**
Grand Prix (LMKU)	51/6	x	600.—	**666.—**
Mexico Cassette Stereo (MU) Rundfunkempf. Mono Stereofonie über Cassette	51/0	x	980.—	**1087.80**
Europa Stereo (LMKU)	51/8	x	715.—	**793.65**
Radio anderer Fabrikate		**N**	—	**—**
Reifen Gürtelreifen 5fach (schwarz)		s	—	**—**
Schonbezug		**N**	—	**—**
Servolenkung MB		s	—	**—**
Sicherheitsgurte vorn (2 Stück) Automatik	43/8	x	120.—	**133.20**
Skihalter	289	x	210.—	**233.10**
Tankschloß		oM	—	**—**
Verbandskasten montiert	63/1	x	25.—	**27.75**
Verbundglas Frontscheibe		s	—	**—**
Wärmedämmendes Glas				
rundum [1])	59/7	x[2])	120.—	**133.20**
Front- [1]) und Seitenscheiben	59/4	x	95.—	**105.45**
rundum [1]) mit heizbarer Heckscheibe [3])	59/4 u. 249	x[2])	415.—	**460.65**
Zentralverriegelung	46/6	x	185.—	**205.35**

[1]) Frontscheibe Verbundglas. **[2]) Nur gültig bei Roadster mit Coupédach.**
[3]) Verbundglas.

(Änderungen vorbehalten)

(Änderungen vorbehalten) 11 Pkw Nachtr. 4 / April 1971

Stoff-Polsterung		Typ 350 SL Roadster Baumuster 107.043					Bl. 1
		Code-Nummern					
Teilbenennung	Werkstoff	061	062	063	064	065	
Sitzbezüge Mitte Türbelag Mitte	Stoff	9008 schwarz	5023 blau	8111 mahagoni	8112 beige	8113 pergament	
Seitenbacken und Boden der Fahrersitze	MB-Tex	9007 schwarz	5020 blau	8100 mahagoni	8103 beige	8115 pergament	
Türbelag oben und unten Instrumententafel Unterteil	Plastic	9007 schwarz	5020 blau	8100 mahagoni	8103 beige	8115 pergament	
Instrumententafel Oberteil	Plastic	7059 d'grau	5020 blau	8104 braun	8106 braunbeige	8116 graubeige	
Bodenbelag	Tufting-Teppich	7062 anthrazit	5022 blau	8107 braun	8109 beige	8110 pergament	
Himmel Coupedach	MB-Tex	9002 weiß	9002 weiß	8038 bambus hell	8036 creme	8036 creme	
Lackierungen: Lackierung Coupe Dach/Verdeck Lackierung UT		304/740 304 717/740 717 050/740 050 568/740 568	304/744 304 050/744 050 903/744 903 903/743 903 717/744 717	050/740 050 181/746 181 717/740 717	903/744 903 050/746 050 181/746 181 291/743 291 291/740 291	304/744 304 903/743 903 903/744 903 291/740 291 291/743 291 568/740 568 568/743 568	
Metallic-Lackierungen: (Nur auf besonderen Wunsch des Kunden und gegen Mehrpreis)		180/740 180 467/740 467 906/744 906 906/740 906 571/740 571	180/744 180 906/744 906	467/740 467	387/744 387 571/743 571 834/740 834 834/743 834	387/744 387 387/743 387 571/740 571 571/743 571 906/744 906 906/743 906 467/743 467 467/740 467 834/743 834 834/740 834	
Zweifarbige Kombinationen: Lackierung Coupe-Dach Lackierung UT		040/050 040/717 040/568 040/903	040/050 904/304 904/906 904/717	423/181 460/467	040/568 423/181 040/571	040/568 040/903 040/571 904/304 040/834 904/906	

Verdeckstoffe					
	Code	740	743	744	746
	Gummi-Stoff	9001 schwarz	8021 *) pergament	5010 d'blau	8023 d'braun

*) Der Verdeckstoff 8021 pergament ist schmutzanfälliger und erhöht pflegebedürftig

Lackierungen

040 schwarz
050 weiß
124 arabergrau
158 weißgrau
173 anthrazitgrau
181 hellbeige
268 dunkelgrün
291 dunkelolive
304 horizontblau
350 mittelblau
423 tabakbraun
542 dunkelrot
568 signalrot
576 rot
670 hellelfenbein
717 papyrusweiß
726 beigegrau
903 blau
904 dunkelblau

Metallic-Lackierungen

172 anthrazitgrau
180 silbergrau
387 blau
396 mittelblau
461 bronzebraun
462 beige
467 sandbeige
571 rot
728 beigegrau
834 moosgrün
906 graublau

KW/Ausstattungen I/71

Pkw Nachtr. 4 / April 1971 12 (Änderungen vorbehalten)

MB-Tex-Polsterung		Typ 350 SL Roadster Baumuster 107.043				Bl. 1
		Code-Nummern				
Teilbenennung	Werkstoff	161	162	163	164	
Sitzbezug Mitte	MB-Tex perf	7059 d'grau	5020 blau	8104 braun	8106 braunbeige	
Seitenbacken und Boden der Fahrersitze	MB-Tex	9007 schwarz	5020 blau	8100 mahagoni	8103 beige	
Türbelag Mitte Instrumententafel Oberteil	Plastic	7059 d'grau	5020 blau	8104 braun	8106 braunbeige	
Türbelag oben und unten Instrumententafel Unterteil	Plastic	9007 schwarz	5020 blau	8100 mahagoni	8103 beige	
Bodenbelag	Tufting-Teppich	7062 anthrazit	5022 blau	8107 braun	8109 beige	
Himmel Coupedach	MB-Tex	9002 weiß	9002 weiß	8038 bambus hell	8036 creme	
Lackierungen: Lackierung Coupe Dach/Verdeck Lackierung UT		304/740 304 717/740 717 050/740 050 568/740 568	304/744 304 050/744 050 903/744 903 903/743 903 717/744 717	050/740 050 181/746 181 717/740 717	903/744 903 050/746 050 181/746 181 291/743 291 291/740 291	
Metallic-Lackierungen: (Nur auf besonderen Wunsch des Kunden und gegen Mehrpreis)		180/740 180 467/740 467 906/744 906 906/740 906 571/740 571	180/744 180 906/744 906	467/740 467	387/744 387 571/740 571 571/743 571 834/740 834 834/743 834	
Zweifarbige Kombinationen: Lackierung Coupe-Dach Lackierung UT		040/050 040/903 040/568 040/717	040/050 904/304 904/717 904/906	423/181 460/467	040/568 040/571 423/181	

Verdeckstoffe					
	Code	740	743	744	746
	Gummi-Stoff	9001 schwarz	8021 *) pergament	5010 d'blau	8023 d'braun

*) Der Verdeckstoff 8021 pergament ist schmutzanfälliger und erhöht pflegebedürftig.

Lackierungen

040 schwarz
050 weiß
124 arabergrau
158 weißgrau
173 anthrazitgrau
181 hellbeige
268 dunkelgrün
291 dunkelolive
304 horizontblau
350 mittelblau
423 tabakbraun
542 dunkelrot
576 rot
670 hellelfenbein
717 papyrusweiß
726 beigegrau
903 blau
904 dunkelblau

Metallic-Lackierungen

172 anthrazitgrau
180 silbergrau
387 blau
396 mittelblau
461 bronzebraun
462 beige
467 sandbeige
571 rot
728 beigegrau
834 moosgrün
906 graublau

KW/Ausstattungen I/71

(Änderungen vorbehalten)

13

Pkw Nachtr. 4 / April 1971

MB-Tex-Polsterung — Typ 350 SL Roadster, Baumuster 107.043 — Bl. 2

Teilbenennung	Werkstoff	Code-Nummern 165	166	167	168
Sitzbezug Mitte	MB-Tex perf	8116 graubeige	6029 d'olivgrun	8105 hellbraun	3031 d'rot
Seitenbacken und Boden der Fahrersitze	MB-Tex	8115 pergament	6028 olivgrun	8102 bambus	3030 rot
Turbelag Mitte Instrumententafel Oberteil	Plastic	8116 graubeige	6029 d'olivgrun	8105 hellbraun	3031 d'rot
Turbelag oben und unten Instrumententafel Unterteil	Plastic	8115 pergament	6028 olivgrun	8102 bambus	3030 rot
Bodenbelag	Tufting-Teppich	8110 pergament	6030 olivgrun	8108 bambus	3032 rot
Himmel Coupedach	MB-Tex	8036 creme	8036 creme	8038 bambus hell	9002 weiß
Lackierungen: Lackierung Coupe Dach/Verdeck / Lackierung UT		$\frac{304/744}{304}$ $\frac{903/740}{903}$ $\frac{903/744}{903}$ $\frac{291/740}{291}$ $\frac{291/743}{291}$ $\frac{568/740}{568}$ $\frac{568/743}{568}$	$\frac{717/740}{717}$ $\frac{050/740}{050}$ $\frac{291/740}{291}$	$\frac{291/743}{291}$ $\frac{291/740}{291}$ $\frac{903/744}{903}$ $\frac{050/746}{050}$ $\frac{181/746}{181}$	$\frac{717/740}{717}$ $\frac{050/740}{050}$ $\frac{181/740}{181}$
Metallic-Lackierungen: (Nur auf besonderen Wunsch des Kunden und gegen Mehrpreis)		$\frac{387/744}{387}$ $\frac{387/743}{387}$ $\frac{571/740}{571}$ $\frac{571/743}{571}$ $\frac{906/744}{906}$ $\frac{906/743}{906}$ $\frac{467/743}{467}$ $\frac{467/740}{467}$ $\frac{834/743}{834}$ $\frac{834/740}{834}$	$\frac{180/740}{180}$ $\frac{467/740}{467}$ $\frac{834/740}{834}$	$\frac{571/743}{571}$ $\frac{571/740}{571}$ $\frac{834/743}{834}$ $\frac{834/740}{834}$ $\frac{387/743}{387}$ $\frac{387/744}{387}$	$\frac{180/740}{180}$
Zweifarbige Kombinationen: Lackierung Coupe-Dach / Lackierung UT		$\frac{040}{568}$ $\frac{040}{903}$ $\frac{040}{571}$ $\frac{904}{304}$ $\frac{040}{834}$ $\frac{904}{906}$	$\frac{040}{834}$ $\frac{460}{467}$	$\frac{040}{571}$ $\frac{040}{834}$ $\frac{423}{181}$	$\frac{040}{050}$ $\frac{040}{717}$

Verdeckstoffe	Code	740	743	744	746
	Gummi-Stoff	9001 schwarz	8021 *) pergament	5010 d'blau	8023 d'braun

*) Der Verdeckstoff 8021 pergament ist schmutzanfalliger und erhoht pflegebedurftig.

Lackierungen:
040 schwarz, 050 weiß, 124 arabergrau, 158 weißgrau, 173 anthrazitgrau, 181 hellbeige, 268 dunkelgrun, 291 dunkelolive, 304 horizontblau, 350 mittelblau, 423 tabakbraun, 542 dunkelrot, 576 rot, 670 hellelfenbein, 717 papyrusweiß, 726 beigegrau, 903 blau, 904 dunkelblau

Metallic-Lackierungen:
172 anthrazitgrau, 180 silbergrau, 387 blau, 396 mittelblau, 461 bronzebraun, 462 beige, 467 sandbeige, 571 rot, 728 beigegrau, 834 moosgrun, 906 graublau

KW/Ausstattungen 1/71

Pkw Nachtr. 4 / April 1971

14

Leder-Polsterung — Typ 350 SL Roadster, Baumuster 107.043 — Bl. 1

Teilbenennung	Werkstoff	Code-Nummern 261	262	263	264
Sitzbezug Mitte	Leder perf.	7059 d'grau	5020 blau	8104 braun	8106 braunbeige
Verkleidung Fahrerlehne Seitenbacken und Boden der Fahrersitze	Leder	9007 schwarz	5020 blau	8100 mahagoni	8103 beige
Turbelag Mitte, Instrumententafel Oberteil	Plastic	7059 d'grau	5020 blau	8104 braun	8106 braunbeige
Turbelag oben und unten Instrumententafel Unterteil	Plastic	9007 schwarz	5020 blau	8100 mahagoni	8103 beige
Bodenbelag	Tufting-Teppich	7062 anthrazit	5022 blau	8107 braun	8109 beige
Himmel Coupedach	MB-Tex	9002 weiß	9002 weiß	8038 bambus hell	8036 creme
Lackierungen: Lackierung Coupe Dach/Verdeck / Lackierung UT		$\frac{304/740}{304}$ $\frac{717/740}{717}$ $\frac{050/740}{050}$ $\frac{568/740}{568}$	$\frac{304/744}{304}$ $\frac{050/744}{050}$ $\frac{903/744}{903}$ $\frac{903/743}{903}$ $\frac{717/744}{717}$	$\frac{050/740}{050}$ $\frac{181/746}{181}$ $\frac{717/740}{717}$	$\frac{903/744}{903}$ $\frac{050/746}{050}$ $\frac{181/746}{181}$ $\frac{291/743}{291}$ $\frac{291/740}{291}$
Metallic-Lackierungen: (Nur auf besonderen Wunsch des Kunden und gegen Mehrpreis)		$\frac{180/740}{180}$ $\frac{467/740}{467}$ $\frac{906/744}{906}$ $\frac{906/740}{906}$ $\frac{571/740}{571}$	$\frac{180/744}{180}$ $\frac{906/744}{906}$	$\frac{467/740}{467}$	$\frac{387/744}{387}$ $\frac{571/740}{571}$ $\frac{571/743}{571}$ $\frac{834/740}{834}$ $\frac{834/743}{834}$
Zweifarbige Kombinationen: Lackierung Coupe-Dach / Lackierung UT		$\frac{040}{050}$ $\frac{040}{903}$ $\frac{040}{568}$ $\frac{040}{717}$	$\frac{040}{050}$ $\frac{904}{304}$ $\frac{904}{717}$ $\frac{904}{906}$	$\frac{423}{181}$ $\frac{460}{467}$	$\frac{040}{568}$ $\frac{040}{571}$ $\frac{423}{181}$

Verdeckstoffe	Code	740	743	744	746
	Gummi-Stoff	9001 schwarz	8021 *) pergament	5010 d'blau	8023 d'braun

*) Der Verdeckstoff 8021 pergament ist schmutzanfälliger und erhoht pflegebedurftig

Lackierungen:
040 schwarz, 050 weiß, 124 arabergrau, 158 weißgrau, 173 anthrazitgrau, 181 hellbeige, 268 dunkelgrun, 291 dunkelolive, 304 horizontblau, 350 mittelblau, 423 tabakbraun, 542 dunkelrot, 568 signalrot, 576 rot, 670 hellelfenbein, 717 papyrusweiß, 726 beigegrau, 903 blau, 904 dunkelblau

Metallic-Lackierungen:
172 anthrazitgrau, 180 silbergrau, 387 blau, 396 mittelblau, 461 bronzebraun, 462 beige, 467 sandbeige, 571 rot, 728 beigegrau, 834 moosgrün, 906 graublau

KW/Ausstattungen 1/71

(Änderungen vorbehalten)

(Änderungen vorbehalten)

15

Leder-Polsterung — Typ 350 SL Roadster, Baumuster 107.043 — Bl. 2

Code-Nummern

Teilbenennung	Werkstoff	265	266	267	268
Sitzbezug Mitte	Leder perf.	8116 graubeige	6029 d'olivgrün	8105 hellbraun	3031 d'rot
Verkleidung Fahrerlehne Seitenbacken und Boden der Fahrersitze	Leder	8115 pergament	6028 olive	8102 bambus	3030 rot
Türbelag Mitte, Instrumententafel Oberteil	Plastic	8116 graubeige	6029 d'olivgrün	8105 hellbraun	3031 d'rot
Türbelag oben und unten Instrumententafel Unterteil	Plastic	8115 pergament	6028 olive	8102 bambus	3030 ot
Bodenbelag	Tufting-Teppich	8110 pergament	6030 olive	8108 bambus	3032 rot
Himmel Coupedach	MB-Tex	8036 creme	8036 creme	8038 bambus hell	9002 weiß
Lackierungen: Lackierung Coupe Dach/Verdeck / Lackierung UT		$\frac{304/744}{304}$ $\frac{903/744}{903}$ $\frac{291/740}{291}$ $\frac{291/743}{291}$ $\frac{568/740}{568}$ $\frac{568/743}{568}$	$\frac{717/740}{717}$ $\frac{050/740}{050}$ $\frac{291/740}{291}$	$\frac{291/743}{291}$ $\frac{291/740}{291}$ $\frac{903/744}{903}$ $\frac{050/746}{050}$ $\frac{181/746}{181}$	$\frac{717/740}{717}$ $\frac{050/740}{050}$ $\frac{181/740}{181}$
Metallic-Lackierungen: (Nur auf besonderen Wunsch des Kunden und gegen Mehrpreis)		$\frac{387/744}{387}$ $\frac{387/743}{387}$ $\frac{571/740}{571}$ $\frac{571/743}{571}$ $\frac{906/744}{906}$ $\frac{906/743}{906}$ $\frac{467/743}{467}$ $\frac{467/740}{467}$ $\frac{834/743}{834}$ $\frac{834/740}{834}$	$\frac{180/740}{180}$ $\frac{467/740}{467}$ $\frac{834/740}{834}$	$\frac{571/743}{571}$ $\frac{571/740}{571}$ $\frac{834/743}{834}$ $\frac{834/740}{834}$ $\frac{387/743}{387}$ $\frac{387/744}{387}$	$\frac{180/740}{180}$
Zweifarbige Kombinationen: Lackierung Coupe-Dach / Lackierung UT		$\frac{040}{568}$ $\frac{040}{903}$ $\frac{040}{571}$ $\frac{904}{304}$ $\frac{040}{834}$ $\frac{904}{906}$	$\frac{040}{834}$	$\frac{040}{571}$ $\frac{040}{834}$ $\frac{423}{181}$	$\frac{040}{050}$ $\frac{040}{717}$

Verdeckstoffe					
Code		740	743	744	746
Gummi Stoff		9001 schwarz	8021 *) pergament	5010 d'blau	8023 d'braun

*) Der Verdeckstoff 8021 pergament ist schmutzanfälliger und erhöht pflegebedürftig

Code	Lackierungen
040	schwarz
050	weiß
124	arabergrau
158	weißgrau
173	anthrazitgrau
181	hellbeige
268	dunkelgrün
291	dunkelolive
304	horizontblau
350	mittelblau
423	tabakbraun
542	dunkelrot
568	signalrot
576	rot
670	hellelfenbein
717	papyrusweiß
726	beigegrau
903	blau
904	dunkelblau
Code	**Metallic-Lackierungen**
172	anthrazitgrau
180	silbergrau
387	blau
396	mittelblau
461	bronzebraun
462	beige
467	sandbeige
571	rot
728	beigegrau
834	moosgrün
906	graublau

Pkw Nachr. 4 / April 1971

KW/Ausstattungen I/71

Serienausstattung

280 SL 350 SL 450 SL

Bm R 107

Benennung	Baumuster, Typ 042 280 SL	043 350 SL	044 450 SL
Technik			
Drehzahlmesser	s	s	s
Entstörung Radio	SA	s	s
Getriebe automatisch	SA	SA	s
mechanisch 4-Gang	s	s	—
Mittelschaltung	s	s	s
Halogen (Fern-, Abblend-, Nebellicht)	s	s	s
Lenkungsstoßdämpfer	s	s	s
Lüfterkupplung	s	s	s
Nebelscheinwerfer	s	s	s
Nebelschlußleuchte	s	s	s
Ölkühler	s	s	s
Reifen 185 HR 14	s	—	—
205/70 VR 14	—	s	s
Felgen 6½ J ×14 H 2–B	s	s	s
Zweikreisbremse	s	s	s
Scheibenbremsen vorn	s	s	s
hinten	s	s	s
Servolenkung	s	s	s
Sicherheitslenksäule	s	s	s
Stabilisator	s	s	s
Stoßdämpfer	s	s	s
Anlasser 1 kW (1,4 PS) 12 V	s	s	s
Batterie 12 V/55 Ah	s	—	—
12 V/66 Ah	—	s	s
Lichtmaschine 14 V/55 A	s	s	s
Spannung der Verbraucher 12 Volt	s	s	s

Zeichenerklärung
s = serienmäßig
SA = als Sonderausstattung lieferbar
— = nicht möglich bzw. nicht vorgesehen

Sonderausstattungen 280 SL, 350 SL, 450 SL

280 SL 350 SL 450 SL

Bm R 107

Benennung		Code	Baumuster, Typ 042 280 SL	043 350 SL	044 450 SL	Kaufpreis einschl. 11 % USt. DM	Listenpreis ohne USt. DM
Anhängevorrichtung mit festsitzendem Kugelhals 1200 kg Anhängelast [1])		55/0	x	x	x	482.85	435.—
Antenne	automatisch (bei Radioeinbau)	53/1	x	x	x	327.45	295.—
	automatisch (ohne Radioeinbau)	53/2	x	x	x	405.15	365.—
	mechanisch (ohne Radioeinbau)	53/4	x	x	x	77.70	70.—
Ausgleichsgetriebe mit begrenztem Schlupf		256	—	x	x	305.25	275.—
Außenspiegel rechts (von innen verstellbar)		50/2	x	x	x	99.90	90.—
Autotelefon und Zubehör	Becker AT 160 S (Selbstwählanl. Netz B)	350	x	x	x	14097.—	12700.—
	TeKaDe BSA 22 (Selbstwählanl. Netz B)	273	x	x	x	14874.—	13400.—
	Heckantenne (Netz B)	355	x	x	x	249.75	225.—
	Einbauteilesatz Becker AT 160 S	352	x	x	x	1620.60	1460.—
	Einbauteilesatz TeKaDe BSA 22	278	x	x	x	1620.60	1460.—
Coupédach montiert [4])		41/6	x	x	x	2297.70	2070.—
Entstörung (für nachträgl. Radio und FM-Funk)		53/3	x	s	s	94.35	85.—
Fensterheber	elektrisch 2fach	58/3	x	x	x	604.95	545.—
Feuerlöscher montiert		68/2	x	x	x	53.28	48.—
Fondsitze (2 Kindersitze) anstelle Gepäckablage	Stoff	56/5	x	x	x	510.60	460.—
	MB-Tex	56/5	x	x	x	510.60	460.—
	Leder	56/5	x	x	x	854.70	770.—
Getriebe automatisch Mittelschaltung		42/0	x	x	s	1776.—	1600.—

[1]) Ausnahmegenehmigung siehe Veröffentlichungen VP IN und ZKD
[4]) einschl. heizbarer Heckscheibe (Verbundglas)

Erläuterungen der Zeichen
x = als Sonderausstattung lieferbar
s = serienmäßig ohne Mehrpreis, Code darf nicht vorgeschrieben werden
oM = ohne Mehrpreis
N = Einbau nur nachträglich bei Niederlassung bzw. Vertretung
— = ungültig, nicht baubar

280 SL 350 SL
450 SL

Sonderausstattungen 280 SL, 350 SL, 450 SL

Bm R 107

Benennung		Code	Baumuster, Typ 042 280 SL	043 350 SL	044 450 SL	Kaufpreis einschl. 11 % USt. DM	Listenpreis ohne USt. DM	
Klimaanlage		58/0	x	x	x	2775.—	2500.—	
Koffersatz	4teilig	292	x	x	x	954.60	860.—	
(Aufgliederung siehe Seite 8)	3teilig (im Fond)	293	x	x	x	549.45	495.—	
Lackierung (gemäß Musterkarte)	Sonderlack 1farbig		oM	oM	oM	—	—	
	Metallic 1farbig		x	x	x	715.95	645.—	
	Metallic Coupédach		x	x	x	266.40	240.—	
Leichtmetallräder 5fach		64/0	x	x	x	1554.—	1400.—	
Polsterung (gemäß Musterkarte)	Stoff		oM	oM	oM	—	—	
	Leder [10])		x	x	x	1159.95	1045.—	
Radio Becker [11])	Europa (LMKU)	51/4	x	—	—	555.—	500.—	
			—	x	x	460.65	415.—	
	Europa-Kurier (LMKU) mit integriertem Verkehrsfunk-Decoder	257	x	—	—	621.60	560.—	
			—	x	x	527.25	475.—	
	Grand Prix (LMKU)	51/6	x	—	—	821.40	740.—	
			—	x	x	727.05	655.—	
	Monza Cassette-Stereo (LMU) Rundfunkempfang Mono; Stereo über Cassette	51/0	x	—	—	843.60	760.—	
			—	x	x	749.25	675.—	
	Monza Cassette-Kurier (LMU) mit integriertem Verkehrsfunk-Decoder Rundfunkempfang Mono; Stereo über Cassette	258	x	—	—	910.20	820.—	
			—	x	x	815.85	735.—	
	Mexico Cassette Voll-Stereo (MU)	51/1	x	—	—	1332.—	1200.—	
			—	x	x	1237.65	1115.—	x
andere Radio-Fabrikate			N	N	N	—	—	
Reifen	M+S-Haft-Gürtelreifen (4fach)	64/5	x	—	—	144.30	130.—	
			—	x	x	72.15	65.—	
Scheinwerferwischeranlage		60/0	x	x	x	432.90	390.—	

[10]) Leder nur für Sitz und Lehne, Türbelag in Kunststoff
[11]) einschließlich mechanischer Antenne, Entstörung und 2 Frontlautsprecher

Erläuterungen der Zeichen
x = als Sonderausstattung lieferbar
s = serienmäßig ohne Mehrpreis, Code darf nicht vorgeschrieben werden
oM = ohne Mehrpreis
N = Einbau nur nachträglich bei Niederlassung bzw. Vertretung
— = ungültig, nicht baubar

TYP 280 SL Roadster · 350 SL Roadster · 450 SL Roadster
BAUMUSTER 107.042 · 107.043 · 107.044

STOFF - POLSTERUNG

Teilbenennung	Werkstoff	Code-Nummern 001	002	003	004	005	006
Sitzbezug Mitte Türbelag Mitte	Polsterstoff	9026 schwarz	5048 blau	8218 tabak	8219 bambus	8220 pergament	6057 moos
Seitenbacken u. Böden der Sitze, Türbelag Instrumententafel UT	MB-Tex Folie	9007 schwarz	5045 blau	8261 tabak	8262 bambus	8263 pergament	6070 moos
Instrumententafel OT	Folie	9007 schwarz	5045 blau	8261 tabak	8262 bambus	8143 d. graubeige	6070 moos
Bodenbelag	Velours-Teppich	7088 d. anthrazit	5061 blau	8288 tabak	8289 bambus	8290 pergament	6076 moos
Himmel - Coupedach	MB-Tex perfor.	8227 cremgrau	8227 cremgrau	8038 bambus hell	8038 bambus hell	8227 cremgrau	8227 cremgrau

Lackierungen	Erkennbarkeit in %
Serienlackierungen	
040 schwarz	5
470 coloradobeige	39
504 englischrot	27
606 ahorngelb	61
737 classicweiss	86
867 kaledoniengrün	37
903 blau	8
922 pastellblau	43
Sonderlackierungen	
406 cayenneorange	45
424 topasbraun	10
516 mittelrot	23
568 signalrot	38
618 mimosengelb	56
623 hellelfenbein	77
624 gelb	70
673 saharagelb	50
740 pastellgrau	45
825 tiefgrün	6
870 nickelgrün	11
904 dunkelblau	4
Metallic-Lackierungen	
172 anthrazitgrau	
404 milanbraun	
419 ikonengold	
525 brillantrot	
735 astralsilber	
861 silbergrün	
874 citrusgrün	
876 zypressengrün	
906 graublau	
931 magnetitblau	

LACK- und POLSTERKOMBINATIONEN

siehe separates Blatt

Sitze: Vollpfeifen genäht

KW-Ausstattungen VI/77

TYP 280 SL Roadster · 350 SL Roadster · 450 SL Roadster
BAUMUSTER 107.042 · 107.043 · 107.044

MB - TEX - POLSTERUNG

Teilbenennung	Werkstoff	Code-Nummern 101	102	103	104	105	106	107
Sitzbezug Mitte Türbelag Mitte	MB-Tex perfor.	9007 schwarz	5045 blau	8261 tabak	8262 bambus	8263 pergament	6070 moos	3055 rot
Seitenbacken u. Böden d. Sitze, Türbeläge Instrumententafel UT	MB-Tex Folie	9007 schwarz	5045 blau	8261 tabak	8262 bambus	8263 pergament	6070 moos	3055 rot
Instrumententafel OT	Folie	9007 schwarz	5045 blau	8261 tabak	8262 bambus	8143 d. graubeige	6070 moos	3043 dunkelrot
Bodenbelag	Velours-Teppich	7088 d. anthrazit	5061 blau	8288 tabak	8289 bambus	8290 pergament	6076 moos	3066 rot
Himmel - Coupedach	MB-Tex perfor.	8227 cremgrau	8227 cremgrau	8038 bambus hell	8038 bambus hell	8227 cremgrau	8227 cremgrau	8227 cremgrau

LACK- und POLSTERKOMBINATIONEN

siehe separates Blatt

Sitze: Vollpfeifen genäht

Lackierungen siehe Blatt: STOFF - POLSTERUNG

KW-Ausstattungen VI/77

Ausstattungen
Lederpolsterung

280 SL 350 SL
450 SL
Bm R 107

TYP BAUMUSTER		280 SL Roadster 107.042		350 SL Roadster 107.043		450 SL Roadster 107.044		LEDER - POLSTERUNG
		Code-Nummern						
Teilbenennung	**Werkstoff**	201	202	203	204	205	206	207
Sitzbezug Mitte	Leder perforiert	9028 schwarz	5045 blau	8209 tabak	8210 bambus	8211 pergament	6054 moos	3055 rot
Seitenbacken und Böden der Sitze Verkleidung Fahrerl.	Leder glatt	9028 schwarz	5045 blau	8209 tabak	8210 bambus	8211 pergament	6054 moos	3055 rot
Instrumententafel OT	Folie	9007 schwarz	5045 blau	8261 tabak	8262 bambus	8143 d. graubeige	6070 moos	3043 dunkelrot
Instrumententafel UT Türbeläge	Folie	9007 schwarz	5045 blau	8261 tabak	8262 bambus	8263 pergament	6070 moos	3055 rot
Bodenbelag	Velours-Teppich	7088 d. anthrazit	5061 blau	8288 tabak	8289 bambus	8290 pergament	6076 moos	3046 rot
Himmel - Coupedach	MB-Tex perforiert	8227 cremgrau	8227 cremgrau	8038 bambus hell	8038 bambus hell	8227 cremgrau	8227 cremgrau	8227 cremgrau

LACK- und POLSTERKOMBINATIONEN

siehe separates Blatt

Sitze: Vollpfeifen genäht

Lackierungen siehe Blatt: STOFF-POLSTERUNG

KW-Ausstattungen VI/77

Ausstattungen
Lack- und Polsterkombinationen

280 SL 350 SL
450 SL
Bm R 107

TYP BAUMUSTER	280 SL Roadster 107.042	350 SL Roadster 107.043	450 SL Roadster 107.044		LACK- und POLSTERKOMBINATIONEN einfarbig		
	schwarz	blau	tabak	bambus	pergament	moos	rot
	001 101 201	002 102 202	003 103 203	004 104 204	005 105 205	006 106 206	107 207
Serien- und Sonderlackierungen empfohlen	406/740 470/740 504/740 568/740 606/740 618/740 623/740 624/740 673/740 737/740 740/740 867/740	737/744 740/744 922/744	406/746 424/746 470/746 606/746 623/746 737/746	040/740 516/740 623/746 737/746 825/740 870/746	040/740 424/746 504/746 516/740 568/740 825/740 903/744 904/744	606/740 618/740 737/740	040/740 568/740 737/740 740/740
möglich	922/740	623/744 904/744	040/740 740/746 922/744	406/746 424/746 470/746 504/746 568/740 606/746 740/740 867/746 903/744 904/744 922/744	406/740 618/740 673/740 870/740	040/740 623/740 825/740	516/740 623/740
Metallic-Lackierungen	419/740 525/740 735/740 861/740 874/740	735/744	404/746	876/746	172/740 404/746 525/740 906/744 931/744	419/740 874/740 876/740	172/740 735/740

Lackierung UT und Coupedach / Verdeck

KW-Ausstattungen VI/75

Ausstattungen Stoffpolsterung 280 SL, 380 SL, 500 SL

STOFFPOLSTERUNG

TYP BAUMUSTER	280 SL 107.042	380 SL 107.045	500 SL 107.046						
Teilbenennung	**Werkstoff**	**Code-Nummern 031**	**032**	**033**	**034**	**035**	**036**	**037**	**038**
Sitzbezug mitte Einsatz Türbelag	Polster-stoff	9052 schwarz	5077 blau	8313 brasil	8327 dattel	8338 creme	6088 olive	3077 siena	7104 grau
Seitenbacken seitl. Böden der Sitze	MB-Tex glatt	9045 schwarz	5070 blau	8310 brasil	8320 dattel	8330 creme	6080 olive	3070 siena	7095 grau
Türbelag Instrumententafel UT	Folie	9045 schwarz	5070 blau	8310 brasil	8320 dattel	8330 creme	6080 olive	3070 siena	7095 grau
Instrumententafel OT	Folie	9045 schwarz	5070 blau	8310 brasil	8317 d.braun	8317 d.braun	6087 d.olive	8317 d.braun	7102 d.grau
Holzteile	Edelholz-Furnier	ZEBRANO							
Himmel – Coupédach	MB-Tex	7103 silbergrau	7103 silbergrau	8319 bambus hell	8319 bambus hell	8337 beige	8337 beige	8319 bambus hell	7103 silbergrau
Bodenbelag Belag Kofferraum	Velours-Teppich	7088 d.anthrazit	5072 blau	8312 brasil	8322 dattel	8332 creme	6082 olive	3072 siena	7097 grau

Lackierungen	Erkennbarkeit in %
Serienlackierungen	
040 schwarz	5
479 moorbraun	5
504 englischrot	28
673 saharagelb	50
681 weizengelb	68
737 classicweiß	88
880 agavengrün	17
934 chinablau	15
Sonderlackierungen	
476 goldbraun	14
482 apricotorange	45
501 orientrot	9
568 signalrot	38
618 mimosengelb	55
623 hellelfenbein	77
680 heliosgelb	75
684 taigabeige	46
740 pastellgrau	46
875 mangogrün	8
904 dunkelblau	4
940 hansablau	6

Metallic-Lackierungen

172 anthrazitgrau
473 champagner
480 manganbraun
581 inkarot
735 astralsilber
876 zypressengrün
877 petrol
881 silberdistel
930 silberblau
932 lapisblau

Verdeck

740 schwarz
744 dunkelblau
746 dunkelbraun

280 SL 380 SL 500 SL

Bm R 107

Ausstattungen MB-Texpolsterung 280 SL, 380 SL, 500 SL

MB-TEXPOLSTERUNG

280 SL 380 SL 500 SL

Bm R 107

TYP BAUMUSTER	280 SL 107.042	380 SL 107.045	500 SL 107.046						
Teilbenennung	**Werkstoff**	**Code-Nummern 131**	**132**	**133**	**134**	**135**	**136**	**137**	**138**
Sitzbezug mitte Einsatz Türbelag	MB-Tex perforiert	9045 schwarz	5070 blau	8310 brasil	8320 dattel	8330 creme	6080 olive	3070 siena	7095 grau
Seitenbacken seitl. Böden der Sitze	MB-Tex glatt	9045 schwarz	5070 blau	8310 brasil	8320 dattel	8330 creme	6080 olive	3070 siena	7095 grau
Türbelag Instrumententafel UT	Folie	9045 schwarz	5070 blau	8310 brasil	8320 dattel	8330 creme	6080 olive	3070 siena	7095 grau
Instrumententafel OT	Folie	9045 schwarz	5070 blau	8310 brasil	8317 d.braun	8317 d.braun	6087 d.olive	8317 d.braun	7102 d.grau
Holzteile	Edelholz-Furnier	ZEBRANO							
Himmel – Coupédach	MB-Tex	7103 silbergrau	7103 silbergrau	8319 bambus hell	8319 bambus hell	8337 beige	8337 beige	8319 bambus hell	7103 silbergrau
Bodenbelag Belag Kofferraum	Velours-Teppich	7088 d.anthrazit	5072 blau	8312 brasil	8322 dattel	8332 creme	6082 olive	3072 siena	7097 grau

Lackierungen	Erkennbarkeit in %
Serienlackierungen	
040 schwarz	5
479 moorbraun	5
504 englischrot	28
673 saharagelb	50
681 weizengelb	68
737 classicweiß	88
880 agavengrün	17
934 chinablau	15
Sonderlackierungen	
476 goldbraun	14
482 apricotorange	45
501 orientrot	9
568 signalrot	38
618 mimosengelb	55
623 hellelfenbein	77
680 heliosgelb	75
684 taigabeige	46
740 pastellgrau	46
875 mangogrün	8
904 dunkelblau	4
940 hansablau	6

Metallic-Lackierungen

172 anthrazitgrau
473 champagner
480 manganbraun
581 inkarot
735 astralsilber
876 zypressengrün
877 petrol
881 silberdistel
930 silberblau
932 lapisblau

Verdeck

740 schwarz
744 dunkelblau
746 dunkelbraun

Ausstattungen
Lederpolsterung
280 SL, 380 SL, 500 SL

280 SL 380 SL 500 SL
Bm R 107

TYP BAUMUSTER	280 SL 107.042	380 SL 107.045	500 SL 107.046						
Teilbenennung	**Werkstoff**	Code-Nummern 231	232	233	234	235	236	237	238
Sitzbezug mitte	Leder perforiert	9045 schwarz	5070 blau	8310 brasil	8320 dattel	8330 creme	6080 olive	3070 siena	7095 grau
Seitenbacken seitl. Böden der Sitze Verkleidung Fahrerlehne	Leder glatt	9045 schwarz	5070 blau	8310 brasil	8320 dattel	8330 creme	6080 olive	3070 siena	7095 grau
Einsatz Türbelag	Folie perforiert	9045 schwarz	5070 blau	8310 brasil	8320 dattel	8330 creme	6080 olive	3070 siena	7095 grau
Türbelag Instrumententafel UT	Folie	9045 schwarz	5070 blau	8310 brasil	8320 dattel	8330 creme	6080 olive	3070 siena	7095 grau
Instrumententafel OT	Folie	9045 schwarz	5070 blau	8310 brasil	8317 d.braun	8317 d.braun	6087 d.olive	8317 d.braun	7102 d.grau
Holzteile	Edelholz-Furnier	ZEBRANO							
Himmel – Coupédach	MB-Tex	7103 silbergrau	7103 silbergrau	8319 bambus hell	8319 bambus hell	8337 beige	8337 beige	8319 bambus hell	7103 silbergrau
Bodenbelag Belag Kofferraum	Velours-Teppich	7088 d.anthrazit	5072 blau	8312 brasil	8322 dattel	8332 creme	6082 olive	3072 siena	7097 grau

LEDERPOLSTERUNG

Lackierungen	Erkennbarkeit in %
Serienlackierungen	
040 schwarz	5
479 moorbraun	5
504 englischrot	28
673 saharagelb	50
681 weizengelb	68
737 classicweiß	88
880 agavengrün	17
934 chinablau	15
Sonderlackierungen	
476 goldbraun	14
482 apricotorange	45
501 orientrot	9
568 signalrot	38
618 mimosengelb	55
623 hellelfenbein	77
680 heliosgelb	75
684 taigabeige	46
740 pastellgrau	46
875 mangogrün	8
904 dunkelblau	4
940 hansablau	6
Metallic-Lackierungen	
172 anthrazitgrau	
473 champagner	
480 manganbraun	
581 inkarot	
735 astralsilber	
876 zypressengrün	
877 petrol	
881 silberdistel	
930 silberblau	
932 lapisblau	
Verdeck	
740 schwarz	
744 dunkelblau	
746 dunkelbraun	

Ausstattungen
Lack- und Polsterkombinationen
280 SL, 380 SL, 500 SL

280 SL 380 SL 500 SL
Bm R 107

	schwarz	blau	brasil	dattel	creme	olive	siena	grau
Serienlackierungen				040/740	040/740	040/740	040/740	040/740
			479/746	479/746	479/746		479/746	479/746
	504/740		504/746	504/746	504/746		504/740	
	673/740		673/746		673/746			
	681/740		681/746	681/746			681/746	
	737/740	737/744	737/746	737 746		737/740	737/740	737/740
	880/740			880/746	880/740	880/740		
	934/740	934/744		934/744	934/744		934/740	934/740
Sonderlackierungen	476/740			476/746	476/746			
	482/740		482/746	482/746	482/746			
	501/740			501/740	501/740		501/740	501/740
	568/740			568/740	568/740			568/740
	618/740					618/740		
	623/740	623/744	623/746	623/746	623/746	623/740	623/746	
	680/740		680/746		680/746			
	684/740	684/744	684/746	684/746	684/746	684/740	684/746	
	740/740	740/744	740/746	740/740		740/740	740/740	740/740
					875/740	875/740	875/740	
		904/744		904/744	904/744		904/744	904/744
		940/744		940/744	940/744		940/744	940/744
Metallic-Lackierungen	172/740			172/740	172/740	172/740	172/740	
	473/740		473/746	473/746			473/746	
			480/746	480/746	480/746		480/746	480/746
	581/740		581/746	581/746	581/746		581/746	
	735/740	735/744	735/746	735/740		735/740	735/740	735/740
	876/740			876/740	876/740	876/740	876/740	
	877/740		877/746	877/746	877/746		877/740	
	881/740		881/746	881/740	881/740	881/740	881/740	
	930/740	930/740	930/740	930/744	930/744		930/744	930/744
		932/744		932/744	932/744		932/744	932/744

Lackierung Unterteil und Coupédach/Verdeck

280 SL 380 SL
500 SL

Bm R 107

Serienausstattung

Benennung	Baumuster, Typ 042 280 SL	045 380 SL	046 500 SL
Technik			
Drehzahlmesser	s	s	s
Entstörung Radio	SA	s	s
Getriebe			
automatisch	SA	s	s
mechanisch 4-Gang	s	–	–
Mittelschaltung	s	s	s
Halogen (Fern-, Abblend-, Nebellicht)	s	s	s
Lenkungsstoßdämpfer	s	s	s
Lüfterkupplung	s	s	s
Nebelscheinwerfer	s	s	s
Nebelschlußleuchte	s	s	s
Ölkühler	s	s	s
Reifen			
195/70 HR 14 89 H	s	–	–
205/70 VR 14	–	s	s
Felgen 6½ J×14 H 2	s	s	s
Räderart Leichtmetall 5fach	SA	SA	s
Zweikreisbremse	s	s	s
Scheibenbremsen			
vorn	s	s	s
hinten	s	s	s
Servolenkung	s	s	s
Sicherheitslenksäule	s	s	s
Stabilisator	s	s	s
Stoßdämpfer	s	s	s
Starter 1,5 kW (2 PS) 12 V	s	s	s
Batterie			
12 V/55 Ah	s	–	–
12 V/66 Ah	–	s	s
Drehstrom-Generator			
14 V/55 A	s	–	–
14 V/70 A	–	s	s
Spannung der Verbraucher 12 Volt	s	s	s

[1]) nach ECE Norm
s = serienmäßig
SA = als Sonderausstattung lieferbar
– = nicht möglich bzw. nicht vorgesehen

 x = geändert Änderungen vorbehalten

Serienausstattung

280 SL 380 SL
500 SL

Bm R 107

Benennung	Baumuster, Typ 042 280 SL	045 380 SL	046 500 SL
Ausstattung			
Aschenbecher und Zigarrenanzünder beleuchtet	s	s	s
Bremsbelagverschleißanzeige durch Kontrolleuchte	s	s	s
Coupédach einschließlich heizbarer Heckscheibe (Verbundglas)	s	s	s
Einzelsitze	s	s	s
Fensterheber elektrisch 2fach	SA	SA	s
Frontscheibe Verbundglas	s	s	s
Handschuhkastenschloß	s	s	s
Handschuhkasten beleuchtet	s	s	s
Hauptschlüsselsystem	s	s	s
Kofferraumbeleuchtung	s	s	s
Kopfstützen vorn	s	s	s
Kraftstoffverbrauchs-Tendenzanzeige	s	s	s
Leuchtweitenregulierung, pneumatisch vom Fahrersitz aus gesteuert	s	s	s
Metallic-Lackierung	SA	SA	s
Polsterung MB-Tex	s	s	s
Reservewarnleuchte	s	s	s
Rückblickspiegel außen links (von innen einstellbar)	s	s	s
Ruhesitze links und rechts	s	s	s
Sicherheitsgurte (Dreipunkt Automatik) vorn	s	s	s
Tankdeckel verschließbar	s	s	s
Teppichbodenbelag vorn und hinten	s	s	s
Verbandkasten	s	s	s
Warndreieck	s	s	s
Warnsummer für nicht ausgeschaltetes Hauptlicht	s	s	s
Zeituhr, elektrisch, quarzgesteuert	s	s	s
Zentralverriegelung	SA	SA	s

s = serienmäßig
SA = als Sonderausstattung lieferbar
– = nicht möglich bzw. nicht vorgesehen

Sonderausstattungen 280 SL, 380 SL, 500 SL

gegen Mehrpreis bei Neuwagenlieferung ab Werk

280 SL 380 SL 500 SL

Bm R 107

Benennung	Code	Baumuster, Typ 042 280 SL	045 380 SL	046 500 SL	Listenpreis ohne USt. DM	Umsatzsteuer 13% DM	Kaufpreis einschl. 13% USt. DM
Anhängevorrichtung mit festsitzendem Kugelhals 1)	55/0	x	x	x	500.—	65.—	565.—
Antenne							
automatisch bei Radioeinbau	53/1	x	x	x	300.—	39.—	339.—
automatisch ohne Radioeinbau	53/2	x	x	x	375.—	48.75	423.75
mechanisch ohne Radioeinbau	53/4	x	x	x	75.—	9.75	84.75
Antiblockiersystem	47/0	x	x	x	2150.—	279.50	2429.50
Armlehne klappbar vorn	57/0	x	x	x	160.—	20.80	180.80
Ausgleichsgetriebe mit begrenztem Schlupf	256	–	x	x	330.—	42.90	372.90
Außenspiegel rechts, von innen einstellbar	50/2	x	x	x	95.—	12.35	107.35
Autotelefon und Zubehör							
Becker AT 40 S	351	x	x	x	16000.—	2080.—	18080.—
TeKaDe BSA 31 S	263	x	x	x	15500.—	2015.—	17515.—
Heckantenne 2)	355	x	x	x	265.—	34.45	299.45
Einbauteilesatz Becker AT 40 S	353	x	x	x	1785.—	232.05	2017.05
Einbauteilesatz TeKaDe BSA 31 S	265	x	x	x	1785.—	232.05	2017.05
Coupedach Wegfall	210	x	x	x	./. 2200.—	./. 286.—	./. 2486.— x
Entstörung für nachträglichen Radio und FM-Funk	53/3	x	s	s	90.—	11.70	101.70
Fensterheber elektrisch 2fach	58/3	x	x	s	620.—	80.60	700.60
Feuerlöscher montiert, 2 kg Halon	68/2	x	x	x	110.—	14.30	124.30
Fondsitze (2 Kindersitze) mit 2 mechanischen Bodengurten anstelle Gepäckablage							
Stoff	56/5	x	x	x	620.—	80.60	700.60
MB-Tex	56/5	x	x	x	620.—	80.60	700.60
Leder	56/5	x	x	x	985.—	128.05	1113.05
Getriebe automatisch, Mittelschaltung	42/0	x	s	s	1800.—	234.—	2034.—

1) Zulässige Anhängelast siehe Veröffentlichungen VP IN und ZKD
2) Auch für Taxi-Funk (2 m Band) verwendbar

x = als Sonderausstattung lieferbar
s = serienmäßig ohne Mehrpreis, Code darf nicht vorgeschrieben werden
oM = ohne Mehrpreis
N = Einbau nur nachträglich bei Niederlassung bzw. Vertretung
– = ungültig, nicht baubar

Änderungen vorbehalten x = geändert

280 SL 380 SL 500 SL

Bm R 107

Sonderausstattungen 280 SL, 380 SL, 500 SL

gegen Mehrpreis bei Neuwagenlieferung ab Werk

Benennung	Code	Baumuster, Typ 042 280 SL	045 380 SL	046 500 SL	Listenpreis ohne USt. DM	Umsatzsteuer 13% DM	Kaufpreis einschl. 13% USt. DM	
Klimaanlage	58/0	x	x	x	2800.—	364.—	3164.—	
Klimatisierungsautomatik	58/1	x	x	x	3360.—	436.80	3796.80	
Lackierung gemäß Musterkarte								
Sonderlackierung		oM	oM	oM	–	–	–	
Metalliclackierung		x	x	oM	715.—	92.95	807.95	
Metallic Coupédach		x	x	oM	270.—	35.10	305.10	
Leichtmetallräder 5fach	64/0	x	x	s	1095.—	142.35	1237.35	
Polsterung gemäß Musterkarte								
Stoff		oM	oM	oM	–	–	–	
Leder 10)		x	x	x	1200.—	156.—	1356.—	
Radio Becker 11)								
Europa LMKU	51/4	x	–	–	515.—	66.95	581.95	
		–	x	x	430.—	55.90	485.90	
Europa Kurier LMKU mit integriertem Verkehrsfunk-Decoder	257	x	–	–	580.—	75.40	655.40	
		–	x	x	495.—	64.35	559.35	
Grand Prix LMKU	51/6	x	–	–	785.—	102.05	887.05	
		–	x	x	700.—	91.—	791.—	
Europa Cassette Vollstereo LMKU	51/2	x	–	–	870.—	113.10	983.10	
		–	x	x	785.—	102.05	887.05	
Europa Cassette Vollstereo Kurier LMKU mit integriertem Verkehrsfunk-Decoder	254	x	–	–	935.—	121.55	1056.55	
		–	x	x	850.—	110.50	960.50	
Mexico Cassette Electronic Kurier MU	51/0	x	–	–	1535.—	199.55	1734.55	x
		–	x	x	1450.—	188.50	1638.50	x
andere Radio-Fabrikate		N	N	N	–	–	–	
Reifen								
M+S-Haft-Gürtelreifen 4fach	64/5	x	–	–	155.—	20.15	175.15	
		–	x	x	85.—	11.05	96.05	
Scheinwerferwischeranlage	60/0	x	x	x	430.—	55.90	485.90	

10) Leder nur für Sitz und Lehne, Türbelag in Kunststoff
11) einschließlich mechanischer Antenne, Entstörung und 2 Frontlautsprecher

x = als Sonderausstattung lieferbar
s = serienmäßig ohne Mehrpreis, Code darf nicht vorgeschrieben werden
oM = ohne Mehrpreis
N = Einbau nur nachträglich bei Niederlassung bzw. Vertretung
– = ungültig, nicht baubar

Sonderausstattungen 280 SL, 380 SL, 500 SL

gegen Mehrpreis bei Neuwagenlieferung ab Werk

280 SL 380 SL 500 SL

Bm R 107

Benennung	Code	Baumuster, Typ 042 280 SL	045 380 SL	046 500 SL	Listenpreis ohne USt. DM	Umsatz-steuer 13% DM	Kaufpreis einschl. 13% USt. DM	
Sitze								
Fahrerlehne orthopädisch	40/4	x	x	x	89.—	11.57	100.57	
Beifahrerlehne orthopädisch	40/5	x	x	x	89.—	11.57	100.57	
Sitzheizung elektrisch								
Fahrersitz-Heizung	870	x	x	x	230.—	29.90	259.90	
Beifahrersitz-Heizung	871	x	x	x	230.—	29.90	259.90	
Tempomat 7)	44/0	x	x	x	420.—	54.60	474.60	
Wärmedämmendes Glas rundum mit heizbarer Heckscheibe Verbundglas	59/0	x	x	x	340.—	44.20	384.20	
Front- und Seitenscheiben (nur iVm Code 210)	59/4	x	x	x	160.—	20.80	180.80	x
Zentralverriegelung	46/6	x	x	s	310.—	40.30	350.30	

7) nur lieferbar bei automatischem Getriebe

x = als Sonderausstattung lieferbar
s = serienmäßig ohne Mehrpreis, Code darf nicht vorgeschrieben werden
oM = ohne Mehrpreis
N = Einbau nur nachträglich bei Niederlassung bzw. Vertretung
– = ungültig, nicht baubar

Änderungen vorbehalten x = geändert

Serienausstattung

280 SL 380 SL
500 SL

Bm 107

Benennung	Baumuster, Typ 042 280 SL	045 380 SL	046 500 SL
Technik			
Drehzahlmesser	s	s	s
Entstörung Radio	SA	s	s
Getriebe			
automatisch	SA	s	s
mechanisch 5-Gang	s	–	–
Mittelschaltung	s	s	s
Halogen (Fern-, Abblend-, Nebellicht)	s	s	s
Lenkungsstoßdämpfer	s	s	s
Lüfterkupplung	s	s	s
Nebelscheinwerfer	s	s	s
Nebelschlußleuchte	s	s	s
Ölkühler	s	–	–
Reifen			
195/70 HR 14 89 H	s	–	–
205/70 VR 14	–	s	s
Felgen 6½ J×14 H 2	s	s	s
Räderart Leichtmetall 5fach	SA	SA	s
Zweikreisbremse	s	s	s
Scheibenbremsen			
vorn (belüftet)	s	s	s
hinten	s	s	s
Servolenkung	s	s	s
Sicherheitslenksäule	s	s	s
Stabilisator	s	s	s
Stoßdämpfer	s	s	s
Starter 1,5 kW (2 PS) 12 V	s	s	s
Batterie			
12 V/55 Ah	s	–	–
12 V/66 Ah	–	s	s
Drehstrom-Generator			
14 V/55 A	s	–	–
14 V/70 A	–	s	s
Spannung der Verbraucher 12 Volt	s	s	s

[1]) nach ECE Norm

s = serienmäßig
SA = als Sonderausstattung lieferbar
– = nicht möglich bzw. nicht vorgesehen

Serienausstattung

280 SL 380 SL 500 SL

Bm 107

Benennung	Baumuster, Typ 042 280 SL	045 380 SL	046 500 SL	
Ausstattung				
Aschenbecher und Zigarrenanzünder beleuchtet	s	s	s	
Bremsbelagverschleißanzeige durch Kontrolleuchte	s	s	s	
Coupédach einschließlich heizbarer Heckscheibe (Verbundglas)	s	s	s	
Einzelsitze	s	s	s	
Fensterheber elektrisch 2fach	SA	SA	s	
Frontscheibe Verbundglas	s	s	s	
Handschuhkastenschloß	s	s	s	
Handschuhkasten beleuchtet	s	s	s	
Hauptschlüsselsystem	s	s	s	
Innenleuchte vorn mit Verzögerungsrelais	s	s	s	x
Kofferraumbeleuchtung	s	s	s	
Kopfstützen vorn	s	s	s	
Kraftstoffverbrauchs-Tendenzanzeige	s	s	s	
Leuchtweitenregulierung, pneumatisch vom Fahrersitz aus gesteuert	s	s	s	
Metallic-Lackierung	SA	SA	s	
Polsterung MB-Tex	s	s	s	
Reservewarnleuchte	s	s	s	
Rückblickspiegel außen links (von innen einstellbar)	s	s	s	
Ruhesitze links und rechts	s	s	s	
Sicherheitsgurte (Dreipunkt Automatik) vorn	s	s	s	
Tankdeckel verschließbar	s	s	–	
Temperaturregelung im Innenraum elektronisch gesteuert	s	s	s	
Teppichbodenbelag vorn und hinten	s	s	s	
Verbandkasten	s	s	s	
Warndreieck	s	s	s	
Warnsummer für nicht ausgeschaltetes Hauptlicht	s	s	s	
Zeituhr, elektrisch, quarzgesteuert	s	s	s	
Zentralverriegelung	s	s	s	x

s = serienmäßig
SA = als Sonderausstattung lieferbar
– = nicht möglich bzw. nicht vorgesehen

Sonderausstattungen 280 SL, 380 SL, 500 SL

gegen Mehrpreis bei Neuwagenlieferung ab Werk

280 SL 380 SL 500 SL

Bm 107

Benennung	Code	Baumuster, Typ 042 280 SL	045 380 SL	046 500 SL	Listenpreis ohne USt. DM	Umsatzsteuer 13% DM	Kaufpreis einschl. 13% USt. DM
Airbag (fahrerseitig) mit Gurtstrammer (beifahrerseitig)	44/2	x	x	x	1560.—	202.80	1762.80
Anhängevorrichtung mit festsitzendem Kugelhals[1]	55/0	x	x	x	550.—	71.50	621.50
Antenne							
automatisch bei Radioeinbau	53/1	x	x	x	330.—	42.90	372.90
automatisch ohne Radioeinbau	53/2	x	x	x	420.—	54.60	474.60
mechanisch ohne Radioeinbau	53/4	x	x	x	90.—	11.70	101.70
Antiblockiersystem	47/0	x	x	x	2400.—	312.—	2712.—
Armlehne klappbar vorn	57/0	x	x	x	180.—	23.40	203.40
Ausgleichgetriebe mit begrenztem Schlupf	256	–	x	x	375.—	48.75	423.75
Außenspiegel rechts von innen elektrisch einstellbar	50/4	x	x	x	170.—	22.10	192.10
Autotelefon und Zubehör							
Becker AT 76 S	345	x	x	x	17600.—	2288.—	19888.—
TeKaDe BSA 33	273	x	x	x	17100.—	2223.—	19323.—
Heckantenne[2]	355	x	x	x	390.—	50.70	440.70
Einbauteilesatz Becker AT 76 S	346	x	x	x	2050.—	266.50	2316.50
Einbauteilesatz TeKaDe BSA 33	274	x	x	x	2050.—	266.50	2316.50
Coupedach Wegfall	210	x	x	x	·/. 2200.—	·/. 286.—	·/. 2486.—
Einbruch- und Diebstahl-Warnanlage	55/1	x	x	x	605.—	78.65	683.65
Entstörung für nachträglichen Radio und FM-Funk	53/3	x	s	s	75.—	9.75	84.75
Fensterheber elektrisch 2fach	58/3	x	x	s	685.—	89.05	774.05
Feuerlöscher montiert, 2 kg Halon	68/2	x	x	x	125.—	16.25	141.25
Fondsitze (2 Kindersitze) mit 2 mechanischen Bodengurten anstelle Gepäckablage							
Stoff	56/5	x	x	x	685.—	89.05	774.05
MB-Tex	56/5	x	x	x	685.—	89.05	774.05
Leder	56/5	x	x	x	1100.—	143.—	1243.—
Getriebe automatisch, Mittelschaltung	42/0	x	s	s	1060.—	137.80	1197.80

[1] Zulässige Anhängelast siehe Veröffentlichungen VP IN und ZKD
[2] Auch für Taxi-Funk (2 m Band) verwendbar

x = als Sonderausstattung lieferbar
s = serienmäßig ohne Mehrpreis, Code darf nicht vorgeschrieben werden
oM = ohne Mehrpreis
N = Einbau nur nachträglich bei Niederlassung bzw. Vertretung
– = ungültig, nicht baubar

280 SL 380 SL
500 SL

Sonderausstattungen 280 SL, 380 SL, 500 SL

gegen Mehrpreis bei Neuwagenlieferung ab Werk

Bm 107

Benennung	Code	Baumuster, Typ 042 280 SL	045 380 SL	046 500 SL	Listenpreis ohne USt. DM	Umsatzsteuer 13% DM	Kaufpreis einschl. 13% USt. DM
Klimaanlage	58/0	x	x	x	3080.—	400.40	3480.40
Klimatisierungsautomatik	58/1	x	x	x	3700.—	481.—	4181.—
Lackierung gemäß Musterkarte							
Sonderlackierung		oM	oM	oM	–	–	–
Metalliclackierung		x	x	oM	1085.—	141.05	1226.05
Leichtmetallräder 5fach	64/0	x	x	s	1205.—	156.65	1361.65
Polsterung gemäß Musterkarte							
Stoff		oM	oM	oM	–	–	–
Leder[10])		x	x	x	1360.—	176.80	1536.80
Radio Becker[11])							
Avus Kurier MU	51/5	x	x	x	420.—	54.60	474.60
Europa LMKU	51/4	x	x	x	535.—	69.55	604.55
Europa Kurier LMKU	257	x	x	x	600.—	78.—	678.—
Europa Cassette Vollstereo LMKU	51/2	x	x	x	910.—	118.30	1028.30
Europa Cassette Vollstereo Kurier LMKU	254	x	x	x	975.—	126.75	1101.75
Mexico Cassette electronic Kurier MU	51/0	x	x	x	1645.—	213.85	1858.85
andere Radio-Fabrikate		N	N	N	–	–	–
Reifen							
M+S-Haft-Gürtelreifen 4fach	64/5	x	–	–	170.—	22.10	192.10
		–	x	x	100.—	13.—	113.—
Scheinwerferwischeranlage	60/0	x	x	x	475.—	61.75	536.75

[10]) Leder nur für Sitz und Lehne, Türbelag in Kunststoff
[11]) einschließlich mechanischer Antenne, Entstörung und 2 Frontlautsprecher

x = als Sonderausstattung lieferbar
s = serienmäßig ohne Mehrpreis, Code darf nicht vorgeschrieben werden
oM = ohne Mehrpreis
N = Einbau nur nachträglich bei Niederlassung bzw. Vertretung
– = ungültig, nicht baubar

Sonderausstattungen 280 SL, 380 SL, 500 SL

gegen Mehrpreis bei Neuwagenlieferung ab Werk

280 SL 380 SL
500 SL

Bm 107

Benennung	Code	Baumuster, Typ 042 280 SL	045 380 SL	046 500 SL	Listenpreis ohne USt. DM	Umsatzsteuer 13% DM	Kaufpreis einschl. 13% USt. DM
Sitze							
Vordersitzlehne orthopädisch links	40/4	x	x	x	98.—	12.74	110.74
Vordersitzlehne orthopädisch rechts	40/5	x	x	x	98.—	12.74	110.74
Sitzheizung elektrisch							
Vordersitz links	870	x	x	x	275.—	35.75	310.75
Vordersitz rechts	871	x	x	x	275.—	35.75	310.75
Tempomat[7])	44/0	x	x	x	465.—	60.45	525.45
Wärmedämmendes Glas							
rundum mit heizbarer Heckscheibe Verbundglas	59/0	x	x	x	385.—	50.05	435.05

[7]) nur lieferbar bei automatischem Getriebe

x = als Sonderausstattung lieferbar
s = serienmäßig ohne Mehrpreis, Code darf nicht vorgeschrieben werden
oM = ohne Mehrpreis
N = Einbau nur nachträglich bei Niederlassung bzw. Vertretung
– = ungültig, nicht baubar

TYP	280 SL	380 SL	500 SL
BAUMUSTER	107.042	107.045	107.046

STOFFPOLSTERUNG

Teilbenennung	Werkstoff	Code-Nummern 051	052	053	054	055	056	057	058
Bezug Sitze Mitte Kissen und Lehne	Polster-stoff	9052 schwarz	5077 blau	8318 brasil	8327 dattel	8338 creme	6102 dunkelolive	3093 hennarot	7104 grau
Seitenbacken und seitliche Böden der Sitze	MB-Tex	9045 schwarz	5070 blau	8310 brasil	8320 dattel	8330 creme	6093 dunkelolive	3084 hennarot	7095 grau
Verkleidung Fahrerlehne	Folie	9045 schwarz	5070 blau	8310 brasil	8320 dattel	8330 creme	6093 dunkelolive	3084 hennarot	7095 grau
Kopfstützen Mitte	Polster-stoff	9052 schwarz	5077 blau	8318 brasil	8327 dattel	8338 creme	6102 dunkelolive	3093 hennarot	7104 grau
Kopfstützen Seiten	MB-Tex	9045 schwarz	5070 blau	8310 brasil	8320 dattel	8330 creme	6093 dunkelolive	3084 hennarot	7095 grau
Türbelag	Folie	9045 schwarz	5070 blau	8310 brasil	8320 dattel	8330 creme	6093 dunkelolive	3084 hennarot	7095 grau
Einsatz Türbelag	Polster-stoff	9052 schwarz	5077 blau	8318 brasil	8327 dattel	8338 creme	6102 dunkelolive	3093 hennarot	7104 grau
Instrumententafel OT	Folie	9045 schwarz	5070 blau	8310 brasil	8317 dunkelbraun	8317 dunkelbraun	6093 dunkelolive	8317 dunkelbraun	7102 dunkelgrau
Instrumententafel UT	Folie	9045 schwarz	5070 blau	8310 brasil	8320 dattel	8330 creme	6093 dunkelolive	3084 hennarot	7095 grau
Holzteile	Edelholz-Furnier	Zebrano, Beizton kaukasisch Nußbaum							
Himmel – Coupédach	Kunstleder	7103 silbergrau	7103 silbergrau	8319 bambus hell	8319 bambus hell	8337 beige	8337 beige	8319 bambus hell	7103 silbergrau
Bodenbelag	Velours-Teppich	7088 d.anthrazit	5072 blau	8312 brasil	8384 dattel	8383 creme	6095 dunkelolive	3086 hennarot	7124 grau
Belag Kofferboden	Velours-Teppich	7088 d.anthrazit	5072 blau	8312 brasil	8384 dattel	8383 creme	6095 dunkelolive	3086 hennarot	7088 d.anthrazit

Lackierungen		Erkennbarkeit in %
Serienlackierungen		
751	liasgrau	26
737	classicweiß	88
681	weizengelb	68
803	riedgrün	19
900	surfblau	6
427	braun	7
673	saharagelb	50
585	altrot	12
Sonderlackierungen		
623	hellelfenbein	77
684	taigabeige	46
444	sandbeige	28
822	eibengrün	4
312	labradorblau	12
904	dunkelblau	4
568	signalrot	38
501	orientrot	9
040	schwarz	5
Metallic-Lackierungen		
735	astralsilber*)	
930	silberblau*)	
932	lapisblau	
877	petrol	
881	silberdistel*)	
876	zypressengrün	
172	anthrazitgrau	
473	champagner*)	
480	manganbraun	
Verdeck		
740	schwarz	
744	blau	
746	braun	

*) Typ 500 SL: Karosserie-Unterteil „neutralgrau metallic“
(unterhalb der Scheuerleiste und unter den Stoßfängern)

VTKW-KB-Ausstattung V/82

TYP	280 SL	380 SL	500 SL
BAUMUSTER	107.042	107.045	107.046

MB-TEXPOLSTERUNG

Teilbenennung	Werkstoff	Code-Nummern 151	152	153	154	155	156	157	158
Bezug Sitze Mitte Kissen und Lehne	MB-Tex perforiert	9045 schwarz	5070 blau	8310 brasil	8320 dattel	8330 creme	6093 dunkelolive	3084 hennarot	7095 grau
Seitenbacken und seitliche Böden der Sitze	MB-Tex glatt	9045 schwarz	5070 blau	8310 brasil	8320 dattel	8330 creme	6093 dunkelolive	3084 hennarot	7095 grau
Kopfstützen	MB-Tex glatt	9045 schwarz	5070 blau	8310 brasil	8320 dattel	8330 creme	6093 dunkelolive	3084 hennarot	7095 grau
Verkleidung Fahrerlehne	Folie	9045 schwarz	5070 blau	8310 brasil	8320 dattel	8330 creme	6093 dunkelolive	3084 hennarot	7095 grau
Türbelag	Folie	9045 schwarz	5070 blau	8310 brasil	8320 dattel	8330 creme	6093 dunkelolive	3084 hennarot	7095 grau
Einsatz Türbelag	Folie perforiert	9045 schwarz	5070 blau	8310 brasil	8320 dattel	8330 creme	6093 dunkelolive	3084 hennarot	7095 grau
Instrumententafel OT	Folie	9045 schwarz	5070 blau	8310 brasil	8317 dunkelbraun	8317 dunkelbraun	6093 dunkelolive	8317 dunkelbraun	7102 dunkelgrau
Instrumententafel UT	Folie	9045 schwarz	5070 blau	8310 brasil	8320 dattel	8330 creme	6093 dunkelolive	3084 hennarot	7095 grau
Holzteile	Edelholz-Furnier	Zebrano, Beizton kaukasisch Nußbaum							
Himmel – Coupédach	Kunstleder	7103 silbergrau	7103 silbergrau	8319 bambus hell	8319 bambus hell	8337 beige	8337 beige	8319 bambus hell	7103 silbergrau
Bodenbelag	Velours-Teppich	7088 d.anthrazit	5072 blau	8312 brasil	8384 dattel	8383 creme	6095 dunkelolive	3086 hennarot	7124 grau
Belag Kofferboden	Velours-Teppich	7088 d.anthrazit	5072 blau	8312 brasil	8384 dattel	8383 creme	6095 dunkelolive	3086 hennarot	7088 d.anthrazit

Lackierungen		Erkennbarkeit in %
Serienlackierungen		
751	liasgrau	26
737	classicweiß	88
681	weizengelb	68
803	riedgrün	19
900	surfblau	6
427	braun	7
673	saharagelb	50
585	altrot	12
Sonderlackierungen		
623	hellelfenbein	77
684	taigabeige	46
444	sandbeige	28
822	eibengrün	4
312	labradorblau	12
904	dunkelblau	4
568	signalrot	38
501	orientrot	9
040	schwarz	5
Metallic-Lackierungen		
735	astralsilber*)	
930	silberblau*)	
932	lapisblau	
877	petrol	
881	silberdistel*)	
876	zypressengrün	
172	anthrazitgrau	
473	champagner*)	
480	manganbraun	
Verdeck		
740	schwarz	
744	blau	
746	braun	

*) Typ 500 SL: Karosserie-Unterteil „neutralgrau metallic“
(unterhalb der Scheuerleiste und unter den Stoßfängern)

VTKW-KB-Ausstattung V/82

Ausstattungen
Lederpolsterung
280 SL, 380 SL, 500 SL

280 SL 380 SL
500 SL

Bm 107

Änderungen vorbehal

x = geändert

Pkw Nachtrag 5 / September 1982

23

TYP	280 SL	380 SL	500 SL						
BAUMUSTER	107.042	107.045	107.046						

LEDERPOLSTERUNG

Teilbenennung	Werkstoff	Code-Nummern 251	252	253	254	255	256	257	258
Bezug Sitze Mitte Kissen und Lehne	Leder perforiert	9045 schwarz	5070 blau	8310 brasil	8320 dattel	8330 creme	6093 dunkelolive	3084 hennarot	7095 grau
Seitenbacken und seitliche Böden der Sitze	Leder glatt	9045 schwarz	5070 blau	8310 brasil	8320 dattel	8330 creme	6093 dunkelolive	3084 hennarot	7095 grau
Verkleidung Fahrerlehne	Leder glatt	9045 schwarz	5070 blau	8310 brasil	8320 dattel	8330 creme	6093 dunkelolive	3084 hennarot	7095 grau
Kopfstützen	Leder glatt	9045 schwarz	5070 blau	8310 brasil	8320 dattel	8330 creme	6093 dunkelolive	3084 hennarot	7095 grau
Türbelag	Folie	9045 schwarz	5070 blau	8310 brasil	8320 dattel	8330 creme	6093 dunkelolive	3084 hennarot	7095 grau
Einsatz Türbelag	Folie perforiert	9045 schwarz	5070 blau	8310 brasil	8320 dattel	8330 creme	6093 dunkelolive	3084 hennarot	7095 grau
Instrumententafel OT	Folie	9045 schwarz	5070 blau	8310 brasil	8317 dunkelbraun	8317 dunkelbraun	6093 dunkelolive	8317 dunkelbraun	7102 dunkelgrau
Instrumententafel UT	Folie	9045 schwarz	5070 blau	8310 brasil	8320 dattel	8330 creme	6093 dunkelolive	3084 hennarot	7095 grau
Holzteile	Edelholz-Furnier	Zebrano, Beizton kaukasisch Nußbaum							
Himmel – Coupédach	Kunstleder	7103 silbergrau	7103 silbergrau	8319 bambus hell	8319 bambus hell	8337 beige	8337 beige	8319 bambus hell	7103 silbergrau
Bodenbelag	Velours-Teppich	7088 d.anthrazit	5072 blau	8312 brasil	8384 dattel	8383 creme	6095 dunkelolive	3086 hennarot	7124 grau
Belag Kofferboden	Velours-Teppich	7088 d.anthrazit	5072 blau	8312 brasil	8384 dattel	8383 creme	6095 dunkelolive	3086 hennarot	7088 d.anthrazit

Lackierungen	Erkennbarkeit in %
Serienlackierungen	
751 liasgrau	26
737 classicweiß	88
681 weizengelb	68
803 riedgrün	19
900 surfblau	6
427 braun	7
673 saharagelb	50
585 altrot	12
Sonderlackierungen	
623 hellelfenbein	77
684 taigabeige	46
444 sandbeige	28
822 eibengrün	4
312 labradorblau	12
904 dunkelblau	4
568 signalrot	38
501 orientrot	9
040 schwarz	5
Metallic-Lackierungen	
735 astralsilber*)	
930 silberblau*)	
932 lapisblau	
877 petrol	
881 silberdistel*)	
876 zypressengrün	
172 anthrazitgrau	
473 champagner*)	
480 manganbraun	
Verdeck	
740 schwarz	
744 blau	
746 braun	

*) Typ 500 SL: Karosserie-Unterteil „neutralgrau metallic"
(unterhalb der Scheuerleiste und unter den Stoßfängern)

VTKW-KB-Ausstattung V/82

24

Pkw Nachtrag 5 / Septen 982

x = geändert

Änderungen vorbehalten

280 SL 380 SL
500 SL

Bm 107

Ausstattungen
Lack- und
Polsterkombinationen
280 SL, 380 SL, 500 SL

		schwarz	blau	brasil	dattel	creme	d.olive	hennarot	grau
Serienlackierungen	empfohlen	751/740	751/744						751/740
		737/740	737/744	737/746	737/746		737/740	737/740	737/740
		681/740		681/746	681/746				
		803/740				803/740	803/740		
			900/744		900/744	900/744			900/744
				427/746	427/746	427/746			
		673/740				673/746	673/740		
		585/740			585/740	585/746		585/740	
	möglich						751/740	751/740	
								681/746	
					803/746				
		427/746							
				673/746					
				585/746					
Sonderlackierungen	empfohlen			623/746	623/746		623/740	623/746	
		684/740		684/746		684/746	684/740		
				444/746				444/746	
					822/740	822/740	822/740		
			312/744			312/744			312/740
			904/744		904/744	904/744			904/744
		568/740			568/740	568/740			
					501/740	501/740		501/740	
					040/740	040/740		040/740	040/740
	möglich	623/740	623/744			623/746			
					684/746			684/746	
		444/740			444/746				
		312/740			312/744				
								904/744	
		501/740							501/740
		040/740							
Metallic-Lackierungen	empfohlen	735/740	735/744				735/740		
		930/740	930/744						930/744
			932/744		932/744	932/744			932/744
		877/740			877/740	877/740			
		881/740					881/740		
					876/740	876/740	876/740		
					172/740	172/740			
		473/740		473/746	473/746			473/746	
				480/746	480/746	480/746		480/746	
	möglich				735/740			735/740	735/740
					930/744	930/744			
								877/740	
				881/746	881/740	881/740			
		876/740							
		172/740						172/740	
						473/746			

Lackierung UT und Coupé-Dach/Verdeck

VTKW-KB-Ausstattung V/82

Serienausstattung

300 SL 420 SL
500 SL

Bm 107

Technik

Benennung	Baumuster, Typ 041 300 SL	047 420 SL	046 500 SL	
Abgasreinigungsanlage (Katalysator-Technik)	s	s	s	
Antiblockiersystem	s	s	s	
Batterie				
12 V/62 Ah	s	–	–	
12 V/66 Ah	–	s	s	
Drehstrom-Generator				
14 V/70 A/980 Watt	s	s	s	◄
Drehzahlmesser	s	s	s	
Entstörung (Radio)	s	s	s	
Getriebe Mittelschaltung	s	s	s	
automatisch mit Programmwähler	SA	s	s	
mechanisch 5-Gang	s	–	–	
Halogen (Fern-, Abblend-, Nebellicht)	s	s	s	
Lenkungsstoßdämpfer	s	s	s	
Nebelschlußleuchte	s	s	s	
Ölkühler	s	–	–	
Räderart Leichtmetall 5fach	s	s	s	
Reifen/Felgen				◄
205/65 VR 15/7 J×15 H 2	s	s	s	◄
Rückrüstung auf Betrieb ohne Katalysator[1])	s	s	s	
Scheibenbremsen 4fach	s	s	s	◄
Servolenkung mit Sicherheitslenksäule	s	s	s	◄
Stabilisator	s	s	s	
Starter 1,5 kW (2 PS) 12 V	s	s	s	
Gasdruck-Stoßdämpfer	s	s	s	
Zweikreisbremse	s	s	s	

[1]) siehe Seite 2, Lieferumfang Code 821, auf Wunsch gegen Minderpreis

s = serienmäßig
SA = als Sonderausstattung lieferbar
– = nicht möglich bzw. nicht vorgesehen

Serienausstattung

300 SL 420 SL
500 SL

Bm 107

Benennung	Baumuster, Typ 041 300 SL	047 420 SL	046 500 SL
Ausstattung			
Aschenbecher und Zigarrenanzünder beleuchtet	s	s	s
Bremsbelagverschleißanzeige durch Kontrolleuchte	s	s	s
Coupédach einschließlich heizbarer Heckscheibe (Verbundglas)	s	s	s
Fensterheber elektrisch 2fach	SA	SA	s
Frontscheibe Verbundglas	s	s	s
Hauptschlüsselsystem	s	s	s
Holzausführung Wurzelnuß	s	s	s
Innenleuchte vorn mit Verzögerungsrelais	s	s	s
Kofferraumbeleuchtung	s	s	s
Kopfstützen vorn	s	s	s
Kraftstoffverbrauchs-Tendenzanzeige	s	s	s
Lederlenkrad und -schalthebel	s	s	s
Leuchtweitenregulierung, pneumatisch vom Fahrersitz aus gesteuert	s	s	s
Metallic-Lackierung	SA	SA	s
Polsterung MB-Tex	s	s	s
Reservewarnleuchte	s	s	s
Rückblickspiegel außen links (von innen einstellbar und beheizt)	s	s	s
Ruhesitze links und rechts (stufenlos verstellbar) ◄	s	s	s
Sicherheitsgurte vorn mit Gurtstraffer ◄	s	s	s
Temperaturregelung im Innenraum elektronisch gesteuert	s	s	s
Verbandkasten	s	s	s
Warndreieck	s	s	s
Warnsummer für nicht ausgeschaltetes Hauptlicht	s	s	s
Zentralverriegelung	s	s	s

s = serienmäßig
SA = als Sonderausstattung lieferbar
– = nicht möglich bzw. nicht vorgesehen

4 Stand: März 1987 ◄ = geändert Änderungen vorbehalten

Sonderausstattungen
300 SL, 420 SL, 500 SL

gegen Mehrpreis bei Neuwagenlieferung ab Werk

300 SL 420 SL
500 SL

Bm 107

Benennung	Code	Baumuster, Typ 041 300 SL	047 420 SL	046 500 SL	Listenpreis ohne USt. DM	Kaufpreis einschl. 14% USt. DM	
Rückrüstung auf Betrieb		x	–	–	./. 1130.—	./. 1288.20	
ohne Katalysator		–	x	x	./. 1540.—	./. 1755.60	◄
Airbag im Lenkrad	44/2	x	x	x	2060.—	2348.40	
Anhängevorrichtung mit festsitzendem Kugelhals[1]	55/0	x	x	x	670.—	763.80	
Antenne							
automatisch bei Radioeinbau	53/1	x	x	x	355.—	404.70	
automatisch ohne Radioeinbau	53/2	x	x	x	465.—	530.10	
mechanisch ohne Radioeinbau	53/4	x	x	x	110.—	125.40	
Armlehne klappbar vorn	57/0	x	x	x	220.—	250.80	
Ausgleichgetriebe mit begrenztem Schlupf	256	–	x	x	455.—	518.70	
Außenspiegel rechts elektrisch einstellbar und beheizt	50/6	x	x	x	300.—	342.—	
Außentemperaturanzeige	240	x	x	x	205.—	233.70	
Autotelefon und Zubehör[2]							
Heckantenne	355	x	x	x	450.—	513.—	◄
Einbauteilesatz Becker AT 76 S/II	346	x	x	x	2550.—	2907.—	
Einbauteilesatz TeKaDe BSA 33 A	274	x	x	x	2550.—	2907.—	
Einbruch- und Diebstahl-Warnanlage	55/1	x	x	x	800.—	912.—	
Fensterheber elektrisch 2fach	58/3	x	x	s	820.—	934.80	
Feuerlöscher montiert, 2 kg Halon	68/2	x	x	x	150.—	171.—	
Fondsitze (2 Kindersitze) anstelle Gepäckablage							
Stoff	56/5	x	x	x	925.—	1054.50	
MB-Tex	56/5	x	x	x	925.—	1054.50	
Leder	56/5	x	x	x	1485.—	1692.90	
Getriebe automatisch, Mittelschaltung (mit Programmwähler)	42/0	x	s	s	2460.—	2804.40	

[1]) Zulässige Anhängelast siehe Veröffentlichungen VDP/I und ZKD
[2]) Weitere Liefermöglichkeiten sowie Anordnung Bediengerät/Hörergarnitur siehe Verkaufsbrief vom 5. 11. 1984 und 4. 6. 1985

x = als Sonderausstattung lieferbar
s = serienmäßig ohne Mehrpreis; Code darf nicht vorgeschrieben werden
oM = ohne Mehrpreis
N = Einbau nur nachträglich bei Niederlassung bzw. Vertretung
– = ungültig, nicht baubar

Änderungen vorbehalten ◄ = geändert Stand: 1. 6. 1987

300 SL 420 SL
500 SL

Bm 107

Sonderausstattungen 300 SL, 420 SL, 500 SL

gegen Mehrpreis bei Neuwagenlieferung ab Werk

Benennung	Code	Baumuster, Typ 041 300 SL	047 420 SL	046 500 SL	Listenpreis ohne USt. DM	Kaufpreis einschl. 14% USt. DM	
Klimaanlage	58/0	x	x	x	3660.—	4172.40	
Klimatisierungsautomatik	58/1	x	x	x	4400.—	5016.—	
Lackierung gemäß Musterkarte							
Metalliclackierung		x	x	oM	1300.—	1482.—	
Polsterung gemäß Musterkarte							
Stoff		oM	oM	oM	–	–	
Leder [1])		x	x	x	1650.—	1881.—	◄
Radio Becker [2])							◄
Avus Kurier MU	51/5	x	x	x	445.—	507.30	
Europa Kurier LMKU	257	x	x	x	645.—	735.30	
Grand Prix electronic Stereo Kurier LMU	51/3	x	x	x	1035.—	1179.90	
Avus Cassette electronic Vollstereo Kurier MU	51/8	x	x	x	790.—	900.60	
Europa Cassette electronic Vollstereo Kurier MU	254	x	x	x	1050.—	1197.—	
Grand Prix Cassette electronic Vollstereo Kurier LMU	51/1	x	x	x	1295.—	1476.30	
Mexico Cassette electronic Vollstereo Kurier LMKU	51/0	x	x	x	2060.—	2348.40	
andere Radio-Fabrikate		N	N	N	–	–	
Reifen							
M+S-Haft-Gürtelreifen 4fach	64/5	x	x	x	160.—	182.40	
Reiserechner	245	x	x	x	1000.—	1140.—	
Scheinwerferwischeranlage	60/0	x	x	x	560.—	638.40	

[1]) Leder nur für Sitz und Lehne, Türbelag in Kunststoff ◄
[2]) einschließlich mechanischer Antenne, Entstörung und 2 Frontlautsprecher ◄

x = als Sonderausstattung lieferbar
s = serienmäßig ohne Mehrpreis, Code darf nicht vorgeschrieben werden
oM = ohne Mehrpreis
N = Einbau nur nachträglich bei Niederlassung bzw. Vertretung
– = ungültig, nicht baubar

Sonderausstattungen 300 SL, 420 SL, 500 SL

gegen Mehrpreis bei Neuwagenlieferung ab Werk

300 SL 420 SL 500 SL

Bm 107

Benennung	Code	Baumuster, Typ 041 300 SL	047 420 SL	046 500 SL	Listenpreis ohne USt. DM	Kaufpreis einschl. 14% USt. DM	
Sitze							
Vordersitzlehne orthopädisch links	40/4	x	x	x	120.—	136.80	
Vordersitzlehne orthopädisch rechts	40/5	x	x	x	120.—	136.80	
Sitzheizung elektrisch							
Vordersitze	873	x	x	x	645.—	735.30	
Sonnenblenden mit beleuchtetem Spiegel	54/3	x	x	x	125.—	142.50	
Tempomat[1])	44/0	x	x	x	560.—	638.40	◀
Wärmedämmendes Glas							
rundum mit heizbarer Heckscheibe Verbundglas	59/0	x	x	x	455.—	518.70	

[1]) nur lieferbar bei automatischem Getriebe ◀

x = als Sonderausstattung lieferbar
s = serienmäßig ohne Mehrpreis, Code darf nicht vorgeschrieben werden
oM = ohne Mehrpreis
N = Einbau nur nachträglich bei Niederlassung bzw. Vertretung
– = ungültig, nicht baubar

Änderungen vorbehalten ◀ = geändert Stand: 1. 6. 1987 7

Ausstattungen Stoffpolsterung 300 SL, 420 SL, 500 SL

300 SL 420 SL 500 SL

Bm 107

STOFFPOLSTERUNG

TYP BAUMUSTER		300 SL 107.041	420 SL 107.047	500 SL 107.046					
Teilbenennung	**Werkstoff**	**Code-Nummern 071**	**072**	**073**	**074**	**075**	**076**	**077**	**078**
Bezug Sitze Mitte Kissen und Lehne	Polsterstoff	9052 schwarz	5077 blau	8318 brasil	8327 dattel	8410 cremebeige	6128 piniengrün	3110 mittelrot	7104 grau
Seitenbacken und seitliche Böden der Sitze	MB-Tex	9045 schwarz	5070 blau	8310 brasil	8320 dattel	8411 cremebeige	6121 piniengrün	3111 mittelrot	7095 grau
Verkleidung Fahrerlehne	Folie	9045 schwarz	5070 blau	8310 brasil	8320 dattel	8411 cremebeige	6121 piniengrün	3111 mittelrot	7095 grau
Kopfstützen Mitte	Polsterstoff	9052 schwarz	5077 blau	8318 brasil	8327 dattel	8410 cremebeige	6128 piniengrün	3110 mittelrot	7104 grau
Kopfstützen Seiten	MB-Tex	9045 schwarz	5070 blau	8310 brasil	8320 dattel	8411 cremebeige	6121 piniengrün	3111 mittelrot	7095 grau
Türbelag	Folie	9045 schwarz	5070 blau	8310 brasil	8320 dattel	8411 cremebeige	6121 piniengrün	3111 mittelrot	7095 grau
Einsatz Türbelag	Polsterstoff	9052 schwarz	5077 blau	8318 brasil	8327 dattel	8410 cremebeige	6128 piniengrün	3110 mittelrot	7104 grau
Instrumententafel OT	Folie	9045 schwarz	5070 blau	8310 brasil	8317 dunkelbraun	8317 dunkelbraun	6121 piniengrün	9045 schwarz	7102 dunkelgrau
Instrumententafel UT	Folie	9045 schwarz	5070 blau	8310 brasil	8320 dattel	8411 cremebeige	6121 piniengrün	3111 mittelrot	7095 grau
Holzteile	Edelholz-Furnier	Wurzelnuss							
Himmel – Coupedach	Kunstleder	7103 silbergrau	7103 silbergrau	8319 bambus hell	8319 bambus hell	8418 cremebeige	8418 cremebeige	8418 cremebeige	7103 silbergrau
Bodenbelag	Velours-Teppich	7088 d.anthrazit	5072 blau	8312 brasil	8384 dattel	8407 cremebeige	6130 piniengrün	3107 mittelrot	7124 grau
Belag Kofferboden	Velours-Teppich	7088 d.anthrazit	5072 blau	8312 brasil	8384 dattel	8407 cremebeige	6130 piniengrün	3107 mittelrot	7088 d.anthrazit

Lackierungen		Erkennbarkeit in %
Serienlackierungen		
751	liasgrau	26
147	arktikweiß	73
900	surfblau	6
540	barolorot	10
651	pueblobeige	17
815	achatgrün	6
623	hellelfenbein	77
904	dunkelblau	4
568	signalrot	38
040	schwarz	5
Metallic-Lackierungen		
735	astralsilber	
355	diamantblau	
929	nautikblau	
877	petrol	
172	anthrazitgrau	
199	blauschwarz	
473	champagner	
702	rauchsilber	
587	pajettrot	
254	nachtgrün	
261	nelkengrün	
122	perlmuttgrau	
432	bisonbraun	
441	impala	
Verdeck		
740	schwarz	
744	blau	
746	braun	

VTKW-KB-Ausstattung III/87

Änderungen vorbehalten ▲ = geändert Stand: März 1987 27

28 Stand: März 1987 ▲ = geändert Änderungen vorbehalten

300 SL 420 SL 500 SL

Bm 107

Ausstattungen MB-Texpolsterung 300 SL, 420 SL, 500 SL

MB-TEXPOLSTERUNG

TYP BAUMUSTER		300 SL 107.041	420 SL 107.047	500 SL 107.046					
Teilbenennung	**Werkstoff**	**Code-Nummern 171**	**172**	**173**	**174**	**175**	**176**	**177**	**178**
Bezug Sitze Mitte Kissen und Lehne	MB-Tex perforiert	9045 schwarz	5070 blau	8310 brasil	8320 dattel	8411 cremebeige	6121 piniengrün	3111 mittelrot	7095 grau
Seitenbacken und seitliche Böden der Sitze	MB-Tex glatt	9045 schwarz	5070 blau	8310 brasil	8320 dattel	8411 cremebeige	6121 piniengrün	3111 mittelrot	7095 grau
Kopfstützen	MB-Tex glatt	9045 schwarz	5070 blau	8310 brasil	8320 dattel	8411 cremebeige	6121 piniengrün	3111 mittelrot	7095 grau
Verkleidung Fahrerlehne	Folie	9045 schwarz	5070 blau	8310 brasil	8320 dattel	8411 cremebeige	6121 piniengrün	3111 mittelrot	7095 grau
Türbelag	Folie	9045 schwarz	5070 blau	8310 brasil	8320 dattel	8411 cremebeige	6121 piniengrün	3111 mittelrot	7095 grau
Einsatz Türbelag	Folie perforiert	9045 schwarz	5070 blau	8310 brasil	8320 dattel	8411 cremebeige	6121 piniengrün	3111 mittelrot	7095 grau
Instrumententafel OT	Folie	9045 schwarz	5070 blau	8310 brasil	8317 dunkelbraun	8317 dunkelbraun	6121 piniengrün	9045 schwarz	7102 dunkelgrau
Instrumententafel UT	Folie	9045 schwarz	5070 blau	8310 brasil	8320 dattel	8411 cremebeige	6121 piniengrün	3111 mittelrot	7095 grau
Holzteile	Edelholz-Furnier	Wurzelnuss							
Himmel – Coupédach	Kunstleder	7103 silbergrau	7103 silbergrau	8319 bambus hell	8319 bambus hell	8418 cremebeige	8418 cremebeige	8418 cremebeige	7103 silbergrau
Bodenbelag	Velours-Teppich	7088 d.anthrazit	5072 blau	8312 brasil	8384 dattel	8407 cremebeige	6130 piniengrün	3107 mittelrot	7124 grau
Belag Kofferboden	Velours-Teppich	7088 d.anthrazit	5072 blau	8312 brasil	8384 dattel	8407 cremebeige	6130 piniengrün	3107 mittelrot	7088 d.anthrazit

Lackierungen		Erkennbarkeit in %
Serienlackierungen		
751	liasgrau	26
147	arktikweiß	73
900	surfblau	6
540	barolorot	10
651	pueblobeige	17
815	achatgrün	6
623	hellelfenbein	77
904	dunkelblau	4
568	signalrot	38
040	schwarz	5
Metallic-Lackierungen		
735	astralsilber	
355	diamantblau	
929	nautikblau	
877	petrol	
172	anthrazitgrau	
199	blauschwarz	
473	champagner	
702	rauchsilber	
587	pajettrot	
254	nachtgrün	
261	nelkengrün	
122	perlmuttgrau	
432	bisonbraun	
441	impala	
Verdeck		
740	schwarz	
744	blau	
746	braun	

VTKW-KB-Ausstattung III/87

300 SL 420 SL
500 SL

Bm 107

LEDERPOLSTERUNG

TYP	300 SL	420 SL	500 SL						
BAUMUSTER	107.041	107.047	107.046						
Teilbenennung	Werkstoff	Code-Nummern 271	272	273	274	275	276	277	278
Bezug Sitze Mitte Kissen und Lehne	Leder perforiert	9045 schwarz	5070 blau	8310 brasil	8320 dattel	8411 cremebeige	6121 piniengrün	3111 mittelrot	7095 grau
Seitenbacken und seitliche Böden der Sitze	Leder glatt	9045 schwarz	5070 blau	8310 brasil	8320 dattel	8411 cremebeige	6121 piniengrün	3111 mittelrot	7095 grau
Verkleidung Fahrerlehne	Leder glatt	9045 schwarz	5070 blau	8310 brasil	8320 dattel	8411 cremebeige	6121 piniengrün	3111 mittelrot	7095 grau
Kopfstützen	Leder glatt	9045 schwarz	5070 blau	8310 brasil	8320 dattel	8411 cremebeige	6121 piniengrün	3111 mittelrot	7095 grau
Türbelag	Folie	9045 schwarz	5070 blau	8310 brasil	8320 dattel	8411 cremebeige	6121 piniengrün	3111 mittelrot	7095 grau
Einsatz Türbelag	Folie perforiert	9045 schwarz	5070 blau	8310 brasil	8320 dattel	8411 cremebeige	6121 piniengrün	3111 mittelrot	7095 grau
Instrumententafel OT	Folie	9045 schwarz	5070 blau	8310 brasil	8317 dunkelbraun	8317 dunkelbraun	6121 piniengrün	9045 schwarz	7102 dunkelgrau
Instrumententafel UT	Folie	9045 schwarz	5070 blau	8310 brasil	8320 dattel	8411 cremebeige	6121 piniengrün	3111 mittelrot	7095 grau
Holzteile	Edelholz-Furnier	Wurzelnuss							
Himmel – Coupédach	Kunstleder	7103 silbergrau	7103 silbergrau	8319 bambus hell	8319 bambus hell	8418 cremebeige	8418 cremebeige	8418 cremebeige	7103 silbergrau
Bodenbelag	Velours-Teppich	7088 d.anthrazit	5072 blau	8312 brasil	8384 dattel	8407 cremebeige	6130 piniengrün	3107 mittelrot	7124 grau
Belag Kofferboden	Velours-Teppich	7088 d.anthrazit	5072 blau	8312 brasil	8384 dattel	8407 cremebeige	6130 piniengrün	3107 mittelrot	7088 d.anthrazit

Lackierungen		Erkennbarkeit in %
Serienlackierungen		
751	liasgrau	26
147	arktikweiß	73
900	surfblau	6
540	barolorot	10
651	pueblobeige	17
815	achatgrün	6
623	hellelfenbein	77
904	dunkelblau	4
568	signalrot	38
040	schwarz	5
Metallic-Lackierungen		
735	astralsilber	
355	diamantblau	
929	nautikblau	
877	petrol	
172	anthrazitgrau	
199	blauschwarz	
473	champagner	
702	rauchsilber	
587	pajettrot	
254	nachtgrün	
261	nelkengrün	
122	perlmuttgrau	
432	bisonbraun	
441	impala	
Verdeck		
740	schwarz	
744	blau	
746	braun	

VTKW-KB-Ausstattung III/87

Serienausstattung

300 SL 420 SL
500 SL

Bm 107

Benennung	Baumuster, Typ 041 300 SL	047 420 SL	046 500 SL
Technik			
Abgasreinigungsanlage (Katalysator-Technik)	s	s	s
Antiblockiersystem (ABS) ◀	s	s	s
Batterie			
12 V/62 Ah	s	–	–
12 V/66 Ah	–	s	s
Drehstrom-Generator 14 V/70 A/980 Watt	s	s	s
Drehzahlmesser	s	s	s
Entstörung (Radio)	s	s	s
Getriebe Mittelschaltung	s	s	s
automatisch mit Programmwähler	SA	s	s
mechanisch 5-Gang	s	–	–
Halogen (Fern-, Abblend-, Nebellicht)	s	s	s
Lenkungsstoßdämpfer	s	s	s
Nebelschlußleuchte	s	s	s
Ölkühler	s	–	–
Räderart Leichtmetall 5fach	s	s	s
Reifen/Felgen 205/65 VR 15/7 J×15 H 2	s	s	s
Rückrüstung auf Betrieb ohne Katalysator[1])	s	s	s
Scheibenbremsen 4fach	s	s	s
Servolenkung mit Sicherheitslenksäule	s	s	s
Stabilisator	s	s	s
Starter 1,5 kW (2 PS) 12 V	s	s	s
Gasdruck-Stoßdämpfer	s	s	s
Zweikreisbremse	s	s	s

[1]) siehe Seite 2, Lieferumfang Code 821, auf Wunsch gegen Minderpreis

s = serienmäßig
SA = als Sonderausstattung lieferbar
– = nicht möglich bzw. nicht vorgesehen

Serienausstattung

300 SL 420 SL
500 SL

Bm 107

Benennung	Baumuster, Typ 041 300 SL	047 420 SL	046 500 SL	
Ausstattung				
Aschenbecher und Zigarrenanzünder beleuchtet	s	s	s	
Außenspiegel links von innen einstellbar und beheizt	s	s	s	◄ ◄
Außenspiegel rechts elektrisch einstellbar und beheizt	s	s	s	◄
Bremsbelagverschleißanzeige durch Kontrolleuchte	s	s	s	
Coupédach einschließlich heizbarer Heckscheibe (Verbundglas)	s	s	s	
Fensterheber elektrisch 2fach	SA	SA	s	
Frontscheibe Verbundglas	s	s	s	
Hauptschlüsselsystem	s	s	s	
Heckscheibe elektrisch heizbar Verbundglas (bei Coupédach)	s	s	s	◄ ◄
Holzausführung Wurzelnuß	s	s	s	
Innenleuchte vorn mit Verzögerungsrelais	s	s	s	
Kofferraumbeleuchtung	s	s	s	
Kopfstützen vorn	s	s	s	
Kraftstoffverbrauchs-Tendenzanzeige	s	s	s	
Lederlenkrad und -schalthebel	s	s	s	
Leuchtweitenregulierung, pneumatisch vom Fahrersitz aus gesteuert	s	s	s	
Metallic-Lackierung	SA	SA	s	
Polsterung MB-Tex	s	s	s	
Reservewarnleuchte	s	s	s	
Ruhesitze links und rechts (stufenlos verstellbar)	s	s	s	
Sicherheitsgurte vorn mit Gurtstraffer	s	s	s	
Temperaturregelung im Innenraum elektronisch gesteuert	s	s	s	
Verbandkasten	s	s	s	
Warndreieck	s	s	s	
Warnsummer für nicht ausgeschaltetes Hauptlicht	s	s	s	
Zentralverriegelung	s	s	s	

s = serienmäßig
SA = als Sonderausstattung lieferbar
– = nicht möglich bzw. nicht vorgesehen

4 Stand: 1. 9. 1988 ◄ = geändert Änderungen vorbehalten

Sonderausstattungen 300 SL, 420 SL, 500 SL

gegen Mehrpreis bei Neuwagenlieferung ab Werk

300 SL 420 SL 500 SL

Bm 107

Benennung	Code	Baumuster, Typ 041 300 SL	047 420 SL	046 500 SL	Listenpreis ohne USt. DM	Kaufpreis einschl. 14% USt. DM
Rückrüstung auf Betrieb ohne Katalysator[3])		x	–	–	·/.1150.—	·/.1311.—
		–	x	x	·/.1570.—	·/.1789.80
Airbag für Fahrer	44/2	x	x	x	2110.—	2405.40
Anhängevorrichtung mit festsitzendem Kugelhals[1])	55/0	x	x	x	685.—	780.90
Antenne						
automatisch bei Radioeinbau	53/1	x	x	x	365.—	416.10
automatisch ohne Radioeinbau	53/2	x	x	x	475.—	541.50
mechanisch ohne Radioeinbau	53/4	x	x	x	110.—	125.40
Armlehne klappbar vorn	57/0	x	x	x	225.—	256.50
Ausgleichgetriebe mit begrenztem Schlupf	256	–	x	x	465.—	530.10
Außentemperaturanzeige	240	x	x	x	210.—	239.40
Autotelefon und Zubehör[2])						
Heckantenne Netz C[4])	310	x	x	x	510.—	581.40
Heckantenne Netz B[4])	355	x	x	x	510.—	581.40
Einbruch- und Diebstahl-Warnanlage	55/1	x	x	x	820.—	934.80
Fensterheber elektrisch 2fach	58/3	x	x	s	840.—	957.60
Feuerlöscher montiert, 2 kg Halon	68/2	x	x	x	155.—	176.70
Fondsitze (2 Kindersitze) anstelle Gepäckablage						
Stoff	56/5	x	x	x	950.—	1083.—
MB-Tex	56/5	x	x	x	950.—	1083.—
Leder	56/5	x	x	x	1520.—	1732.80
Getriebe automatisch, Mittelschaltung (mit Programmwähler)	42/0	x	s	s	2520.—	2872.80

1) Zulässige Anhängelast siehe Veröffentlichungen VDP/I und ZKD
2) Weitere Liefermöglichkeiten sowie Anordnung Bediengerät/Hörergarnitur siehe Verkaufsbrief vom 5. 11. 1984 und 4. 6. 1985
3) Diese Angaben weisen den Minderpreis aus
4) Einbaumöglichkeit für Taxi-Funk; Heckantenne Code 355: 146–174 MHz; Code 310: 450–470 MHz

x = als Sonderausstattung lieferbar
s = serienmäßig ohne Mehrpreis, Code darf nicht vorgeschrieben werden
oM = ohne Mehrpreis
N = Einbau nur nachträglich bei Niederlassung bzw. Vertretung
– = ungültig, nicht baubar

300 SL 420 SL
500 SL

Bm 107

Sonderausstattungen 300 SL, 420 SL, 500 SL

gegen Mehrpreis bei Neuwagenlieferung ab Werk

Benennung	Code	Baumuster, Typ 041 300 SL	047 420 SL	046 500 SL	Listenpreis ohne USt. DM	Kaufpreis einschl. 14% USt. DM
Klimaanlage	58/0	x	x	x	3745.—	4269.30
Klimatisierungsautomatik	58/1	x	x	x	4500.—	5130.—
Metalliclackierung gemäß Musterkarte		x	x	oM	1330.—	1516.20
Polsterung gemäß Musterkarte						
Stoff		oM	oM	oM	–	–
Leder[1])		x	x	x	1690.—	1926.60
Radio Becker[2])						
Avus Kurier MU	51/5	x	x	x	455.—	518.70
Europa Kurier LMKU	257	x	x	x	660.—	752.40
Grand Prix electronic Stereo Kurier LMU	51/3	x	x	x	1070.—	1219.80
Avus Cassette electronic Vollstereo Kurier MU	51/8	x	x	x	820.—	934.80
Europa Cassette electronic Vollstereo Kurier MU	254	x	x	x	1085.—	1236.90
Grand Prix Cassette electronic Vollstereo Kurier LMU	51/1	x	x	x	1335.—	1521.90
Mexico Cassette electronic Vollstereo Kurier LMKU	51/0	x	x	x	2110.—	2405.40
andere Radio-Fabrikate		N	N	N	–	–
Reifen						
M+S-Haft-Gürtelreifen 4fach	64/5	x	x	x	165.—	188.10
Reiserechner	245	x	x	x	1025.—	1168.50
Scheinwerferwischeranlage	60/0	x	x	x	570.—	649.80

[1]) Leder nur für Sitz und Lehne, Türbelag in Kunststoff
[2]) einschließlich mechanischer Antenne, Entstörung und 2 Frontlautsprecher

x = als Sonderausstattung lieferbar
s = serienmäßig ohne Mehrpreis, Code darf nicht vorgeschrieben werden
oM = ohne Mehrpreis
N = Einbau nur nachträglich bei Niederlassung bzw. Vertretung
– = ungültig, nicht baubar

6 Stand: 1. 2. 1988 ◄ = geändert Änderungen vorbehalten

Sonderausstattungen 300 SL, 420 SL, 500 SL

gegen Mehrpreis bei Neuwagenlieferung ab Werk

300 SL 420 SL 500 SL

Bm 107

Benennung	Code	Baumuster, Typ 041 300 SL	047 420 SL	046 500 SL	Listenpreis ohne USt. DM	Kaufpreis einschl. 14% USt. DM
Sitze						
Vordersitzlehne orthopädisch links	40/4	x	x	x	125.—	142.50
Vordersitzlehne orthopädisch rechts	40/5	x	x	x	125.—	142.50
Sitzheizung elektrisch						
Vordersitze	873	x	x	x	660.—	752.40
Sonnenblenden mit beleuchtetem Spiegel	54/3	x	x	x	130.—	148.20
Tempomat[1])	44/0	x	x	x	575.—	655.50
Wärmedämmendes Glas						
rundum mit heizbarer Heckscheibe Verbundglas	59/0	x	x	x	465.—	530.10

[1]) nur lieferbar bei automatischem Getriebe

x = als Sonderausstattung lieferbar
s = serienmäßig ohne Mehrpreis, Code darf nicht vorgeschrieben werden
oM = ohne Mehrpreis
N = Einbau nur nachträglich bei Niederlassung bzw. Vertretung
– = ungültig, nicht baubar

Änderungen vorbehalten ◀ = geändert Stand: 1. 2. 1988

Änderungen vorbehalten

▲ = geändert

Stand: 1. 9. 1988

27

Ausstattungen Stoffpolsterung 300 SL, 420 SL, 500 SL

300 SL 420 SL 500 SL

Bm 107

TYP: 300 SL, 420 SL, 500 SL
BAUMUSTER: 107.041, 107.047, 107.046

STOFFPOLSTERUNG

Teilbenennung	Werkstoff	071	072	073	074	075	076	077	078
Bezug Sitze Mitte Kissen und Lehne	Polsterstoff	9052 schwarz	5077 blau	8318 brasil	8327 dattel	8410 cremebeige	6128 piniengrün	3110 mittelrot	7104 grau
Seitenbacken und seitliche Böden der Sitze	MB-Tex	9045 schwarz	5070 blau	8310 brasil	8320 dattel	8411 cremebeige	6121 piniengrün	3111 mittelrot	7095 grau
Verkleidung Fahrerlehne	Folie	9045 schwarz	5070 blau	8310 brasil	8320 dattel	8411 cremebeige	6121 piniengrün	3111 mittelrot	7095 grau
Kopfstützen Mitte	Polsterstoff	9052 schwarz	5077 blau	8318 brasil	8327 dattel	8410 cremebeige	6128 piniengrün	3110 mittelrot	7104 grau
Kopfstützen Seiten	MB-Tex	9045 schwarz	5070 blau	8310 brasil	8320 dattel	8411 cremebeige	6121 piniengrün	3111 mittelrot	7095 grau
Türbelag	Folie	9045 schwarz	5070 blau	8310 brasil	8320 dattel	8411 cremebeige	6121 piniengrün	3111 mittelrot	7095 grau
Einsatz Türbelag	Polsterstoff	9052 schwarz	5077 blau	8318 brasil	8327 dattel	8410 cremebeige	6128 piniengrün	3110 mittelrot	7104 grau
Instrumententafel OT	Folie	9045 schwarz	5070 blau	8310 brasil	8317 dunkelbraun	8317 dunkelbraun	6121 piniengrün	9045 schwarz	7102 dunkelgrau
Instrumententafel UT	Folie	9045 schwarz	5070 blau	8310 brasil	8320 dattel	8411 cremebeige	6121 piniengrün	3111 mittelrot	7095 grau
Holzteile	Edelholz-Furnier	Wurzelnuss							
Himmel – Coupédach	Kunstleder	7103 silbergrau	7103 silbergrau	8319 bambus hell	8319 bambus hell	8418 cremebeige	8418 cremebeige	8418 cremebeige	7103 silbergrau
Bodenbelag	Velours-Teppich	7088 d.anthrazit	5072 blau	8312 brasil	8384 dattel	8407 cremebeige	6130 piniengrün	3107 mittelrot	7124 grau
Belag Kofferboden	Velours-Teppich	7088 d.anthrazit	5072 blau	8312 brasil	8384 dattel	8407 cremebeige	6130 piniengrün	3107 mittelrot	7088 d.anthrazit

Lackierungen

Serienlackierungen

Code	Farbe	Erkennbarkeit in %
751	liasgrau	26
147	arktikweiß	73
900	surfblau	6
540	barolorot	10
651	pueblobeige	17
815	achatgrün	6
623	hellelfenbein	77
904	dunkelblau	4
568	signalrot	38
040	schwarz	5

Metallic-Lackierungen

735 astralsilber
355 diamantblau
929 nautikblau
877 petrol
172 anthrazitgrau
199 blauschwarz
512 almandinrot
702 rauchsilber
587 pajettrot
254 nachtgrün
261 nelkengrün
122 perlmuttgrau
432 bisonbraun
441 impala

Verdeck

740 schwarz
744 blau
746 braun

28

Stand: 1. 9. 1988

▲ = geändert

Änderungen vorbehalten

Ausstattungen MB-Texpolsterung 300 SL, 420 SL, 500 SL

300 SL 420 SL 500 SL

Bm 107

TYP: 300 SL, 420 SL, 500 SL
BAUMUSTER: 107.041, 107.047, 107.046

MB-TEXPOLSTERUNG

Teilbenennung	Werkstoff	171	172	173	174	175	176	177	178
Bezug Sitze Mitte Kissen und Lehne	MB-Tex perforiert	9045 schwarz	5070 blau	8310 brasil	8320 dattel	8411 cremebeige	6121 piniengrün	3111 mittelrot	7095 grau
Seitenbacken und seitliche Böden der Sitze	MB-Tex glatt	9045 schwarz	5070 blau	8310 brasil	8320 dattel	8411 cremebeige	6121 piniengrün	3111 mittelrot	7095 grau
Kopfstützen	MB-Tex glatt	9045 schwarz	5070 blau	8310 brasil	8320 dattel	8411 cremebeige	6121 piniengrün	3111 mittelrot	7095 grau
Verkleidung Fahrerlehne	Folie	9045 schwarz	5070 blau	8310 brasil	8320 dattel	8411 cremebeige	6121 piniengrün	3111 mittelrot	7095 grau
Türbelag	Folie	9045 schwarz	5070 blau	8310 brasil	8320 dattel	8411 cremebeige	6121 piniengrün	3111 mittelrot	7095 grau
Einsatz Türbelag	Folie perforiert	9045 schwarz	5070 blau	8310 brasil	8320 dattel	8411 cremebeige	6121 piniengrün	3111 mittelrot	7095 grau
Instrumententafel OT	Folie	9045 schwarz	5070 blau	8310 brasil	8317 dunkelbraun	8317 dunkelbraun	6121 piniengrün	9045 schwarz	7102 dunkelgrau
Instrumententafel UT	Folie	9045 schwarz	5070 blau	8310 brasil	8320 dattel	8411 cremebeige	6121 piniengrün	3111 mittelrot	7095 grau
Holzteile	Edelholz-Furnier	Wurzelnuss							
Himmel – Coupédach	Kunstleder	7103 silbergrau	7103 silbergrau	8319 bambus hell	8319 bambus hell	8418 cremebeige	8418 cremebeige	8418 cremebeige	7103 silbergrau
Bodenbelag	Velours-Teppich	7088 d.anthrazit	5072 blau	8312 brasil	8384 dattel	8407 cremebeige	6130 piniengrün	3107 mittelrot	7124 grau
Belag Kofferboden	Velours-Teppich	7088 d.anthrazit	5072 blau	8312 brasil	8384 dattel	8407 cremebeige	6130 piniengrün	3107 mittelrot	7088 d.anthrazit

Lackierungen

Serienlackierungen

Code	Farbe	Erkennbarkeit in %
751	liasgrau	26
147	arktikweiß	73
900	surfblau	6
540	barolorot	10
651	pueblobeige	17
815	achatgrün	6
623	hellelfenbein	77
904	dunkelblau	4
568	signalrot	38
040	schwarz	5

Metallic-Lackierungen

735 astralsilber
355 diamantblau
929 nautikblau
877 petrol
172 anthrazitgrau
199 blauschwarz
512 almandinrot
702 rauchsilber
587 pajettrot
254 nachtgrün
261 nelkengrün
122 perlmuttgrau
432 bisonbraun
441 impala

Verdeck

740 schwarz
744 blau
746 braun

TYP BAUMUSTER	300 SL 107.041	420 SL 107.047	500 SL 107.046						
Teilbenennung	**Werkstoff**	**Code-Nummern** 271	272	273	274	275	276	277	278
Bezug Sitze Mitte Kissen und Lehne	Leder perforiert	9045 schwarz	5070 blau	8310 brasil	8320 dattel	8411 cremebeige	6121 piniengrün	3111 mittelrot	7095 grau
Seitenbacken und seitliche Böden der Sitze	Leder glatt	9045 schwarz	5070 blau	8310 brasil	8320 dattel	8411 cremebeige	6121 piniengrün	3111 mittelrot	7095 grau
Verkleidung Fahrerlehne	Leder glatt	9045 schwarz	5070 blau	8310 brasil	8320 dattel	8411 cremebeige	6121 piniengrün	3111 mittelrot	7095 grau
Kopfstützen	Leder glatt	9045 schwarz	5070 blau	8310 brasil	8320 dattel	8411 cremebeige	6121 piniengrün	3111 mittelrot	7095 grau
Türbelag	Folie	9045 schwarz	5070 blau	8310 brasil	8320 dattel	8411 cremebeige	6121 piniengrün	3111 mittelrot	7095 grau
Einsatz Türbelag	Folie perforiert	9045 schwarz	5070 blau	8310 brasil	8320 dattel	8411 cremebeige	6121 piniengrün	3111 mittelrot	7095 grau
Instrumententafel OT	Folie	9045 schwarz	5070 blau	8310 brasil	8317 dunkelbraun	8317 dunkelbraun	6121 piniengrün	9045 schwarz	7102 dunkelgrau
Instrumententafel UT	Folie	9045 schwarz	5070 blau	8310 brasil	8320 dattel	8411 cremebeige	6121 piniengrün	3111 mittelrot	7095 grau
Holzteile	Edelholz-Furnier	Wurzelnuss							
Himmel – Coupédach	Kunstleder	7103 silbergrau	7103 silbergrau	8319 bambus hell	8319 bambus hell	8418 cremebeige	8418 cremebeige	8418 cremebeige	7103 silbergrau
Bodenbelag	Velours-Teppich	7088 d.anthrazit	5072 blau	8312 brasil	8384 dattel	8407 cremebeige	6130 piniengrün	3107 mittelrot	7124 grau
Belag Kofferboden	Velours-Teppich	7088 d.anthrazit	5072 blau	8312 brasil	8384 dattel	8407 cremebeige	6130 piniengrün	3107 mittelrot	7088 d.anthrazit

LEDERPOLSTERUNG

Lackierungen		Erkennbarkeit in %
Serienlackierungen		
751	liasgrau	26
147	arktikweiß	73
900	surfblau	6
540	barolorot	10
651	pueblobeige	17
815	achatgrün	6
623	hellelfenbein	77
904	dunkelblau	4
568	signalrot	38
040	schwarz	5
Metallic-Lackierungen		
735	astralsilber	
355	diamantblau	
929	nautikblau	
877	petrol	
172	anthrazitgrau	
199	blauschwarz	
512	almandinrot	
702	rauchsilber	
587	pajettrot	
254	nachtgrün	
261	nelkengrün	
122	perlmuttgrau	
432	bisonbraun	
441	impala	
Verdeck		
740	schwarz	
744	blau	
746	braun	

▲ = geändert

		Verdeckstoffe	Polsterfarbe schwarz	blau	brasil	dattel	cremebeige	piniengrün	mittelrot	grau
Serienlackierungen	empfohlen	schwarz	751, 147				540	147	147, 540	751, 147
		dunkelblau		751, 147, 900			900			900
		dunkelbraun			147					
	möglich	schwarz	540			540			751	540
		dunkelblau				900				
		dunkelbraun				147, 803				
	empfohlen	schwarz	568, 040			822, 040	822, 568, 040	623, 822		040
		dunkelblau		904			904			904
		dunkelbraun			623	623				
	möglich	schwarz	623			568			040	
		dunkelblau				904				
		dunkelbraun					623		623	
Metallic-Lackierungen	empfohlen	schwarz	735, 172, 881, 877, 199, 702, 512			172, 876, 199	172, 876, 587, 199, 512	881, 876, 702	735, 587, 702, 512	199, 512
		dunkelblau	355	735, 355, 929			929			929
		dunkelbraun			480, 702	480	480, 877			
	möglich	schwarz	876, 587			877, 587, 512	881		172, 199	735, 877, 587, 512
		dunkelblau				929				355
		dunkelbraun				702	473, 702			

▲ = geändert

Ausstattungen
Lack- und
Polsterkombinationen
300 SL, 420 SL, 500 SL

Typ 350 SLC (Coupé)

Sonderausstattungen

Preise verstehen sich nur für Einbau im Werk Sindelfingen

Erläuterungen der Zeichen
x = lieferbar
s = serienmäßig ohne Mehrpreis, Code darf nicht vorgeschrieben werden
oM = ohne Mehrpreis
N = Einbau nur nachträglich bei Niederlassung bzw. Vertretung
— = ungültig, nicht baubar

Benennung	Code	Verkaufsbezeichnung (Baumusterbezeichnung): 350 SLC (107.023)						**Listenpreis** ohne Umsatzsteuer	**Kaufpreis** einschließlich 11 % Umsatzsteuer
Antenne autom. (bei Radioeinbau)	53/1	x						225.—	**249.75**
autom. (ohne Radioeinbau)	53/2	x						275.—	**305.25**
mechanisch (ohne Radioeinbau)	53/4	x						50.—	**55.50**
Ausgleichgetriebe mit begrenztem Schlupf	256	x						195.—	**216.45**
Außenspiegel rechts	50/2	x						65.—	**72.15**
Autotelefonanlage Becker (Wählautomatik)	217	x						8950.—	**9934.50**
TeKaDe (Wählautomatik)	273	x						8950.—	**9934.50**
Entstörung (für nachträglich Radio und Funk)	—	s						—	**—**
Fahrerlehne orthopädisch links	40/4	x						50.—	**55.50**
Fahrerlehne orthopädisch rechts	40/5	x						50.—	**55.50**
Fensterheber elektrisch 2fach	58/3	x						395.—	**438.45**
Fensterheber elektrisch 4fach	58/4	x						710.—	**788.10**
Feuerlöscher montiert	68/2	x						40.—	**44.40**
Getriebe MB-Automatik, Mittelschaltung	42/0	x						1300.—	**1443.—**
mechanisch, Mittelschaltung	—	s						—	**—**
Halogen-Fern-, Abblend- u. Nebellicht	—	s						—	**—**
Handschuhkastenschloß	—	s						—	**—**
Handschuhkasten beleuchtet	—	s						—	**—**
Heckscheibe elektrisch heizbar (Verbundglas)	248	x						240.—	**266.40**
Kopfstütze vorn rechts, Stoff	57/2	x						60.—	**66.60**
Leder	57/2	x						90.—	**99.90**
Velours	57/2	x						90.—	**99.90**
Kopfstütze vorn links, Stoff	57/1	x						60.—	**66.60**
Leder	57/1	x						90.—	**99.90**
Velours	57/1	x						90.—	**99.90**

Pkw Nachtr. 8 / Okt. 1971 x = geändert (Änderungen vorbehalten)

4

Sonderausstattungen

Typ 350 SLC (Coupé)

Preise verstehen sich nur für Einbau im Werk Sindelfingen

Erläuterungen der Zeichen
x = lieferbar
s = serienmäßig ohne Mehrpreis, Code darf nicht vorgeschrieben werden
oM = ohne Mehrpreis
N = Einbau nur nachträglich bei Niederlassung bzw. Vertretung
— = ungültig, nicht baubar

Benennung	Code	Verkaufsbezeichnung (Baumusterbezeichnung) **350 SLC** (107.023)						**Listenpreis** ohne Umsatzsteuer	**Kaufpreis** einschließlich 11 % Umsatzsteuer
Kühlanlage (einschl. Lüfterkupplung)	58/0	x						1890.—	**2097.90**
Lackierung (gemäß Musterkarte)									
Sonderlackierung 1farbig		oM						—	—
Sonderlackierung 2farbig		oM						—	—
Metallic 1farbig		x						760.—	**843.60**
Metallic 2farbig		x						910.—	**1010.10**
Lautsprecher im Fond mit Überblendregler	811	x						100.—	**111.—**
Leichtmetallräder (5 Stück) (mit Gürtelreifen)	64/0	x						1200.—	**1332.—**
Lüfterkupplung Viscose		s						—	—
Nebelschlußleuchte		s						—	—
Polsterung Stoff		s						—	—
Leder		x						945.—	**1048.95**
Velours		x						865.—	**960.15**
Radio Becker Europa (LMKU)	51/4	x						445.—	**493.95**
Grand Prix (LMKU)	51/6	x						600.—	**666.—**
Mexico Cassette Stereo (MU) (Rundfunkempf. Mono, Stereofonie über Cassette)	51/0	x						1150.—	**1276.50**
Europa Stereo (LMKU)	51/8	x						885.—	**982.35**
Radio anderer Fabrikate		**N**						—	—
Reifen Gürtelreifen 5fach (schwarz)		s						—	—
Schonbezug		**N**						—	—
Servolenkung MB		s						—	—
Scheinwerferwischeranlage	60/0	x						295.—	**327.45**
Sicherheitsgurte vorn (2 Stück) Automatik	43/8	x						120.—	**133.20**
Schiebedach elektrisch	41/0	x						880.—	**976.80**
Skihalter	289	x						90.—	**99.90**
Tankschloß	45/4	oM						—	—
Verbandkasten montiert	63/1	x						25.—	**27.75**
Verbundglas Frontscheibe		s						—	—
Wärmedämmendes Glas rundum [1])	59/7	x						165.—	**183.15**
rundum [1]) mit heizbarer Heckscheibe [2])	59/4 u. 249	x						455.—	**505.05**
Zentralverriegelung	46/6	x						185.—	**205.35**

[1]) Frontscheibe Verbundglas.
[2]) Verbundglas.

(Änderungen vorbehalten)

11

Stoff

Typ 350 SL Coupe
107.022 107.023 107.024

Bl. 1

Teilbenennung	Werkstoff	Code-Nummern 081	082	083	084	085			
Sitzbezug Mitte Türbelag Mitte	Stoff	9008 schwarz	5023 blau	8111 mahagoni	8112 beige	8113 pergament			
Seitenbacken- u. Boden der Fahrer- u. Fondsitze	MB-Tex	9007 schwarz	5020 blau	8100 mahagoni	8103 beige	8115 pergament			
Türbelag Instrumententafel Unterteil	Folie	9007 schwarz	5020 blau	8100 mahagoni	8103 beige	8115 pergament			
Instrumententafel Oberteil	Folie	9007 schwarz	5020 blau	8144 braun	8108 braunbeige	8143 d'graubeige			
Bodenbelag	Tufting-teppich	7087 d'anthrazitgrau	5022 blau	8146 braun	8146 beige	8148 pergament			
Himmel	MB-Tex	9002 weiß	9002 weiß	8038 bambus hell	8036 creme	8036 creme			
Einfarbige Lackierungen		050 124 158 304 568 576 670 717 726	050 158 304 350 670 903 904	050 158 181 268 423 670 717 726	040 050 124 158 173 181 268 291 350 423 542 576 670 726 903 904	040 173 268 291 304 350 423 542 568 576 903 904			
Metallic-Lackierungen (nur auf besonderen Wunsch des Kunden und gegen Mehrpreis)		172 180 462 467 571 728 906	180 906	462 467 728	172 387 396 461 571 834	172 387 396 461 571 728 834 906			

Lackierungen

040 schwarz
050 weiß
124 arabergrau
158 weißgrau
173 anthrazitgrau
181 hellbeige
268 dunkelgrün
291 dunkelolive
304 horizontblau
350 mittelblau
423 tabakbraun
542 dunkelrot
568 signalrot
576 rot
670 hellelfenbein
717 papyrusweiß
726 beigegrau
903 blau
904 dunkelblau

Metallic-Lackierungen

172 anthrazitgrau
180 silbergrau
387 blau
396 mittelblau
461 bronzebraun
462 beige
467 sandbeige
571 rot
728 beigegrau
834 moosgrün
906 graublau

Pkw Nachtr. 8 / Okt. 1971

Velours

Typ 350 SL Coupe
107.022 107.023 107.024

Bl. 1

Teilbenennung	Werkstoff	961	962	963	964	965	966		
		Code-Nummern							
Sitzbezug Mitte, seitl. Böden der Fahrer- u. Fondsitze Türbelag Mitte	Velours glatt	7086 anthrazit	5032 blau	8150 mahagoni	8149 beige	8151 pergament	6038 olivgrün		
Seitenbacken der Fahrer- u. Fondsitze	Velours gestreift	7086 anthrazit	5032 blau	8150 mahagoni	8149 beige	8151 pergament	6038 olivgrün		
Verkleidung Fahrerlehne	MB-Tex	9007 schwarz	5020 blau	8100 mahagoni	8103 beige	8115 pergament	6028 olivgrün		
Instrumententafel Oberteil	Folie	9007 schwarz	5020 blau	8144 braun	8108 braunbeige	8143 d'graubeige	6029 d'olivgrün		
Instrumententafel Unterteil Türbelag	Folie	9007 schwarz	5020 blau	8100 mahagoni	8103 beige	8116 pergament	6028 olivgrün		
Bodenbelag	Tufting-teppich	7067 d'anthrazitgrau	5022 blau	8146 braun	8145 beige	8148 pergament	6037 olivgrün		
Himmel	MB-Tex	9002 weiß	9002 weiß	8038 bambus hell	8036 creme	8036 creme	8036 creme		
Einfarbige Lackierungen		050 124 158 304 568 576 670 717 726	050 158 304 350 670 717 903 904	050 158 181 268 423 670 717 726	040 050 124 158 173 181 268 291 350 423 542 576 670 726 903 904	040 173 268 291 304 350 423 542 568 576 903 904	050 158 291 670 717		
Metallic-Lackierungen (nur auf besonderen Wunsch des Kunden und gegen Mehrpreis)		172 180 462 467 571 728 906	180 906	462 467 728	172 387 396 461 571 834	172 387 396 461 467 571 728 834 906	180 462 467		

Lackierungen

040 schwarz
050 weiß
124 arabergrau
158 weißgrau
173 anthrazitgrau
181 hellbeige
268 dunkelgrün
291 dunkelolive
304 horizontblau
350 mittelblau
423 tabakbraun
542 dunkelrot
568 signalrot
576 rot
670 hellelfenbein
717 papyrusweiß
726 beigegrau
903 blau
904 dunkelblau

Metallic-Lackierungen

172 anthrazitgrau
180 silbergrau
387 blau
396 mittelblau
461 bronzebraun
462 beige
467 sandbeige
571 rot
728 beigegrau
834 moosgrün
906 graublau

KW/Ausstattungen IX/71

Leder

Typ 350 SL Coupe
107.022 107.023 107.024

Bl. 1

Teilbenennung	Werkstoff	261	262	263	264	265	266	267	268
		Code-Nummern							
Sitzbezug Mitte	Leder perf.	9007 schwarz	5020 blau	8100 mahagoni	8103 beige	8115 pergament	6028 olivgrün	8102 bambus	3030 rot
Verkleidung Fahrerlehne Seitenbacken und Boden der Fahrersitze	Leder	9007 schwarz	5020 blau	8100 mahagoni	8103 beige	8115 pergament	6028 olivgrün	8102 bambus	3030 rot
Türbelag Mitte	Folie perf.	9007 schwarz	5031 d'blau	8141 braun	8139 braunbeige	8142 d'pergament	6036 d'olivgrün	8140 h'braun	3038 d'rot
Instrumententafel Oberteil	Folie	9007 schwarz	5020 blau	8144 braun	8108 braunbeige	8143 d'graubeige	6029 d'olivgrün	8105 h'braun	3031 d'rot
Instrumententafel Unterteil Türbelag	Folie	9007 schwarz	5020 blau	8100 mahagoni	8103 beige	8115 pergament	6028 olivgrün	8102 bambus	3030 rot
Bodenbelag	Tufting-teppich	7067 d'anthrazitgrau	5022 blau	8146 braun	8145 beige	8148 pergament	6037 olivgrün	8147 h'braun	3032 rot
Himmel	MB-Tex	9002 weiß	9002 weiß	8038 bambus hell	8036 creme	8036 creme	8036 creme	8038 bambus hell	9002 weiß
Einfarbige Lackierungen		050 124 158 304 568 576 670 717 726	050 158 304 350 670 717 903 904	050 158 181 268 423 670 717 726	040 050 124 158 173 181 268 291 350 423 542 576 670 726 903 904	040 173 268 291 304 350 423 542 568 576 903 904	050 158 291 670 717	040 050 158 173 181 268 291 350 423 542 576 670 903 904	040 050 124 158 173 181 350 542 670 717 726 904
Metallic-Lackierungen (nur auf besonderen Wunsch des Kunden und gegen Mehrpreis)		172 180 462 467 571 728 906	180 906	462 467 728	172 387 396 461 571 834	172 387 396 461 467 571 728 834 906	180 462 467	172 387 396 461 571 834	172 180 461 728

Lackierungen

040 schwarz
050 weiß
124 arabergrau
158 weißgrau
173 anthrazitgrau
181 hellbeige
268 dunkelgrün
291 dunkelolive
304 horizontblau
350 mittelblau
423 tabakbraun
542 dunkelrot
568 signalrot
576 rot
670 hellelfenbein
717 papyrusweiß
726 beigegrau
903 blau
904 dunkelblau

Metallic-Lackierungen

172 anthrazitgrau
180 silbergrau
387 blau
396 mittelblau
461 bronzebraun
462 beige
467 sandbeige
571 rot
728 beigegrau
834 moosgrün
906 graublau

KW/Ausstattungen IX/71

280/350/450 SLC (Coupé)

Sonderausstattungen

Preise verstehen sich nur für Einbau im Werk Sindelfingen

Erläuterungen der Zeichen
x = lieferbar
s = serienmäßig ohne Mehrpreis, Code darf nicht vorgeschrieben werden
oM = ohne Mehrpreis
N = Einbau nur nachträglich bei Niederlassung bzw. Vertretung
— = ungültig, nicht baubar

Benennung	Code	280 SLC (107 022)	350 SLC (107 023)	450 SLC (107 024)				Kaufpreis einschließlich 11 % Umsatzsteuer	Listenpreis ohne Umsatzsteuer	
Anhängevorrichtung mit festsitzendem Kugelhals bis 1200 kg [1])	55/0	x	x	x				427.35	385.—	
Antenne autom. (bei Radioeinbau)	53/1	x	x	x				305.25	275.—	
autom. (ohne Radioeinbau)	53/2	x	x	x				377.40	340.—	
mechanisch (ohne Radioeinbau)	53/4	x	x	x				72.15	65.—	
Armlehne klappbar vorn	57/0	x	x	x				133.20	120.—	
Ausgleichsgetriebe mit begr. Schlupf	256	—	x	x				271.95	245.—	
Außenspiegel rechts (von innen verstellbar)	50/2	x	x	x				86.58	78.—	
Autotelefon und Zubehör										
Becker AT 160 S (Selbstwählanlage Netz B)	350	x	x	x				12 820.50	11 550.—	
Dachantenne (Netz B)	354	x [2])	x [2])	x [2])				277.50	250.—	
Heckantenne (Netz B)	355	x	x	x				222.—	200.—	
Einbauteilesatz Becker (Netz B)	352	x	x	x				1 332.—	1 200.—	
Drehzahlmesser		s	s	s				—	—	
Entstörung (für nachträglich Radio und Funk)	—	x	s	s				88.80	80.—	
Fensterheber elektrisch 2fach	58/3	x	x	x				538.35	485.—	
Fensterheber elektrisch 4fach	58/4	x	x	x				971.25	875.—	
Feuerlöscher montiert	68/2	x	x	x				49.95	45.—	
Getriebe MB-Automatik, Mittelschaltung	42/0	x	x	s				1 665.—	1 500.—	
mechanisch, Mittelschaltung	—	x	s	—				—	—	
MB-5-Ganggetriebe	42/8 + 212	s	—	—				727.05	655.—	
Halogen-Fern-, Abblend- u. Nebellicht		s	s	s				—	—	
Handschuhkastenschloß		s	s	s				—	—	
Heckscheibe elektrisch heizbar (Verbundglas)	248	x	x	x				277.50	250.—	
Koffer (aus Kunstleder schwarz)										
Koffersatz 6teilig (4 Wäschekoffer groß, 2 Reisetaschen)	282	x	x	x				799.20	720.—	x
Kopfstützen vorn (2 Stück)		s	s	s				—	—	

[1]) **Ausnahmegenehmigungen siehe Veröffentlichung VP IN und ZKD.**
[2]) **Nicht möglich bei elektrischem Schiebedach.**

Pkw Nachtr. 4 / Juni 1974 x = geändert **(Änderungen vorbehalten)**

4

Sonderausstattungen

280/350/450 SLC (Coupé)

Preise verstehen sich nur für Einbau im Werk Sindelfingen

Erläuterungen der Zeichen
x = lieferbar
s = serienmäßig ohne Mehrpreis, Code darf nicht vorgeschrieben werden
oM = ohne Mehrpreis
N = Einbau nur nachträglich bei Niederlassung bzw. Vertretung
— = ungültig, nicht baubar

Benennung	Code	Verkaufsbezeichnung (Baumusterbezeichnung) 280 SLC (107 022)	350 SLC (107 023)	450 SLC (107 024)	Kaufpreis einschließlich 11 % Umsatzsteuer	Listenpreis ohne Umsatzsteuer
Klimaanlage	58/0	x	x	x	2 553.—	2 300.—
Lackierung (gemäß Musterkarte)						
Sonderlackierung 1farbig		oM	oM	oM	—	—
Metallic 1farbig		x	x	x	982.35	885.—
Lautsprecher im Fond mit Überblendregl. (2 Stück)	811	x	x	x	227.55	205.—
Leichtmetallräder 5fach	64/0	x	x	x	1 498.50	1 350.—
Lüfterkupplung Viscose		s	s	s	—	—
Nebelschlußleuchte		s	s	s	—	—
Niveauregulierung	48/0	x	x	x	693.75	625.—
Polsterung Stoff		s	s	s	—	—
Leder [10])		x	x	x	1 487.40	1 340.—
Velours		x	x	x	1 304.25	1 175.—
Radio Becker Europa (LMKU)	51/4	—	x	x	438.45	395.—
		x	—	—	521.70	470.—
Grand Prix (LMKU)	51/6	—	x	x	688.20	620.—
		x	—	—	771.45	695.—
Mexico Cassette Voll-Stereo (MU)	51/1	—	x	x	1 398.60	1 260.—
		x	—	—	1 481.85	1 335.—
Grand Prix Stereo (LMKU)	51/2	—	x	x	1 198.80	1 080.—
		x	—	—	1 282.05	1 155.—
Radio anderer Fabrikate	—	N	N	N	—	—
Reifen Gürtelreifen 5fach (schwarz)	—	s	s	s	—	—
Scheinwerferwischeranlage	60/0	x	x	x	388.50	350.—
Schiebedach elektrisch	41/0	x	x	x	1 060.05	955.—
Schonbezug		N	N	N	—	—
Servolenkung MB		s	s	s	—	—
Sicherheitsgurte Automatik vorn (2 Stück)		s	s	s	—	—
im Fond (2 Stück)	43/7	x	x	x	138.75	125.—
Sitze						
Fahrerlehne orthopädisch	40/4	x	x	x	75.48	68.—
Beifahrerlehne orthopädisch	40/5	x	x	x	75.48	68.—
Sitzheizung (elektrisch)						
Fahrersitzheizung	870	x	x	x	199.80	180.—
Beifahrersitzheizung	871	x	x	x	199.80	180.—
Fondsitzheizung	872	x	x	x	399.60	360.—
Skihalter	289	x	x	x	144.30	130.—
Tankschloß	—	s	s	s	—	—
Verbandkasten montiert	63/1	x	x	x	27.75	25.—
Wärmedämmendes Glas rundum	59/7	x	x	x	233.10	210.—
rundum mit heizbarer Heckscheibe [1])	59/0	x	x	x	577.20	520.—
Zentralverriegelung	46/6	x	x	x	260.85	235.—

[1]) Verbundglas.
[10]) Leder nur für Sitz und Lehne; Türbelag in Kunststoff.

(Änderungen vorbehalten) **x = geändert** Pkw Nachtr. 4 / Juni 1974

5

(Änderungen vorbehalten)

15

Pkw Nachtr. 5 / Juli 1974

TYP 280 SLC 350 SLC 450 SLC
BAUMUSTER 107.022 107.023 107.024

STOFF - POLSTERUNG

Teilbenennung	Werkstoff	Code-Nummern 061	062	063	064	065
Sitzbezug Mitte Türbelag Mitte	Polsterstoff	9008 schwarz	5023 blau	8111 mahagoni	8112 beige	8113 pergament
Seitenbacken und Böden der Fahrersitze und Fondsitzbank	MB-Tex glatt	9007 schwarz	5020 blau	8100 mahagoni	8103 beige	8115 pergament
Türbelag oben und unten Instrumententafel Unterteil	Folie	9007 schwarz	5020 blau	8100 mahagoni	8103 beige	8115 pergament
Instrumententafel Oberteil	Folie	9007 schwarz	5020 blau	8144 braun	8106 braunbeige	8143 d' graubeige
Bodenbelag	Tufting-Teppich	7073 d' anthrazitgrau	5037 dunkelblau	8171 braun	8172 beige	8173 pergament
Himmel	MB-Tex perfor.	9002 weiß	9002 weiß	8038 bambus hell	8036 creme	8036 creme
Belag Hutablage	Tufting-Teppich	7013 anthrazit	5009 blau	8155 braun	8156 beige	8157 pergament
Serienlackierungen		131 430 514 733 860 917	131 514 917 920	040 131 430 860 920	040 131 430 860 733 920	040 131 430 514 860 917 920
Sonderlackierungen		050 568 606 624 717 726 623	050 717 903 904	050 717 903 904 623	050 291 542 606 623 903 904	050 291 542 568 606 624 726 903 904
Metallic-Lackierungen		172 419 422 462 571 735 861 862	387 462 735 906	422 462 735 861 862	172 387 422 571 861 862	172 387 419 422 462 571 861 862 906

Serienlackierungen

040 schwarz
131 pastellweiß
430 herbstbeige
514 karneolrot
733 grau
860 grün
917 aquablau
920 tiefblau

Sonderlackierungen

050 weiß
291 dunkelolivgrün
542 dunkelrot
568 signalrot
606 ahorngelb
623 hellelfenbein
624 gelb
717 papyrusweiß
726 beigegrau
903 blau
904 dunkelblau

Metalliclackierungen

172 anthrazitgrau
387 blau
419 ikonengold
422 byzanzgold
571 rot
735 astralsilber
861 silbergrün
862 piniengrün
906 graublau

KW-Ausstattungen VI/74

TYP	280 SLC	350 SLC	450 SLC
BAUMUSTER	107.022	107.023	107.024

LEDER - POLSTERUNG

Teilbenennung	Werkstoff	Code-Nummern 261	262	263	264	265	266	267	268
Sitzbezug Mitte	Leder perfor.	9007 schwarz	5020 blau	8100 mahagoni	8103 beige	8115 pergament	6028 olivgrün	8102 bambus	3030 rot
Verkl. Fahrerlehne, Seitenbacken u. Böden der Sitze	Leder glatt	9007 schwarz	5020 blau	8100 mahagoni	8103 beige	8115 pergament	6028 olivgrün	8102 bambus	3030 rot
Türbelag Mitte	Folie	9007 schwarz	5031 dunkelblau	8141 braun	8139 braunbeige	8142 d' pergament	6036 d' olivgrün	8140 hellbraun	3038 dunkelrot
Instrumententafel Oberteil	Folie	9007 schwarz	5020 blau	8170 braun	8106 braunbeige	8143 d' graubeige	6029 d' olivgrün	8169 hellbraun	3043 dunkelrot
Instrumententafel Unterteil, Türbelag	Folie	9007 schwarz	5020 blau	8100 mahagoni	8103 beige	8115 pergament	6028 olivgrün	8102 bambus	3030 rot
Bodenbelag	Tufting-Teppich	7073 d' anthrazitgrau	5037 dunkelblau	8171 braun	8172 beige	8173 pergament	6043 olivgrün	8174 bambus	3045 rot
Himmel	MB-Tex perfor.	9002 weiß	9002 weiß	8038 bambus hell	8036 creme	8036 creme	8036 creme	8038 bambus hell	9002 weiß
Belag Hutablage	Tufting-Teppich	9013 anthrazit	5009 blau	8155 braun	8156 beige	8157 pergament	6039 olivgrün	8158 bambus	3040 rot
Serienlackierungen		131 430 514 733 860 917	131 514 917 920	040 131 430 860 920	040 131 430 733 860 920	040 131 430 514 860 917 920	040 131 860	131 040 860 860 917 920	040 131 514 733 917
Sonderlackierungen		050 568 606 623 624 717 726	050 717 903 904	050 623 717 903 904	050 291 542 606 623 903 904	050 291 542 568 606 624 726 903 904	050 291 606 623 717	050 291 542 623 717 726 903 904	050 542 623 717
Metalliclackierungen		172 419 422 462 571 735 861 862 906	387 462 735 906	422 462 735 861 862	172 387 422 571 861 862	172 387 419 422 462 571 861 862 906	419 861 862	172 387 422 735 861 862	172 387 571 735

Lackierungen siehe STOFF-POLSTERUNG

TYP	280 SLC	350 SLC	450 SLC
BAUMUSTER	107.022	107.023	107.024

VELOURS - POLSTERUNG

Teilbenennung	Werkstoff	Code-Nummern 961	962	963	964	965	966
Sitzbezug Mitte, seitl. Böden der Fahrersitze u. Fondsitzbank Türbelag Mitte	Velours glatt	7066 anthrazit	5032 blau	8150 mahagoni	8149 beige	8151 pergament	6038 olivgrün
Seitenbacken der Fahrersitze und der Fondsitzbank	Velours gestreift	7066 anthrazit	5032 blau	8150 mahagoni	8149 beige	8151 pergament	6038 olivgrün
Türbelag oben u. unten, Verkleidung Fahrerlehne Mitte Instrumententafel UT	Folie	9007 schwarz	5020 blau	8100 mahagoni	8103 beige	8115 pergament	6028 olivgrün
Verkleidung Fahrerlehne links und rechts	MB-Tex	9007 schwarz	5020 blau	8100 mahagoni	8103 beige	8115 pergament	6028 olivgrün
Instrumententafel Oberteil	Folie	9007 schwarz	5020 blau	8170 braun	8106 braunbeige	8143 d' graubeige	6029 d' olivgrün
Bodenbelag	Tufting-Teppich	7073 d' anthrazitgrau	5037 blau	8171 braun	8172 beige	8173 pergament	6043 olivgrün
Himmel	MB-Tex perfor.	9002 weiß	9002 weiß	8038 bambus hell	8036 creme	8036 creme	8036 creme
Belag Hutablage	Tufting-Teppich	9013 anthrazit	5009 blau	8155 braun	8156 beige	8157 pergament	6039 olivgrün
Serienlackierungen		131 430 514 733 860 917	131 514 917 920	040 131 430 860 920	040 131 430 733 860 920	040 131 430 514 860 917 920	040 131 860
Sonderlackierungen		050 568 606 624 717 726 623	050 717 903 904	050 717 903 904 623	050 291 542 606 623 904 903	050 291 542 568 606 624 726 903 904	050 291 606 623 717
Metalliclackierungen		172 419 422 462 571 735	387 462 735 906	422 462 735 861 862	172 387 422 571 861 862	172 387 419 422 462 571 861 862 906	419 861 862

Serienlackierungen

040 schwarz
131 pastellweiß
430 herbstbeige
514 kameolrot
733 grau
860 grün
917 aquablau
920 tiefblau

Sonderlackierungen

050 weiß
291 dunkelolivgrün
542 dunkelrot
568 signalrot
606 ahorngelb
623 hellelfenbein
624 gelb
717 papyrusweiß
726 beigegrau
903 blau
904 dunkelblau

Metalliclackierungen

172 anthrazitgrau
387 blau
419 ikonengold
422 byzanzgold
462 beige
571 rot
735 astralsilber
861 silbergrün
862 piniengrün
906 graublau

280 SLC 350 SLC
450 SLC
450 SLC 5.0

Bm C 107

Serienausstattung 280 SLC, 350 SLC, 450 SLC, 450 SLC 5.0

Benennung	Baumuster, Typ 022 280 SLC	023 350 SLC	024 450 SLC	026 450 SLC 5.0
Technik				
Drehzahlmesser	s	s	s	s
Entstörung Radio	SA	s	s	s
Getriebe				
automatisch	SA	SA	s	s
mechanisch 4-Gang	s	s	–	–
Mittelschaltung	s	s	s	s
Halogen (Fern-, Abblend-, Nebellicht)	s	s	s	s
Lenkungsstoßdämpfer	s	s	s	s
Lüfterkupplung	s	s	s	s
Nebelscheinwerfer	s	s	s	s
Nebelschlußleuchte	s	s	s	s
Ölkühler	s	s	s	s
Reifen				
185 HR 14 90 H oder 185 R 14 90 H 1)	s	–	–	–
205/70 VR 14	–	s	s	s
Felgen 6½ J×14 H 2–B	s	s	s	s
Räderart Leichtmetall 5fach	SA	SA	SA	s
Zweikreisbremse	s	s	s	s
Scheibenbremsen				
vorn	s	s	s	s
hinten	s	s	s	s
Servolenkung	s	s	s	s
Sicherheitslenksäule	s	s	s	s
Stabilisator	s	s	s	s
Stoßdämpfer	s	s	s	s
Anlasser 1,5 kW (2 PS) 12 V	s	s	s	s
Batterie				
12 V/55 Ah	s	–	–	–
12 V/66 Ah	–	s	s	s
Lichtmaschine 14 V/55 A	s	s	s	s
Spannung der Verbraucher 12 Volt	s	s	s	s
Metallic-Lackierung	SA	SA	SA	s

1) nach ACE Norm
s = serienmäßig
SA = als Sonderausstattung lieferbar
— = nicht möglich bzw. nicht vorgesehen

Serienausstattung 280 SLC, 350 SLC, 450 SLC, 450 SLC 5.0

280 SLC 350 SLC
450 SLC
450 SLC 5.0

Bm C 107

Benennung	Baumuster, Typ 022 280 SLC	023 350 SLC	024 450 SLC	026 450 SLC 5.0
Ausstattung				
Armlehne klappbar Fondmitte	s	s	s	s
Aschenbecher und Zigarrenanzünder beleuchtet	s	s	s	s
Bremsbelagverschleißanzeige durch Kontrolleuchte	s	s	s	s
Einzelsitze	s	s	s	s
Frontscheibe Verbundglas	s	s	s	s
Handschuhkastenschloß	s	s	s	s
Handschuhkasten beleuchtet	s	s	s	s
Hauptschlüsselsystem	s	s	s	s
Heckscheibe elektrisch heizbar (Verbundglas)	s	s	s	s
Kofferraumbeleuchtung	s	s	s	s
Kopfstützen vorn	s	s	s	s
Leuchtweitenregulierung pneumatisch vom Fahrersitz aus gesteuert	s	s	s	s
Polsterung Stoff	s	s	s	s
Reservewarnleuchte	s	s	s	s
Rückblickspiegel außen links (von innen verstellbar)	s	s	s	s
Ruhesitze links und rechts	s	s	s	s
Sicherheitsgurte (Dreipunkt-Automatic)				
vorn	s	s	s	s
hinten mit mechanischem Beckengurt	s	s	s	s
Tankdeckel verschließbar	s	s	s	s
Teppichbodenbelag vorn und hinten	s	s	s	s
Türen (zwei)	s	s	s	s
Verbandkasten	s	s	s	s
Warndreieck	s	s	s	s
Warnsummer für nicht ausgeschaltetes Hauptlicht	s	s	s	s
Zeituhr, elektrisch, quarzgesteuert	s	s	s	s
Metallic-Lackierung	SA	SA	SA	s

s = serienmäßig
SA = als Sonderausstattung lieferbar
– = nicht möglich bzw. nicht vorgesehen

Sonderausstattungen 280 SLC, 350 SLC, 450 SLC, 450 SLC 5.0

gegen Mehrpreis bei Neuwagenlieferung ab Werk

280 SLC 350 SLC 450 SLC 450 SLC 5.0

Bm C 107

Benennung	Code	Baumuster, Typ 022 280 SLC	023 350 SLC	024 450 SLC	026 450 SLC 5.0	Kaufpreis einschl. 13% USt. DM	Listenpreis ohne USt. DM	x
Anhängevorrichtung mit festsitzendem Kugelhals [1]	55/0	x	x	x	x	519.80	460.—	
Antenne								
automatisch bei Radioeinbau	53/1	x	x	x	x	333.25	295.—	
automatisch ohne Radioeinbau	53/2	x	x	x	x	412.45	365.—	
mechanisch ohne Radioeinbau	53/4	x	x	x	x	79.10	70.—	
Armlehne klappbar vorn	57/0	x	x	x	x	163.85	145.—	
Ausgleichsgetriebe mit begrenztem Schlupf	256	–	x	x	x	339.—	300.—	
Außenspiegel rechts, von innen einstellbar	50/2	x	x	x	x	101.70	90.—	
Autotelefon und Zubehör								
Becker AT 40 S	351	x	x	x	x	16599.70	14690.—	
TeKaDe BSA 31 S	263	x	x	x	x	16023.40	14180.—	
Dachantenne [2] [3]	354	x	x	x	x	333.35	295.—	
Heckantenne [4]	355	x	x	x	x	271.20	240.—	
Einbauteilesatz Becker AT 40 S	353	x	x	x	x	1785.40	1580.—	
Einbauteilesatz TeKaDe BSA 31 S	265	x	x	x	x	1785.40	1580.—	
Entstörung für nachträgl. Radio und FM-Funk	53/3	x	s	s	s	96.05	85.—	
Fensterheber								
elektrisch 2fach	58/3	x	x	x	x	644.10	570.—	
elektrisch 4fach	58/4	x	x	x	x	1152.60	1020.—	
Feuerlöscher montiert	68/2	x	x	x	x	56.50	50.—	
Getriebe								
automatisch, Mittelschaltung	42/0	x	x	s	s	1898.40	1680.—	
Hecklautsprecher mit Überblendregler								
Mono 2 Stück	811	x	x	x	x	276.85	245.—	
Stereo 2 Stück	812	x	x	x	x	276.85	245.—	

1) Zulässige Anhängelast siehe Veröffentlichung VP IN und ZKD
2) nicht lieferbar mit Schiebedach
3) Die Dachantenne erzeugt nicht zu beseitigende Windgeräusche; der gleichzeitige Betrieb einer Radio- und Funkanlage ist nicht möglich.
4) Auch für Taxi-Funk (2 m Band) verwendbar

x = als Sonderausstattung lieferbar
s = serienmäßig ohne Mehrpreis, Code darf nicht vorgeschrieben werden
oM = ohne Mehrpreis
N = Einbau nur nachträglich bei Niederlassung bzw. Vertretung
– = ungültig, nicht baubar

280 SLC 350 SLC
450 SLC
450 SLC 5.0

Bm C 107

Sonderausstattungen 280SLC, 350SLC, 450SLC, 450SLC 5.0

gegen Mehrpreis bei Neuwagenlieferung ab Werk

Benennung	Code	Baumuster, Typ 022 280 SLC	023 350 SLC	024 450 SLC	026 450 SLC 5.0	Kaufpreis einschl. 13% USt. DM	Listenpreis ohne USt. DM
Klimaanlage	58/0	x	x	x	x	2938.—	2600.—
Klimatisierungsautomatik	58/1	x	x	x	x	3514.30	3110.—
Lackierung gemäß Musterkarte							
Sonderlackierung		oM	oM	oM	s	—	—
Metalliclackierung		x	x	x	s	1062.20	940.—
Leichtmetallräder 5fach	64/0	x	x	x	s	1141.30	1010.—
Niveauregulierung	48/0	x	x	x	x	841.85	745.—
Polsterung gemäß Musterkarte							
Leder 10)		x	x	x	x	1796.70	1590.—
Velours		x	x	x	x	1519.85	1345.—
Radio Becker 11)							
Europa LMKU	51/4	x	–	–	–	576.30	510.—
		–	x	x	x	480.25	425.—
Europa Kurier LMKU mit integriertem Verkehrsfunk-Decoder	257	x	–	–	–	644.10	570.—
		–	x	x	x	548.05	485.—
Grand Prix LMKU	51/6	x	–	–	–	853.15	755.—
		–	x	x	x	757.10	670.—
Europa Cassette LMKU Rundfunkempfang Mono; Stereo über Cassette	51/2	x	–	–	–	954.85	845.—
		–	x	x	x	858.80	760.—
Europa Cassette Kurier LMKU mit integriertem Verkehrsfunk-Decoder Rundfunkempfang Mono; Stereo über Cassette	254	x	–	–	–	1028.30	910.—
		–	x	x	x	932.25	825.—
Mexico Cassette Vollstereo Reverse MU 12)	51/1	x	–	–	–	1638.50	1450.—
		–	x	x	x	1542.45	1365.—
Verkehrsfunk-Kurier 5 (für alle Geräte mit autom. Sendersuchlauf)	259	x	x	x	x	276.85	245.—
andere Radio-Fabrikate		N	N	N	N	—	—
Reifen							
M+S-Haft-Gürtelreifen 4fach	64/5	x	–	–	–	158.20	140.—
		–	x	x	x	84.75	75.—
Scheinwerferwischeranlage	60/0	x	x	x	x	468.95	415.—
Schiebedach elektrisch	41/0	x	x	x	x	1271.25	1125.—

x

10) Leder nur für Sitz und Lehne, Türbelag in Kunststoff
11) einschließlich mechanischer Antenne, Entstörung und 2 Frontlautsprecher
12) einschließlich 2 Hecklautsprecher

x = als Sonderausstattung lieferbar
s = serienmäßig ohne Mehrpreis, Code darf nicht vorgeschrieben werden
oM = ohne Mehrpreis
N = Einbau nur nachträglich bei Niederlassung bzw. Vertretung
– = ungültig, nicht baubar

x = geändert

Änderungen vorbehalten

Sonderausstattungen 280 SLC, 350 SLC, 450 SLC, 450 SLC 5.0

gegen Mehrpreis bei Neuwagenlieferung ab Werk

280 SLC 350 SLC
450 SLC
450 SLC 5.0

Bm C 107

Benennung	Code	Baumuster, Typ 022 280 SLC	023 350 SLC	024 450 SLC	026 450 SLC 5.0	Kaufpreis einschl. 13% USt. DM	Listenpreis ohne USt. DM	x
Sitze								
Fahrerlehne orthopädisch	40/4	x	x	x	x	92.66	82.—	
Beifahrerlehne orthopädisch	40/5	x	x	x	x	92.66	82.—	
Sitzheizung elektrisch								
Fahrersitz-Heizung	870	x	x	x	x	242.95	215.—	
Beifahrersitz-Heizung	871	x	x	x	x	242.95	215.—	
Tempomat 7)	44/0	x	x	x	x	440.70	390.—	
Wärmedämmendes Glas rundum mit heizbarer Heckscheibe Verbundglas	59/0	x	x	x	x	418.10	370.—	
Zentralverriegelung	46/6	x	x	x	x	316.40	280.—	

7) nur lieferbar bei automatischem Getriebe

x = als Sonderausstattung lieferbar
s = serienmäßig ohne Mehrpreis, Code darf nicht vorgeschrieben werden
oM = ohne Mehrpreis
N = Einbau nur nachträglich bei Niederlassung bzw. Vertretung
– = ungültig, nicht baubar

TYP: 280 SLC, 350 SLC, 450 SLC
BAUMUSTER: 107 022, 107 023, 107 024

STOFFPOLSTERUNG

Teilbenennung	Werkstoff	Code-Nummern 001	002	003	004	005	006
Sitzbezug mitte Türbelag mitte u. oben	Polsterstoff	9026 schwarz	5048 blau	8218 tabak	8219 bambus	8220 pergament	6057 moos
Seitenbacken u. Böden der Fahrer- u. Fondsitze	MB-Tex glatt	9007 schwarz	5045 blau	8261 tabak	8262 bambus	8263 pergament	6070 moos
Türbelag Instrumententafel UT	Folie	9007 schwarz	5045 blau	8261 tabak	8262 bambus	8263 pergament	6070 moos
Instrumententafel OT	Folie	9007 schwarz	5045 blau	8261 tabak	8262 bambus	8143 d.graubeige	6070 moos
Belag – Boden, Kofferraum, Hutablage	Velours-Teppich	7088 d.anthrazit	5061 blau	8288 tabak	8289 bambus	8290 pergament	6076 moos
Himmel	MB-Tex perforiert	8227 cremgrau	8227 cremgrau	8038 bambus hell	8038 bambus hell	8227 cremgrau	8227 cremgrau
Holzteile	Edelholz-Furnier	Wurzelnuss					
Serienlackierungen	empfohlen	470 504 606 737 867	737 922	470 606 737	040 737	040 504 903	606 737
	möglich	040 922	903	040 922	470 504 606 867 903 922		040
Sonderlackierungen	empfohlen	406 568 618 623 624 673 740	740	406 424 623	516 623 825 870	424 516 568 825 870 904	618
	möglich		623 904	740	406 424 568 740 904	406 618 673	623 825
Metallic-Lackierungen	empfohlen	419 525 735 861 874	735	404	876	172 404 525 876 906 931	419 874 876
	möglich	172	906	172 735	172 404 525 735 861 906 931	419 874	

Lackierungen	Erkennbarkeit in %
Serienlackierungen	
040 schwarz	5
470 coloradobeige	38
504 englischrot	28
606 ahorngelb	61
737 classicweiß	88
867 kaledoniengrün	36
903 blau	8
922 pastellblau	43
Sonderlackierungen	
406 cayenneorange	47
424 topasbraun	10
516 mittelrot	23
568 signalrot	38
618 mimosengelb	55
623 hellelfenbein	77
624 gelb	70
673 saharagelb	50
740 pastellgrau	46
825 tiefgrün	6
870 nickelgrün	10
904 dunkelblau	4
Metallic-Lackierungen	
172 anthrazitgrau	
404 milanbraun	
419 ikonengold	
525 brillantrot	
735 astralsilber	
861 silbergrün	
874 citrusgrün	
876 zypressengrün	
906 graublau	
931 magnetitblau	

Sitze: Vollpfeifen genäht
Türbelag: flach geschweißt

KW-Ausstattungen XI/77

280 SLC 350 SLC
450 SLC
450 SLC 5.0

Bm C 107

Ausstattungen Lederpolsterung

TYP	280 SLC	350 SLC	450 SLC					
BAUMUSTER		107 022	107 023	107 024				
Teilbenennung	**Werkstoff**	**Code-Nummern 201**	**202**	**203**	**204**	**205**	**206**	**207**
Sitzbezug mitte	Leder perforiert	9028 schwarz	5045 blau	8209 tabak	8210 bambus	8211 pergament	6054 moos	3055 rot
Verkl. Fahrerlehne Seitenbacken und Böden der Sitze	Leder glatt	9028 schwarz	5045 blau	8209 tabak	8210 bambus	8211 pergament	6054 moos	3055 rot
Türbelag Instrumententafel UT	Folie	9007 schwarz	5045 blau	8261 tabak	8262 bambus	8263 pergament	6070 moos	3055 rot
Instrumententafel OT	Folie	9007 schwarz	5045 blau	8261 tabak	8262 bambus	8143 d graubeige	6070 moos	3055 rot
Belag – Boden, Kofferraum, Hutablage	Velours-Teppich	7088 d anthrazit	5061 blau	8288 tabak	8289 bambus	8290 pergament	6076 moos	3066 rot
Himmel	MB-Tex perforiert	8227 cremgrau	8227 cremgrau	8038 bambus hell	8038 bambus hell	8227 cremgrau	8227 cremgrau	8227 cremgrau
Holzteile	Edelholz-Furnier	Wurzelnuss						
Serienlackierungen	empfohlen	470 504 606 737 867	737 922	470 606 737	040 737	040 504 903	606 737	040 737
	möglich	040 922	903	040 922	470 504 606 867 903 922		040	
Sonderlackierungen	empfohlen	406 568 618 623 624 673 740	740	406 424 623	516 623 825 870	424 516 568 825 870 904	618	568 740
	möglich		623 904	740	406 424 568 740 904	406 618 673	623 825	406 516 623
Metallic-Lackierungen	empfohlen	419 525 735 861 874	735	404	876	172 404 525 876 906 931	419 874 876	172 735
	möglich	172	906	172 735	172 404 525 735 861 906 931	419 874		525 861 906 931

Lackierungen	Erkennbarkeit in %
Serienlackierungen	
040 schwarz	5
470 coloradobeige	38
504 englischrot	28
606 ahorngelb	61
737 classicweiß	88
867 kaledoniengrün	36
903 blau	8
922 pastellblau	43
Sonderlackierungen	
406 cayenneorange	47
424 topasbraun	10
516 mittelrot	23
568 signalrot	38
618 mimosengelb	55
623 hellelfenbein	77
624 gelb	70
673 saharagelb	50
740 pastellgrau	46
825 tiefgrün	6
870 nickelgrün	10
904 dunkelblau	4
Metallic-Lackierungen	
172 anthrazitgrau	
404 milanbraun	
419 ikonengold	
525 brillantrot	
735 astralsilber	
861 silbergrün	
874 citrusgrün	
876 zypressengrün	
906 graublau	
931 magnetitblau	

Sitze Vollpfeifen genäht
Türbelag flach geschweißt

KW-Ausstattungen XI/77

x = geändert

Änderungen vorbehalten

Änderungen vorbeh

x = geändert

Ausstattungen Veloursposterung

VELOURSPOLSTERUNG

TYP	280 SLC	350 SLC	450 SLC				
BAUMUSTER		107 022	107 023	107 024			
Teilbenennung	**Werkstoff**	**Code-Nummern 901**	**902**	**903**	**904**	**905**	**906**
Sitzbezug mitte, seitl. Böden der Sitze, Türbelag mitte und oben, Hutablage	Velours glatt	7081 anthrazit	5050 blau	8224 tabak	8225 bambus	8226 pergament	6059 moos
Seitenbacken der Sitze	Velours gestreift	7081 anthrazit	5050 blau	8224 tabak	8225 bambus	8226 pergament	6070 moos
Türbelag unten Verkleidung Fahrerlehne mitte Instrumententafel UT	Folie	9007 schwarz	5045 blau	8261 tabak	8262 bambus	8263 pergament	6070 moos
Verkleidung Fahrerlehne links und rechts	MB-Tex	9007 schwarz	5045 blau	8261 tabak	8262 bambus	8263 pergament	6070 moos
Instrumententafel OT	Folie	9007 schwarz	5045 blau	8261 tabak	8262 bambus	8143 d graubeige	6070 moos
Belag – Boden und Kofferraum	Velours-Teppich	7088 d anthrazit	5061 blau	8288 tabak	8289 bambus	8290 pergament	6076 moos
Himmel	MB-Tex perforiert	8227 cremgrau	8227 cremgrau	8038 bambus hell	8038 bambus hell	8227 cremgrau	8227 cremgrau
Holzteile	Edelholz-Furnier	Wurzelnuss					
Serienlackierungen	empfohlen	470 504 606 737 867	737 922	470 606 737	040 737	040 504 903	606 737
	möglich	040 922	903	040 922	470 504 606 867 903 922		040
Sonderlackierungen	empfohlen	406 568 618 623 624 673 740	740	406 424 623	516 623 825 870	424 516 568 825 870 904	618
	möglich		623 904	740	406 424 568 740 904	406 618 673	623 825
Metallic-Lackierungen	empfohlen	419 525 735 861 874	735	404	876	172 404 525 876 906 931	419 874 876
	möglich	172	906	172 735	172 404 525 735 861 906 931	419 874	

Lackierungen	Erkennbarkeit in %
Serienlackierungen	
040 schwarz	5
470 coloradobeige	38
504 englischrot	28
606 ahorngelb	61
737 classicweiß	88
867 kaledoniengrün	36
903 blau	8
922 pastellblau	43
Sonderlackierungen	
406 cayenneorange	47
424 topasbraun	10
516 mittelrot	23
568 signalrot	38
618 mimosengelb	55
623 hellelfenbein	77
624 gelb	70
673 saharagelb	50
740 pastellgrau	46
825 tiefgrün	6
870 nickelgrün	10
904 dunkelblau	4
Metallic-Lackierungen	
172 anthrazitgrau	
404 milanbraun	
419 ikonengold	
525 brillantrot	
735 astralsilber	
861 silbergrün	
874 citrusgrün	
876 zypressengrün	
906 graublau	
931 magnetitblau	

Sitze: Vollpfeifen genäht
Türbelag: flach geschweißt

KW-Ausstattungen XI/77

280 SLC 380 SLC 500 SLC

Bm C 107

Serienausstattung 280 SLC, 380 SLC, 500 SLC

Benennung	Baumuster, Typ 022 280 SLC	025 380 SLC	026 500 SLC
Technik			
Drehzahlmesser	s	s	s
Entstörung Radio	SA	s	s
Getriebe			
automatisch	SA	s	s
mechanisch 4-Gang	s	–	–
Mittelschaltung	s	s	s
Halogen (Fern-, Abblend-, Nebellicht)	s	s	s
Lenkungsstoßdämpfer	s	s	s
Lüfterkupplung	s	s	s
Nebelscheinwerfer	s	s	s
Nebelschlußleuchte	s	s	s
Ölkühler	s	s	s
Reifen			
195/70 HR 14 89 H	s	–	–
205/70 VR 14	–	s	s
Felgen 6½ J×14 H 2	s	s	s
Räderart Leichtmetall 5fach	SA	SA	s
Zweikreisbremse	s	s	s
Scheibenbremsen			
vorn	s	s	s
hinten	s	s	s
Servolenkung	s	s	s
Sicherheitslenksäule	s	s	s
Stabilisator	s	s	s
Stoßdämpfer	s	s	s
Starter 1,5 kW (2 PS) 12 V	s	s	s
Batterie			
12 V/55 Ah	s	–	–
12 V/66 Ah	–	s	s
Drehstrom-Generator			
14 V/55 A	s	–	–
14 V/70 A	–	s	s
Spannung der Verbraucher 12 Volt	s	s	s

[1]) nach ECE Norm
s = serienmäßig
SA = als Sonderausstattung lieferbar
— = nicht möglich bzw. nicht vorgesehen

 x = geändert

Serienausstattung
280 SLC, 380 SLC, 500 SLC

280 SLC 380 SLC
500 SLC

Bm C 107

Benennung	Baumuster, Typ 022 280 SLC	025 380 SLC	026 500 SLC
Ausstattung			
Armlehne klappbar Fondmitte	s	s	s
Aschenbecher und Zigarrenanzünder beleuchtet	s	s	s
Bremsbelagverschleißanzeige durch Kontrolleuchte	s	s	s
Einzelsitze	s	s	s
Fensterheber elektrisch 4fach	SA	SA	s
Fondbeleuchtung	s	s	s
Frontscheibe Verbundglas	s	s	s
Handschuhkastenschloß	s	s	s
Handschuhkasten beleuchtet	s	s	s
Hauptschlüsselsystem	s	s	s
Heckscheibe elektrisch heizbar (Verbundglas)	s	s	s
Kofferraumbeleuchtung	s	s	s
Kopfstützen vorn	s	s	s
Kraftstoffverbrauchs-Tendenzanzeige	s	s	s
Leuchtweitenregulierung pneumatisch vom Fahrersitz aus gesteuert	s	s	s
Metallic-Lackierung	SA	SA	s
Polsterung Stoff	s	s	s
Reservewarnleuchte	s	s	s
Rückblickspiegel außen links (von innen einstellbar)	s	s	s
Ruhesitze links und rechts	s	s	s
Sicherheitsgurte (Dreipunkt-Automatik)			
vorn	s	s	s
hinten mit mechanischem Beckengurt	s	s	s
Tankdeckel verschließbar	s	s	s
Teppichbodenbelag vorn und hinten	s	s	s
Türen (zwei)	s	s	s
Verbandkasten	s	s	s
Warndreieck	s	s	s
Warnsummer für nicht ausgeschaltetes Hauptlicht	s	s	s
Zeituhr, elektrisch, quarzgesteuert	s	s	s
Zentralverriegelung	SA	SA	s

s = serienmäßig
SA = als Sonderausstattung lieferbar
– = nicht möglich bzw. nicht vorgesehen

Sonderausstattungen
280 SLC, 380 SLC, 500 SLC

gegen Mehrpreis bei Neuwagenlieferung ab Werk

280 SLC 380 SLC 500 SLC

Bm C 107

Benennung	Code	Baumuster, Typ 022 280 SLC	025 380 SLC	026 500 SLC	Listenpreis ohne USt. DM	Umsatzsteuer 13% DM	Kaufpreis einschl. 13% USt. DM	
Anhängevorrichtung mit festsitzendem Kugelhals 1)	55/0	x	x	x	500.—	65.—	565.—	
Antenne								
automatisch bei Radioeinbau	53/1	x	x	x	300.—	39.—	339.—	
automatisch ohne Radioeinbau	53/2	x	x	x	375.—	48.75	423.75	
mechanisch ohne Radioeinbau	53/4	x	x	x	75.—	9.75	84.75	
Antiblockiersystem	47/0	x	x	x	2150.—	279.50	2429.50	
Armlehne klappbar vorn	57/0	x	x	x	160.—	20.80	180.80	
Ausgleichsgetriebe mit begrenztem Schlupf	256	–	x	x	330.—	42.90	372.90	
Außenspiegel rechts, von innen einstellbar	50/2	x	x	x	95.—	12.35	107.35	
Autotelefon und Zubehör								
Becker AT 76 S	345	x	x	x	16800.—	2184.—	18984.—	x
TeKaDe BSA 33	273	x	x	x	16300.—	2119.—	18419.—	x
Dachantenne 2) 3)	354	x	x	x	320.—	41.60	361.60	
Heckantenne 4)	355	x	x	x	350.—	45.50	395.50	x
Einbauteilesatz Becker AT 76 S	346	x	x	x	1785.—	232.05	2017.05	x
Einbauteilesatz TeKaDe BSA 33	274	x	x	x	1785.—	232.05	2017.05	x
Entstörung für nachträglichen Radio und FM-Funk	53/3	x	s	s	90.—	11.70	101.70	
Fensterheber								
elektrisch 2fach	58/3	x	x	–	620.—	80.60	700.60	
elektrisch 4fach	58/4	x	x	s	1105.—	143.65	1248.65	
Feuerlöscher montiert, 2 kg Halon	68/2	x	x	x	110.—	14.30	124.30	
Getriebe								
automatisch, Mittelschaltung	42/0	x	s	s	1800.—	234.—	2034.—	
Hecklautsprecher mit Überblendregler								
Mono 2 Stück	811	x	x	x	255.—	33.15	288.15	
Stereo 2 Stück	812	x	x	x	255.—	33.15	288.15	

1) Zulässige Anhängelast siehe Veröffentlichungen VP IN und ZKD
2) nicht lieferbar mit Schiebedach
3) Die Dachantenne erzeugt nicht zu beseitigende Windgeräusche; der gleichzeitige Betrieb einer Radio- und Funkanlage ist nicht möglich.
4) Auch für Taxi-Funk (2 m Band) verwendbar

x = als Sonderausstattung lieferbar
s = serienmäßig ohne Mehrpreis, Code darf nicht vorgeschrieben werden
oM = ohne Mehrpreis
N = Einbau nur nachträglich bei Niederlassung bzw. Vertretung
– = ungültig, nicht baubar

280 SLC 380 SLC 500 SLC

Bm C 107

Sonderausstattungen 280 SLC, 380 SLC, 500 SLC

gegen Mehrpreis bei Neuwagenlieferung ab Werk

Benennung	Code	Baumuster, Typ 022 280 SLC	025 380 SLC	026 500 SLC	Listenpreis ohne USt. DM	Umsatzsteuer 13% DM	Kaufpreis einschl. 13% USt. DM
Klimaanlage	58/0	x	x	x	2800.—	364.—	3164.—
Klimatisierungsautomatik	58/1	x	x	x	3360.—	436.80	3796.80
Lackierung gemäß Musterkarte							
Sonderlackierung		oM	oM	oM	–	–	–
Metalliclackierung		x	x	oM	985.—	128.05	1113.05
Leichtmetallräder 5fach	64/0	x	x	s	1095.—	142.35	1237.35
Niveauregulierung 13)	48/0	x	x	x	810.—	105.30	915.30
Polsterung gemäß Musterkarte							
Leder 10)		x	x	x	1720.—	223.60	1943.60
Velours		x	x	x	1455.—	189.15	1644.15
Radio Becker 11)							
Europa LMKU	51/4	x	–	–	515.—	66.95	581.95
		–	x	x	430.—	55.90	485.90
Europa Kurier LMKU mit integriertem Verkehrsfunk-Decoder	257	x	–	–	580.—	75.40	655.40
		–	x	x	495.—	64.35	559.35
Grand Prix LMKU	51/6	x	–	–	785.—	102.05	887.05
		–	x	x	700.—	91.—	791.—
Europa Cassette Vollstereo LMKU	51/2	x	–	–	870.—	113.10	983.10
		–	x	x	785.—	102.05	887.05
Europa Cassette Vollstereo Kurier LMKU mit integriertem Verkehrsfunk-Decoder	254	x	–	–	935.—	121.55	1056.55
		–	x	x	850.—	110.50	960.50
Mexico Cassette Electronic Kurier MU 12)	51/0	x	–	–	1760.—	228.80	1988.80
		–	x	x	1675.—	217.75	1892.75
andere Radio-Fabrikate		N	N	N	–	–	–
Reifen							
M+S-Haft-Gürtelreifen 4fach	64/5	x	–	–	155.—	20.15	175.15
		–	x	x	85.—	11.05	96.05
Scheinwerferwischeranlage	60/0	x	x	x	430.—	55.90	485.90
Schiebedach elektrisch	41/0	x	x	x	1220.—	158.60	1378.60

10) Leder nur für Sitz und Lehne, Türbelag in Kunststoff
11) einschließlich mechanischer Antenne, Entstörung und 2 Frontlautsprecher
12) einschließlich 2 Hecklautsprecher
13) nicht lieferbar mit Antiblockiersystem

x = als Sonderausstattung lieferbar
s = serienmäßig ohne Mehrpreis, Code darf nicht vorgeschrieben werden
oM = ohne Mehrpreis
N = Einbau nur nachträglich bei Niederlassung bzw. Vertretung
– = ungültig, nicht baubar

Ausstattungen Stoffpolsterung 280 SLC, 380 SLC, 500 SLC

280 SLC 380 SLC 500 SLC

Bm C 107

Änderungen vorbehalten

x = geändert

TYP BAUMUSTER	280 SLC 107 022	380 SLC 107 025	500 SLC 107 026						
Teilbenennung	Werkstoff	Code-Nummern 031	032	033	034	035	036	037	038
Sitzbezug mitte Einsatz Türbelag	Polsterstoff	9052 schwarz	5077 blau	8313 brasil	8327 dattel	8338 creme	6088 olive	3077 siena	7104 grau
Seitenbacken seitl. Böden der Sitze	MB-Tex glatt	9045 schwarz	5070 blau	8310 brasil	8320 dattel	8330 creme	6080 olive	3070 siena	7095 grau
Türbelag Instrumententafel UT	Folie	9045 schwarz	5070 blau	8310 brasil	8320 dattel	8330 creme	6080 olive	3070 siena	7095 grau
Instrumententafel OT	Folie	9045 schwarz	5070 blau	8310 brasil	8317 d.braun	8317 d.braun	6087 d.olive	8317 d.braun	7102 d.grau
Holzteile	Edelholz-Furnier	WURZELNUSS							
Himmel	MB-Tex	7103 silbergrau	7103 silbergrau	8319 bambus hell	8319 bambus hell	8337 beige	8337 bambus hell	8319 beige	7103 silbergrau
Hutablage Bodenbelag Belag Kofferraum	Velours-Teppich	7088 d.anthrazit	5072 blau	8312 brasil	8322 dattel	8332 creme	6082 olive	3072 siena	7097 grau
		schwarz	blau	brasil	dattel	creme	olive	siena	grau
Serienlackierungen	empfohlen	504 673 681 737 880 934	737 934	040 479 504 673 681 737	040 479 673 681 737 880	040 479 673 880 934	040 737 880	040 479 737	040 737 934
	möglich				934			681 934	479
Sonderlackierungen	empfohlen	476 482 501 568 618 623 680 684 740	684 740 904 940	482 568 623 684 740	476 482 501 568 623 740 875 904 940	476 501 623 684 875 904 940	618 623 684 740 875	501 623 684 740 875 904 940	501 740 904
	möglich		623	680	684	482 680			
Metallic-Lackierungen	empfohlen	172 473 581 735 876 877 881 930	735 930 932	473 480 581 881	172 473 480 876 877 932	172 581 876 877 932	581 876 881	172 473 480 735 877 881 930 932	930 932
	möglich			735 877 930	581 735 881 930	881 930	172 735	876	172 480 735

STOFFPOLSTERUNG

Lackierungen	Erkennbarkeit in %
Serienlackierungen	
040 schwarz	5
479 moorbraun	5
504 englischrot	28
673 saharagelb	50
681 weizengelb	68
737 classicweiß	88
880 agavengrün	17
934 chinablau	15
Sonderlackierungen	
476 goldbraun	14
482 apricotorange	45
501 orientrot	9
568 signalrot	38
618 mimosengelb	55
623 hellelfenbein	77
680 heliosgelb	75
684 taigabeige	46
740 pastellgrau	46
875 mangogrün	8
904 dunkelblau	4
940 hansablau	6
Metallic-Lackierungen	
172 anthrazitgrau	
473* champagner	
480 manganbraun	
581* inkarot	
735* astralsilber	
876 zypressengrün	
877 petrol	
881* silberdistel	
930* silberblau	
932 lapisblau	

* Beim Typ 500 SLC Karosserie-UT (unterhalb der Scheuerleiste und unter den Stoßfängern) neutralgrau metallic

KW-Ausstattungen VI/79

Pkw Nachtrag 1 / April 1981 19

Ausstattungen Lederpolsterung 280 SLC, 380 SLC, 500 SLC

TYP	280 SLC	380 SLC	500 SLC
BAUMUSTER	107.022	107.025	107.026

LEDERPOLSTERUNG

Teilbenennung	Werkstoff	Code-Nummern 231	232	233	234	235	236	237	238
Sitzbezug mitte	Leder perforiert	9045 schwarz	5070 blau	8310 brasil	8320 dattel	8330 creme	6080 olive	3070 siena	7095 grau
Seitenbacken seitl. Böden der Sitze Verkleidung Fahrerlehne	Leder glatt	9045 schwarz	5070 blau	8310 brasil	8320 dattel	8330 creme	6080 olive	3070 siena	7095 grau
Einsatz Türbelag	Folie perforiert	9045 schwarz	5070 blau	8310 brasil	8320 dattel	8330 creme	6080 olive	3070 siena	7095 grau
Türbelag Instrumententafel UT	Folie	9045 schwarz	5070 blau	8310 brasil	8320 dattel	8330 creme	6080 olive	3070 siena	7095 grau
Instrumententafel OT	Folie	9045 schwarz	5070 blau	8310 brasil	8317 d.braun	8317 d.braun	6087 d.olive	8317 d.braun	7102 d.grau
Holzteile	Edelholz-Furnier	WURZELNUSS							
Himmel	MB-Tex	7103 silbergrau	7103 silbergrau	8319 bambus hell	8319 bambus hell	8337 beige	8337 beige	8319 bambus hell	7103 silbergrau
Hutablage Bodenbelag Belag Kofferraum	Velours-Teppich	7088 d.anthrazit	5072 blau	8312 brasil	8322 dattel	8332 creme	6082 olive	3072 siena	7097 grau
		schwarz	blau	brasil	dattel	creme	olive	siena	grau
Serienlackierungen	empfohlen	504 673 681 737 880 934	737 934	040 479 504 673 681 737	040 479 673 681 737 880	040 479 673 880 934	040 737 880	040 479 737	040 737 934
	möglich				934			681 934	479
Sonderlackierungen	empfohlen	476 482 501 568 618 623 680 684 740	684 740 904 940	482 568 623 684 740	476 482 501 568 623 740 875 904 940	476 501 623 684 875 904 940	618 623 684 740 875	501 623 684 740 875 904 940	501 740 904
	möglich		623	680	684	482 680			
Metallic-Lackierungen	empfohlen	172 473 581 735 876 877 881 930	735 930 932	473 480 581 881	172 473 480 876 877 932	172 581 876 877 932	581 876 881	172 473 480 735 877 881 930 932	930 932
	möglich			735 877 930	581 735 881 930	881 930	172 735	876	172 480 735

Lackierungen	Erkennbarkeit in %
Serienlackierungen	
040 schwarz	5
479 moorbraun	5
504 englischrot	28
673 saharagelb	50
681 weizengelb	68
737 classicweiß	88
880 agavengrün	17
934 chinablau	15
Sonderlackierungen	
476 goldbraun	14
482 apricotorange	45
501 orientrot	9
568 signalrot	38
618 mimosengelb	55
623 hellelfenbein	77
680 heliosgelb	75
684 taigabeige	46
740 pastellgrau	46
875 mangogrün	8
904 dunkelblau	4
940 hansablau	6
Metallic-Lackierungen	
172 anthrazitgrau	
473* champagner	
480 manganbraun	
581* inkarot	
735* astralsilber	
876 zypressengrün	
877 petrol	
881* silberdistel	
930* silberblau	
932 lapisblau	

* Beim Typ 500 SLC: Karosserie-UT (unterhalb der Scheuerleiste und unter den Stoßfängern) neutralgrau metallic

Ausstattungen Veloursolsterung 280 SLC, 380 SLC, 500 SLC

TYP	280 SLC	380 SLC	500 SLC
BAUMUSTER	107.022	107.025	107.026

VELOURSPOLSTERUNG

Teilbenennung	Werkstoff	Code-Nummern 931	932	933	934	935	936	937	938
Sitzbezug mitte seitl. Böden der Sitze	Velours glatt	7081 anthrazit	5073 blau	8313 brasil	8323 dattel	8333 creme	6083 olive	3073 siena	7098 grau
Seitenbacken	Velours gestreift	7081 anthrazit	5073 blau	8313 brasil	8323 dattel	8333 creme	6083 olive	3073 siena	7098 grau
Einsatz Türbelag Hutablage	Velours glatt	7081 anthrazit	5073 blau	8313 brasil	8323 dattel	8333 creme	6083 olive	3073 siena	7098 grau
Türbelag Verkleidung Fahrerlehne mitte Instrumententafel UT	Folie	9045 schwarz	5070 blau	8310 brasil	8320 dattel	8330 creme	6080 olive	3070 siena	7095 grau
Instrumententafel OT	Folie	9045 schwarz	5070 blau	8310 brasil	8317 d.braun	8317 d.braun	6087 d.olive	8317 d.braun	7102 d.grau
Holzteile	Edelholz-Furnier	WURZELNUSS							
Himmel	MB-Tex	7103 silbergrau	7103 silbergrau	8319 bambus hell	8319 bambus hell	8337 beige	8337 beige	8319 bambus hell	7103 silbergrau
Bodenbelag Belag Kofferraum	Velours-Teppich	7088 d.anthrazit	5072 blau	8312 brasil	8322 dattel	8332 creme	6082 olive	3072 siena	7097 grau
		schwarz	blau	brasil	dattel	creme	olive	siena	grau
Serienlackierungen	empfohlen	504 673 681 737 880 934	737 934	040 479 504 673 681 737	040 479 673 681 737 880	040 479 673 880 934	040 737 880	040 479 737	040 737 934
	möglich				934			681 934	479
Sonderlackierungen	empfohlen	476 482 501 568 618 623 680 684 740	684 740 904 940	482 568 623 684 740	476 482 501 568 623 740 875 904 940	476 501 623 684 875 904 940	618 623 684 740 875	501 623 684 740 875 904 940	501 740 904
	möglich		623	680	684	482 680			
Metallic-Lackierungen	empfohlen	172 473 581 735 876 877 881 930	735 930 932	473 480 581 881	172 473 480 876 877 932	172 581 876 877 932	581 876 881	172 473 480 735 877 881 930 932	930 932
	möglich			735 877 930	581 735 881 930	881 930	172 735	876	172 480 735

Lackierungen	Erkennbarkeit in %
Serienlackierungen	
040 schwarz	5
479 moorbraun	5
504 englischrot	28
673 saharagelb	50
681 weizengelb	68
737 classicweiß	88
880 agavengrün	17
934 chinablau	15
Sonderlackierungen	
476 goldbraun	14
482 apricotorange	45
501 orientrot	9
568 signalrot	38
618 mimosengelb	55
623 hellelfenbein	77
680 heliosgelb	75
684 taigabeige	46
740 pastellgrau	46
875 mangogrün	8
904 dunkelblau	4
940 hansablau	6
Metallic-Lackierungen	
172 anthrazitgrau	
473* champagner	
480 manganbraun	
581* inkarot	
735* astralsilber	
876 zypressengrün	
877 petrol	
881* silberdistel	
930* silberblau	
932 lapisblau	

Beim Typ 500 SLC: Karosserie-UT (unterhalb der Scheuerleiste und unter den Stoßfängern) neutralgrau metallic

MA-CP 478

300 SL
MA CP 478

S·DP 3066

Änderungsliste nach Fahrgestell-Endnummern

Typ	Nr.	Datum	Änderung
350 SL	00115	15. 02. 71	Gebläsemotoren mit Schrägnutung.
350 SL	00750	21. 04. 71	Montage von Lenkrädern, die am unteren Teil des Pralltopfes statt mit Schaumstoff mit einer Verkleidungskappe ausgeführt sind.
350 SL	00759	22. 04. 71	Der Zierstab Mitte des Heckdeckels wird mit einem zusätzlichen Entwässerungsloch und einem zusätzlichen Bolzen montiert.
350 SL	00924	04. 05. 71	Für Linkslenker: Die Schlitze für Luftdüsenbedienung im Zierstab – Instrumententafel werden aus optischen Gründen mit Chromleisten eingefasst.
350 SL	00926	05. 05. 71	Farbe dunkelgrau (7059) entfällt und wird schwarz (9007) für Tiefziehfolie bzw. grauschwarz (7065) für Leder, Kunstleder und PVC-Folie bei Fensterschlüssel und Instrumententafel-Oberteil.
350 SL	01300	24. 05. 71	Der Luftkanal Mitte unter der Heizung wird mit einem zusätzlichen Gitter montiert.
350 SL	01380	28. 05. 71	Innenspiegel mit Klebeband am Spiegelglas.
350 SL	01417	01. 06. 71	Außenspiegel mit Feder im Fuß.
350 SL	01460	02. 06. 71	Für die Fahrerkissen werden weichere Nosag-Federn eingebaut.
350 SL	01470	03. 06. 71	Wärmeschutzblech zwischen Boden und Hauptschalldämpfer. Die bisher gebauten Wagen werden nachgerüstet.
350 SL	01592	09. 06. 71	350 SL und 350 SLC erhalten dieselben Lüfter und Lüfterkupplungen wie die Wagen mit M 117.
350 SL 450 SL	01606 00009	11. 06. 71	Die Beschriftung der Kontrollleuchten wird auf Symbole umgestellt.
350 SL 450 SL	02162 00018	15. 06. 71	Schild für Temperatur-Unterdruckschalter bei Wagen mit Klimaanlage.
350 SL	01537	15. 06. 71	Wagen mit heizbarer Heckscheibe erhalten ein Zeitschaltrelais.
350 SL	01725	18. 06. 71	Für Rechtslenker: Die Schlitze für die Luftdüsenbedienung im Zierstab – Instrumententafel werden aus optischen Gründen mit Chromleisten eingefasst.
450 SL	00076	01. 07. 71	Beim 450 SL wird am Lichtdrehschalter eine andere Bezeichnungsscheibe montiert.
450 SL	00107	06. 07. 71	Hinweisschild für Abgas für USA-Modelljahr 1972.
350 SL 450 SL	02125 00165	08. 07. 71	Die Abdeckung für Stoßfänger vorn wird aus optischen Gründen seriengültig.
350 SL	02162	12. 07. 71	Schild für Temperatur-Unterdruckschalter bei Wagen mit Klimaanlage.
350 SL 450 SL	03384 01100	19. 07. 71	Nebelscheinwerfer nur mit Abblendlicht, deshalb muss der Kabelsatz neu geklammert werden. Klemme 58 auf 56B, Sicherung 15 auf 20, Sicherungsstärke von 8 Amp. auf 16 Amp.
350 SL 450 SL	02335 00295	21. 07. 71	Montage von Ruhesitzbeschlägen mit geänderten Arretierhaken.
450 SL	00422	03. 08. 71	Neues Tankbelüftungsventil für USA (Verdunstungstest).
350 SL 450 SL	03018 00700	01. 09. 71	Farbe dunkelgrau (7059) entfällt und wird schwarz (9007) für Tiefziehfolie bzw. grauschwarz (7065) für Leder, Kunstleder und PVC-Folie für Sitz- und Türverkleidungen.

Typ	Nr.	Datum	Änderung
350 SL 450 SL	03238 00918	14. 09. 71	Ziergitter: Die Befestigungsschrauben der Lufteintrittsziergitter entfallen. Das Ziergitter wird durch den Windschutzscheibenrahmen gehalten.
350 SL 450 SL	03246 00926	15. 09. 71	Am Flüssigkeitsbehälter der Scheibenwaschanlage wird der Saugschlauch von oben nach unten verlegt.
350 SL 450 SL	03260 00960	15. 09. 71	Die Steckverbindungen der Auspuffanlage werden mit Dichtmasse versehen.
350 SL 450 SL	03277 00966	16. 09. 71	Die Abdämmung des Fondbodens wird auf Leichtschaum umgestellt.
350 SL 450 SL	03350 01055	20. 09. 71	Der Zusatzleitungssatz der heizbaren Heckscheibe muss wegen neuer Sicherheitsgurte verlegt werden, es wird ein neuer Kabelsatz gültig. (1078201815, war 1078200515).
350 SL 450 SL	03365 01075	21. 09. 71	Verbesserte Sicherungshaken an der Motorhaube.
350 SL 450 SL	03428 01154	24. 09. 71	Zusätzlicher Schutz schlauch für das Dreiwegeventil.
350 SL	03443	27. 09. 71	Tankoberteil geändert. Neue Ausgleichbehälter, die auch für USA verwendet werden können.
350 SL 450 SL	03505 01185	28. 09. 71	Zierstab auf Verdeckkastendeckel: Die Rosette über dem Stoß der beiden Zierstäbe auf dem Verdeckkastendeckel entfällt. Die Zierstäbe werden geändert.
350 SL 450 SL	03646 01292	06. 10. 71	Am Längsträger wird im Bereich der Lenkungsbefestigung von unten durch ein 10-mm-Loch eine zusätzliche Argonschweißung vorgenommen.
350 SL 450 SL	03743 01425	12. 10. 71	Aus optischen Gründen werden die Betätigungsgriffe für die Frischluftzufuhr geändert.
350 SLC 350 SL 450 SL	00008 03742 01418	12. 10. 71	Fahrersitzänderung: 1. Beim Zusammenbau der Lehne mit dem Sitzkissen werden die Distanzrohre durch Buchsen und Scheiben ersetzt. 2. Halter am Sitz, um das Vorklappen der Lehne zu begrenzen.
350 SL 450 SL	03819 01513	14. 10. 71	Die Abdeckung der Vorderwandsäule wird geändert, neues Profil an der Abdeckung Vorderwandsäule.
450 SL	01586	19. 10. 71	Der Schalter für die Warnblinkanlage bei USA-Wagen wird mit dem Wort »Hazard« gekennzeichnet.
350 SLC 350 SL 450 SL	00006 03897 01656	22. 10. 71	Am Bediengerät links und rechts werden die Blattfedern mit Gleitsteinen durch Federn mit Gleitbahn ersetzt.
350 SL 450 SL	03939 01644	22. 10. 71	Es werden auf Vakuum-Dichtheit überprüfte Bremsgeräte mit einem weißen Punkt eingebaut.
350 SLC 350 SL 450 SL	00011 04023 01715	27. 10. 71	Batterie mit Pluspol-Abdeckung.
350 SL 450 SL	04100 01778	29. 10. 71	Die Mulde für den Tankeinfüllstutzen wird jetzt mit Gewindeschrauben M 6 x 13 befestigt.
350 SL	04431	12. 11. 71	Für Rechtslenker werden durch die Umstellung des Luftkanals beim Coupé Teppiche und Dämmmatten auch beim Roadster geändert.
350 SLC 350 SL 450 SL	00009 04434 01958	12. 11. 71	Motorhaubenzug 70 mm kürzer.

Typ	Nr.	Datum	Änderung
350 SL 450 SL	04520 01982	16. 11. 71	Führungslager Verdeck: Montage von Führungslagern mit neuen Schwerspannhülsen.
350 SLC 350 SL 450 SL	00009 04730 02115	23. 11. 71	Das Ablaufrohr am Mittelstück innen erhält eine Sicke zur Schlauchbefestigung.
350 SL 450 SL	04689 02083	16. 12. 71	Im Längsträger zusätzliche Verstärkung für die Lenkungsbefestigung.
350 SL	04677	20. 12. 71	Bei Wagen in Frankreich-Ausführung wird jetzt an der Vorderwand rechts im unteren Bereich ein Typvorschrift-Klebeschild angebracht.
350 SL 450 SL	04670 02093	20. 12. 71	Im Kofferraum wird links neben der Reserveradklappe zusätzlich eine Dämmmatte eingeklebt. Für den Roadster 1076820141, für das Coupé 1076820341 ab Produktionsbeginn.
450 SL	02080	20. 12. 71	Um ein Lösen der Befestigungsschrauben des Motorlagers am linken Fahrschemel zu vermeiden, wird links ein anderes Motorlager (1172230012) montiert.
450 SL	02249	23. 12. 71	Änderung USA: Sicherheitsgurt-Warneinrichtung. 1. Dreipunkt-Automatikgurt mit Warneinrichtung für Fahrer- und Beifahrersitz. 2. Abdeckung oben im Gehäuse mit neuem Lochbild. 3. Warnsummer mit drei Kontaktstiften. 4. Versteifung der Heckseitenwand mit Durchbruch für Sicherheitsgurt. 5. Kleine Türtasche mit zusätzlichem Loch. 6. Neuer Zusatzleitungssatz für heizbare Heckscheibe. 7. Querträger unter dem Fahrersitz mit vier Durchgängen für Kabelverlegung. 8. Fahrerkissenrahmenteil geändert. 9. H4-Scheinwerfer.
350 SLC 350 SL 450 SL	00008 04907 02270	28. 12. 71	Der Schlauch für den Wasserablauf erhält eine Glocke.
350 SLC 350 SL 450 SL	00008 04851 02213	28. 12. 71	Der Aufnahmeflansch am Kühler wird neu festgelegt.
350 SLC 350 SL 450 SL	00009 04945 02308	30. 12. 71	Das Schutzgitter für das Gebläse vor dem Kühler bei Wagen mit Klimaanlage wird nicht mehr mit Schrauben, sondern mit den am Gebläse angebrachten Zapfen gehalten.
350 SLC 350 SL 450 SL	00009 04966 02326	03. 01. 72	Am hinteren rechten Längsträger werden zwei Verschlussscheiben eingedrückt.
450 SL	02320	04. 01. 72	Bei Automatikgetriebe Schaltkästen aus Kunststoff, waren Blech. Beschriftung von rechts nach links versetzt.
350 SL	05021	05. 01. 72	Bei Wagen in Österreich-Ausführung entfällt die SA Lichthupe.
350 SLC 350 SL 450 SL	00078 05903 03129	11. 01. 72	Zusätzliche Abdeckung für den Motorhaubenverschluss.
350 SLC 350 SL 450 SL	00009 05074 02411	11. 01. 72	Zusätzliche Abdeckung für den Motorhaubenverschluss.

Typ	Nr.	Datum	Änderung
350 SLC 350 SL 450 SL	00010 05175 02500	12. 01. 72	Änderung wie am Längsträger hinten rechts jetzt auch am Längsträger hinten links.
350 SLC 350 SL 450 SL	00009 04966 02326	12. 01. 72	Am linken hinteren Längsträger werden zwei Verschlussscheiben eingedrückt.
350 SL	05268	19. 01. 72	Für Linkslenker werden durch die Umstellung des Luftkanals beim Coupé die Teppiche und Dämmmatten auch beim Roadster geändert.
350 SLC 350 SL 450 SL	00010 05228 02557	19. 01. 72	Es wird Bremsflüssigkeit mit höherem Siedepunkt eingefüllt.
350 SLC 350 SL 450 SL	00095 05257 03193	19. 01. 72	Montage von neuen Lenkschlössern.
450 SL	02685	21. 01. 72	Durch die Umstellung des Luftkanals beim Coupé werden die Teppiche und Dämmmatten beim Roadster geändert.
350 SL 450 SL	05447 02767	26. 01. 72	Schiebeverschluss für den Handschuhkasten geriffelt.
350 SLC 350 SL 450 SL	00020 05480 02795	27. 01. 72	Montage von geändertem Rückschlagventil.
350 SL	05547	31. 01. 72	Kraftstoffleitungsanschluss an der Motorringleitung versetzt.
350 SLC	00027	31. 01. 72	Die Motorhaube wird mit einer zusätzlichen Abdämmung (1076820026) montiert. Der 350 SL wird bis Fahrgestellnummer 001 nachgerüstet.
450 SL	02886	01. 02. 72	Die Fahrgestellnummern 403 bis 605 sowie ab 2886 fortlaufend erhalten Motorhauben mit zusätzlicher Abdämmung.
350 SL	05697	07. 02. 72	Die Sicherheitsgurte werden mit abgewinkeltem Fuß montiert.
350 SLC 350 SL 450 SL	00078 05903 03129	14. 02. 72	Zwischen Karosserie und Karosserieschild wird zusätzlich eine Zink-Blechunterlage eingelegt.
350 SLC 350 SL 450 SL	00074 05900 03128	14. 02. 72	Der Ruhesitzbeschlag wird mit selbstsichernden Schrauben befestigt.
350 SLC 350 SL 450 SL	00078 05903 03129	15. 02. 72	Zwischen Karosserie und Karosserieschild wird eine Zinkblech-Unterlage gelegt.
350 SLC 350 SL 450 SL	00075 05926 03149	16. 02. 72	Zur Vermeidung von Windgeräuschen werden die Zierrahmen mit der Wachslösung Horral beschichtet.
450 SL	03131	16. 02. 72	Kraftstoffleitungsanschluss an der Motorringleitung versetzt.
350 SL 450 SL	06049 03181	18. 02. 72	Größere Gummimatte im Kofferraum, um die PVC-Abdichtung zu überdecken.
350 SL 450 SL	06060 03200	21. 02. 72	Die Roadster erhalten aluplattierte Auspuffrohre.
350 SLC 350 SL	00121 06141	22. 02. 72	Montage von Scheinwerferreinigungsanlagen, deren Isolation verbessert ist.

Typ	Nr.	Datum	Änderung
350 SL	06142	23. 02. 72	Schaltkästen bei Automatikgetrieben aus Kunststoff, waren aus Blech. Beschriftung von rechts nach links versetzt.
280 SLC 350 SL 450 SL	00133 06174 03290	24. 02. 72	Die Abdeckung der Lautsprecher erhält eine zusätzliche Zwischenlage.
350 SL 450 SL	06204 03322	25. 02. 72	Die Zugstange, deren Buchsen und die Halterung werden geändert, um Beschädigungen des Heckfensters zu vermeiden.
350 SLC 350 SL 450 SL	00130 06207 03332	28. 02. 72	Die vorderen Stoßdämpfer erhalten eine andere Einstellung (1073230100, war 0000).
350 SLC 350 SL 450 SL	00189 06277 03399	02. 03. 72	Bei Wagen ohne Klimaanlage erhält die Heizungsanlage verbesserte Abdichtung gegen Kondenswasser. Am Luftkanal Mitte unter dem Heizungskasten wird der Schlitz für die Verbindungsstange oben und unten erweitert.
350 SLC 350 SL 450 SL	00189 06313 03476	03. 03. 72	Maßänderung am Wischergestänge wegen zu geringen Abstands zur Entfrosterdüse.
350 SLC 350 SL 450 SL	00224 06390 03578	08. 03. 72	Die Abdämmungen an Fahrer- und Fondboden erhalten auch an der Unterseite eine PVC-Folie.
350 SLC	00278	14. 03. 72	Entlüftungsrohre am Tank von D 14 auf D 16 bzw. von D 18 auf D 29 erhöht.
350 SLC 350 SL	00277 06508	15. 03. 72	Bei Fahrzeugen ohne Sicherheitsgurt erfolgt Abdeckung der Gurtbefestigungen am Fahrersitz außen links und rechts.
350 SLC 350 SL	00305 06499	15. 03. 72	Um beim R/C 107 RL auch den M 117 einbauen zu können, müssen die Leitungen für die Servolenkung geändert werden.
350 SL 450 SL	06983 04242	15. 03. 72	Bei Wagen ohne Sicherheitsgurt werden die Befestigungen der Gurte am Fahrersitz außen abgedeckt.
350 SLC 350 SL 450 SL	00361 06684 03933	23. 03. 72	Die Befestigung des Hauptkabelsatzes an der Stirnwand erfolgt mit Befestigungsschellen und Dichtschrauben.
350 SLC 350 SL 450 SL	00375 06700 03970	24. 03. 72	Montage von Kombiinstrumenten, bei denen das Potenziometer eine Blechhülle hat.
350 SL 450 SL	06673 03923	24. 03. 72	Neue Verlegung der Bremsleitung an den Hinterachsquerträger.
350 SLC 350 SL 450 SL	00389 06774 04029	28. 03. 72	Bei Wagen mit Klimaanlage erhält die Heizung verbesserte Abdichtung gegen Kondenswasser. Am Luftkanal Mitte unter dem Heizungskasten wird der Schlitz für die Verbindungsstange oben und unten erweitert.
350 SLC 350 SL	00373 06782	04. 04. 72	Bei Inlandfahrzeugen werden auf der Innenseite des Handschuhkastens Reparaturnotdienst-Klebeschilder angebracht.
350 SL 450 SL	06983 04242	11. 04. 72	Innenblenden bei den Ruhesitzbeschlägen.
450 SL	04243	14. 04. 72	Geänderte hintere Auspuffanlage (wie später beim 280 SL vorgesehen), um störendes Brummen zu vermeiden.

Typ	Nr.	Datum	Änderung
350 SLC 350 SL 450 SL	00609 07153 04395	18. 04. 72	Die Abdeckung unter der Instrumententafel wird anstelle von Spreizklammern mit Halteschienen montiert. Einzelerlaubnis für 350 SLC mit Fahrgestellnr. 000609 350 SL mit Fahrgestellnr. 007153 450 SL mit Fahrgestellnr. 004395
350 SL 450 SL	07145 04350	18. 04. 72	Um Geräusche zwischen Zierstab und Abdeckkappe am Coupédach zu vermeiden, wird eine zusätzliche Unterlage montiert.
350 SL 450 SL	07155 04440	19. 04. 72	Tankentlüftungsrohre mit erweitertem Durchmesser.
350 SLC 350 SL 450 SL	00626 07155 04432	20. 04. 72	Wagen mit Klimaanlage erhalten einen neuen Temperaturregler mit Schutzkappe.
350 SLC 350 SL 450 SL	00674 07187 04500	21. 04. 72	Es werden geänderte Schließzylinder und Abdeckhülsen für das Lenkschloss montiert.
350 SLC 350 SL 450 SL	00673 07200 04522	24. 04. 72	Bei Wagen mit Scheinwerferreinigungsanlagen werden zusätzliche Halter für den Flüssigkeitsbehälter montiert.
350 SLC 350 SL 450 SL	00666 07230 04595	02. 05. 72	Einsatz neuer Farben.
350 SLC 350 SL 450 SL	00990 07524 04954	16. 05. 72	Um Verputzarbeiten einzusparen, wird der Heckdeckel geklebt.
350 SLC 350 SL 450 SL	01001 07534 04969	16. 05. 72	Serienmäßig verschließbarer Tankverschluss.
350 SLC 350 SL	01007 07537	17. 05. 72	Die Defrostschildbeleuchtung wird serienmäßig eingeführt.
350 SLC 350 SL	01200 07711	31. 05. 72	Der Benzinförderschlauch wird verlängert und abgeschirmt.
350 SLC 350 SL 450 SL	01329 07153 04395	05. 06. 72	Die Instrumententafel wird mit Halteschienen statt mit Spreizklammern montiert.
350 SLC 450 SLC 350 SL 450 SL	01420 00010 09003 07622	07. 06. 72	Verbesserte Schaltgeräte (00005455932, war 2532).
350 SLC 350 SL 450 SL	01427 07830 05447	08. 06. 72	Längsträgeränderungen: 1. Lochbild für elektr. Scheibenwaschpumpe. 2. Zusätzliche Löcher für Halter-Unterdruckleitung. 3. Einprägung für Motordämpfer im Längsträger rechts. 4. Längsträger mit Einsparung für Einbau M 117 RL.
350 SLC 350 SL 450 SL	01496 07859 05486	13. 06. 72	Geänderter Benzinansaugschlauch zwischen Tankfilter und Dämpferbehälter.

Typ	Nr.	Datum	Änderung
350 SLC 350 SL 450 SL	01535 07900 05557	14. 06. 72	Um ein Lösen des Gaspedals zu vermeiden, wird es durch einen zusätzlichen Clip gesichert.
350 SLC 350 SL 450 SL	01712 08005 05752	22. 06. 72	Bei Automatikgetriebe wird wegen zu geringem Abstand zwischen dem Schalthebel in Stellung P und geöffnetem Ascher die Griffform der Polsterplatte geändert.
450 SLC 450 SL	00006 05794	26. 06. 72	Änderungen für das Modelljahr 1973: 1. Verstärkung der Fahrertür. Schlossseite wird für Einbau der Seitenaufprallverstärkung geändert. 2. Sonnenblenden für USA aus schwer entflammbarem Material. 3. Gebläseschalter erhält neuem Knopf mit Schild. 4. Zusätzliches Loch in der Abdeckung für die Beleuchtung von Bedienteilen. 5. Neue Schalterrosetten durch die Beleuchtung der Bedienteile. 6. Auflage der Kopfstützen aus schwer entflammbarem Material. 7. Griffe für Kugeldüsen erhalten Symbole. 8. Hinweisschilder für Abgasreinigung Modelljahr 1973. 9. Kennzeichnung und Beleuchtung der Bedienteile. 10. Auflagen und Einlagen für die Sitze sowie Unterlagen für Bodenteppiche, Tunnel und Bodendämmung aus schwer entflammbarem Material. 11. Sichtlöcher in Einlage für Fahrer- und Fondkissen. 12. Neue SA Seitenverstärkung gegen Aufprall. 13. Neue SA Hörner für Stoßstangen vorne und hinten. 14. Neue SA Sicherheitsgurte.
350 SLC 450 SLC 350 SL 450 SL	01804 00010 08088 05807	27. 06. 72	Der Deckel für die Gebläseabdeckung wird von Blech auf Kunststoff umgestellt.
350 SLC 450 SLC 350 SL 450 SL	01920 00030 08150 05925	30. 06. 72	Die Düse für die Scheibenwischanlage wird in ihrem Verstellbereich so verändert, dass sie auch für die Scheinwerferreinigungsanlage verwendbar ist.
350 SLC 350 SL	01909 08147	03. 07. 72	USA- und Australien-Fahrzeuge werden serienmäßig mit Kopfstützen ausgerüstet.
350 SLC 450 SLC 350 SL 450 SL	01970 00040 08155 05993	04. 07. 72	Bei Wagen mit Klimaanlage wird die Saugleitung mit einem zusätzlichen Schutzschlauch montiert.
350 SLC 450 SLC 350 SL 450 SL	01970 00040 08155 05993	04. 07. 72	Über die Saugleitung der Kühlanlage wird ein Schutzschlauch montiert.
350 SLC 350 SL	02089 08194	10. 07. 72	Montage von neuen Automatikgurten. Die Gurte sind baugleich mit den beim W 116 verbauten Fondsitzgurten.
350 SLC 350 SL	02209 08245	13. 07. 72	siehe Änderungen Modelljahr 1973 vom 26.6. 1972 für die Typen 450 SL und 450 SLC.
350 SLC 350 SL	02202 08183	13. 07. 72	Die Scheinwerferreinigungsanlage wird generell in die USA-Ausstattung übernommen.
350 SLC	02226	14. 07. 72	Für Italien Umstellung auf Halogenlampen.

Typ	Nr.	Datum	Änderung
350 SLC 450 SLC	02255 00051	14. 07. 72	Bei den Ausstattungen Stoff und Velours werden die hellgrauen Sonnenblenden durch weiße ersetzt.
350 SLC 450 SLC 350 SL 450 SL	02244 00051 08265 06254	17. 07. 72	Die Unterdruckzentralverriegelung erhält in der Fahrertüre andere Rückschlagventile vor dem Unterdruckschalter.
350 SL	08282	18. 07. 72	Für Italien Umstellung auf Halogenlampen.
350 SLC 450 SLC 350 SL 450 SL	02300 00050 08285 06305	18. 07. 72	Am Windschutz wird zusätzlich links und rechts ein Lappen angebracht, der Fensterschlüssel je S. mit einer Steckklammer befestigt.
350 SLC 450 SLC 350 SL 450 SL	02304 00053 08289 06309	18. 07. 72	Die Befestigung des Lagers für die Regulierwelle wird auf Schweißschraube mit Mutter umgestellt.
350 SL 450 SL	08430 06596	01. 08. 72	Zusätzliche Zwischenlage für Coupédach (1077950096).
350 SLC 450 SLC 350 SL 450 SL	02721 00111 08481 06711	07. 08. 72	Der Türbelag wird im Griffbereich mit luftundurchlässiger Folie unterlegt und zusätzlich gepolstert.
350 SLC 450 SLC 350 SL 450 SL	02743 00116 08487 06732	10. 08. 72	Das Firmenzeichen auf der Motorhaube war Spritzguss emailliert und wird Aluminium lackiert.
350 SLC 450 SLC 350 SL 450 SL	00782 00125 08512 06777	11. 08. 72	Führungsschraube für das Auslösegestänge der Handbremse von Stahl auf Kunststoff umgestellt.
350 SLC 450 SLC 350 SL 450 SL	02834 00135 08530 06823	15. 08. 72	Gelenkwellenscheibe wird von 8,4 x 21 in 8,4 x 26 geändert.
350 SLC 450 SLC 350 SL 450 SL	02951 00162 08595 06938	23. 08. 72	Über dem Vorschalldämpfer wird ein Abschirmblech montiert.
350 SLC 350 SL	03199 08754	06. 09. 72	Montage von Steuergeräten (0005453332), deren Warmluftperiode fetter ist.
350 SLC 450 SLC 350 SL 450 SL	03241 00250 08778 07230	07. 09. 72	Die Abdichtplatte zwischen Tank und Kofferboden wird dünner (Körperschallübertragungen).
350 SLC 450 SLC 350 SL 450 SL	03356 00270 08840 07333	14. 09. 72	Geänderter Tankfilter durch geänderten Verschlusssockel im Tank.

Typ	Nr.	Datum	Änderung
350 SLC 350 SL	03777 09042	03. 10. 72	Die Bedienteile an der Lenksäule müssen aufgrund australischer Vorschriften schwarz sein, werden deshalb ab Dez. 72 / Jan. 73 für die gesamte Serie gültig.
350 SLC 450 SLC 350 SL 450 SL	03786 00354 09043 07742	04. 10. 72	Kühlwasserausgleichsbehälter aus Kunststoff, war Blech.
350 SLC 450 SLC 350 SL 450 SL	03907 00358 09080 07791	05. 10. 72	Vergrößerte Anschlussstutzen am Ölkühler und den Schläuchen.
350 SLC 450 SLC 350 SL 450 SL	03775 00372 09062 07850	05. 10. 72	Heckleuchtenmontage mit Gummi- statt Pappzwischenlagen.
350 SLC 450 SLC 350 SL 450 SL	03920 00342 09081 07870	10. 10. 72	Hinterachsdrehstäbe von 19 mm auf 18 mm reduziert.
350 SLC 450 SLC 350 SL 450 SL	05250 00500 09255 08580	30. 10. 72	Befestigungsschrauben der Türscharniere von 8 G auf 10 K umgestellt.
350 SLC 450 SLC 350 SL 450 SL	04451 00470 09219 08426	30. 10. 72	Wahlweise Montage von BOSCH- und SWF-Warnblinkgebern.
450 SLC 450 SL	00483 08481	02. 11. 72	Die bisher in den USA verkauften Fahrzeuge 350 SL/SLC mit dem 4,5-Liter-Motor erhalten jetzt die Bezeichnung 450 SL/SLC. Bei den Touristenfahrzeugen bleibt die alte Bezeichnung 350 SL/SLC erhalten. Nach der Ankunft in den USA müssen die Typenschilder ausgetauscht werden.
350 SLC 450 SLC 350 SL 450 SL	04572 00496 09258 08552	06. 11. 72	Bei den Zylinderschrauben der Sitze wird die Sicherung auf mikroverkapselte Kunststoffbeschichtung umgestellt.
350 SLC 450 SLC 350 SL 450 SL	04655 00515 09285 08657	08. 11. 72	Die Befestigungsschrauben der Bügel an den Kopfstützen werden mit Tellerfedern montiert.
350 SLC 450 SLC 350 SL 450 SL	04756 00535 09310 08743	13. 11. 72	Kompaktzündspulen wie bei W 116 und W 114.
350 SLC 450 SLC	04742 00533	14. 11. 72	Bei der SA Niveauregulierung kommen andere Federbeine (1163203013, war 1073200013) zum Einbau.
350 SLC 450 SLC	05010 00590	24. 11. 72	Tankgeberöffnung und Eindrückung geändert.
350 SLC	05506	27. 11. 72	Japan-Wagen mit Kraftstoffverdunstungsanlage.

Typ	Nr.	Datum	Änderung
350 SL 450 SL	09411 09073	27. 11. 72	Tankgeberöffnung und Eindrückung geändert.
350 SLC 450 SLC 350 SL 450 SL	05179 00627 09445 09177	01. 12. 72	Neues Lenkrad. Das bisher montierte Lenkrad mit zwei Signalleisten (1074600103) wird durch das Lenkrad abgelöst, bei welchem der ganze Prallkörper zur Signalbetätigung benützt wird (1164600003).
350 SLC 350 SL	05056 09060	04. 12. 72	Wagen für Japan erhalten eine Kraftstoffverdunstungsanlage.
350 SLC 450 SLC	05370 06661	08. 12. 72	Am Coupédach geänderter Oberflächenschutz für die Jalousie, die Abdeckung und den Zierstab.
350 SLC 450 SLC 350 SL 450 SL	05327 00662 09500 09335	08. 12. 72	Abschirmblech für Motorstoßdämpfer: Um das Abscheren der mitmontierten Gummitülle zu vermeiden, wird eine 3. Tellerscheibe montiert.
350 SLC 450 SLC 350 SL 450 SL	05450 00675 09530 09433	12. 12. 72	Der Lochausschnitt für Auflage der Gummis für die Befestigung der Motorstoßdämpfer wird am Längsträger nachgefräst.
350 SLC 450 SLC 350 SL 450 SL	05477 00680 09541 09467	13. 12. 72	Neue Luftleitstücke in den Klimakästen.
350 SLC 450 SLC 350 SL 450 SL	05509 00685 09552 09491	14. 12. 72	Neue Gummilager für die Hinterachsaufhängung Mitte.
350 SL 450 SL	09560 09530	15. 12. 72	Geänderte Dichtlippe am Abdichtrahmen des Verdeckkastendeckels.
350 SLC 450 SLC 350 SL 450 SL	05658 00721 09591 09661	21. 12. 72	Neue Luftleitstücke in den Heizungskästen.
350 SLC 450 SLC 350 SL 450 SL	09338 06401 11240 18375	02. 01. 73	Die Schlüsselköpfe erhalten einen umspritzten Kopf.
350 SLC 450 SLC 350 SL 450 SL	06033 00872 09738 10087	18. 01. 73	Montage von neuen Unterdruck-Wasserhähnen.
350 SLC 450 SLC 350 SL 450 SL	06209 00935 09806 10278	29. 01. 73	Bei Wagen in LL-Ausführung wird jetzt ein neues Abschirmblech an der Stirnwand links montiert.
350 SLC 350 SL	06339 09854	02. 02. 73	Um Unwuchten in der Gelenkwelle zu vermeiden, wird eine Sechskantmutter mit Nenngewichtsangabe und entsprechender Toleranzangabe montiert.
450 SLC 450 SL	01014 10483	05. 02. 73	Sealed-beam-Einsätze mit 50 W statt mit 40 W.

Typ	Nr.	Datum	Änderung
450 SLC 450 SL	01472 11546	05. 02. 73	Staublende unter dem Kühlerblock: Um bei Höchstgeschwindigkeit die Kühlleistung zu verbessern, wird bei den Wagen mit M 117 in Europa-Ausführung unter dem Kühlerblock ein Leitblech (Staublende) zusätzlich montiert. Bereits fertiggestellte Wagen ohne Staublende müssen bis zum ersten Wagen nachgerüstet werden.
350 SLC 450 SLC 350 SL 450 SL	06610 11135 09975 10795	16. 02. 73	Die Massestelle – Motor wird von der Verstärkung der Stirnwand an das Schließblech des Längsträgers verlegt.
450 SLC 450 SL	01140 11081	19. 02. 73	Montage von Sealed-beam-Scheinwerfern, die für den späteren Einbau der Scheinwerferreinigungsanlage vorbereitet sind.
350 SLC 450 SLC	06646 01142	20. 02. 73	Um Verwechslungen beim Anschluss der Tankleitungen zu vermeiden, werden die Leitungen im Durchmesser geändert.
450 SLC 450 SL	01268 11081	02. 03. 73	Die 4,5-Liter-Wagen in Europa-Ausführung erhalten andere Verteilerschutzkappen als die USA-Ausführung.
350 SLC 450 SLC	06966 01317	08. 03. 73	Beim Schiebedach geänderte Gleitwinkel mit Plüschgleitbacken.
450 SL	11289	12. 03. 73	Direkter Bremsschlauchanschluss am hinteren Bremssattel für Übersetzung i = 3.07 ohne Sperrdifferential für 450 SL.
350 SL 450 SLC 450 SLC	10147 01359 01437	13. 03. 73	Direkter Bremsschlauchanschluss am hinteren Bremssattel für folgende Ausführungen: Übersetzung i = 3,46 ohne Sperrdifferential für 350 SL Übersetzung i = 3,07 ohne Sperrdifferential für 450 SLC Übersetzung i = 3,07 mit Sperrdifferential für 450 SLC.
350 SLC	07133	19. 03. 73	Direkter Bremsschlauchanschluss am hinteren Bremssattel für folgende Ausführung: i = 3,46 ohne Sperrdifferential für 350 SLC.
450 SL	11488	20. 03. 73	Direkter Bremsschlauchanschluss am hinteren Bremssattel für folgende Ausführung: i = 3,07 mit Sperrdifferential für 450 SL.
350 SLC 450 SLC 350 SL 450 SL	07176 01452 10198 11508	21. 03. 73	Zwei Abschirmungen im Kofferraum links statt einer Abschirmung, gegen Kofferraumaufheizung.
350 SLC 350 SL	07219 10242	23. 03. 73	Direkter Bremsschlauchanschluss am hinteren Bremssattel für folgende Ausführung: i = 3,46 mit Sperrdifferential für 350 SL und 350 SLC.
350 SLC 450 SLC 450 SL	07315 01583 11747	28. 03. 73	Gummiabdichttülle mit Dichtlippe zwischen Tankstutzen und Einfüllmulde.
350 SLC 450 SLC	07440 01730	06. 04. 73	An den Jalousien wird innen zusätzlich eine Wasserablaufschiene montiert.
350 SLC 450 SLC	07457 01752	09. 04. 73	Die äußere Abdeckung am Fenstersteg des Coupé-Dachs wird jetzt statt mattglänzend (DB9735) in eloxiert nach DBL9201 eingebaut.
350 SLC 450 SLC 350 SL 450 SL	07735 02059 10417 12511	02. 05. 73	Montage von geänderten Viskokupplungen (0002000922, war 0722).
350 SLC 450 SLC 350 SL 450 SL	07772 02114 10427 12588	03. 05. 73	Ölwannenunterschutz zwischen den Baureihen 107, 114 und 115 wird vereinheitlicht. Der Unterschutz für den 107 bleibt, jedoch mit einem größeren Loch für den Ölablauf.

Typ	Nr.	Datum	Änderung
450 SLC 450 SL	02029 12575	08. 05. 73	Laut kalifornischem Gesetzt müssen in jedem Quartal neue, in ihrem Kontrollwert neu ermittelte Hinweisschilder für die Abgasreinigung angebracht werden.
350 SLC 450 SLC 350 SL 450 SL	07874 02253 10469 12786	11. 05. 73	Am Drehpunkt der vorklappbaren Armlehne entfällt die 16er-Federscheibe.
350 SLC 450 SLC 350 SL 450 SL	07872 02245 10465 12779	14. 05. 73	Die vorderen Kennzeichenschildblenden werden mir zwei übereinander angebrachten Schlitzen montiert.
350 SLC 450 SLC 350 SL 450 SL	07874 02253 10469 12786	16. 05. 73	Am Drehpunkt der klappbaren Armlehne entfällt die 16er-Federscheibe.
350 SLC 450 SLC 350 SL 450 SL	07943 02323 10500 12882	16. 05. 73	Bedingt durch den Cruise-Control-Einbau am USA-Wagen, muss die Abdeckung oben im Gehäuse geändert werden.
450 SLC 450 SL	02323 12882	16. 05. 73	Für USA wird der Tempomat eingeführt.
350 SLC 450 SLC	08069 02552	28. 05. 73	Beim Coupé mit wärmedämmendem Glas wird jetzt beim Zusammenbau der Jalousie die eingefärbte Scheibe innen statt wie bisher außen montiert.
350 SLC 350 SL	08056 10542	28. 05. 73	Montage von neuen Elektronikleitungssätzen.
350 SLC 450 SLC	08134 02658	04. 06. 73	Die Schweißmuttern und Löcher vom Lagerbock der Sitzlehne werden an die Strebe seitlich versetzt.
450 SLC 450 SL	02763 13466	08. 06. 73	Montage von neuen Elektronikleitungssätzen für USA.
350 SL 450 SL	10626 13517	13. 06. 73	Die Scheiben an den Roadstertüren werden 0,1 mm dünner und erhalten eine Abschrägung.
350 SLC 450 SLC 350 SL 450 SL	08270 02900 10652 13645	18. 06. 73	Bei Wagen in RL-Ausführung wird jetzt an der Stirnwand rechts ein neues zusätzliches Abschirmblech montiert.
350 SLC 450 SLC 350 SL 450 SL	08371 03090 10710 13880	28. 06. 73	Geänderte Betätigung für die Sommerluft, um eine 3. Sommerluftdüse einbauen zu können.
350 SLC 450 SLC 350 SL 450 SL	08756 03770 10870 14698	02. 07. 73	Zusätzlicher Behälter für Scheinwerfer-Reinigungsanlage wird generell übernommen.
450 SL	14275	17. 07. 73	Geänderte Wischerarme und -Blätter für vergrößertes Wischfeld, für USA und Australien.
450 SL	14413	24. 07. 73	Für vergrößertes Sichtfeld neue Wischerarme und Blätter, für Australien.
350 SL	10826	25. 07. 73	Für vergrößertes Sichtfeld neue Wischerarme und Blätter, für USA und Australien.

Typ	Nr.	Datum	Änderung
350 SLC 450 SLC 350 SL 450 SL	08661 05594 10836 14615	01. 08. 73	Für alle Länder serienmäßig Kopfstützen und Automatiksicherheitsgurte. (Für Werksangehörige bereits ab März 1973, für das Inland ab 2. Mai 1973.)
350 SLC 350 SL	08657 10842	06. 08. 73	Neue Schutzhaube für Zündverteiler.
450 SLC 450 SL	03813 14754	09. 08. 73	USA-Ausführung Bund und Kalifornien. Sicherheitsgurte, elektr. Teileumfang (Blinkerschalter), Wandlergetriebe, dritte Kugeldüse, Zeituhr im Drehzahlmesser.
350 SLC 450 SLC	08793 03827	10. 08. 73	Für vergrößertes Sichtfeld neue Wischerarme und Blätter.
450 SLC 450 SL	04128 15082	24. 08. 73	Modelljahr 1974 nur Bundesstaaten ohne Kalifornien Code 49/1, nur Kalifornien Code 49/4: 1. Dritte Kugeldüse in der Mitte. 2. Neue Hauptsicherungsdose mit Anschluss für elektr. Fensterheber. 3. Neue Hauptleitungssätze 4. Änderung des elektr. Teileumfangs für Blinkerschalter und Befestigungsmaterial. 5. Neue SA Kühlanlage Leerlaufstabilisierung (nicht für USA-Wagen). 6. Neuer Zusatzleitungssatz für Wagen mit Drehzahlanhebung bei Kühlanlage und Zusatzlüfter. 7. Neues Abgashinweisschild für USA-Modelljahr 1974. 8. Einbuchtung im linken Radlauf durch Versetzung des Transistoren-Schallgerätes. 9. Neue Lager für Regulierwelle. 10. Schließblech Querträger lks. und rs. mit zusätzlichem Loch für USA-Stoßstange. 11. Querträger unter dem Fahrersitz mit Lochbild für die Leitungsverlegung der Gurtwarnanlage. 12. Lufteinlassgitter unter der Stoßstange für USA umgestellt. 13. Neue vordere Blinker. 14. Entlüftungsrohr von Kunststoff auf Bundyrohr umgestellt. 15. Wasserkühler mit 40 mm Blocktiefe und kürzerem Entlüftungsschlauch. 16. Intervallschalter vom Wischermotor getrennt im Fahrgastraum montiert. 17. Wegfall des Zusatzlüfters bei Wagen mit Klimaanlage. 18. Schutzhaube über Zündverteiler umgestellt. 19. Auspuffendrohr nach unten gebogen. 20. Geändertes Typenschild und andere Gewichtsangaben. 21. Kühlschlauch-Vereinheitlichung zwischen USA und Serie. 22. Neue Nebelscheinwerfer. 23. Neues Abschirmblech für Kalifornien-Ausführung. 24. Stoßstangenhörner vorne und hinten.
350 SLC 450 SLC 350 SL 450 SL	08931 04138 10138 15095	27. 08. 73	Geänderter elektr. Teileumfang für Blinkerschalter, Zeituhr im Drehzahlmesser, dafür dritte Kugeldüse.
350 SLC 450 SLC 350 SL 450 SL	08926 04130 10969 15083	29. 08. 73	Einheitliche Düsen für Scheibenwischer und Scheinwerferreinigungsanlagen.
450 SLC 450 SL	04222 15176	30. 08. 73	Bei Wagen mit Tempomat werden die Unterdruckleitungen am Vorratsbehälter der Zentralverriegelung angeschlossen.

Typ	Nr.	Datum	Änderung
350 SLC 450 SLC 350 SL 450 SL	08963 04278 10983 15237	31. 08. 73	Die Führungsschienen der Kopfstützen werden genietet, waren geschraubt.
350 SLC 450 SLC 350 SL 450 SL	08965 04280 10985 15240	03. 09. 73	Die Tankentlüftungsrohre werden phosphatiert. Neue Gummitülle für Tankeinfüllstutzen mit geänderter Dichtlippe.
350 SLC 450 SLC 350 SL 450 SL	09003 04455 11007 15440	10. 09. 73	Die Kühlermaske wird mit weniger Haltern an der Motorhaube montiert.
450 SLC	04442 15418	10. 09. 73	Schalter für den Sitzkontakt 450 SL mit erhöhter Empfindlichkeit.
350 SLC 450 SLC	09010 04500	12. 09. 73	Geänderte Leitungssätze (1075400407/0507, war 1075400207/0307) für die Schlusslampen.
450 SLC 450 SL	04563 15553	14. 09. 73	Für USA-Wagen werden an den Sitzen um 50 mm verlängerte Sitzkontakte eingebaut.
350 SLC 450 SLC	09034 04613	17. 09. 73	Verbesserte Abdichtung der Fondseitenfenster.
350 SLC 350 SL	09029 11023	19. 09. 73	Für die Schalthebel der mechanischen Getriebe wird eine Stulpenmanschette anstelle der Ziehharmonikamanschette gültig. Der Schalthebelschaft hat jetzt zwei Ringwülste.
350 SLC 450 SLC 350 SL 450 SL	09051 04683 11033 15677	20. 09. 73	Durch Verlegung des Saugschlauchhalters nach außen ändert sich die Lage des Kraftstoffschlauches.
350 SL 450 SL	11050 15824	25. 09. 73	Bei den Roadstern werden tunnelseitig die Sitzschienen mit einer Filzabdeckung beklebt.
350 SLC 450 SLC 350 SL 450 SL	09082 04834 11054 15854	27. 09. 73	Der Flüssigkeitsbehälter der Scheibenwaschanlage wird mit einer zusätzlichen Schlauchschelle befestigt.
350 SLC 450 SLC 350 SL 450 SL	08930 04135 10968 15095	28. 09. 73	Hintere Stoßdämpfer von 1073260000 in 1163260200/400 geändert.
350 SLC 450 SLC	09099 04988	03. 10. 73	Der Deckel für die Hutablage erhält statt einer Schlaufe einen Kunststoffgriff.
350 SLC 450 SLC 350 SL 450 SL	09135 05231 11103 16423	12. 10. 73	Am Luftkanal Mitte unter dem Heizungskasten fallen die Gitter zur Luftmischung weg. Der Durchbruch für die Bedienhebel wird vergrößert und eine neue Gummitülle freigegeben.
350 SLC 450 SLC 350 SL 450 SL	09138 05293 11109 16503	15. 10. 73	Geänderte Lenkungskupplung (1154600510, war 1154600310).

Typ	Nr.	Datum	Änderung
350 SLC 450 SLC	09131 05223	15. 10. 73	Zusätzliche Hitzeabschirmung im Kardantunnel.
350 SLC 450 SLC 350 SL 450 SL	09198 05750 11158 17244	16. 11. 73	Änderungen an der Sitzlehne, um die Klapplage zu gewährleisten.
450 SLC 450 SL	05820 17374	22. 11. 73	Weichere Hinterfedern bei Wagen mit Koppelachse.
280 SLC 350 SLC 450 SLC 280 SL 350 SL 450 SL	00244 10157 09125 00245 11789 23943	30. 11. 73	Die Befestigung der Führungsschiene der Kopfstütze auf Haltebolzen anstelle ausgestellter Laschen geändert.
350 SLC 450 SLC 350 SL 450 SL	09256 06030 11189 17712	03. 12. 73	Die Spannfeder über dem Heizungsschlauch entfällt.
450 SLC 450 SL	06058 17727	04. 12. 73	Verstärkung der Verbindung Drehstablasche am Drehstab.
350 SLC 450 SLC 350 SL 450 SL	09274 06103 11196 17824	05. 12. 73	An der Motorhaube wird hinten die Schweißmutter durch einen Pressschweißbolzen und die Sechskantmutter mit Tellerfeder durch einen Sicherungsring ersetzt.
450 SLC 450 SL	06159 17938	10. 12. 73	Neue Aufnahmetöpfe für Stoßfänger bei USA-Wagen.
350 SLC 450 SLC 350 SL 450 SL	09295 06191 11208 17992	12. 12. 73	Montage von neuen Lüftern (1162051006, war 1162050406).
350 SLC 450 SLC 350 SL 450 SL	09321 06317 11225 18182	18. 12. 73	Bei den Automatikgurten wird die Sperrfunktion von 0,3 bis 0,5 g auf 0,2 bis 0,4 g reduziert.
350 SLC 450 SLC 350 SL 450 SL		01. 01. 74	Warndreieck generell in Serie für alle Ausführungen.
450 SLC 450 SL	06417 18405	03. 01. 74	Neuer Tastschalter für Tempomat.
450 SL	18433	04. 01. 74	Achsübersetzung von i = 3,07 in i = 3,06 geändert.
350 SLC 450 SLC 350 SL 450 SL	09375 06569 11261 18713	04. 01. 74	Die Trennfuge der Dachrahmenverkleidung wird von vorn zur S. verlegt.

Typ	Nr.	Datum	Änderung
350 SLC 450 SLC 350 SL 450 SL	09374 06569 11261 18730	15. 01. 74	Das Lichtfenster und die Abdichtung der Kennzeichenleuchte sind zusammengeklebt.
350 SLC 450 SLC 350 SL 450 SL	09407 06705 11277 19018	25. 01. 74	Die Befestigung der hinteren Kennzeichenblende erfolgt mit Blindnietmuttern.
350 SLC 450 SLC 350 SL 450 SL	09429 06792 11292 19208	01. 02. 74	Das Unterteil des Heckdeckelschlosses wird jetzt mit Zylinder- statt mit Senkschrauben montiert. Dadurch geänderter Puffer.
350 SLC 450 SLC 350 SL 450 SL	09428 06781 11290 19203	01. 02. 74	Die Signalhörner der Firma Hella werden umgestellt.
350 SLC 450 SLC 350 SL 450 SL	09448 06843 11309 19354	12. 02. 74	Für Vorder- und Hinterfedern neue Gummiringe und Gummilager.
350 SLC 450 SLC 350 SL 450 SL	09460 06878 11312 19401	14. 02. 74	Schrauben für Motorträger von 8 G in 10 K geändert.
350 SLC 450 SLC 350 SL 450 SL	09501 06972 11329 19630	22. 02. 74	Versteifung der Motorhaube geändert.
450 SLC	06963	26. 02. 74	Achsübersetzung von i = 3,07 in i = 3,06 geändert.
350 SLC 450 SLC 350 SL 450 SL	09510 07021 11330 19745	28. 02. 74	Tanks mit geänderten Entlüftungsrohren.
350 SLC 450 SLC 350 SL 450 SL	09520 07030 11335 19766	01. 03. 74	Die Signalhörner der Firma Bosch werden umgestellt.
350 SLC 450 SLC 350 SL 450 SL	09525 07050 11338 19801	04. 03. 74	Die Wärmeabschirmung im Kofferraum links ist jetzt 12 mm, war 7 mm.
350 SLC 450 SLC 350 SL 450 SL	09524 07064 11339 19831	06. 03. 74	Neuer Luftschlauchhalter verhindert Durchscheuern am Scheibenwischergestänge.
350 SL 450 SL	11350 19963	12. 03. 74	Um Eisbildung am Türspalt zu vermeiden, kommt eine Abdeckung für den Wasserablauf an der Seitenwand bzw. am Längsträger neu hinzu. Betrifft links.

Typ	Nr.	Datum	Änderung
350 SLC 450 SLC 350 SL 450 SL	09537 07107 11345 19898	13. 03. 74	Die Isolierplatte am Aufhängegummi der Auspuffleitung entfällt, da Temperaturmessungen keine kritischen Wärmewerte ergaben.
450 SLC 450 SL	07135 19999	14. 03. 74	An der vorderen Abdeckung für USA-Stoßfänger wird die Kontur verlegt und eine Zusatzverstärkung angebracht.
350 SLC 450 SLC 350 SL 450 SL	09553 07140 11353 20015	18. 03. 74	Erstmalige Montage von Alu-Rädern mit schlauchlosen Reifen.
350 SLC 450 SLC 350 SL 450 SL	09603 07266 11376 20274	02. 04. 74	Bei Wagen mit Klimaanlage Unterdruckschalter aus Kunststoff.
350 SLC 450 SLC 350 SL 450 SL	09623 07307 11383 20341	04. 04. 74	Für Linkslenker werden geänderte Schließgarnituren, Lenkschlösser und Abdeckhülsen montiert.
350 SLC 450 SLC 350 SL 450 SL	09610 07296 11381 20333	04. 04. 74	Für Rechtslenker werden geänderte Schließgarnituren, Lenkschlösser und Abdeckhülsen montiert.
350 SL 450 SL	11395 20421	10. 04. 74	Um Eisbildung am Türspalt zu vermeiden, kommt eine Abdeckung für den Wasserablauf an der Seitenwand bzw. am Längsträger neu hinzu. Betrifft rechts.
350 SLC 450 SLC 350 SL 450 SL	09646 07355 11391 20412	10. 04. 74	Abdämmung der Motorhaube mit flammhemmender Beschichtung.
350 SLC 450 SLC	09690 07465	29. 04. 74	Federbeine mit Kunststoffschalen-Kugelgelenken.
350 SLC 450 SLC 350 SL 450 SL	09743 07554 11448 20741	14. 05. 74	Bei Wagen in Italien-Ausführung erhält der Rückfahrscheinwerfer eine andere Schaltung.
350 SLC 450 SLC 350 SL 450 SL	09785 07641 11471 20873	27. 05. 74	Bis 09866 für 350 SLC, bis 07929 für 450 SLC, bis 11533 für 350 SL und bis 21251 für 450 SL wurden zwischen dem 27. 5. und dem 1. 7. 1974 Kurbelfenster mit geänderten Führungsbacken, Gleitstück mit Zwischenlage anstelle von Spannring und Gewindestück montiert.
350 SLC 450 SLC 350 SL 450 SL	09816 07724 11494 20994	04. 06. 74	Australien-Fahrzeuge erhalten Nebelscheinwerfer-Sonderschaltung.
450 SLC 450 SL	07732 21001	05. 06. 74	Fahrzeuge mit Tempomat erhalten Aktuatoren mit Luftanschlussklappe und Stulpenmanschette.
350 SLC 450 SLC 350 SL 450 SL	09828 07769 11497 21061	12. 06. 74	Schutzkästen der Benzinpumpen aus Kunststoff.

Typ	Nr.	Datum	Änderung
350 SLC 450 SLC 350 SL 450 SL	09850 07866 11516 21189	24. 06. 74	Bei den nicht nach USA gelieferten Wagen wird die Radioantenne vom rechten vorderen Kotflügel in den linken hinteren Kotflügel versetzt.
350 SLC 450 SLC 350 SL 450 SL	09850 07850 11508 21172	25. 06. 74	Vorbauänderungen bedingt durch Abgas 1975 betreffen außerdem Motorlager, Bremsleitungen, Konsolen und Längsträger.
280 SLC 350 SLC 450 SLC	00006 09858 07901	26. 06. 74	Der Ausgleichbehälter im Tank wird nicht mehr mit zwei Schrauben im Oberteil von außen geschraubt, sondern von innen befestigt.
350 SLC 450 SLC 350 SL 450 SL	09851 07856 11513 21173	26. 06. 74	Genereller Einsatz von Polypropylen-Batterien.
280 SLC 350 SLC 450 SLC 280 SL 350 SL 450 SL	00006 09870 07940 00006 11540 21263	01. 07. 74	Das Stützblech im Benzineinfüllstutzen wird so geändert, dass später der Führungstrichter für bleifreies Benzin möglich ist.
280 SLC 350 SLC 450 SLC 280 SL 350 SL 450 SL	00008 09880 07970 00008 11545 21340	08. 07. 74	Um größeren Abstand zum Tunnelschließblech zu erhalten, wird die Anlage 5 mm tiefer gelegt.
350 SLC 450 SLC 350 SL 450 SL	09896 07985 11548 21318	08. 07. 74	Durch USA-Abgas 1975 geänderter Lüfter (1162051206/1306).
450 SLC 450 SL	08066 21438	16. 07. 74	Für USA-Wagen wird die Radioantenne vom rechten Vorderkotflügel in den linken Hinterkotflügel verlegt.
350 SLC 450 SLC 350 SL 450 SL	09909 08069 11569 21447	16. 07. 74	Neue Wasserschutzkappen für die Wischermotoren.
280 SLC 350 SLC 450 SLC 280 SL 350 SL 450 SL	00013 09924 08106 00013 11579 21527	23. 07. 74	Geänderte Gummigleitlager für den Lenkzwischenhebel am Zapfenlager (1154630450, war 1114631850).
450 SLC 450 SL	08097 21503	24. 07. 74	Als Scheuerschutz für den Füllschlauch wird ein neuer Isolierschlauch freigegeben.

Typ	Nr.	Datum	Änderung
280 SLC 350 SLC 450 SLC 280 SL 350 SL 450 SL	00020 09933 08159 00024 11594 21655	31. 07. 74	Durch geänderte Übersetzung größere Leichtgängigkeit der Fensterheber.
450 SLC 450 SL	08203 21762	01. 08. 74	USA Abgas Modelljahr 1975 USA Bund Code 49/1. Die folgenden Änderungen waren bedingt durch Abgas 75. Es wurden durchgeführt bzw. Neuteile zusätzlich montiert: 1. Vorbau, Radeinbau. 2. Umstellung des Lenkzwischenhebels. 3. Geändertes Stützblech im Kraftstoffeinfüllstutzen. 4. Neue Lüfter. 5. Eindrückung am hinten für Motorhaube. 6. Neue Behälter für Scheinwerferreinigungs- und Scheibenwaschanlage. 7. Neues Abschirmblech für Auspuffkrümmer. 8. Schild für Sicherheitsgurt im Kombi übernommen sowie Umstellung des Symbols am Knopf für Temperatur-Unterdruckschalter an der Kühlanlage von grün in blau. 9. Tankdeckel mit Gummidichtring. 10. Neuer Notstartschalter für Sitz-Gurt Anlasslogik. 11. Zur Befestigung eines Wärmeschutzblechs für die oberen vorderen Querlenkerlager bekommt der Lagerbock eine zusätzliche Bohrung. Das Wärmeschutzblech ist durch die Wärmeabstrahlung des Katalysators notwendig geworden. 12. Freischnitte an der Konsole für die vorderen Stoßdämpferlager bedingt durch die Befestigung des Halters für den Ausgleichbehälter. 13. Neues Loch am Querträger in der Versteifung des Oberteils vorn zur Befestigung der Strebe für den Zusatzlüfter. 14. Neuer Halter für Motordämpfer sowie neue Scheibe für Motordämpferhalter. 15. Neue Unterlage für Motordämpferhalter und geändertes Abschirmblech für Motorlager. 16. Neues Abschirmblech für den Kühlwasserausgleichbehälter. Der Behälter wurde zur Befestigung des Blechs ebenfalls geändert. 17. Umstellung des Bediengerätes. 18. Verlegung der Antenne vom rechten Vorderkotflügel in den linken hinteren Kotflügel, dadurch geänderte Antenne. 19. Schlauch vom Verdampfer zum Kompressor wird durch Schlauch vom Verdampfer zur Rohrleitung ersetzt. 20. Halter für Entlüftungsleitung vom Kühler zum Ausgleichbehälter entfällt. 21. Katalysator – Wechselanzeige durch Erweiterung der Tachowelle. 22. Neue Wartungshefte. 23. Tachowelle bei Tempomat-Einbau. 24. Abgas Touristenfahrzeug MBNA. 25. Abgas Touristenfahrzeug mit Kat. 26. Servolenkung. 27. Klimaanlage Anbauteil motorseitig. 28. Typenschild USA. 29. Kraftstofftank für bleifreien Kraftstoff. 30. Zusatzlüfter, Kondensator der Klimaanlage und Halterung Zusatzgebläse. 31. Lichtleiter für Wippschalter, Abdeckung oben im Gehäuse, Instrumente mph-Anzeige nicht USA. 32. Abgasreinigung – Motorlager vorne. 33. Abgasreinigung elektr. Teileumfang.

Typ	Nr.	Datum	Änderung
			34. Auspuffanlage (USA Bund, Kalifornien und Kanada). 35. Abgasreinigung für USA Bund und Kalifornien. 36. Abgasreinigung für Kanada. 37. Kraftstoffverdunstungsanlage. 38. Transistorzündung. 39. Vorder- und Hinterachsänderungen für Abgas 1975. 40. Batterieverlegung vom Motor- in den Kofferraum.
450 SLC 450 SL	08208 21763	01. 08. 74	USA Abgas Modelljahr 1975 USA Kalifornien Code 49/4 Änderungen siehe Änderungen Modelljahr 1975 für USA Bund Code 49/1.
350 SLC 450 SLC 350 SL 450 SL	09938 08167 11594 21682	05. 08. 74	Für Auspuffkrümmer neues Abschirmblech (1161420820, war 0620).
350 SLC 450 SLC 350 SL 450 SL	08820 03975 10925 14870	13. 08. 74	Montage von Schrumpfschläuchen zum Überziehen der Kühlwasserschläuche.
280 SLC 350 SLC 450 SLC 280 SL 350 SL 450 SL	00038 09958 08224 00056 11617 21862	16. 08. 74	Am Sicherungskasten werden die Gewindebüchsen 6 MS durch Parkerschrauben ersetzt.
350 SLC 450 SLC	09958 08229	19. 08. 74	Um Eisbildung im Türspalt zu vermeiden, kommt eine Abdeckung für den Wasserablauf an der Seitenwand bzw. am Längsträger neu hinzu.
280 SLC 350 SLC 450 SLC 280 SL 350 SL 450 SL	00037 09957 08220 00050 11614 21865	19. 08. 74	Montage von Alu-Rädern mit breiterem Tiefbett.
350 SL 450 SL	11627 21957	22. 08. 74	Das Bediengerät wird dem des W 116 angeglichen. Der Leitungssatz für die Automatikantenne entfällt. Dieser wird in den Schlusslampen-Leitungssatz übernommen. (Für Linkslenker).
350 SL 450 SL	11622 21942	22. 08. 74	Das Bediengerät wird dem des W 116 angeglichen. Der Leitungssatz für die Automatikantenne entfällt. Er wird im Schlusslampen-Leitungssatz übernommen. (Für Rechtslenker).
350 SL 450 SL 450 SLC	11622 08251 21942	22. 08. 74	55-Ah-Lichtmaschine mit integriertem Transistorregler. Dadurch wird ein neuer Kabelsatz notwendig.
350 SLC	09967	23. 08. 74	55-Ah-Lichtmaschine mit integriertem Transistorregler. Dadurch wird ein neuer Kabelsatz notwendig.
350 SLC 450 SLC	09967 08251	26. 08. 74	Das Bediengerät wird dem des W 116 angeglichen. Der Leitungssatz der Automatikantenne entfällt. Er wird im Schlussleitungssatz übernommen. (Für Rechtslenker).
350 SLC 450 SLC	09970 08256	26. 08. 74	Das Bediengerät wird dem des W 116 angeglichen. Der Leitungssatz für die Automatikantennen entfällt. Er wird im Schlusslampen-Leitungssatz übernommen. (Für Linkslenker).

Typ	Nr.	Datum	Änderung
280 SLC 450 SLC 280 SL 350 SL 350 SLC 450 SL	00056 08299 00075 11644 09981 22071	04. 09. 74	Neue Wagenheber, dadurch werden die Konsolen und Halter geändert.
350 SLC 450 SLC 350 SL 450 SL	10005 08403 11671 22255	16. 09. 74	Geänderte obere Kühlwasserschläuche.
450 SLC 450 SL	08401 22245	17. 09. 74	Montage von neuen Warnsummern, welche gleichzeitig mit einer 2. Diode ausgerüstet sind.
450 SLC 450 SL	08409 22271	19. 09. 74	Umstellung der Kühlerblocktiefe von 60 mm auf 50 mm bei gleicher Kühlleistung.
280 SLC 350 SLC 450 SLC 280 SL 350 SL 450 SL	00073 10008 08419 00096 11674 22301	20. 09. 74	An den vorderen Stoßfängerschalen ist das Loch für die Waschdüse mehr zur Fahrzeugmitte hin versetzt worden.
350 SLC 450 SLC 350 SL 450 SL	10026 08446 11679 22323	23. 09. 74	Am Kühlerwasserausgleichsbehälter wird der Stutzen für den Kühlwasserschlauch versetzt.
280 SLC 350 SLC 450 SLC	00078 10016 08460	25. 09. 74	Gurtführung generell bei Fahrersitz.
350 SLC 350 SL	10027 11689	30. 09. 74	Synchronisierter Rückwärtsgang bei den mechanischen Getrieben.
280 SLC 350 SLC 450 SLC 280 SL 350 SL 450 SL	00425 10234 09617 00395 11855 25155	15. 10. 74	Durch die Verformung des Kofferraumteppichs im Bereich der Zentralverriegelung kann die bisher verwendete PVC-Kappe entfallen.
280 SLC 350 SLC 450 SLC 280 SL 350 SL 450 SL	00145 10429 10468 00722 11990 26756	21. 10. 74	Montage von VDO-Unterdruckschaltern für die Zentralverriegelung.
450 SLC 450 SL	09193 24126	06. 12. 74	Kürzerer Niederdruckschlauch von der Lenkung zum Kühlrohr.
280 SLC 350 SLC 450 SLC 280 SL 350 SL 450 SL	00279 10174 09194 00269 11796 24130	06. 12. 74	Neukonstruktion des Lüfters der Heizungs-Lüftungsanlage. Die Verlängerung der Gehäusespirale am Gebläseunterteil ermöglicht die Beibehaltung der Leistung.

Typ	Nr.	Datum	Änderung
280 SLC 350 SLC 450 SLC 280 SL 350 SL 450 SL	00289 10181 09241 00283 11798 24230	13. 12. 74	Der Mercedesstern am Vorbau, bisher aus Metall, ist jetzt aus verchromtem Kunststoff.
280 SL 350 SL 450 SL	00283 11798 24233	13. 12. 74	Geänderter Gummipuffer für den mittleren Schalldämpfer.
450 SLC 450 SL	09329 24460	19. 12. 74	Für USA Änderung der Automatikgurte mit Gurtschloss.
280 SLC 350 SLC 450 SLC 280 SL 350 SL 450 SL	00319 10191 09330 00308 11811 24461	07. 01. 75	Zusätzlicher Isolierschlauch am Kühlwasserentlüftungsschlauch.
280 SLC 350 SLC 450 SLC	00342 10200 09408	14. 01. 75	Änderungen an der Rückwand – Heck zur Befestigung des Kindersitzes.
280 SLC 350 SLC 450 SLC	00388 10214 09503	24. 01. 75	Die Gurtaustrittsöffnungen in der Verkleidung der Hecksäule und die Rosette werden vergrößert.
450 SLC 450 SL	09501 24936	24. 01. 75	Reifenumstellung für USA-Wagen: Nur noch zwei Fabrikate pro Abmessung (Dunlop D 1 und Michelin XVS. Ausweichfabrikat Goodyear G 800 S.)
450 SLC 450 SL	09528 25311	01. 02. 75	Geschwindigkeits-Warneinrichtung für Japan-Ausführung. 1. Tachowelle für den Einbau der Geschwindigkeits-Warneinrichtung. 2. Wegfall Halter bei Code 49/8 und 58/0. 3. Instrumente mit Geschwindigkeits-Warneinrichtung in km-Anzeige.
280 SLC 350 SLC 450 SLC 280 SL 350 SL 450 SL	00425 10234 09617 00395 11855 25155	03. 02. 75	Die Zierstäbe Heck-Mittelstück werden im Bereich der Befestigungsbolzen durch zusätzliche Unterlagsplättchen abgedichtet.
280 SLC 350 SLC 450 SLC 280 SL 350 SL 450 SL	00457 10250 09733 00416 11871 25322	12. 02. 75	Der Zusatzleitungssatz an Schweden-Fahrzeugen für die Aufrechterhaltung der Scheinwerfer-Stromstärke bei Leistungsabfall fällt weg.
280 SLC 350 SLC 450 SLC 280 SL 350 SL 450 SL	00480 10262 09828 00437 11882 25456	20. 02. 75	Geändertes Rückschlagventil in der Unterdruckleitung (0004313607, war 0004313407).

Typ	Nr.	Datum	Änderung
450 SLC 450 SL	09846 25488	21. 02. 75	Umstellung der Sicherheitsgurtwarnanlage USA.
450 SLC 450 SL	09846 25488	21. 02. 75	Umstellung der Gurtwarnanlage USA. Die Anlasslogik entfällt. Dafür kommt eine 4–8 Sekunden in Tätigkeit befindliche Warneinrichtung durch Summer und Lichtsignale zum Einsatz.
350 SLC 350 SL	10266 11887	21. 02. 75	Verbesserung des Schaltgerätes. Die Schutzhaube über dem Zündverteiler entfällt.
280 SL 280 SLC 350 SLC 450 SLC 350 SL 450 SL	00468 00523 10278 09923 11900 25650	28. 02. 75	Änderung des Kühlumfangs für Europa-Wagen. Die Leitblende mit Befestigungsmaterial entfällt.
280 SLC 350 SLC 450 SLC 280 SL 350 SL 450 SL	00590 10303 10049 00517 11923 25921	17. 03. 75	Neuer Schlingertopf im Benzintank.
450 SLC	10204	09. 04. 75	Neuer Schlingertopf im Benzintank.
450 SL	26260	10. 04. 75	Neuer Schlingertopf im Benzintank.
280 SLC 350 SLC 450 SLC 280 SL 350 SL 450 SL	00692 10342 10215 00595 11944 26285	10. 04. 75	Es werden geänderte Motorhaubenverschlüsse (Ober- und Unterteile) montiert.
280 SLC 350 SLC 450 SLC 280 SL 350 SL 450 SL	00728 10363 10276 00628 11951 26417	21. 04. 75	Die Kugel und Distanzscheibe für die Teppichbodenbefestigung wird in Druckknopf-Unterteil aus Hostaform umgestellt.
280 SL 350 SL 450 SL	00740 12006 26877	01. 05. 75	Das Coupé-Dach erhält eine heizbare Heckscheibe aus Verbundglas.
	12124 12312 23312	05. 05. 75	Versuchstext Nr. 3
450 SLC 450 SL	10389 26629	06. 05. 75	Für USA-Ausführung wird der Batteriekasten im Kofferraum von Vakuum-Ziehteil in Spritzteil geändert. Änderung der Abdichtung und Tülle. Die Blechdicke am Batterierahmen wird von 1 mm auf 1,5 mm erhöht. Die Ausschnitte in der Gummimatte Kofferboden werden bei USA-Wagen geändert.
280 SLC 350 SLC 450 SLC 280 SL 350 SL 450 SL	00825 10411 10416 00698 11980 26675	09. 05. 75	Türbefestigung mit Schrauben ohne Federring.

Typ	Nr.	Datum	Änderung
280 SLC 350 SLC 450 SLC 280 SL 350 SL 450 SL	00863 10429 10468 00722 11990 26756	16. 05. 75	Im Heizungsschlauch ist das Reduzierstück integriert, bisher zwei Teile.
280 SL	00773	02. 06. 75	Neue Hinterachsentlüfter.
280 SLC 350 SLC 450 SLC 280 SL 350 SL 450 SL	00945 10465 10609 00785 12013 27015	05. 06. 75	Einbau von Leuchteinheiten mit abgefrästem Blinklicht, verstärktem dunklen Abdichtgummi unter der Lichtscheibe. Am Blinklicht werden Kabel und Schrauben abgedichtet.
280 SLC 350 SLC 450 SLC 280 SL 350 SL 450 SL	01022 10497 10756 00844 12034 27280	01. 07. 75	Neuausstattung III ab Juli 1975: 1. Australien: Sonnenblenden erhalten auf der Beifahrerseite einen Metallspiegel. 2. Neue Lackierungen. 3. Neue Innenausstattungen.
450 SLC 450 SL	10807 27410	02. 07. 75	Umstellung auf hitzebeständigere Motorstoßdämpfer.
280 SLC 280 SL	01055 00863	04. 07. 75	Montage von kürzeren Unterdruckleitungen im Vorbau.
280 SLC 280 SL	01072 00875	09. 07. 75	Umstellung des Schlauches bei der Verbindung von der Rücklaufleitung zur Wasserpumpe.
280 SLC 350 SLC 450 SLC 280 SL 350 SL 450 SL	01173 10558 11105 00947 12071 28127	12. 08. 75	Das Lichtfenster im Lichtschalter für die Nebelschlussleuchte wird von grün auf orange umgestellt.
350 SLC 350 SL	10560 12071	15. 08. 75	Vereinheitlichung der unteren Kühlwasserschläuche.
280 SL 350 SL 450 SL	00957 12074 28185	19. 08. 75	Neue Wischerarme (1078202944/3044, war 1078201544/1644) mit Blättern.
280 SLC 350 SLC 450 SLC 280 SL 350 SL 450 SL	01210 10574 11189 00978 12082 28314	25. 08. 75	Verbesserte Schwenkverstellung der Kopfstütze.
450 SLC 450 SL	11200 28300	01. 09. 75	USA-Modelljahr 1976 Einsatz der K-Jetronic für USA Bund.

Typ	Nr.	Datum	Änderung
280 SLC 350 SLC 450 SLC 280 SL 350 SL 450 SL	01212 10577 11206 00989 12084 28345	01. 09. 75	Änderungen USA-Modelljahr 1976: 1. Umstellung des Kühlrohres für Servolenkung durch neue Servopumpe. Anderer Schlauch für Rohrleitung der Klimaanlage vom Kompressor zum Kondensator und vom Verdampfer zur Rohrleitung. 2. Umstellung des Tankfilterschraubstutzens. 3. Halter für Kraftstoffpumpe und Filter sowie Schutzkasten für K-Jetronic geändert. 4. Neues Vierkantloch und Eindrückung in Stirnwand. Entsprechend geänderte Abdämmung. 5. Halter für Diagnosedose. 6. Umstellung auf neuen Hochdruckdehnschlauch. 7. Kühlanlage-Anbauteile motorseitig. 8. Umstellung der Vorderachsbremsschläuche (nur USA). 9. Umstellung von Tandemhauptbremszylinder in Stufenhauptbremszylinder. 10. Neues Typenschild für 450 SLC. 11. Querträger unter Fondsitz mit Gewindeeindrückungen für Verteilereinheit – Tankbelüftung. 12. Neue Bedienungsanleitung. 13. Schweißschrauben in Stirnwand, Löcher im Mittelstück unter Windschutz und Ausschnitte in Abdämmung neu. 14. Zwei Löcher im Längsträger vorn links für Tempomat. 15. 1. Neuer Blinkerschalter mit Schalter für Scheibenwaschanlage, 2. Bremsverschleißanzeige. 16. Zwei Bohrungen zur Leitungsverlegung Tankentlüftung an Querträgeraufnahme Hinterachsträger. 17. Abdeckung für Antenne im Kofferraum. 18. Lampenfassung bei Mittelschaltung Automatikgetriebe in Hauptleitungssatz übernommen. 19. Kofferraum wird rundum seitlich mit Nadelfilzteppich ausgeklebt. 20. Geänderter Unterdruckverteiler bei Zentralverriegelung. 21. Geänderte Abdämmung und Gummimatte im Kofferraum. 22. Geänderte Gummilager am Vorderachsträger.
450 SLC 450 SL	11191 28293	01. 09. 75	US-Modelljahr 1976 Einsatz der K-Jetronic für USA-Kalifornien.
280 SLC 350 SLC 450 SLC 280 SL 350 SL 450 SL	01268 10764 11416 01052 12183 28690	01. 09. 75	Neue Auspuffanlagen mit aluplattierten Blechen und Hauptschalldämpfern mit verkürzten Endrohren und neuen Überrohrblenden.
280 SLC 350 SLC 450 SLC 280 SL 350 SL 450 SL	01229 10588 11266 01008 12087 28455	03. 09. 75	Montage von Druckschläuchen zwischen Ölkühler und Automatikgetriebe mit säurebeständigem Obergummi.
280 SLC 350 SLC 450 SLC 280 SL 350 SL 450 SL	01222 10588 11266 01008 12087 28455	03. 09. 75	Druckschlauch zum Getriebeölkühler in säurebeständiger Ausführung.

Typ	Nr.	Datum	Änderung
280 SLC 350 SLC 450 SLC 280 SL 350 SL 450 SL	01240 10595 11305 01020 12090 28258	05. 09. 75	Deckel für Gebläseabdeckung mit angespitzter Abschirmung für Widerstandssteckverbindung.
280 SLC 350 SLC 450 SLC 280 SL 350 SL 450 SL	01340 10656 11641 01121 12116 29087	09. 10. 75	Neue Mittelschaltungen für Automatikgetriebe wie W 123.
450 SL	29106	14. 10. 75	Beim Roadsterdach für USA-Wagen geänderte Anschlüsse der heizbaren Heckscheibe.
280 SLC 350 SLC 450 SLC 280 SL 350 SL 450 SL	01353 10662 11678 01133 12118 29144	14. 10. 75	Der Lenkungsdämpfer wird an der Lenkstange und am Rahmen mit der Schraube M 10 x 11 x 40 (war 38) und der Mutter M 10 x 1 N 13 004-8.8 (war DIN 936-6S) ohne die Federscheibe B 10 montiert.
280 SLC 350 SLC 450 SLC 280 SL 350 SL 450 SL	01419 10684 11787 01168 12127 29346	24. 10. 75	Neue Abdeckung der Antenne im Kofferraum bei mechanischen Antennen.
280 SLC 350 SLC 450 SLC 280 SL 350 SL 450 SL	01419 10683 11789 01168 12126 29350	27. 10. 75	Verbesserung der Schwenkverstellung für die Kopfstütze (MB Tex).
450 SLC 450 SL	11869 29486	03. 11. 75	Neue Kühler bei USA-Wagen mit M 117.
280 SLC 350 SLC 280 SL 350 SL	01466 10709 01184 12135	06. 11. 75	Aus Platzgründen wird beim mechanischen Getriebe ein neuer Schalthebel montiert.
280 SLC 350 SLC 450 SLC 280 SL 350 SL 450 SL	01476 10715 11937 01188 12131 29611	07. 11. 75	Neue Abdeckung der Antenne im Kofferraum (elektr. Antenne).
450 SLC 450 SL	11933 29607	10. 11. 75	Staublende auch für USA-Wagen zur Erhöhung der Kühlleistung.
280 SLC 350 SLC 450 SLC	01506 10732 12022	14. 11. 75	Leitungssatz für elektrische Fensterheber umgestellt.

Typ	Nr.	Datum	Änderung
450 SLC 450 SL	12041 29796	20. 11. 75	Für USA K-Jetronic Benzinpumpe mit höherer Leistung. Für 450 SLC außer Fahrgestellendnr. 12055–12077. Für 450 SL außer Fahrgestellendnr. 29822–29859.
450 SL	29876	21. 11. 75	Einsatz K-Jetronic: 1. Umstellung der Einspritzung von D-Jetronic auf K-Jetronic. 2. Halter für Diagnose-Leitungssatz. 3. Umstellung auf neue Hochdruckdehnschläuche für die Servolenkung. 4. Neuer Leitungssatz für die Kühlanlage. 5. Motorhauben-Abdämmung nicht mehr imprägniert. 6. Tempomat Codes 44/0. 7. Elektr. Teile der Kühlanlage. 8. Kältekompressor Code 58/0. 9. Autom. Getriebe Code 42/0/1.
450 SLC	12079	25. 11. 75	Änderung wie 450 SL am 21. 11. 75.
280 SLC 350 SLC 280 SL 350 SL	01547 10749 01224 12160	27. 11. 75	Bei der Mittelschaltung der mech. Vierganggetriebe werden Lagerböcke aus Kunststoff montiert.
280 SLC 350 SLC 280 SL 350 SL	01553 10752 01238 12166	28. 11. 75	Neue Zwischenhebel bei der Viergang-Mittelschaltung des mech. Getriebes.
450 SLC 450 SL	12079 29876	30. 11. 75	Für alle K-Jetronic Benzinpumpe mit höherer Leistung. Zugleich Einsatz der K-Jetronic im M 117 für Europa.
280 SLC 350 SLC 450 SLC 280 SL 350 SL 450 SL	01565 10756 12157 01253 12169 30066	03. 12. 75	Neue Verstärkung im Schlossbereich des Heckdeckels. Geänderter Drückerfuß am Schloss.
280 SLC 350 SLC 450 SLC 280 SL 350 SL 450 SL	01572 10757 12167 01261 12174 30092	04. 12. 75	Die Abdeckung im Mantelrohr für den Kabeldurchgang Blinkerschalter entfällt.
280 SLC 350 SLC 450 SLC 280 SL 350 SL 450 SL	01595 10766 12208 01289 12186 30207	11. 12. 75	Die Abdeckplatte für den Lenkungsdurchgang wird auf Kunststoff umgestellt.
450 SLC 450 SL	12232 30253	15. 12. 75	Neue Kondensatoren bei Klimaanlagen für USA-Wagen.
450 SLC 450 SL	12261 30336	18. 12. 75	Das Relais »Heißstarthilfe« entfällt (nur USA).
280 SL 350 SL 450 SL	01324 12200 30413	22. 12. 75	Die seitlichen Verschlüsse für das Coupédach werden einstellbar.

Typ	Nr.	Datum	Änderung
450 SLC 450 SL	12290 30437	23. 12. 75	Außenspiegel links gewölbt für Linkslenker bzw. rechts gewölbt für Rechtslenker.
280 SLC 350 SLC 450 SLC 280 SL 350 SL 450 SL	01634 10778 12296 01328 12200 30640	23. 12. 75	Türscharnierbefestigung durch Sicherungsschrauben mit Suchspitze wie W 123.
280 SLC 350 SLC 450 SLC 280 SL 350 SL 450 SL	01645 10781 12316 01337 12207 30527	12. 01. 76	Geänderte Gurte mit Schlössern.
450 SLC 450 SL	12521 30939	02. 02. 76	Neues Hinweisschild für Abgasreinigung Kalifornien.
350 SLC 350 SL	10805 12224	12. 02. 76	Einsatz K-Jetronic, siehe 450 SL vom 21. 11. 75.
280 SLC 350 SLC 450 SLC	01813 10818 12699	17. 02. 76	Neuer Puffer für Tankklappe ersetzt die Einprägung als Anschlag.
280 SL 350 SL 450 SL	01448 12254 31358	19. 02. 76	Verdeckverschluss wird durch eine Arretierung in den Endstellungen verbessert.
450 SL	31407	24. 02. 76	Japan-Ausführung Modelljahr 1976 Folgende Teile sind von der Änderung betroffen: 1. Anhebung der Summerlautstärke für die Geschwindigkeitswarneinrichtung. 2. Beim Kombiinstrument kommt die Leiste in der Ausführung G + H hinzu. 3. Der Zusatzleitungssatz Geschwindigkeitsanzeige Japan wird für LL ungültig. 4. Zwei Gewindeeindrücke an der Stirnwand neu. 5. Abweisblech an der Auspuffanlage mit Befestigungslöchern für Isolierblech. 6. Abgasreinigung für Japan.
280 SLC 350 SLC 450 SLC 280 SL 350 SL 450 SL	01879 10876 12852 01510 12291 31584	08. 03. 76	Tempomat mit Memory-Lösch-Schaltung.
280 SLC 350 SLC 450 SLC 280 SL 350 SL 450 SL	01911 10867 12958 01523 12289 31783	15. 03. 76	Elektroumschaltventil für die Klimaanlage – Leerlaufstabilisierung geändert (0015400497, war 001540097).
280 SLC 350 SLC 450 SLC 280 SL 350 SL 450 SL	01927 10874 13000 01539 12297 31863	17. 03. 76	Die Schläuche der Scheinwerferreinigungsanlage werden verlegt.

Typ	Nr.	Datum	Änderung
280 SLC 350 SLC 450 SLC 280 SL 350 SL 450 SL	01999 10903 13146 01586 12324 31131	01. 04. 76	Der Impulsgeber des Tempomat wird am Kombiinstrument montiert.
280 SLC 350 SLC 450 SLC	02002 10904 13153	01. 04. 76	Durch geändertes Auslaufrohr des Schiebedachs entfällt die Schutzkappe (1107820134).
450 SLC 450 SL	13254 32212	12. 04. 76	Die imprägnierten Dämmmatten der Motorhaube kommen bei USA-Wagen wieder zum Einbau.
280 SLC 350 SLC 450 SLC	02164 10259 13444	03. 05. 76	Die Eingangsbüchse für den Anpassungstrafo – Hecklautsprecher wird geändert sowie die Leitung 1168207515 in 1168207415 umgestellt.
350 SLC 450 SLC 350 SL 450 SL	10958 13433 12378 32610	04. 05. 76	Der Schrumpfschlauch kann aufgrund verbesserter Platzverhältnisse am Verteiler entfallen.
280 SLC 350 SLC 280 SL 350 SL	02189 10970 01698 12391	10. 05. 76	Durch den Einbau neuer Kupplungsschläuche kann der Dehnschlauch entfallen.
280 SLC 280 SL	02188 01697	10. 05. 76	Neue Unterdruckleitung (0014352382, war 0004357782) vom Ansaugkrümmer zum Bremsgerät.
450 SLC	13548	11. 05. 76	Siehe Änderungen Japan-Ausführung Modelljahr 1976 beim 450 SL vom 24. 02. 76.
280 SLC 350 SLC 450 SLC 280 SL 350 SL 450 SL	02218 10984 13593 01724 12403 32840	14. 05. 76	Die Fensterkurbeln des W 123 werden auch bei den anderen Baureihen verwendet.
280 SLC 350 SLC 450 SLC 280 SL 350 SL 450 SL	02224 10988 13613 01731 12407 32866	17. 05. 76	An der Strebe und Abdeckung für den Motorhaubenverschluss an der Versteifung und dem Querträger vorne wird die Schraube mit der Güte 8.8 (war 4.8) gültig.
280 SLC 350 SLC 450 SLC 280 SL 350 SL 450 SL	02224 10988 13615 01730 12406 32864	18. 05. 76	Die Zylinderschrauben zur Befestigung der Gummilager Mitte der Hinterachse werden durch Sechskantschrauben ersetzt.
280 SLC 350 SLC 450 SLC 280 SL 350 SL 450 SL	02243 10991 13650 01742 12415 32924	19. 05. 76	Einbau von fettfreien Tandem-Hauptbremszylindern.

Typ	Nr.	Datum	Änderung
450 SLC	13532	20. 05. 76	Australien-Ausführung Modelljahr 1977. Folgende Teile sind von der Umstellung auf Modelljahr 1977 betroffen: 1. Kindersitzbefestigung. 2. Abgasreinigung. 3. Instrumente in km-Anzeige (116024, 116032/33). 4. Bremsgerät mit Druckdifferenz-Warnanzeige. 5. Kraftstoffverdunstungsanlage für RL Australien.
450 SL	32872	25. 05. 76	Betrifft Australien-Ausführung wie bei 450 SLC vom 20. 05. 76.
280 SLC	02339	11. 06. 76	Die Schweißmutter M 6 am vorderen Querträger wird jetzt serienmäßig angeschweißt.
350 SLC	11050		
450 SLC	13881		
280 SL	01804		
350 SL	12451		
450 SL	33298		
280 SLC	02350	15. 06. 76	Einheitliche Heizkissen der Sitzheizung für USA und Serie.
350 SLC	11057		
450 SLC	13908		
280 SL	01809		
350 SL	12461		
450 SL	33340		
280 SLC	02497	22. 07. 76	Bei der Befestigung des Mercedessterns an der Kühlerverkleidung und dem Kühlergitter an der Kühlerverkleidung entfallen die Scheiben, Zahnscheiben sowie eine Schraube.
350 SLC	11122		
450 SLC	14292		
280 SL	01925		
350 SL	12530		
450 SL	33963		
280 SLC	02501	23. 07. 76	Bedingt durch die Kindersitzbefestigung im Fond für Australien werden Versteifung, Abdämmung, Hutablage und Unterdruckvorratsbehälter geändert.
350 SLC	11124		
450 SLC	14301		
280 SLC	02545	09. 08. 76	Bedingt durch den Kat. für USA 1977 werden generell folgende Teile geändert: 1. Tunnelschließblech. 2. Bremsseilzugverlegung. 3. Lagerplatte für die Führungsschiene Fahrersitz. 4. Anhebung des Zwischenhebelsystems für die Feststellbremse. 5. Hinterachsen mit anderen Bremsseilzügen für die Feststellbremse.
350 SLC	11138		
450 SLC	14399		
280 SL	01948		
350 SL	12537		
450 SL	34129		
280 SLC	02583	12. 08. 76	Schlingertöpfe im Tank wie beim W 123 mit Innenbelüftung.
350 SLC	11154		
450 SLC	14504		
280 SL	02002		
350 SL	12556		
450 SL	34421		
280 SLC	02589	12. 08. 76	Alle RL-Wagen erhalten das geänderte Bremsgerät (0014308330, war 0014300530).
350 SLC	01155		
450 SLC	14509		
280 SL	01978		
450 SL	34297		

Typ	Nr.	Datum	Änderung
280 SLC 350 SLC 450 SLC 280 SL 350 SL 450 SL	02607 11162 14569 01992 12551 34370	18. 08. 76	Bei Zentralverriegelung zusätzliches Rückschlagventil unter dem Armaturenbrett.
280 SLC 350 SLC 450 SLC	02648 11178 14667	27. 08. 76	Die gebogene Aluschiene des Fensterhebers am Fondfenster wird durch eine gerade Stahlschiene ersetzt.
280 SLC 280 SL	02664 02038	01. 09. 76	Durch Abgas 77 geänderte Rücklaufleitung der Heizung.
280 SLC 350 SLC 450 SLC	02697 11201 14782	09. 09. 76	Durch die Kat.-Montage für Abgas 77 wird im Tunnel außen generell eine neue Abschirmung montiert.
280 SLC 280 SL	02702 02077	10. 09. 76	Neue Seilzugverlegung für Tempomat durch K-Jetronic-Umstellung.
280 SLC 350 SLC 450 SLC 280 SL 350 SL 450 SL	02712 11207 14851 02089 12594 34867	14. 09. 76	Die Schrauben für den Lenkungszwischenhebel am Zapfenlager werden von der Güte 8.8 in 10.9 geändert.
280 SLC 350 SLC 450 SLC 280 SL 350 SL 450 SL	02710 11212 14859 02092 12595 34887	15. 09. 76	Für Österreich Versiegelung der Leerlaufeinstellung für Benzinmotoren. Gemischregler mit weißen Kappen von UT, mit gelben Kappen in Sifi umgetauscht.
280 SLC 350 SLC 450 SLC 280 SL 350 SL 450 SL	02749 11232 14999 02135 12620 35196	29. 09. 76	Änderung siehe oben (15. 09. 76).
280 SLC 350 SLC 450 SLC 280 SL 350 SL 450 SL	02757 11237 15053 02139 12622 35344	05. 10. 76	Kofferraumbelag wird von Gummi in Nadelfilz geändert.
350 SLC 450 SLC 350 SL 450 SL	11257 15124 12632 35460	11. 10. 76	Halter mit Isolierschlauch für Anlasserleitungssatz am Längsträger entfällt.
280 SLC 350 SLC 450 SLC 280 SL 350 SL 450 SL	02803 11265 15125 02188 12639 35460	13. 10. 76	Durch Einbau des Druckschalters für Abgas 77 muss bei SA-Klimaanlage ein anderer Flüssigkeitsbehälter montiert werden.

Typ	Nr.	Datum	Änderung
280 SLC 350 SLC 450 SLC 280 SL 350 SL 450 SL	02805 11267 15219 02194 12638 35523	14. 10. 76	Für Italien Halogen-Leuchteinheit wie Inlandsausführung.
280 SLC 350 SLC 450 SLC 280 SL 350 SL 450 SL	02820 11271 15244 02210 12641 35567	15. 10. 76	Einheitlicher Leitungssatz für Hecklautsprecher und Überblendregler zwischen den Typen 123, 107 und 116.
350 SLC 450 SLC 350 SL 450 SL	01314 15393 12658 35816	29. 10. 76	Bedingt durch USA 77 (Flammschutzblech) wird ein geändertes Abschirmblech für den Hauptboden links verwendet.
280 SLC 350 SLC 450 SLC 280 SL 350 SL 450 SL	02796 11261 15200 02182 12634 35493	04. 11. 76	Hinweisschild für Anhängestützlast mit max. 75 kg Stützlast wird im Bereich des Heckdeckelschlosses angebracht.
450 SLC 450 SL	15403 35832	04. 11. 76	Für EG-Wagen Vorfunkenstecker am Zündverteiler.
350 SLC 450 SLC 350 SL 450 SL	11360 15620 12675 36167	16. 11. 76	Geänderter oberer Kühlwasserschlauch.
450 SLC 450 SL	15773 36475	02. 12. 76	Neues Schutzgitter für den Zusatzlüfter bei SA Klimaanlage.
280 SLC 350 SLC 450 SLC 280 SL 350 SL 450 SL	03036 11425 15975 02331 12723 36790	15. 12. 76	Weiß verzinkte Mutter für die Befestigung der oberen Querlenker, um Verwechslungen mit gleichen Muttern anderer Güteklassen auszuschließen.
450 SLC	16279	17. 01. 77	Der elektrische Fensterheber darf nur bei eingeschalteter Zündung zu betätigen sein.
450 SLC 450 SL	16792 38276	24. 02. 77	Bei USA- und Kanada-Wagen entfällt das Schutzblech am oberen Querlenker für Lenklager.
280 SLC 350 SLC 450 SLC 280 SL 350 SL 450 SL	03352 11575 16914 02646 12837 38529	07. 03. 77	Einbau von Abdeckungen für Fensterkurbeln ohne Schaumstoffeinlagen.
450 SL	39267	06. 04. 77	Durchmesser der vorderen Gelenkwelle von D 45 x 2 auf D 45 x 3.5 geändert.
450 SLC	17389	15. 04. 77	Durchmesser der vorderen Gelenkwelle von D 45 x 2 auf D 45 x 3.5 geändert.

Typ	Nr.	Datum	Änderung
280 SLC 350 SLC 450 SLC 280 SL 350 SL 450 SL	03615 11709 17657 02873 12955 39948	05. 05. 77	Glühlampe im Lichtdrehschalter jetzt mit 0,4 Watt anstatt bisher mit 1,2 Watt.
280 SLC 350 SLC 450 SLC 280 SL 350 SL 450 SL	03664 11738 17869 02917 12979 40253	17. 05. 77	Bei der SA Tempomat wird ein anderer Impulsgeber montiert.
280 SLC 350 SLC 450 SLC 280 SL 350 SL 450 SL	03664 11738 17869 02917 12979 40253	17. 05. 77	Bremsgerät T52 (0014308230/8330/8830) ersetzt das Gerät T51 (0014305930/6030/6130). Es ändern sich dadurch folgende Teile: Bremsleitungen, Unterdruckleitungen, diverse Rohrbogen, Kraftstoffschläuche, Stirnwand und Abdämmung. Für USA-Wagen erfolgt der Einsatz bereits am 14.5. 77 für den 450 SL ab Fahrgestellendnummer 40195, für den 450 SLC ab Fahrgestellendnummer 17833.
280 SLC 350 SLC 450 SLC 280 SL 350 SL 450 SL	03682 11748 17936 02934 12986 40364	24. 05. 77	Neue Benzinpumpen und Dämpferbehälter mit Saugstutzen.
280 SLC 350 SLC 450 SLC 280 SL 350 SL 450 SL	03702 11757 17974 02943 12995 40440	26. 05. 77	Änderungen der Führungsbacken der Kurbelfenster. Der untere Anschlag und die Befestigungslasche für den Fensterheber kommen neu hinzu.
alle Typen		01. 06. 77	Erweiterte Serienausstattung: Heizbare Heckscheibe und Verbandskasten.
280 SLC 350 SLC 450 SLC 280 SL 350 SL 450 SL	03970 11897 18630 03098 13099 41602	22. 07. 77	Vereinheitlichung der Gummilager Mitte der Hinterachse mit W 123.
280 SLC 350 SLC 450 SLC 280 SL 350 SL 450 SL	04118 11976 19083 03214 13158 42332	25. 08. 77	Wegen Einbau der Klimatisierungsautomatik für USA 1978 wird generell das Mittelstück unter dem Windschutz innen mit der Abdichtung und dem Gummistopfen geändert.
280 SL 350 SL 450 SL	03222 13160 42365	26. 08. 77	Mit der neuen klappbaren Armlehne am Fahrersitz wird das Handrad für die Lehnenverstellung am Fahrersitz generell nach außen verlegt.

Typ	Nr.	Datum	Änderung
280 SLC 350 SLC 450 SLC 280 SL 350 SL 450 SL	04114 11971 19072 03213 13156 42316	01. 09. 77	Ausstattungserweiterung ab 1. September 1977: 1. Änderung des elektrischen Teileumfangs durch Ausstattungserweiterung. Warneinrichtung für nicht ausgeschaltetes Hauptlicht. 2. Auspuffendrohre nach unten gebogen. 3. Holzverkleidung für Dom und Instrumententafel. 4. Bodenbeläge, Gehäuse und Hutablage in Raschelvelours. 5. Verbesserung der Fußraumleuchte. 6. Verlegung des Warnblinkgebers. 7. Verbesserung der Kofferraumauskleidung-Matte. 8. Neue Handschuhkastenleuchte.
280 SLC 350 SLC 450 SLC 280 SL 350 SL 450 SL	04173 12000 19203 03258 13177 42549	06. 09. 77	Kofferraumverkleidung von Nadelfilz in Raschelvelours umgestellt.
280 SLC 350 SLC 450 SLC 280 SL 350 SL 450 SL	04192 12010 19236 03273 13186 42616	08. 09. 77	Zur Vermeidung von Geräuschen wird bei Fahrzeugen mit Automatikgetriebe eine geänderte Mittelschaltung montiert.
450 SLC 450 SL	19498 42997	26. 09. 77	Für die Drehstabkoppelachse neue Gummigelenke.
280 SL 350 SL 450 SL	03484 13288 43669	24. 10. 77	Neue Liegesitzbeschläge, Abdeckblenden und Führungsschienen der Sitze. Dadurch Änderungen beim Gehäuse mit Ablageschale und der Lasche sowie am Kissenrahmen erforderlich. Festigkeitserhöhung der Sitzstruktur.
280 SLC 350 SLC 450 SLC	04445 12130 19682	26. 10. 77	Um beim Fondgurt den Kettengliedbeschlag vom W 123 verwenden zu können, wird die Auflagefläche an der Hecksäule um 5 mm nach außen verlegt. Der Klippan-Gurt erhält ein neues Rollenschloss mit entsprechender Einsteckzunge. Die Aufrollautomatik wird vereinheitlicht, der Fixierstift entfällt.
280 SLC 350 SLC 450 SLC	04476 12139 19971	31. 10. 77	Am Schiebedach werden Befestigungsschiene, Verstärkungsrahmen und Auflaufstück geändert.
280 SLC 350 SLC 450 SLC	04483 12145 19989	02. 11. 77	Durch die Verlegung des Wippschalters für das elektrische Schiebedach wird ein längerer Leitungssatz nötig.
280 SLC 350 SLC 450 SLC 280 SL 350 SL 450 SL	04638 12205 20358 03630 13340 44546	03. 11. 77	Wegen einer britischen Gesetzesvorschrift werden Scheiben für Pkws, die in Großbritannien zugelassen werden, mit »Kite mark« gekennzeichnet.
280 SLC 450 SLC 280 SL 350 SL 350 SLC 450 SL	04498 20014 03528 13300 12148 43940	04. 11. 77	Vereinheitlichung der Lenkräder mit W 123, dadurch andere Lenkspindeln und Mantelrohre.

Typ	Nr.	Datum	Änderung
450 SLC 450 SL	20047 44010	08. 11. 77	Für USA Bremsgeräte mit Zweischwimmerbehälter.
450 SLC 450 SL	20058 44144	14. 11. 77	Bei Wagen in Japanausführung entfällt durch ein zusätzliches Abschirmblech am Auspuffrohr das Schutzblech für die Lenkzwischenhebellagerung.
280 SLC 350 SLC 450 SLC	04560 12172 20182	15. 11. 77	Änderung der Ruhesitzbeschläge wie bei den Roadstern am 24. Oktober 1977.
280 SL 350 SL 450 SL	03603 13327 44452	28. 11. 77	Im Zuge der Ausstattungserweiterung kommt am Vorderwandrahmen oben quer eine Deckenlampe hinzu.
280 SLC 280 SL	04637 03614	29. 11. 77	Auspuffkrümmer ohne Kugelanschluss.
280 SLC 350 SLC 450 SLC 280 SL 350 SL 450 SL	04645 12209 20368 03656 13348 44646	06. 12. 77	Die ECE-Zeichen werden jetzt nicht mehr an der rechten Vorderwandsäule, sondern auf der Kühlerversteifung in der Nähe des Typenschildes angebracht.
280 SLC 350 SLC 450 SLC 280 SL 350 SL 450 SL	04836 12311 20861 03838 13419 45445	13. 01. 78	Die Innenspiegel werden für Großbritannien aufgrund gesetzlicher Vorschrift geändert.
280 SLC 350 SLC 450 SLC 280 SL 350 SL 450 SL	04891 12339 20999 03889 13434 45672	24. 01. 78	Verdampfer der Klimaanlage erhält 5 anstelle 4 Rohrreihen.
280 SLC 350 SLC 450 SLC 500 SLC/ 450 SLC 5.0		02. 02. 78	Sonnenblenden mit Endraststellung werden lt. Vorstandsbeschluss beim Coupé montiert.
280 SLC 350 SLC 450 SLC 500 SLC/ 450 SLC 5.0 280 SL 350 SL 450 SL	05075 12447 21542 00014 04107 13534 46599	03. 03. 78	Änderung des Ausschnittes vom Wasserablauf am Mittelstück außen unter Windschutz ergibt eine Einsparung der Wasserleitung, des Abdichtrahmens und der Befestigungsnieten.

Typ	Nr.	Datum	Änderung
280 SLC 350 SLC 450 SLC 500 SLC/ 450 SLC 5.0 280 SL 350 SL 450 SL	05145 12474 21695 00018 04169 13558 46860	10. 04. 78	Beim Wasserhahn-Motor ist der Abstand infolge von Rohbautoleranzen zu gering. Es werden andere Unterdruckwasserhähne verwendet.
280 SLC 350 SLC 450 SLC 500 SLC/ 450 SLC 5.0 280 SL 350 SL 450 SL	05201 12497 21804 00035 04222 13577 47068	18. 04. 78	Motorleistungssteigerung am M 110 E 28 von 177 PS auf 185 PS sowie diverse allgemeine Änderungen. 1. Zylinderkopf M 110 mit größeren Auslasskanälen sowie neues Schwingsaugrohr. 2. Neue Luftfilter zu dto. 3. Umstellung der Längsträger und des Schließblechs vorn. Neuer Halter für Motordämpfer. 4. Neue Hauptleitungssätze. 5. Umstellung der Entlüftungsleitung am M 110. 6. Neuer Flüssigkeitsbehälter für Scheibenwaschanlage sowie neue Schlauchverlegung und geänderter Leitungssatz bei der Scheinwerferreinigungsanlage.
280 SLC 350 SLC 450 SLC 500 SLC/ 450 SLC 5.0 280 SL 350 SL 450 SL	05193 12498 21808 00026 04217 13578 47076	19. 04. 78	Für Wagen mit Zentralverriegelung werden Lenkschlösser mit Stahl-Panzerungssicherung montiert. Es ändern sich die Rosette und der Lenkungsdurchbruch.
280 SLC 350 SLC 450 SLC 280 SL 350 SL 450 SL	05214 12509 21864 04234 13586 47175	24. 04. 78	Vom Kraftstoffausgleichsbehälter zum Ventil wird eine andere Belüftungsleitung mit Manschette (diese ohne Ventilkappe) montiert.
350 SLC 450 SLC 350 SL 450 SL	12524 21921 13588 47210	25. 04. 78	Umstellung der Lüfterkupplung mit Lüfter (1162000122, war 0002000922, 1162051606, war 1162051206.
280 SLC 350 SLC 450 SLC 500 SLC/ 450 SLC 5.0 280 SL 350 SL 450 SL	05273 12547 22015 00063 04286 13614 47477	08. 05. 78	Unterdruckwasserhähne mit verstärkter Schaltachse, Welle und Bund.
280 SLC 350 SLC 450 SLC 500 SLC/ 450 SLC 5.0 280 SL 350 SL 450 SL	05268 12545 22007 00062 04281 13615 47452	08. 05. 78	Für Wagen mit Normalverriegelung werden Lenkschlösser mit Stahl-Panzersicherung montiert. Es ändern sich die Rosette und der Lenkungsdurchbruch.

Typ	Nr.	Datum	Änderung
280 SLC 350 SLC 450 SLC 500 SLC/ 450 SLC 5.0	05335 12588 22192 00076	23. 05. 78	Neue Federspeicher für Wagen mit Niveauregulierung.
280 SLC 350 SLC 450 SLC 500 SLC/ 450 SLC 5.0 280 SL 350 SL 450 SL	05339 12590 22209 00077 04340 13643 47797	24. 05. 78	Generelle Umstellung der Innenspiegel auf die jetzige Frankreich-Ausführung.
280 SLC 350 SLC 450 SLC 500 SLC/ 450 SLC 5.0 280 SL 350 SL 450 SL	05359 12598 22248 00083 04352 13653 47797	29. 05. 78	Die Scheibenwaschdüsen erhalten ein zusätzliches Rückschlagventil.
280 SLC 350 SLC 450 SLC 500 SLC/ 450 SLC 5.0 280 SL 350 SL 450 SL	05374 12603 22279 00093 04364 13659 47939	01. 06. 78	Die bei der Lenkradbefestigung verwendete Federscheibe B 18 DIN 137 entfällt.
280 SLC 350 SLC 450 SLC 500 SLC/ 450 SLC 5.0 280 SL 350 SL 450 SL	05501 12663 22591 00136 04464 13716 48566	26. 06. 78	Änderung des rechten hinteren Radeinbaus innen und außen, um eine andere Kabelbefestigung zu ermöglichen, durch welche die seitherige rechte Kabelabdeckung überflüssig wird.
280 SLC 350 SLC 450 SLC 500 SLC/ 450 SLC 5.0	05490 12654 22553 00127	26. 06. 78	Neue Ölleitung (mit Stahldraht im Rohr) beseitigt Geräusche.
280 SLC 350 SLC 450 SLC 500 SLC/ 450 SLC 5.0	05508 12666 22627 00142	30. 06. 78	Durch zwei neue Abdichtungen mit geänderten Formstücken wird die Abdichtung an den Fensterführungsschienen verbessert.

Typ	Nr.	Datum	Änderung
280 SLC 350 SLC 450 SLC 500 SLC/ 450 SLC 5.0 280 SL 350 SL 450 SL	05511 12669 22653 00145 04487 13723 48656	03. 07. 78	Benzinschläuche mit unverlierbaren Alu-Dichtringen.
280 SLC 350 SLC 450 SLC 500 SLC/ 450 SLC 5.0 280 SL 350 SL 450 SL	05571 12700 22843 00174 04555 13752 48903	18. 07. 78	Klimatisierungsautomatik mit neuem Klimakasten, zweistufigem Unterdruckelement und neuem Leitungssatz.
280 SLC 350 SLC 450 SLC 500 SLC/ 450 SLC 5.0 280 SL 350 SL 450 SL	05605 12717 22944 00190 04587 13768 49133	25. 07. 78	Die Anlasswiederholsperre wird zurückverlegt.
		01. 08. 78	Einsatz der Baujahrangabe 1979 erfolgt für Israel.
280 SLC 350 SLC 450 SLC 500 SLC/ 450 SLC 5.0 280 SL 350 SL 450 SL	05631 12736 23011 00205 04635 13784 49299	04. 08. 78	Neue Schutzkappe am Kickdown-Magnet am automatischen Getriebe.
280 SLC 350 SLC 450 SLC 500 SLC/ 450 SLC 5.0 280 SL 350 SL 450 SL	05798 12819 23299 00245 04786 13849 49948	01. 09. 78	Zur besseren Identifizierung wird am rechten Radlauf/Wagenheber ein selbstklebender Produktionsstreifen angebracht.
280 SLC 350 SLC 450 SLC 500 SLC/ 450 SLC 5.0 280 SL 350 SL 450 SL	05871 12874 23575 00276 04860 13894 50307	18. 09. 78	Einbau neuer Lenkstangen (1074600505, war 0205).
		02. 10. 78	Der Einsatz der Baujahrangabe 1979 erfolgt für alle Exportländer nach Code 68/517.

Typ	Nr.	Datum	Änderung
280 SLC 350 SLC 450 SLC 500 SLC/ 450 SLC 5.0 280 SL 350 SL 450 SL	05938 12901 23740 00310 04922 13929 50267	03. 10. 78	Größere Bremsflüssigkeitsbehälter, vereinheitlicht mit W 123.
280 SLC 350 SLC 450 SLC 500 SLC/ 450 SLC 5.0 280 SL 350 SL 450 SL	05974 12920 23991 00330 04961 13947 50850	12. 10. 78	Schlingertopf aus Edelstahl.
280 SLC 350 SLC 450 SLC 500 SLC/ 450 SLC 5.0 280 SL 350 SL 450 SL	06006 12956 24230 00391 05053 13991 51356	02. 11. 78	Neues Schlüsselsystem für Zentralverriegelung mit neuen Schließzylindern, schmaleren Schlüsseln sowie einem vierten zusätzlichen Ersatzschlüssel.
280 SLC 350 SLC 450 SLC 500 SLC/ 450 SLC 5.0 280 SL 350 SL 450 SL	06132 12983 24514 00428 05114 14030 51686	15. 11. 78	Neues Schlüsselsystem für Normalverriegelung mit neuen Schließzylindern, schmaleren Schlüsseln sowie einem vierten zusätzlichen Ersatzschlüssel.
280 SLC 350 SLC 450 SLC 500 SLC/ 450 SLC 5.0 280 SL 350 SL 450 SL	06132 12983 24505 00427 05118 14028 51666	16. 11. 78	Gummiring an der Entlüftungsleitung vom Kühler zum Ausgleichsbehälter geändert.
450 SLC 450 SL	24539 51726	17. 11. 78	Vorrüstung CB-Funk für USA-Wagen (Antennenkabel).
280 SL 350 SL 450 SL	05125 14036 51723	17. 11. 78	Bei der SA Fondsitz anstelle Gepäckablage wird für die Abstützung der Fondlehne an der Heckwand eine neue Halterkonsole gültig.

Typ	Nr.	Datum	Änderung
280 SLC 350 SLC 450 SLC 500 SLC/ 450 SLC 5.0 280 SL 350 SL 450 SL	06247 13048 24911 00514 05252 14105 52290	12. 12. 78	Neue Abdeckblenden an den Liegesitzbeschlägen.
280 SLC 350 SLC 450 SLC 500 SLC/ 450 SLC 5.0 280 SL 350 SL 450 SL	06289 13065 25004 00535 05287 14126 52476	20. 12. 78	Die Baureihe 107 erhält die Leuchtweitenregulierung für Scheinwerfer.
450 SLC	25405	22. 01. 79	Japanänderungen: Klimatisierung, neuer Hauptleitungssatz mit integriertem Zusatzleitungssatz für Katalysatorwarnung, Auslösung der Feststellbremse.
450 SLC	25405	22. 01. 79	Wegfall Leuchtweitenregulierung für Japan.
450 SL	53273	29. 01. 79	Wegfall Leuchtweitenregulierung Japan.
450 SLC 450 SL	25405 53273	29. 01. 79	Bei der Japan-Ausführung ohne Leuchtweitenregulierung wird die Befestigung für den Lichtdrehschalter und die Rosette an der Instrumententafel umgestellt.
280 SLC 350 SLC 450 SLC 280 SL 350 SL 450 SL	06444 13139 25492 05452 14185 53290	29. 01. 79	Die seither nur beim 450 SLC 5.0 montierte Servolenkung (1074601901, war 1501), wird jetzt bei allen 107er-LL-Typen verbaut.
280 SLC 350 SLC 450 SLC 500 SLC/ 450 SLC 5.0 280 SL 350 SL 450 SL	06458 13146 25530 00645 05478 14194 53366	01. 02. 79	Neue Benzinpumpe mit zusätzlichem Druckausgleichventil.
280 SLC 350 SLC 450 SLC 500 SLC/ 450 SLC 5.0	06509 13163 25651 00673	12. 02. 79	Neue Belüftungsmanschette mit Schutzkappe am Belüftungsrohr.
280 SLC 350 SLC 450 SLC 500 SLC/ 450 SLC 5.0 280 SL 350 SL 450 SL	06583 13202 25946 00721 05616 14257 54021	26. 02. 79	Durch die Verlegung des rechten oberen Dämpferpunktes müssen der Längsträger, das Schließblech und der Halter Motorstoßdämpfer in der Form geändert werden.

Typ	Nr.	Datum	Änderung
280 SLC 350 SLC 450 SLC 500 SLC/ 450 SLC 5.0 280 SL 350 SL 450 SL	06652 13267 26227 00775 05718 14306 54511	20. 03. 79	Neue Lenkungsdämpfer.
280 SLC 280 SL	06664	21. 03. 79	An den mechanischen Getrieben sind die Schaltraster so geändert, dass die Gussschalthebel durch Blechschalthebel ersetzt werden. Dadurch Änderung der Schaltstangen.
450 SLC 450 SL	26346 54785	02. 04. 79	Das Betankungsschild SA 1113217-6/9 wird in der Einfüllmulde im Kotflügel untergebracht.
280 SL 350 SL 450 SL	05829 14352 54939	05. 04. 79	Durch eine neue Steckkäfigmutter entfällt die Abdeckung der bisherigen Mutter an der Trennwand zwischen Tank und Kofferraum.
280 SLC 350 SLC 450 SLC 500 SLC/ 450 SLC 5.0 280 SL 350 SL 450 SL	06732 13313 26478 00825 05821 14349 54921	05. 04. 79	Radzierdeckel auf der Nabe der Alu-Felgen aus Kunststoff.
280 SLC 350 SLC 450 SLC 500 SLC/ 450 SLC 5.0 280 SL 350 SL 450 SL	06815 13344 26692 00860 05922 14386 55279	23. 04. 79	Zugfeder der Fußfeststellbremse durch Schlauch gedämpft.
500 SLC/ 450 SLC 5.0	00877	03. 05. 79	Fahrgestellnummer 000875 und ab 877 fortlaufend, außer Fahrgestellnummer 892. Am Motor M 117 E 50 wird aus Homologationsgründen (Hubraumgrenze unter 5000 cm3) die Zylinderbohrung von D 97 mm auf D 96,5 mm reduziert.
450 SL	55562	08. 05. 79	Halter für Benzinschlauch für USA und Japan.
450 SLC 450 SL	27124 56067	28. 05. 79	Neuer Hauptleitungssatz mit zusätzlichem Relais (1075407205, war 6105).
280 SLC 350 SLC 450 SLC 500 SLC/ 450 SLC 5.0 280 SL 350 SL 450 SL	07017 13459 27290 01002 06213 14535 56427	13. 06. 79	Für die Hohlkörperversiegelung wird ein zusätzliches Loch benötigt.
350 SLC 350 SL	13482 14572	27. 06. 79	Beim M 116 werden jetzt andere Abschirmbleche (1161421120, war 1020) montiert.

Typ	Nr.	Datum	Änderung
450 SLC 500 SLC/ 450 SLC 5.0	28027 01131	13. 07. 79	Umstellung der Gummiringe der Vorderfedern.
500 SLC/ 450 SLC 5.0	01200	01. 08. 79	Hinterachsfederbeine mit größerem Kolbenstangendurchmesser.
280 SL 350 SL 450 SL	06511 14680 57687	07. 08. 79	Die Schließplatte und das Fondseitenteil innen werden durch die Vereinheitlichung der Aufrollautomatik und den Wegfall des Fixierstiftes geändert.
280 SLC 350 SLC 450 SLC 500 SLC/ 450 SLC 5.0 280 SL 350 SL 450 SL	07383 13604 28109 01157 06572 14719 57859	20. 08. 79	Es werden neue Sicherheitsgurte ohne Arretierstift eingebaut.
450 SL	58159	03. 09. 79	Neue Entlüftungsleitung vom Ausgleichsbehälter zum Ventil.
280 SLC 350 SLC 450 SLC 500 SLC/ 450 SLC 5.0 280 SL 350 SL 450 SL	07533 13660 28364 01225 06721 14797 58395	12. 09. 79	Neuausstattung IV: 1. Neue Farbpalette mit Anlauf W 126 2. Neue Narbung an der Verkleidung der Vorderwand, Armlehnen, Fußstützen und div. Abdeckungen. 3. Kleinere Kopfstütze wie W 126. 4. Neues, kleineres Lenkrad wie W 126 und geändertes Mantelrohr. 5. Kombiinstrument mit geänderten Symbolen. 6. Neues Bremsgerät. 7. Kraftstoffschlauch mit verlängertem Halter und Langloch. 8. Stirnwandänderung für den Einbau des ABS und des Lambda-Steuergeräts. Neue Abschirmung. 9. Geändertes Abschirmblech am Hauptboden rechts. 10. Neues Loch im Kardantunnel für den Kabeldurchgang des Lambda-Steuergerätes. Der Hauptbodenflansch rechts wird bei den Coupés und beim 450 SL verbreitert. 11. Am 280 SL + SLC geänderte Reifengröße von 185 HR-14 auf 185/70 HR-14.
280 SLC 350 SLC 450 SLC 500 SLC/ 450 SLC 5.0 280 SL 350 SL 450 SL	07568 13674 28398 01238 06762 14821 58449	17. 09. 79	Neues Bremsgerät.
280 SLC 350 SLC 450 SLC 500 SLC/ 450 SLC 5.0 280 SL 350 SL 450 SL	07604 13687 28461 01254 06802 14851 58552	21. 09. 79	Rückschlagventil mit zwei Abgängen für die Scheibenwaschanlage.

Typ	Nr.	Datum	Änderung
280 SLC 350 SLC 450 SLC 500 SLC/ 450 SLC 5.0 280 SL 350 SL 450 SL	07628 13689 28461 01254 06817 14852 58563	21. 09. 79	Rückschlagventil mit zwei Abgängen für die Scheinwerferwaschanlage.
280 SLC 350 SLC 450 SLC 500 SLC/ 450 SLC 5.0 280 SL 350 SL 450 SL	07610 13689 28469 01257 06810 14853 58566	24. 09. 79	Typschild für Frankreich: Erhöhung der Zugwagen- und Anhängelast um 300 kp.
450 SLC 450 SL	28465 58565	26. 09. 79	Wagen ohne Leuchtweitenregulierung erhalten Unterdruckbehälter mit zwei Ballons, vorher drei Ballons.
500 SLC/ 450 SLC 5.0	01272	28. 09. 79	An der Alu-Motorhaube entfällt am Scharnierhebel die zusätzliche Tauchlackierung. Das Teil wird glanzverzinkt.
		01. 10. 79	Baujahreinschlag 1980 für alle Exportländer mit Ausnahme Israels. Für dort wird bereits ab dem 1. August 79 das Baujahr 1980 eingeschlagen.
280 SL 350 SL 450 SL	06930 14891 58931	09. 10. 79	Neue Unterlage für die Windschutzverkleidung (1076880396).
450 SLC 450 SL	28741 59090	15. 10. 79	Das Bordwerkzeug bei USA-Wagen wird durch einen Schraubendreher zur Scheinwerferverstellung ergänzt.
280 SLC 350 SLC 450 SLC 500 SLC/ 450 SLC 5.0	07802 13766 28902 01354	29. 10. 79	Neuer Schalter für Leuchtweitenregulierung bei Wagen mit Niveauregulierung.
280 SLC 350 SLC 450 SLC 500 SLC/ 450 SLC 5.0 280 SL 350 SL 450 SL	07813 13774 28942 01364 07105 14949 59482	31. 10. 79	Durch eine geänderte Lage des Anlassers werden andere Lenkzwischenhebel verbaut.
280 SLC 350 SLC 450 SLC 500 SLC/ 450 SLC 5.0	07950 13828 29300 01431	01. 12. 79	Unter der Blende am Falzblech Fondseitenteil wird jetzt die Dichtung 1076920098 verwendet.
500 SLC/ 450 SLC 5.0	01465	15. 12. 79	Die vorderen vier Auspuffrohre werden mit einer Verbindung montiert.

Typ	Nr.	Datum	Änderung
280 SLC 350 SLC 380 SLC 450 SLC 500 SLC/ 450 SLC 5.0 280 SL 350 SL 380 SL 450 SL 500 SL	08065 13860 00002 29589 01492 07484 15074 00001 60853 00002	02. 01. 80	Neues Typenschild mit Weltherstellercode – WDB – vor der Fahrgestellnummer und zusätzlichem Zuggewicht. Neue ABE-Bezeichnung für Wagen mit gedrucktem KFZ-Brief als Flensburger Registrierung.
		02. 01. 80	Bei der SA »Batterie im Kofferraum« ist der Rahmen im Oberteil mit einer eingearbeiteten Halteleiste ausgeführt. Dies ermöglicht die Befestigung verschiedener Batteriegrößen.
280 SLC 350 SLC 450 SLC 500 SLC/ 450 SLC 5.0 280 SL 350 SL 450 SL	08108 13877 29710 01520 07554 15117 61119	14. 01. 80	Die Konsolen für die Ersatzradbefestigung bei den Typen 107, 116, 123 und 126 werden vereinheitlicht.
280 SLC 350 SLC 450 SLC 500 SLC/ 450 SLC 5.0 280 SL 350 SL 450 SL	08196 13906 29933 01571 07685 15197 61666	01. 02. 80	Durch Verwendung von Automatikantennen mit Kunststoffdeckeln kann der Wasserablauf durch einen Kunststoffschlauch entfallen.
280 SLC 350 SLC 450 SLC	08260 13908 29939	13. 02. 80	Durchmesser der Kolbenstange am Hinterachsfederbein von D 22 in D 24 geändert.
350 SLC 350 SL	13924 15304	28. 02. 80	Mit diesen Fahrgestellendnummern sind die Typen 350 SL (Baureihe 107043) und 350 SLC (Baureihe 107023) ausgelaufen.
280 SLC 450 SLC 500 SLC/ 450 SLC 5.0 280 SL 450 SL	08366 30199 01628 07870 62340	01. 03. 80	Einsatzpaket der Typen R/C 107 2,8/3,8/5,0 Ltr. mit dem neuen Automatikgetriebe W 4 A 040. 1. Der Getriebeeinbau erfordert folgende Änderungen: Tunnelschließteil vorne mit Verstärkung, Tunnelschließbleche hinten und unten, Gelenkwelle, Lüfterviskokupplung, Kombiinstrument, Schaltstange, Anschlüsse an Motor, Getriebe, Auspuff und Hauptleitungssätzen. 500 SL/SLC Getriebeänderung = Anfahren im zweiten Gang im Wählbereich D, Anfahren im ersten Gang im Wählbereich S. 2. Neue Vorderachshälften, Bremsbelagdicke von 10,5 mm auf 13 mm erhöht. 3. Beim 500 SLC erfolgt die Drehzahlbegrenzung durch ein elektronisches Kraftstoffpumpenrelais. 4. Durch den Einbau des Frontspoilers werden folgende Teile geändert: Vorderkotflügelunterteil, Verkleidung, Abschleppbügel, Konsole des Drehstablagers, der Zusammenbau Vorbau mit Radeinbau, Längsträger und Schließblech. 5. Anderer Intervall-Impulsgeber für Scheibenwischer. 6. Der 280 SL erhält die Achsübersetzung 1 : 3,58 anstelle 1 : 3,69.

Typ	Nr.	Datum	Änderung
			7. Der Klimakasten wird umgestellt. 8. Ausschnitt für Kabelverbinder des Tempomats am Leitblech für Kühlerumluft. 9. Verlagerung des Druckausgleichventils vom Kraftstoffpumpenpaket in den Mengenteiler. 10. Alu-Motorhaube serienmäßig auch für 280 SL/SLC. 11. Typenzeichen auf dem Heckdeckel 500 SLC anstelle 450 SLC 5.0. 12. Zum Serienumfang gehören ab sofort Coupédächer für alle SL-Typen. Beim 500 SL/SLC außerdem Zentralverriegelung und elektr. Fensterheber. 13. Klimaanlage mit neuem Kompressor aufgrund der neuen 3,8-/5,0-Ltr.-Motoren. 14. Für 500 SL/SLC neuer Luftfilterkasten in Alu mit Kunststoffhutzen. 15. Neue Kraftstoffpumpe mit Glycodur-Laufring.
280 SLC 450 SLC 380 SLC 500 SLC/ 450 SLC 5.0 280 SL 450 SL 380 SL 500 SL	08719 31070 00173 01780 08520 64183 00155 00095	19. 05. 80	Zusätzliche Verschlussscheibe am Querträger für die Hinterachsaufnahme.
280 SLC 450 SLC 380 SLC 500 SLC/ 450 SLC 5.0 280 SL 450 SL 380 SL 500 SL	08718 31074 00173 01799 08525 64183 00159 00097	20. 05. 80	Bei der SA Sitzheizung erfolgt die Umstellung von Flächenheizkissen auf Streifenheizelemente.
450 SLC 450 SL	31127 64278	22. 05. 80	In den USA kann jetzt der serienmäßige Warnblinkgeber verwendet werden.
450 SLC 380 SLC 450 SL	31457 00382 65064	03. 07. 80	Für USA Halogenleuchteinheit anstelle Sealed-beam-Einsätze.
280 SLC 450 SLC 380 SLC 280 SL 450 SL 380 SL 500 SL	08880 31505 00407 08833 65171 00356 00185	09. 07. 80	Neuer Schutzkasten für Benzinpumpe durch größeren Benzinfilter.
280 SLC 450 SLC		01. 08. 80	Drehzahlbegrenzung durch elektronisches Kraftstoffpumpenrelais. Signalhornansteuerung von Minus auf Plus. Lenkschloss: Startschalter mit versiegelter Steckerkupplung.
280 SL 450 SL 380 SL 500 SL	09103 65897 00491 00245	14. 08. 80	Aufteilung der Gurtschlösser in links und rechts, wegen besserer Erreichbarkeit der Drucktaste.

Typ	Nr.	Datum	Änderung
280 SLC 350 SLC 380 SLC 500 SLC/ 450 SLC 5.0 280 SL 380 SL 450 SL 500 SL	09076 31723 00599 02001 09133 06526 65989 00258	21. 08. 80	Neue Anhängesteckdosen 7-polig (0025450726, war 0015455826).
280 SLC 380 SLC 500 SLC/ 450 SLC 5.0 280 SL 380 SL 500 SL	09153 00696 02047 09248 00771 00309	08. 09. 80	Die 1-kg-Pulverfeuerlöscher werden durch 2-kg-Halonfeuerlöscher ersetzt.
280 SLC 380 SLC 500 SLC/ 450 SLC 5.0 280 SL 380 SL 500 SL	09233 00836 02105 09368 01094 00357	25. 09. 80	Umstellung der Sicherheitsgurte und Gurtschlösser, dadurch müssen die Liegesitzbeschläge geändert werden.
280 SLC 380 SLC 500 SLC/ 450 SLC 5.0 280 SL 380 SL 500 SL	09253 00886 02113 09397 01220 00364	01. 10. 80	Die pneumatischen Leitungen im Motorraum erhalten Schutzschläuche.
280 SLC 380 SLC 500 SLC/ 450 SLC 5.0 280 SL 380 SL 500 SL	09391 01261 02180 09649 02091 00423	04. 11. 80	Montage der elektrischen Benzinpumpe mit anderem Schwingmetallpuffer.
280 SLC 380 SLC 500 SLC/ 450 SLC 5.0 280 SL 380 SL 500 SL	09425 01383 02206 09691 02389 00433	13. 11. 80	Kühlerverschlüsse mit Überdruckventilen aus Edelstahl.
380 SLC 380 SL	01157 02455	14. 11. 80	Die Typen 380 SL und 380 SLC erhalten die leichten Scheibenräder des W 126.

Typ	Nr.	Datum	Änderung
280 SLC 380 SLC 500 SLC/ 450 SLC 5.0 280 SL 380 SL 500 SL	09437 01412 02200 09695 02474 00442	17. 11. 80	Neue Reifendruckvorschriften.
380 SL	02970	04. 12. 80	Windschutzscheibe: Innenscheibe 0,5 mm dünner. Großversuch an 216 USA-Wagen bis Fahrgestellendnummer 3215 zwischen dem 4. 12. und 12. 12. 1980
280 SLC 380 SLC 500 SLC/ 450 SLC 5.0 280 SL 380 SL 500 SL	09509 01628 02262 09820 03023 00475	05. 12. 80	Verlegung der Leitungen zwischen den Heckleuchten.
280 SL 380 SL 500 SL	09883 03337 00499	18. 12. 80	Die Verriegelungsklappe des Tankeinfüllstutzens erhält ein doppelt wirkendes U-Element mit Rückholfeder.
280 SLC 380 SLC 500 SLC/ 450 SLC 5.0 280 SL 380 SL 500 SL	09574 01807 02303 09912 03511 00508	23. 12. 80	Das Richtungswarnblinkgerät für USA wird für Europa auch gültig. Da es billiger ist, wird es allgemein gültig.
280 SLC 380 SLC 280 SL 380 SL	09655 01936 09995 03941	21. 01. 81	Einheitliche Leitungssätze für Automatikgetriebe zwischen LL und RL.
280 SLC 380 SLC 500 SLC/ 450 SLC 5.0	09626 01914 02311	22. 01. 81	Umstellung von Verbandskasten in Verbandstasche wie bei W 126.
380 SL 500 SL	04063 00545	26. 01. 81	Neue Vorderfedern (1153212904, war 1143210504) durch geänderte Fahrzeuggewichte.
280 SLC 380 SLC 500 SLC/ 450 SLC 5.0 280 SL 380 SL 500 SL	09823 02171 02378 10198 04558 00586	16. 02. 81	Neue Klebeschilder mit Füllmengen bei Klimaanlagen an der Versteifung über dem Kondensator.
280 SLC 380 SLC 500 SLC/ 450 SLC 5.0 280 SL 380 SL 500 SL	09950 02375 02425 10364 05050 00622	06. 03. 81	Der ABS-Drehzahlfühler 1265400017 ersetzt 1165400617 aus Gründen der Vereinheitlichung.

Typ	Nr.	Datum	Änderung
380 SLC 500 SLC/ 450 SLC 5.0 380 SL 500 SL	02625 02479 05678 00673	01. 04. 81	Die Lüfter werden jetzt mit Kombischrauben M 6 x 20 befestigt.
280 SLC 280 SL	10152 10683	15. 04. 81	Wegen Veränderung des Ölmessstabes am Automatikgetriebe wird bei Wagen mit Klimatisierungsautomatik ein anderer Schlauch für die Rücklaufleitung Motoranschluss notwendig.
280 SLC 380 SLC 500 SLC/ 450 SLC 5.0 280 SL 380 SL 500 SL	10166 02797 02519 10715 06150 00704	22. 04. 81	Neue Benzinpumpe mit Membrandämpfer anstelle Dämpferbehälter.
280 SLC 380 SLC 500 SLC/ 450 SLC 5.0	10231 02900 02539	04. 05. 81	Tankänderung: Verbesserung der Dichtheit zwischen Schlingertopfdüse und Rücklaufrohr.
380 SLC 380 SL	02972 06628	12. 05. 81	Wegen Verlegung des motorseitigen Anschlussstutzens am Wasserpumpengehäusedeckel wird oben ein neuer Kühlwasserschlauch verwendet.
280 SL 380 SL 500 SL	10897 06651 00758	13. 05. 81	Verbesserung der Innenraumentlüftung durch neue Abdeckung sowie Verkleidung hinten am Stoßfänger, Entlüftungsaustritt im Kofferraum.
280 SL 380 SL 500 SL	11182 07599 00817	22. 06. 81	Tankstutzen erhält andere Gummitülle.
280 SLC 380 SLC 500 SLC/ 450 SLC 5.0 280 SL 380 SL 500 SL	10456 03558 02666 11301 08057 00873	10. 07. 81	Geänderter Membrandämpfer der Benzinpumpe.
280 SLC 380 SLC 500 SLC/ 450 SLC 5.0 280 SL 380 SL 500 SL	10479 03607 02685 11333 08196 00897	16. 07. 81	Vereinheitlichung der Verbindungswelle der Lehnenverstellung des Fahrersitzes von flexibel in Vierkant.
280 SL 380 SL 500 SL	11645 09295 01012	31. 08. 81	Bremsgeräte, bei denen der Tandemhauptbremszylinder ein Zentralventil im Hinterachsbremskreis hat.
280 SL 380 SL 500 SL	11698 09421 01032	04. 09. 81	Geänderte Benzinpumpenhalterung.
380 SL	09507	08. 09. 81	Benzinpumpenrelais mit grünem Punkt für USA.

Typ	Nr.	Datum	Änderung
280 SL 380 SL 500 SL	11976 10213 01138	28. 09. 81	Geänderter Kontaktschalter (0015458714, war 0008213152/3252).
380 SL 500 SL	11173 01252	29. 10. 81	Temperaturregler-Einschaltpunkt 52 Grad. Der Typ R 107 erhält aus Vereinheitlichungsgründen den Schalter des W 126.
280 SL 350 SL 450 SL	12312 11845 01297	17. 11. 81	Durch Änderung der Buckelform an den Distanzscheiben der Lenkgehäusebefestigung liegt die Scheibe ganz auf. Das Nachziehen der Lenkgehäusebefestigung entfällt.
280 SL 380 SL 500 SL	12398 11045 01240	02. 12. 81	Neue Flüssigkeitsbehälter für den Kondensator sowie neue Überdruckventile anstelle der Schmelzsicherungen.
280 SL 380 SL 500 SL	12467 13951 01520	10. 12. 81	Am Verdeckgestänge werden die Gurtbänder 10 mm zur Fahrzeugmitte hin verlegt.
380 SL 500 SL	12981 01414	04. 01. 82	Die Steck-Flanschverbindungen erhalten jetzt anstelle der Asbestringe solche aus Graphit.
280 SL 380 SL 500 SL	12827 13951 01520	08. 02. 82	Deckel des Radioausschnitts wird von Holz in Kunststoff umgestellt.
280 SL 380 SL 500 SL	12913 14720 01555	17. 02. 82	Zwangsentlüftung mit neuer Entlüftungsklappe und verschiedenen Änderungen an Hinterkotflügel und Boden.
280 SL 380 SL 500 SL	12952 14408 01577	22. 02. 82	Die Befestigung des Heckzierstabes wird zusätzlich abgedichtet.
280 SL 380 SL 500 SL	13023 14677 01609	03. 03. 82	Die graue Kofferraumausstattung wird durch die Ausstattungsfarbe anthrazit ersetzt.
280 SL 380 SL 500 SL	13087 14918 01641	12. 03. 82	Gurtschlösser mit verbesserter Überdeckung Schieber/Hebel im Verriegelungszustand.
500 SL	01711	31. 03. 82	Neuer Geschwindigkeitsschalter (0025453432, war 001545 9232) zur Verbesserung des Schaltkomforts beim Automatikgetriebe.
280 SL 380 SL 500 SL	13459 16186 01799	28. 04. 82	Bei Wagen mit Frontlautsprecher entfallen die Abdeckgitter.
280 SL 380 SL 500 SL	13628 16749 01862	18. 05. 82	Durch die Umstellung des ABS-Gerätes von Druck- auf Vakuumbefüllung werden neue Halter für die Abdeckung des Gerätes bzw. für die Hydraulikeinheit auf dem rechten Längsträger gültig. Geänderte Führung der Bremsleitung.
500 SL	01970	15. 06. 82	Zur Heckspoilerbefestigung wird eine 3 mm kürzere Schraube verwendet.
280 SL 380 SL 500 SL	14231 17439 02124	22. 06. 82	Einbau von Petri-Airbag-Lenkrädern, an welchen die Kontaktbrücke geändert ist. Die Dreiecksfedern sind auf Schenkelfedern umgestellt, die Stellschraube ist mit einer Gewindebuchse versehen.
280 SL 380 SL 500 SL	13939 17652 02016	25. 06. 82	Schaltgriff für Lichtdrehschalter aus Vereinheitlichungsgründen geändert.

Typ	Nr.	Datum	Änderung
280 SL 380 SL 500 SL	14032 17976 02050	05. 07. 82	Durch den Auslauf der SLC-Typen wird die Vereinheitlichung der Kabelsätze für ABS mit Klimaanlage aufgehoben (1075406708/6808, war 1075404508/4608), die Leitungen werden verkürzt.
280 SL 380 SL 500 SL	14067 18067 02069	09. 07. 82	Umstellung aller Wippenschalter für Funktionsbetätigungen.
280 SL 380 SL 500 SL	14130 18282 02091	20. 07. 82	Breitere Dichtungen bei der Benzindruckleitung an Pumpe und Filter.
280 SL 380 SL 500 SL	14048 18029 02061	30. 07. 82	Auf Wunsch von Herrn Pilz von MB NA werden die Coupédächer mit den letzten sechs Zahlen (vorher vierstellige Prod.-Nr.) der Fahrgestellendnummer gekennzeichnet.
280 SL 380 SL 500 SL	14267 19984 02310	05. 08. 82	Vereinfachung des Unterdruckleitungssytems durch Bypassventile.
280 SL 380 SL 500 SL	14514 19484 02233	16. 08. 82	Automatische Antennen erhalten andere Muttern am Antennenkopf.
280 SL 380 SL 500 SL	14422 19243 02194	26. 08. 82	Um ein Abzeichnen der Kombischrauben an der Oberkante der Gummischutzleiste zu vermeiden, werden Linsenkopfschrauben mit Federscheiben verwendet.
280 SL 380 SL 500 SL	14458 19339 02207	30. 08. 82	Der Halter für die Abstützung des ABS-Steuergerätes wird 40 mm zur Wagenmitte verlegt.
280 SL 380 SL 500 SL		01. 09. 82	Ausstattungsanhebung IV/1: 1. Automatikgetriebe: Durch Einsatz der B-Schalterfunktion und der Kontaktierungsumstellung von geschraubt in gesteckt wird eine neue Schaltkulisse und ein neuer Leitungssatz gültig. 2. Die Teppichbeläge im Fahrgastraum werden von Raschelvelours in Feintuftvelours umgestellt. 3. Die Farbe hennarot ersetzt siena rot, dunkeloliv ersetzt oliv. 4. Die Fensterkurbeln des W 201 werden auch für den R 107 gültig. 5. Zentralverriegelung wird auch beim 42 und 45 seriengültig. 6. Innenleuchte mit Verzögerungsrelais, neuer Hauptleitungssatz und verbesserte Wippschalter für die Innenleuchte. 7. Durch den Serieneinbau der Zentralverriegelung sind die Löcher im Radeinbau links und der Vorderwandsäule links innen generell gestanzt. 8. Außenspiegel rechts bzw. bei RL links als SA elektrisch verstellbar. 9. Kopfstützen seitlich nach hinten abgeschrägt. Versteifung und Lager von Stahl auf Alu umgestellt.
280 SL 380 SL 500 SL	14514 19484 02233	05. 09. 82	Mechanische Antennen erhalten andere Muttern am Antennenkopf.
280 SL 380 SL 500 SL	14534 19538 02242	07. 09. 82	Verwendung der Sicherungsschraube vom W 201 für die Lenkungsbefestigung am Rahmen.
280 SL 380 SL 500 SL	14643 19756 02288	16. 09. 82	Geänderte Abdichtung zwischen Bezug und Abdeckung des Coupédachs (1077950098, war 1077950096).

Typ	Nr.	Datum	Änderung
380 SL	19832	21. 09. 82	Batterie 12 V 88 Ah nur für USA und Japan.
280 SL	14804	30. 09. 82	Da das Kick-Down-Magnetventil von geschraubt auf gesteckt umgestellt wird, kommt ein neuer Leitungssatz zum Einbau.
280 SL 380 SL 500 SL	14872 20344 02385	07. 10. 82	Bei den Abdeckungen auf den Kastensäulen sind die Unterkanten eingezogen.
280 SL 380 SL 500 SL	15114 21129 02475	02. 11. 82	Konturänderung am Batterieabschlussblech ergibt mehr Abstand zum Abschirmblech des Auspuffkrümmers.
280 SL 380 SL 500 SL	15156 21223 02485	04. 11. 82	Neuer Schlauch vom Ausgleichsbehälter zur Tankentlüftung.
500 SL	02470	04. 11. 82	Neuer Geschwindigkeitsschalter (0025454132, war 0025453432) für 5-Ltr.-Wagen, da die Rückschaltung vom 2. auf den 1. Gang im Stillstand erfolgen soll.
280 SL 380 SL	15278 21618	16. 11. 82	Die Fensterkurbeln erhalten griffgünstigere Knöpfe.
280 SL 380 SL 500 SL	15366 21844 02560	25. 11. 82	Durch den serienmäßigen Einbau von Fondgurten wird für die Fondgurtaussparung in der rechten und linken Heckwandverkleidung je eine Rosette und Steckklammer benötigt.
280 SL 380 SL 500 SL	15420 22019 02584	01. 12. 82	Am Verdeck erhalten die verklebten Nähte eine zusätzliche Naht.
280 SL 380 SL 500 SL	15565 22414 02653	09. 12. 82	Die Lager des Dachverschlusses erhalten zwei zusätzliche Scheiben.
280 SL 380 SL 500 SL	15518 22257 02630	09. 12. 82	Türabdichtungen von 1077200178/0278 in 1077201378/1478 umgestellt.
280 SL 380 SL 500 SL	15792 23398 02779	11. 01. 83	Bei Wagen mit elektr. Diebstahlwarnanlage werden andere Kabelsätze (0028203515, war 0018205215) gültig.
280 SL 380 SL 500 SL	16348 24857 02961	04. 03. 83	Geänderte Gummitülle am Halter für Sensorkabel des ABS.
280 SL 380 SL 500 SL	16415 25073 02989	10. 03. 83	Das Radio Mexico Kassette MU wird umgestellt auf LMKU. Neue Bedienplatte mit höherer Tastatur.
280 SL 380 SL 500 SL	16658 25895 03083	07. 04. 83	Neue Bezeichnungsschilder in den Sicherungsdosen.
280 SL 380 SL 500 SL	16720 26117 03111	14. 04. 83	Umstellung von Automatikgurten und Schlössern.
380 SL	26117	14. 04. 83	Bei den Motorhauben an USA-Wagen wird anstelle der schwer entflammbaren Dämmmatte die Seriendämmmatte verwendet.

Typ	Nr.	Datum	Änderung
280 SL 380 SL 500 SL	16720 26107 03111	14. 04. 83	Vereinheitlichung der Sicherheitsgurte und Schlösser.
380 SL	26645	02. 05. 83	Neuer Aktivkohlefilter für die Benzin-Verdunstungsanlage.
280 SL 380 SL 500 SL	17035 27245 03261	19. 05. 83	Neue Zwillingskontaktkohle bei Airbag- und Serienlenkrad.
280 SL 380 SL 500 SL	17108 27496 03298	26. 05. 83	Neue Sitzheizungssteuerung mit Abschaltautomatik und anderen Wippenschaltern.
380 SL	28012	15. 06. 83	Einheitliche Kombiinstrumente mit km-Anzeige zwischen Schweiz und Australien.
280 SL 380 SL 500 SL	17339 28385 03411	01. 07. 83	Bei Wagen, die lt. SA 055532/01-06 gefertigt werden, erfolgt die Verwendung von 2K-Decklack anstelle von KH-Decklack.
280 SL 380 SL 500 SL	17464 28726 03463	08. 07. 83	Neues Bremsgerät mit Stufenhauptbremszylinder mit D 25,4 mm.
280 SL 380 SL 500 SL	17640 29280 03551	26. 07. 83	Antennengehäuse aus Kunststoff.
280 SL 380 SL 500 SL	17656 29414 03557	27. 07. 83	Die Holzabdeckungen und Zierstäbe an der Instrumententafel werden von Zebranoholz auf Wurzelholz umgestellt.
280 SL 380 SL 500 SL		10. 08. 83	Bei der SA Airbag durch Änderung der Kontaktierungsteile und Kurzschlussbrücke neue Leitungssätze. Außerdem geänderte Kupplungsträgerkörper der Kontaktkohle.
	02696	05. 10. 83	Ab August 1983 wurde das Fahrgestellnummernsystem geändert. Alle Wagen erhalten vor der Chassisnummer einen Buchstaben. Für in Sindelfingen gebaute Fahrzeuge werden die Buchstaben A–E vergeben. Danach folgen der Baumustercode und die Endnummer. Für die Baureihe 107 fallen die Unterscheidungen zwischen den einzelnen Typen weg. Der Knick im Bereich der Blattaufhängung des rechten Wischerarms entfällt bei sämtlichen Wagen R 107.
	03938	02. 11. 83	Das Rohr des Zapfenlagers-Lenkzwischenhebel wird nach der Hohlraumkonservierung verschlossen.
	03851	21. 11. 83	Spur- und Lenkstangen erhalten die Befestigungsmutter M 10 x 1 N 13002 anstelle Kronenmutter mit Splint.
	05252	29. 11. 83	Für LL neuer Leitungssatz-Tempomat, der bei Tempomatbetrieb die Schubabschaltung außer Betrieb setzt, um bis 80 km/h das Ruckeln zu vermeiden.
	06144	14. 12. 83	Bei SA 056337 Airbag werden neue Sensoren mit geändertem Zündzeitpunkt und Kondensatoren mit doppelter Kapazität verwendet.
280 SL 380 SL	06344	20. 12. 83	Einbau neuer E-Tempomat-Elektronik.
	07245	11. 01. 84	Für RL neuer Leitungssatz-Tempomat, der bei Tempomatbetrieb die Schubabschaltung außer Betrieb setzt, um bis 80 km/h das Ruckeln zu vermeiden.
	08159	30. 01. 84	Lagerbock für Sitzbefestigung am Tunnel erhält Gewindedurchzug anstelle der Schweißmutter M 8.

Typ	Nr.	Datum	Änderung
	09855	29. 02. 84	Neuer Temperaturregler für die Klimatisierungsautomatik.
	10024	05. 03. 84	Neues Steuergerät (0025454032, war 0025450732).
380 SL 500 SL	11876	10. 03. 84	Einbau neuer E-Tempomat-Elektronik.
	11977	11. 04. 84	Neuer Temperaturregler, um getrenntes Zuschalten vom linken und rechten Temperaturregler zu ermöglichen.
	12013	11. 04. 84	Neue beschichtete Senkschraube mit Kreuzschlitz beim Airbag.
		01. 07. 84	Vorserie Juli 1984, Hauptserie September 1984 NEUAUSSTATTUNG V: Serien- und Abgasumfänge Modelljahr 1985 (ECE, USA, Japan, Schweden, Schweiz, Australien.) 1. Schalter für Deckenlicht und Heckscheibenheizung werden in Anlehnung an das Anordnungskonzept beim W 124 vertauscht. 2. Neues Schild für Abgasreinigung, nur für 380 SL USA. 3. Drucksprungschalter für Verbesserung des Beschleunigungsverhaltens im Warmlauf. 4. Neues elektronisches Steuergerät für ABS mit verbessertem Störspannungsschutz für 380 SL und 500 SL. 5. Für ABS neuer Leitungssatz mit Überspannungsschutz. 6. Neue Abstützung im Beifahrerfußraum durch die Unterbringung zusätzlicher Geräte. Nur für USA und Japan. 7. ABS serienmäßig für USA bedingt generell Änderungen am Halter für Kabelverbinder. 8. Neues Abgashinweisschild für Schweden, Schweiz und Australien. 9. Neue Bedienungsanleitungen. 10. Airbag für Fahrer. Leitungssatz bzw. aufbauseitig nur 380 SL für USA. 11. ABS-Symbolscheiben für Instrumente. i = 2,47/2,88 100 % für USA 380 SL. 12. Diverse Rohbauänderungen bei Abgasreinigung und ABS, nur ECE, USA, Japan. 13. Gurtstraffer serienmäßig. 14. Geänderte Farben für die Innenausstattung: hennarot wird mittelrot, creme wird cremebeige. 15. Die Codenr. der Ausstattungsvarianten erhalten an der zweiten Stelle der Codenr. eine 7 anstelle der 5. 16. Die Anzahl der Serienfarben verringert sich von 8 auf 7, die der Sonderfarben von 9 auf 7. Die Auswahl bei den Metalliclackierungen steigt von 9 auf 12 Farben.
	14391	12. 07. 84	Geänderte Verschlussschraube am Hauptbremszylinder.
280 SL 380 SL 500 SL		16. 07. 84	Die Abdeckung der Kastensäule erhält eine Abdämmung (1076820410).
	14547	16. 07. 84	Die Befestigungsschrauben des Tanks an der Konsole werden jetzt mit Räumnut ausgeführt.
	14558	17. 07. 84	Neue Abdichtung zwischen Abdichtschiene und Zierrahmen Seitenfenster sowie neue Unterlage für Zierstab an der Vorderwandsäule.
	14787	20. 07. 84	Durch das Verwenden eines besseren Gummibandes für den vorderen Spiegel wird bei aufgeklapptem Verdeck der Bezug nicht mehr eingeklemmt.
	15225	27. 07. 84	Neue Dichtungen für Klimaleitungsanschlüsse.
	15959	14. 08. 84	Bei den rechten Außenspiegeln wird zur Erweiterung des Verstellwinkels eine Unterlagscheibe beigelegt. Ohne USA.
	16115	15. 08. 84	Andere Befestigungsschrauben der Fensterheber.

Typ	Nr.	Datum	Änderung
		16. 08. 84	Bei den rechten Außenspiegeln wird zur Erweiterung des Verstellwinkels eine Unterlagscheibe beigelegt. Für USA.
	16276	21. 08. 84	Der Bowdenzug für die Verdeckbetätigung erhält eine zusätzliche Kontermutter zum besseren Halt der Umlenkung.
	19127	12. 10. 84	107545 für ECE, 1075452800 für USA: Kabelsatz wird an Klemme 8 anstelle bisher Klemme 1 im Sicherungskasten angeschlossen.
	19149	15. 10. 84	Einbau stärkerer Lautsprecher mit 18 W anstatt 15 W.
	19764	17. 10. 84	107545 für ECE, 1075452500 für USA: Kabelsatz wird wieder an Klemme 1 angeschlossen.
	19764	24. 10. 84	Kabelverlegung bei ABS im Vorbau: Unter dem Scheibenwischermotor und durch das Kabel für den Scheibenwischermotor. Verhindert Kabelbeschädigungen durch das Motorhaubenscharnier.
	20293	02. 11 84	Die Schaltstangen der Zentralverriegelung werden gefettet. ECE-Prüfzeichen werden auch für Israel gemäß Code 837 aufgeklebt.
	20811	12. 11. 84	Einheitliche Leitungssätze zwischen LL und RL bei der SA Außentemperaturanzeige.
	22305	06. 12. 84	Unterdruckrückschlagventile mit mehreren Anschlüssen.
280 SL	22363	08. 12. 84	Beim 280 SL kommt die seither als SA eingebaute Batterie mit 62 Ah jetzt serienmäßig.
	22809	14. 12. 84	Motorhaubenzüge mit Nirosta-Flachdrahtspiralen und Kunststoffummantelung.
	23275	03. 01. 85	Der Außentemperaturfühler mit Steckclipsmutter und Blechschraube BZ 4,8 ersetzt die Schraube M 6 mit U-Scheibe und Mutter.
	23873	14. 01. 85	Neue Radiogeräte (Electronic) mit erhöhter Ausgangsleistung. Gerätenr. 0018207586-8486.
	23678	14. 01. 85	An der Vorderwandsäule innen unten links sind jetzt zusätzliche Einprägungen zur Befestigung des Halters für Prüfstecker Gurtstraffer angebracht.
	25057	16. 01. 85	ABS-Steuergeräte mit blauem anstatt bisher mit grünem Punkt. (0035457432, war 0035452032).
	24253	18. 01. 85	Benzinausgleichsbehälter aus Edelstahl.
	24986	30. 01. 85	Befestigung des TSZ-Schaltgerätes am Radlauf durch Blechschrauben mit Zapfen.
	25152	31. 01. 85	Die Airbaggeneratoren aus Stahl werden durch Generatoren aus Alu ersetzt. Umstellung der Bilstein-Wagenheber auf Rundrohrausführung.
	25445	07. 02. 85	Neue Radiogeräte (Electronic) mit erhöhter Ausgangsleistung. Gerätenr 18208586.
	25700	12. 02. 85	Neue Lager und Abdeckungen verbessern die Montage der klappbaren Armlehne.
	26120	18. 02. 85	Neue Radiogeräte (Electronic) mit erhöhter Ausgangsleistung. Gerätenr. 18808686.
	26315	21. 02. 85	SA Außenspiegel beheizt neu.
	25152	22. 02. 85	Sonnenblenden mit beleuchtetem Innenspiegel kommen als SA neu hinzu.
		26. 02. 85	Die Außenspiegelheizung bedingt neue Außenspiegel, Abdeckplatten innen und andere obere Versteifungen für die Türbeläge.
280 SL	27972	21. 03. 85	Das Elektroumschaltventil erhält einen Anker, der mit Waschbenzin gewaschen wird (0015407097).
	30886	14. 05. 85	Diebstahlsichere Zentralverriegelung im Bereich der Tankklappe bedingt Änderung des rechten Hinterkotflügels, der Mulde, der Tankklappe sowie eine neue Hülse für die Schaltstangenführung.

Typ	Nr.	Datum	Änderung
		24. 05. 85	Für alle R 107 werden bei der Zierstabbefestigung Lochrandeinfassungen montiert. Dadurch müssen die Befestigungslöcher im Durchmesser größer werden.
		07. 06. 85	Änderungen beim Einbau des Race-Track-Katalysators: neuer Längsträger, geänderter Querträger unter dem Fahrersitz, Hauptboden und Stirnwand.
	32160	07. 06. 85	Diffusionsfestere Benzinschläuche vom Ausgleichsbehälter zur Tankentlüftung.
	33044	24. 06. 85	Vorbereitende Änderungen für den Einsatz der elastischen Hinterachse.
	32894	26. 06. 85	Umstellung der SA verstärkte Batterie von 88 Ah auf 92 Ah.
		01. 07. 85	Zur Entlastung des Hauptserienanlaufs der Modellpflege 1985/86 wird die Änderung der Sitzanlage vorgezogen: 1. Neue Sitze. 2. Neues Handrad für Lehnenverstellung und Antrieb für Lehnenverstellung geändert. 3. Neue Lehnenrahmen mit höherem Außenwulst für besseren Seitenhalt.
	33396	01. 07. 85	Geänderte Airbag-Generatoren aus Aluminium.
	34172	15. 07. 85	Änderung des Vorderachsträgers für den späteren Einbau des Motors M 103982 für den 300 SL.
	34310	18. 07. 85	Antennenleitung (schwarz, war grau) mit genaueren Kapazitätswerten.
		01. 08. 85	Modellpflege 1985 / Modelljahr 1986. Vorserie ab Juni 1985. Änderungen: 1. Aggregate: 300 SL 107041 ersetzt 280 SL 107042 420 SL 107047 ersetzt 380 SL 107045. 560 SL 107048 nur für USA, Japan und Australien. ABS bei 420 SL – 560 SL serienmäßig. Automatikgetriebe W 4 A 040 mit Programmwähler. Elastische Aufhängung des Hinterachsmittelstücks. Überarbeitete Vorderachse mit reduziertem Lenkrollradius, 15"-Rädern und Bremsen. Alu-Räder 15" serienmäßig. Zündschloss trichterförmig. 2. Aufbau – Umfang: Sitze mit verbessertem Seitenhalt. Lenkrad und Schalthebel in Leder serienmäßig. Beleuchtung der Rosette im Lichtdrehschalter. Scheibenwaschdüsen beheizt. Türgriff W 126 mit Türschloss C 126. Bugschürze (Spoiler) vergrößert. Handrad der Lehnen verstellung gurtabweisend. Flüssigkeitsstandanzeigen. Glühlampenausfallanzeige. Zentralverriegelung mit Mehrstellenbedienung. 3. Sonderausführungen (SA): Beide Außenspiegel beheizbar. Make-up-Spiegel in Sonnenblende beleuchtet. Einzelpunkte: 1. Schottwände lks. und rs. neu. 2. Klimatisierungsautomatik-Unterdrucksteuerung mit neuem Umschaltventil. 3. Türen und Vorderwandsäulen mit größeren Kabeldurchgangslöchern. 4. Schalter für Deckenlicht und Heckscheibenheizung vertauscht. 5. Schlösser und Schließgarnituren neu mit Türen- und Seitenwandänderungen. 6. Neuer Leuchtweitenregulierschalter mit Glühlampe für Symbolbeleuchtung. 7. Spoiler neu mit Querträgerbefestigung. 8. Lichtdrehschalter neu mit anderer Beleuchtung der Rosette. Instrumententafeländerung. 9. Durch den Motor M 103 für 300 SL und neues Bremsgerät Änderungen an Stirnwand, Mittelstück innen, der Schottwand und der Verstärkung. 10. Dom geändert mit neuer Abdeckung unten bei RL. 11. Gelenkwellen neu durch andere Motorlager beim M 103 (300 SL).

Typ	Nr.	Datum	Änderung

12. Einheitliche Aufnahme der Gelenkwellenlager.
13. Umstellungen der Muttern (M 12 x 1,5) für den oberen Querlenker am Vorderachsträger.
14. Neuer Mittelschaltungsautomat für den 500 SL.
15. Ersatzradhalterung geändert durch die 15"-Alu-Räder.
16. Die generelle Verwendung des Kühlers für den M 117 E 56 bedingt eine Änderung des vorderen Querträgers und der Konsole für die Kühlerbefestigung.
17. Heckdeckel einheitlich durch geklebte Typenschilder.
18. Neue Lenkstockhebel.
19. Klimatisierungsautomatik mit 100 % Umluftansaugung (zusätzlicher Umluftschalter).
20. Luftkanal mit zusätzlichem Befestigungspunkt.
21. Neue Bremsschläuche an der Vorderachse.
22. Geschwindigkeitsschalter für die Rückschaltung in den 1. Gang entfällt beim 500 SL.
23. Haupt-, Schluss- und Starterleitungssätze neu.
24. Andere Klimaanlagenteile.
25. Notsitze mit geändertem Kissen und geänderter Lehne durch andere Hinterachsaufhängung.
26. Lampenausfallkontrolle durch neue Kennzeichenleuchten.
27. Geänderte Befestigungsplatten, Winkel und Abstützungen am Pedalboden.
28. Halter für Zündspulenbefestigung am Radeinbau neu.
29. Massepunkte an der Vorderwandsäule entfallen und werden an den Querträger unter der Instrumententafel verlegt.
30. Andere Halter für Ausgleichstecker und Diagnosedose.
31. Neue KE3-Jetronic-Steuergeräte, Zündschaltgeräte und Temperaturfühler.
32. Bei RL Hebelhandbremse.
33. Vorderkotflügelunterteil mit D-14-Löchern, waren D 6,5.
34. Neue Kombiinstrumente.
35. Anderer Halter für Aktivkohlebehälter. Neue Haltebügel für vordere Stoßfänger, geändertes Leuchteinheitgehäuse.
36. Stoßdämpferkonsole vorne links mit zusätzlichem Ausschnitt für Tempomathalter am Radeinbau.
37. Leitteil für Kühlerumluft mit zusätzlichem Loch (D 5,5) für den Widerstand Zusatzlüfter.
38. Verkleinerte Gurtwarngeräte.
39. Neuere Drehzahlfühler ABS.
40. Lagerbock des unteren Querlenkers am Vorderachsträger verstärkt.
41. Heckleuchten mit Lampenausfallkontrolle.
42. Änderung des Verbindungsblechs links außen und der Versteifung des vorderen Oberteils.
43. Loch für Kabelverbindung auf dem Luftkanal Mitte größer.
44. Außenspiegel serienmäßig beheizt.
45. Einfüllverschluss mit Griffmulde vom W 124.
46. Ansteuerung des Zusatzlüfters durch Umstellung von Temperatur- auf Druckschalter bei der Klimaanlage.
47. Einbauseitige Änderung der Klimaanlage.
48. Serienmäßige Vorrüstung für Radioeinbau.
49. Schutzkappe auf Luftansaughutzen – Aktivkohlefilter.
50. Neue Kabelhalter an der Vorderachse.
51. Ölstandskontrolle im Kombiinstrument.
52. Neue Kraftstoffpumpe mit Leitungen beim 500 SL.

Typ	Nr.	Datum	Änderung
		01. 08. 85	Zu den bisher verbauten BOSCH-Zündspulen werden jetzt alternativ auch Zündspulen von MAY & CHRISTE eingebaut.
	35750	23. 08. 85	In der Stirnwand ist jetzt generell das Durchgangsloch für ABS vorhanden. Bei Wagen ohne ABS wird das Loch mit der Verschlussscheibe 0009871044 verschlossen.
	35900	30. 08. 85	Die Unterlagen unter den Sitzlaufschienen am Tunnel sind zusätzlich montiert.
	36290	09. 09. 85	Schalthebelgriff bei autom. Getriebe wieder Längs-, nicht mehr Querstellung.
	36380	10. 09. 85	BOSCH-Benzinspeicher mit Enddruck 3,6 bar.
560 SL	38532	16. 10. 85	Änderung der Sicherungsaufteilung bei USA-Ausführung.
	39900	08. 11. 85	Neue Hinweisschilder auf der Kühlerbrücke für ECE, Katalysator und Rüf-Ausführungen.
500 SL	39975	11. 11. 85	Bei Wagen mit Radio und EDW wird jetzt zwischen dem Halter und der Feder ein zusätzliches Gummischlauchstück montiert.
	41876	12. 12. 85	Neue ABS-Hydraulikeinheit mit Ventilrelais anstelle des Wechselkontaktrelais.
	42027	14. 12. 85	Änderung der Windschutzverkleidung und des Vorderwandrahmens außen, oben, quer ermöglicht Clipsung anstelle Schraubung dieser Teile.
		18. 12. 85	Für alle R 107 größere Klebeflächen und zusätzliche Nieten und Winkel bei der Befestigung des Verdeckdeckelbezuges.
	46235	05. 03. 86	Neues Heizgebläse und Widerstand für RL.
	46687	12. 03. 86	Wegfall des 100-km/h-Warnsummers bei Japan-Wagen. Neuer Leitungssatz und anderes Kombiinstrument freigegeben.
300 SL	47309	19. 03. 86	Umstellung auf KE3-Jetronic-Steuergerät.
	46568	20. 03. 86	Umschaltventil, Regeleinheit und Schlauch bei Klimaanlage für USA-Wagen geändert.
	47474	25. 03. 86	Kabelverbinder für Stützpunkt: Tempomat, Reiserechner , ABS und EDW am Fußhebelwerk oben neu freigegeben.
	48894	22. 04. 86	Staubschutzkappe wird durch eine Filterkappe ersetzt.
	50065	12. 05. 86	Durchgangsloch für Benzinrücklaufleitung vergrößert.
	50543	22. 05. 86	Neue Fensterkurbel mit Abdeckung (201768 0136, war 2017600036).
	52416	25. 06. 86	Umschaltventil, Regeleinheit und Schlauch bei Klimaanlage für Europa-Wagen geändert.
	52863	02. 07. 86	Neuer Druckschalter am Flüssigkeitsbehälter der Klimaanlage.
		15. 07. 86	Gummihaarauflage für Fahrerlehne geändert. Zusätzlich 15-mm-Löcher im Abheftbereich links und rechts außen. Genereller Einsatz.
	54714	06. 08. 86	Versteifungsrippen an der Lüfterhaube der Kühlerzarge.
	54888	12. 08. 86	Neue Wippenschalter für die Sitzheizung (1268206810/6910, war 3610/3810).
	55099	18. 08. 86	Umstellung des Benzinschlauches der Entlüftungsleitung.
	55533	25. 08. 86	Vereinheitlichung des Leitungssatzes für EDW-Tür mit W 126. (1265407735, war 1075408510).
	55564	26. 08. 86	Vertiefter Schriftzug »Press« in der Drucktaste der Gurtschlösser.
	59949	01. 09. 86	Wegfall Abschleppschutz für USA und Umstellung auf neues EDW-Alarmgerät bei ECE-Fahrzeugen.
	57030	22. 09. 86	Durch geänderte Kabelverlegung neuer Leitungssatz für Anhängevorrichtung.
		15. 10. 86	Sitzhöhenverstellung mit Strukturgriff. Genereller Einsatz.

Typ	Nr.	Datum	Änderung
	59457	24. 10. 86	Leistungsgesteigerte Kreiselpumpen für die Scheibenwaschanlage.
		27. 10. 86	Neue Sicherheitsgurte mit kunststoffummantelten Umlenkbeschlägen.
		03. 11. 86	Am Hebel für die Sitzhöhenverstellung wird die Abdeckklappe von glänzend in matt umgestellt. Genereller Einsatz.
	59905	06. 11. 86	Umstellung des Kraftstoffpumpen-Relais.
	60509	17. 11. 86	Abdeckung unten 1075050088 mit Befestigungsmaterial für Kühler freigegeben.
	61514	03. 12. 86	Neue Befestigungsschelle für die Scheibenwaschdüsenheizung an der Motorhaube.
	62470	19. 12. 86	Umstellung der Instrumente durch serienmäßiges ABS.
	62470	19. 12. 86	ABS serienmäßig am 300 SL.
	62646	22. 12. 86	Umstellung der Scheibeneinklebung am Coupédach von Solbit auf Butyl.
	62953	09. 01. 87	Umstellung E-Tempomat-Elektronik, bedingt durch geänderte HA-Übersetzung.
	66342	06. 03. 87	Neuer Leitungssatz Airbag mit Gurtstraffer (1075400534, war 0110). Verlegung des Leitungssatzes auf die Elektronikträgerplatte im rechten Fußraum.
	67665	31. 03. 87	Neuer Hauptleitungssatz (1075402306, war 2106) mit abzugssicherer Steckverbindung.
	69655	07. 05. 87	Neuer Tank (1074704001, war 3601).
	70936	01. 06. 87	Heckspoilerbefestigung mit Sechskant- anstatt mit Bundmutter.
	71552	11. 06. 87	Neues Horn für EDW-Anlage (0035426820, war 6220).
	71781	22. 06. 87	Benzinschlauch geändert für 560 SL.
	72483	02. 07. 87	Geänderte Überwurfmutter für Bremsunterdruckleitung.
	74172	05. 08. 87	Neuer Benzinschlauch zwischen Ausgleichsbehälter und Tankentlüftung.
	82473	18. 01. 88	Freigabe eines neuen Mexiko-Radios (0028204586, war 1786).
	83965	08. 02. 88	Asbestfreie Bremsbeläge.
	85349	04. 03. 88	Neue Gummitülle für die Leitung vom Verdampfer zur Rohrleitung des Kompressors an der Stirnwand.
	86622	29. 03. 88	Neuer Ausgleichsbehälter.
	89235	20. 05. 88	Neuer Tank und Schlingertopf.

300 SL